高等职业教育"互联网+"土建系列教材

工程造价专业

# 建筑设备识图与施工工艺

主 编 涂中强 魏 静 赵盈盈

JIANZHU SHEBEI SHITU

YU SHIGONG GONGYI

南京大学出版社

**图书在版编目(CIP)数据**

建筑设备识图与施工工艺/涂中强,魏静,赵盈盈
主编. —南京:南京大学出版社,2020.12
ISBN 978-7-305-23003-5

Ⅰ.①建… Ⅱ.①涂… ②魏… ③赵… Ⅲ.①房屋建
筑设备—建筑安装—建筑制图—识别②房屋建筑设备—建
筑安装—工程施工 Ⅳ.①TU204.21②TU8

中国版本图书馆 CIP 数据核字(2020)第 036976 号

出版发行　南京大学出版社
社　　址　南京市汉口路 22 号　　　　邮编　210093
出 版 人　金鑫荣

书　　名　**建筑设备识图与施工工艺**
主　　编　涂中强　魏　静　赵盈盈
责任编辑　朱彦霖　　　　　　　　编辑热线　025-83597482

照　　排　南京开卷文化传媒有限公司
印　　刷　南京新洲印刷有限公司
开　　本　787×1092　1/16　印张 17　字数 425 千
版　　次　2020 年 12 月第 1 版　2020 年 12 月第 1 次印刷
ISBN 978-7-305-23003-5
定　　价　52.00 元

网　　址:http://www.njupco.com
官方微博:http://weibo.com/njupco
微信服务号:njutumu
销售咨询热线:(025)83594756

高等职业教育"互联网+"工程造价专业系列教材

>>> 编委会 <<<

# 前　言

　　本书设置紧跟当前建筑设备安装工程涉及的专业范围,内容涵盖给排水、采暖、消火栓、自动喷淋灭火、建筑电气强电(弱)电、通风空调和火灾自动报警系统等专业模块,参考最新的国家标准,注重新材料、新工艺的介绍和现行的施工验收规范的使用,立足工程现场,引用大量的实际工程图纸和案例。重点强化以上专业模块的施工图识图能力,并介绍了建筑机电安装基本材料和施工工艺等内容。适用对象为工程造价、工程管理、工程监理、建筑信息化等专业的高校学生,也可用于机电设备施工员、质检员的辅助参考,帮助其获取建筑设备安装识图、安装工程建模、安装造价、安装工程施工组织与验收等方面的职业能力。

　　本书注重实用,采用大量的现场图片和实物图片,参照建设领域设备安装施工员和设备安装质检员考试的习题模式,编写了大量的习题,加强对理论知识的掌握程度。从总体上讲,"建筑设备识图与施工工艺"课程应以实践性教学任务为主,理论教学服务于实践教学任务,提交实践类任务成果需要有非常高的现场专业能力,因此课堂上使用项目化教学有较高难度,但可以在识读能力训练任务后引入三维建模能力任务,营造沉浸式教学,以提高学生的现场参与程度,最后引入现场施工案例来进行整体训练,以促使学生形成较强的职业岗位能力,本书推荐学时见下表:

| 内　　　容 | 学　　　时 |
|---|---|
| 模块 1:建筑给排水安装工程 | 15 |
| 模块 2:防腐蚀、绝热工程 | 4 |
| 模块 3:水灭火系统安装工程 | 10 |
| 模块 4:建筑采暖安装工程 | 5 |
| 模块 5:建筑通风与空调安装工程 | 8 |
| 模块 6:建筑电气安装工程 | 15 |
| 模块 7:火灾自动报警系统安装工程 | 8 |
| 总　　　计 | 65 |

　　本书每章内容分为两大部分：一是理论知识部分，通过该部分的学习，学生应掌握建筑给排水、建筑电气、通风与消防、自动火灾报警系统等专业的系统原理、分类、设备材料的规格、性能、安装工艺和验收标准等；二是实践部分，通过该部分的学习，学生应具备建筑给排水、建筑电气、通风与消防、智能化等专业的施工图识读能力和三维建模（利用 BIM 软件）能力，以及对实际现场质量的判断、处置和管理能力。

　　本书由江苏建筑职业技术学院涂中强、魏静、赵盈盈主编，徐州瑾傲建筑科技有限公司技术总监师伟凯参与编写。由于编者水平有限，书中内容难免有不妥之处，敬请各位读者批评指正。

编　者

2020 年 1 月

课程概述

# 目 录

# 模块 1 建筑给排水安装工程

## 学习目标

(1) 熟悉建筑内部给排水系统的分类和给水方式；

(2) 掌握建筑给排水系统的组成和给水附属设备；

(3) 掌握建筑给排水常用管道、管件的材质，管道的压力表述方法和管道、管件规格的表述方法；

(4) 具备建筑给排水施工图的读图能力；

(5) 掌握建筑给排水管道施工工艺；

(6) 熟悉建筑给排水安装工程的验收要求。

## 1.1 建筑给水系统的分类、组成和供水方式

如图 1-1-1 所示，供水管网由**市政管网、室外管网和室内管网**组成，一般来说，一个建(构)筑物的给水管网安装仅指**室内管网**的安装。**室内外管网的分界在入户的水表(阀门)井处，无水表井，以外墙皮外 1.5 m 为界(室内管网外甩到外墙皮外 1.5 m 或散水外边缘外 0.2 m)。**

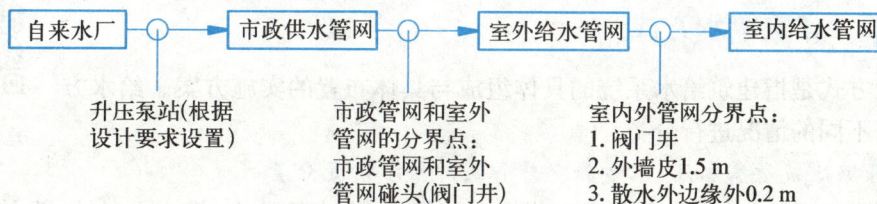

| 自来水厂 | → | 市政供水管网 | → | 室外给水管网 | → | 室内给水管网 |

升压泵站(根据设计要求设置)

市政管网和室外管网的分界点：
市政管网和室外管网碰头(阀门井)

室内外管网分界点：
1. 阀门井
2. 外墙皮1.5 m
3. 散水外边缘外0.2 m

**图 1-1-1 建(构)筑物供水示意图**

生活给水系统

### 1.1.1 建筑给水系统的分类

建筑内部给水系统一般包括**生活给水系统、生产给水系统**和**消防给水系统**三部分，供水主要考虑水质、水量和水压等三方面的**安全性、可靠性**和**稳定性要求**。

**1. 生活给水系统**

生活给水系统提供盥洗、炊事、饮用、洗涤、沐浴等生活用水。**饮用水水质应符合国家规定的《生活饮用卫生标准》(GB 5749—2006)，**杂用水水质符合相应规定。

**2. 生产给水系统**

向生产车间内的生产工艺设备供水，由于工艺和用途不同，生产用水对**水质、水量**和**水**

压要求也不同。

### 3. 消防给水系统

民用建筑主要的水灭火系统为消火栓给水系统和自动喷水灭火系统,消防用水对水质的要求不高,但必须按建筑消防规范的规定提供足够的水压和水量,保持常备状态(任何时刻发生火灾都有足够的水量和水压来灭火)。当建筑内部设置自动喷水灭火系统、水喷雾和细水雾灭火系统时,应防止水中杂质堵塞喷头出口。

上述三种给水系统,在实际工程中可以单独设置,也可共用。

## 1.1.2  建筑给水系统的组成

建筑内部给水系统一般由以下几个基本部分组成(见图1-1-2)。

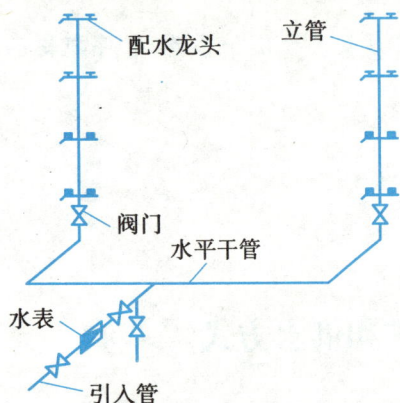

图1-1-2  建筑内部给水系统的组成

(1)引入管。引入管为穿过建筑物外墙或外墙基础,自室外将给水引入室内给水管段。

(2)水表节点。水表与其前后的阀门、泄(放)水口等组成水表节点。

(3)给水管网。管路系统由支撑件(支架、吊架和管卡)和管网(管道接头零件)组成。管网按空间走向,由水平干管、立管和支管等组成的管道系统。

(4)用水设备。用水设备是指配水龙头、卫生器具和生产用水设备等。

(5)给水附件。主要是指管道上安装的各种阀门,如截止阀、闸阀、蝶阀、止回阀安全阀等。

(6)增压、稳压和贮水等附属设备,主要为水泵、水箱、隔膜式气压罐稳压装置和蓄水池(井)等。

## 1.1.3  建筑给水方式

给水方式是指建筑给水系统的具体组成与具体布置的实施方案。给水方式可根据不同的情况进行分类。

建筑供水方式

### 1. 根据建筑所需水压、水量和室外管网的供水情况分类

根据供水系统组成,给水方式可分为直接给水,设水箱给水,设水泵给水,设储水池、水泵和水箱组合给水,气压罐给水,变频调速恒压给水,分区给水,分质给水等多种形式。

1)直接给水

市政(室外)给水管网的压力为0.3 MPa左右,对于多层建筑,其水量、水压均能满足建筑供水要求时,直接利用市政管网的压力给建筑物供水,称为直接给水,如图1-1-2所示。

2)设水箱给水

在系统最高处设置高位水箱以使系统各供水点压力稳定,高位水箱主要起稳压作用,同时也有一定的蓄水能力,例如消防水箱的高度设置应符合要求、容积能满足储存火灾初期10 min的水量。

3)设水泵加压

室外给水管网水量足,但水压不足时采用,例如:市政管网压力一般为0.3 MPa左右,供

水高度不超过 30 m,高层建筑供水需要设增压水泵**二次加压供水**。

4)设储水池、水泵和水箱组合给水

当建筑物的供水可靠性要求高,室外管网水量、水压不足,应采用设储水池(蓄水)、水泵(供水)和水箱(稳压)的供水方式,如图 1-1-3 所示。例如:当生产、生活用水量达到最大时,市政给水管道、进水管或天然水源不能满足室内外消防用水量,需设置消防水池。

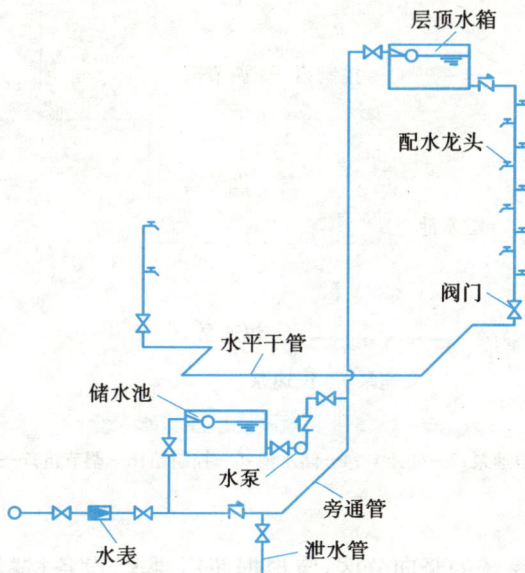

**图 1-1-3　设储水池、水箱、水泵的给水方式**

1—水表;2—储水池;3—水泵;4—水平干管;5—屋顶水箱;6—配水龙头;7—阀门;8—旁通管;9—泄水管

5)设隔膜式气压罐稳压给水

当供水管网压力波动导致难以保证最不利点的供水压力要求,且设置高位水箱稳压不现实时,采用设气压给水稳压装置给水,如图 1-1-4 所示。例如:在消防系统中若高位消防水箱不能满足静水压力要求时,应采隔膜式气压罐稳压装置增压、稳压。

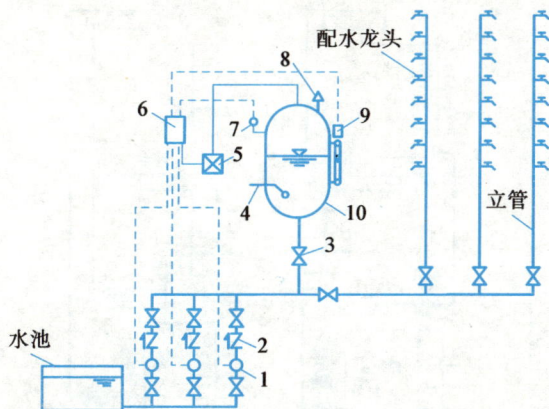

**图 1-1-4　隔膜式气压罐稳压给水示意图**

1—水泵;2—止回阀;3—阀门;4—排气阀;5—补气装置;6—控制器;
7—压力信号阀;8—安全阀;9—液位信号器;10—气压水罐

6) 变频调速恒压给水

供水管网水压经常不足,建筑顶部不具备设高位水箱的条件,可采用变频调速恒压给水方式,如图 1-1-5 所示。

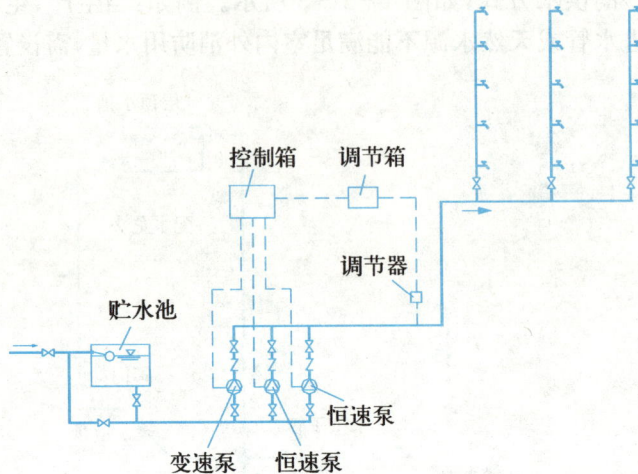

**图 1-1-5　变频调速恒压给水示意图**

1,2—恒速泵;3—变速泵;4—储水池;5—控制箱;6—调节箱;7—调节器

7) 分区给水

高层建筑生活给水系统的竖向分区,应根据使用要求、设备材料性能、维护管理条件、建筑高度等综合因素合理确定,一般应考虑下列因素:

(1) 最低卫生器具配水点的静压不应大于 0.6 MPa,住宅楼最低水嘴处的静压不宜大于 0.45 MPa,办公楼最低水嘴处的静压不宜大于 0.40 MPa,静压大于 0.35 MPa 的入户管(或配水横管)宜设减压或调压设施;如不分区 100 m 的高层建筑、水柱造成的静压力为 1 MPa。

(2) 各区最不利供水点压力应满足最低水压要求(生活用水点最佳水压为 0.2~0.30 MPa)。

如图 1-1-6(a)所示的水泵、水箱并联分区,适用于低于 100 m 的高层建筑、高区的水

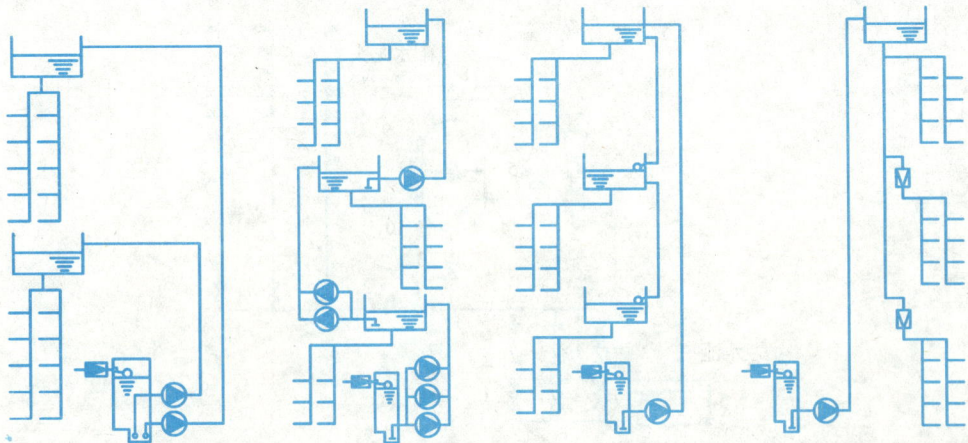

(a) 水泵、水箱并联分区　　　　(b) 水泵、水箱串联分区　　　　(c) 水箱、减压阀分区

**图 1-1-6　不同形式的分区给水示意图**

泵出口压力较高;如图 1-1-6(b)所示,水泵、水箱串联分区,适用于超过 100 m 的高层建筑,中间设有泵房,对设备防震、联锁维护管理要求高;如图 1-1-6(c)所示,水箱、减压阀分区,能量浪费严重,适用于层数不多的高层建筑。水箱在分区系统里主要起隔压稳压作用。

8) 分质给水方式

如图 1-1-7 所示,根据不同用途所需的不同水质,分别设置独立的给水系统,这种给水方式称为分质给水方式。目前,**建筑中水系统作为一项节水措施,应用广泛,收集空调凝水、淋浴排水、盥洗排水、洗衣排水、厨房排水等经处理后用于冲洗厕所、喷洒道路、浇灌花木、景观喷泉等。**

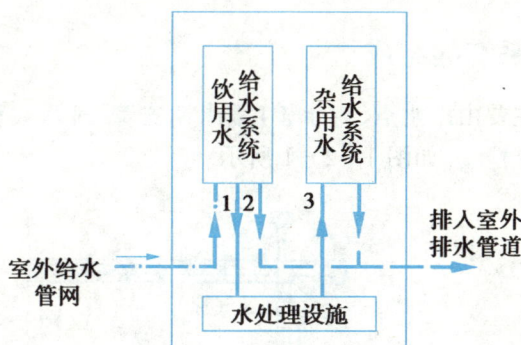

图 1-1-7　分质给水示意图

1—供水管(生活废水);2—排水管(生活污水);3—杂用水

**2. 根据供水安全性分类**

根据供水安全性,给水方式可分为**枝状管网和环状管网**。枝状管网(见图 1-1-3)简单、成本低,环状管网(见图 1-1-8)的供水条件好、安全、稳定性高、造价较高。**一般生活给排水系统采用枝状管网,消防系统采用环状管网。**

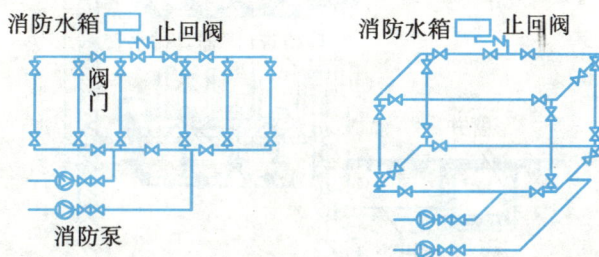

图 1-1-8　环状管示意图网

# 1.2　建筑排水系统的分类和组成

## 1.2.1　建筑排水系统的分类

建筑内部排水系统的任务是将建筑内部的污、废水、空调冷凝水及屋面上

建筑排水系统

的雨、雪水迅速地收集后排到室外管网，见表 1-2-1。

表 1-2-1 建筑内部排水系统的分类

| 系统名称 | 系统作用 | 字母代号 |
|---|---|---|
| 生活污水系统 | 厕所大便器、小便器(槽)等含有粪便的排水 | W |
| 生活废水系统 | 洗菜盆、洗脸盆、淋浴设备、盥洗槽、洗衣机的排水 | F |
| 雨(雪)水系统 | 屋面上雨水、融雪水排水 | Y |
| 冷凝水系统 | 空调制冷,产生的冷凝水 | N |

### 1.2.2 建筑排水系统的组成

建筑内部排水系统主要由排水点、排水管(排水横支管、排水立管、出户管)、通气管、清通附件和压力排水设备等构成，如图 1-2-1 所示。

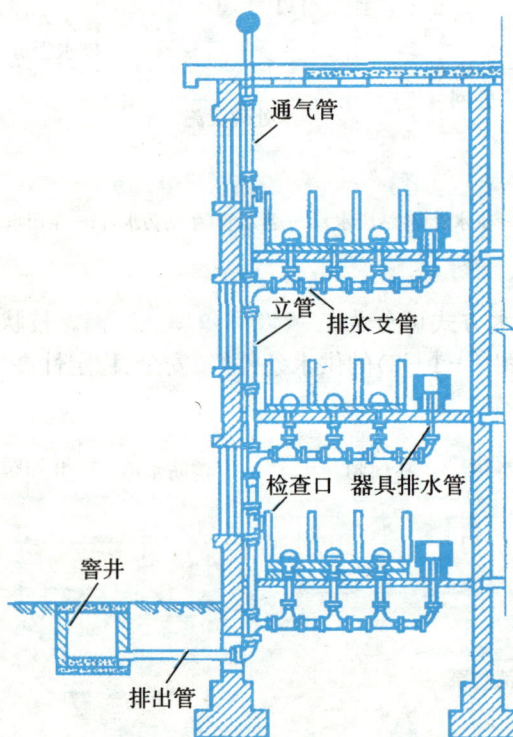

图 1-2-1 建筑内部排水系统

**1. 排水点**

卫生洁具、盥洗设备下水、地漏和雨水斗等是建筑排水系统的起点,经排水短管、存水弯流入排水横支管、干管,最后排入室外排水管网。存水弯(水封)是卫生器具的排水附件,常用的一般有 P 型和 S 型,如图 1-2-2,图 1-2-3 所示。地漏设在卫生间、盥洗室、浴室及阳台等需要排除地面积水排水的场所,地漏装在地面最低处,地面应有不小于 0.010 的坡度坡向地漏,箅子顶面应比地面低 5～10 mm。

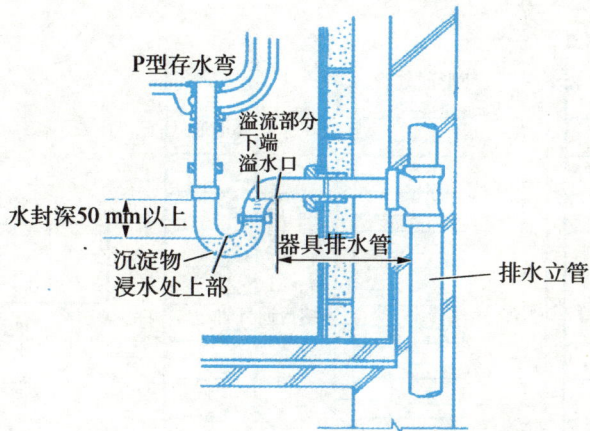

图 1-2-2　P型存水弯的安装

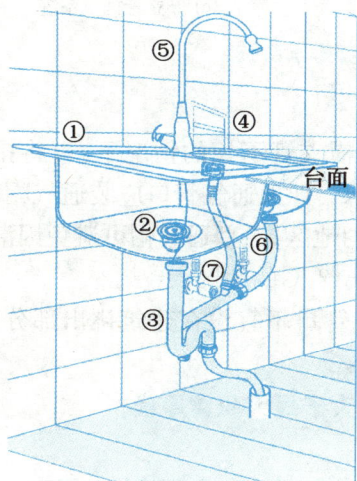

**水槽安装说明：**
1. 水槽，根据需要选择单槽或者双槽（图示为双槽）。
2. 提篮下水器和排水栓。
3. 下水套件和S型水封。
4. 刀架：根据需要自由选择。
5. 厨房龙头：可以任意搭配不同款式厨房龙头。
6. 进水软管：标准配置为2条，分别进冷热水。
7. 角阀：标准配置为冷热水角阀各一个，若末预埋热水管道，则只装一个冷水角阀即可。

图 1-2-3　S型存水弯的安装

## 2. 排水管道

排水管道包括排水横支管、排水立管、干管和排出管。**排水横支管应有一定的坡度坡向排水立管，立管的管径不应小于任何一根接入的横支管管径，排出管向检查井方向应有一定的坡度（1%～2%）**，见表 1-2-2。

表 1-2-2　塑料排水管的最小坡度和最大设计充满度

| 外径/mm | 最小坡度 | 最大设计充满度 | 外径/mm | 最小坡度 | 最大设计充满度 |
| --- | --- | --- | --- | --- | --- |
| 50 | 0.012 0 |  | 160 | 0.003 0 |  |
| 75 | 0.007 0 | 0.5 | 200 | 0.003 0 | 0.6 |
| 110 | 0.004 0 |  | 250 | 0.003 0 |  |

## 3. 通气管

通气系统的作用是将排水管道中的臭气（有毒害气体）排到大气中去，同时使排水管内的压力与大气压接通，以利于排水通畅。通气管有多种形式，是排水系统不可分割的一部分。

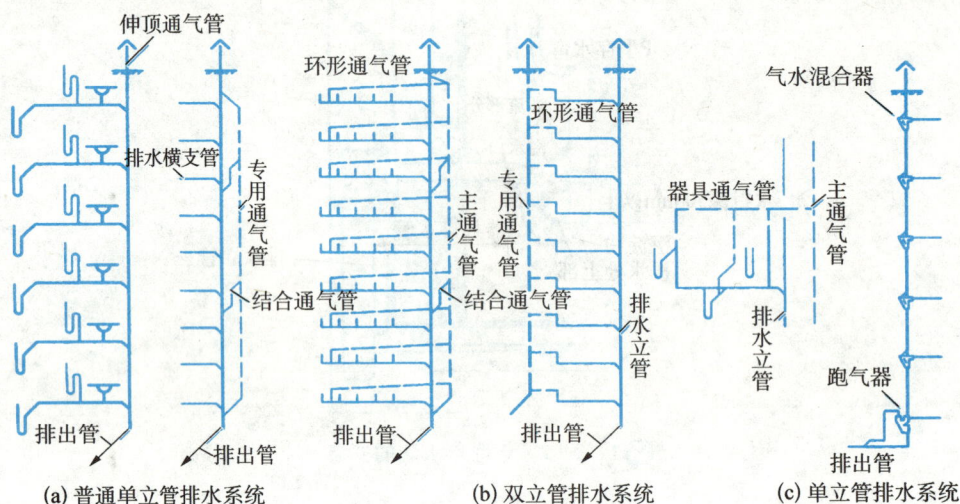

图1-2-4 采用不同通气方式的建筑内部排水系统

(1) 伸顶通气管。

单、多层住宅建筑的生活排水系统，在卫生器具不多、横支管不长的情况下，可将排水立管向上伸出屋面，作为伸顶通气管，如图1-2-4(a)所示。伸顶通气管口应装通气帽(见图1-2-5)，以防杂物落入。甲型通气帽运用于气候温暖的地区；乙型通气帽可避免因潮气结冰霜封闭网罩而堵塞通气口，适用于冬季室外温度低于−12 ℃的地区。

伸顶通气管为金属管材时，要采取防害措施，伸顶通气管口不宜设在建筑挑出部分(如屋檐檐口、阳台和雨篷等)的下面。其设置应符合下列要求：

① 非上人屋面，通气帽高出屋面不得小于 0.3 m，且应大于最大积雪厚度；

② 上人平屋面，通气帽应高出屋面 2 m；

③ 通气帽周围 4 m 以内有门窗时，伸顶通气管口应高出窗顶 0.6 m 或引向无门窗一侧。

(2) 卫生器具多的公共建筑、高层建筑中的排水系统通常设置辅助通气系统，如：主通气管、专用通气管、环形通气管、器具通气管等，如图1-2-4(b)所示。

通气管和排水管的连接，应遵守下列规定。

① 器具通气管和环形通气管应在卫生器具上边缘以上不小于 0.15 m 处，按不小于 0.01 的上升坡度与通气立管相连。

② 专用通气立管和主通气立管的上端可在最高层卫生器具上边缘以上不小于 0.15 m 或检查口以上与排水立管通气部分用斜三通连接，下端应在最低排水横支管以下与排水立管用斜三通连接。中间部分每隔两层在最高卫生器具上边缘不小于 0.15 m 处与排水主管连接。

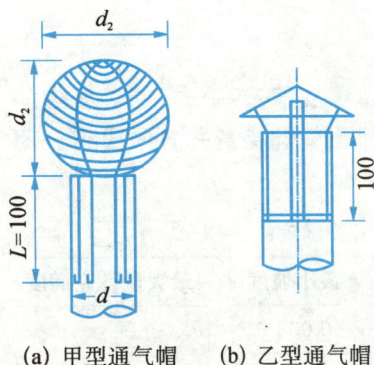

图1-2-5 通气帽

(a) 甲型通气帽　(b) 乙型通气帽

环形通气管是为平衡排水管内的空气压力而由排水横管上接出的管段，下列排水管段应设置环形通气管：

① 连接 4 个及 4 个以上卫生器具且横支管的长度大于 12 m 的排水横支管。

② 连接 6 个及 6 个以上大便器的污水横支管。

③ 设有器具通气管。

**通气管的最小管径不宜小于排水管管径的 1/2**，可按表 1-2-3 确定。

表 1-2-3　通气管的最小管径

| 排水管管径/mm | 75 | 100 | 125 | 150 |
|---|---|---|---|---|
| 通气立管管径/mm | 50 | 75 | 100 | 100 |

### （3）单立管排水系统

单立管排水系统简洁，占用空间少，也具有较好的通气、排水效果，如图 1-2-4(c) 所示，例如对于 TTC 型特殊单立管排水系统其核心部件是加强旋流器和内螺纹管材，见图 1-2-6，主要起气水分离作用。

### 4. 清通附件

如图 1-2-7 所示，建筑排水系统一般需设置**三种清通附件：清扫口、检查口和检查井**。

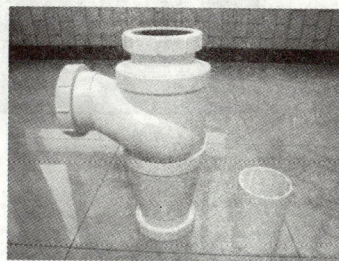

图 1-2-6　TTC 型特殊立管排水系统管件

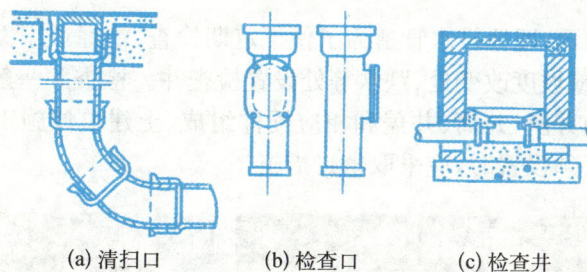

(a) 清扫口　　　(b) 检查口　　　(c) 检查井

图 1-2-7　清通装置

### （1）清扫口

清扫口设置设在污水横支管的起始端，在连接 **2 个及 2 个以上的大便器或 3 个及 3 个以上卫生器具的污水横管上，应设清扫口。清扫口一般有两种：一种是地面式清扫口**，如图 1-2-8(a) 所示；**另一种是在横管的终端安装的终端堵头**，如图 1-2-8(b) 所示。

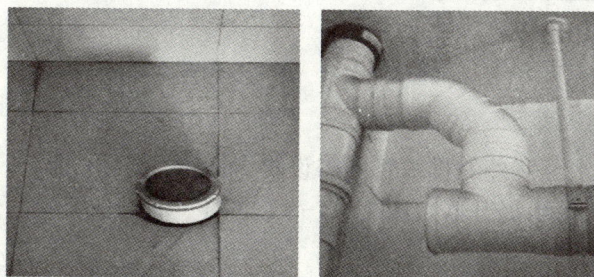

(a) 地面式清扫口　　　　　(b) 终端清扫口

图 1-2-8　清扫口

### (2) 检查口

检查口是一个带盖板的开口短管,如图1-2-9所示,拆开盖板便可以清通管道。

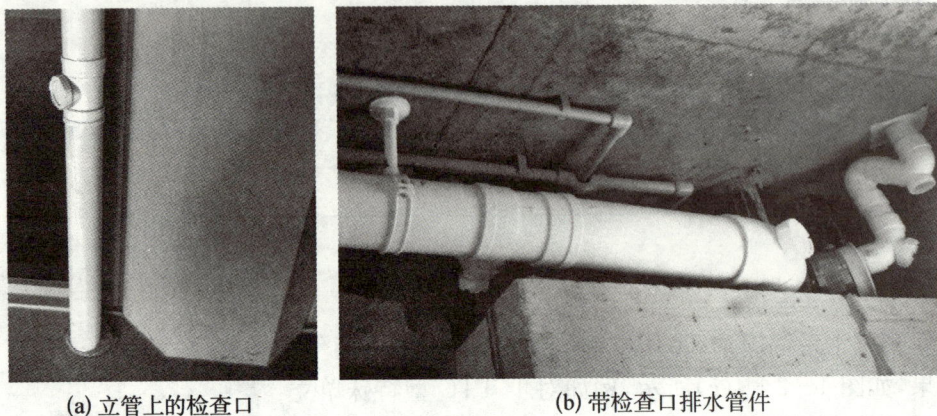

(a) 立管上的检查口　　　　　　　　　(b) 带检查口排水管件

图1-2-9　塑料排水管上的检查口

**安装在排水立管上的检查口,其中心距地面为1.0 m,且高于该层最高卫生器具上边缘0.15 m。**在水流转角小于135°的排水横管上,应设置检查口或清扫口。埋地排水管道的检查口应设在检查井内,井底表面标高与检查口相平,并有5‰的坡度坡向检查口。

### (3) 检查井

如图1-2-10所示,埋地排水管道为了便于定期检查、清通或下井操作,一般设在管道交汇处、转弯处、管径或坡度改变处、跌水等处设置检查井。检查井一般有两种型式:塑料一体检查井和砌筑井,由井座、井筒、井盖和相应配件组成、土建单位施工,生活排水管道不宜在室内设检查井,当必须设置时,应采取密封措施。

(a) 砖砌检查井　　　　　　　　　(b) 塑料检查井

图1-2-10　检查井实物图

### 5. 特殊设备

无法通过重力排水至室外的排水管网需设提升设备,例如:图1-2-11～图1-2-13所示的污水提升系统(污水提升器),图1-2-14、图1-2-15所示的地库内设置的集水井(污水泵)。

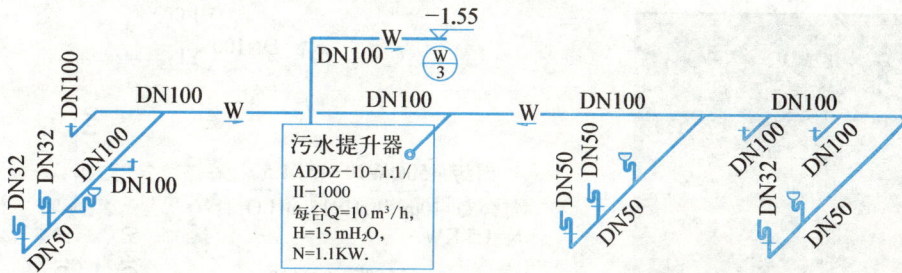

图 1-2-11 某排水工程的污水提升系统

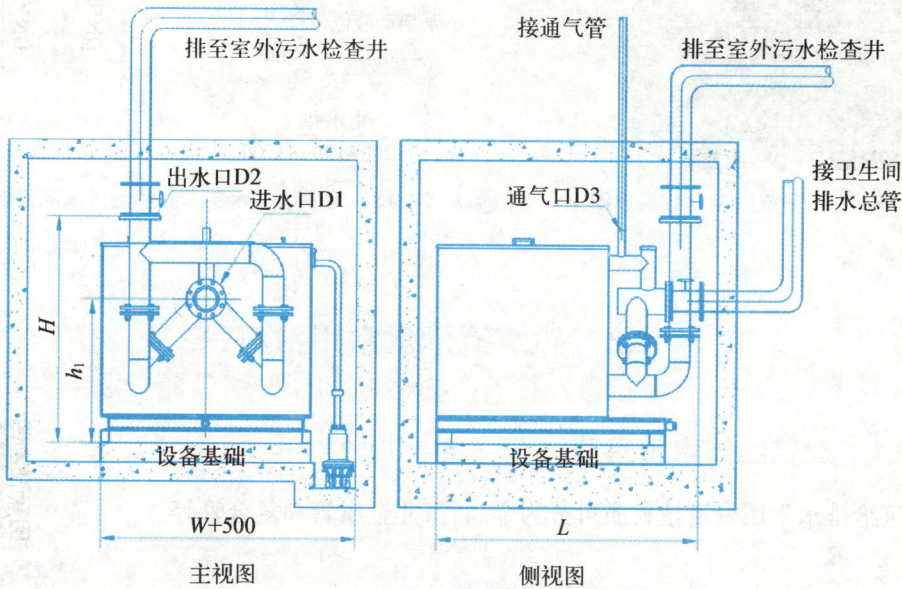

主视图　　　　　　　　侧视图

图 1-2-12 某排水工程的污水提升系统(示意图)

1—下水管;2—附泵;3—出水口;4—进水口;5—防溢流换气管;6—固液分离器;7—水箱;
8—设备基座;9—液位传感器;10—电缆密封件;11—控制柜;12—市政检查井

注:预留坑的高度须确保设备就位后,污水能自流进入设备进水口,安装坑内应设有 500 mm×500 mm×500 mm 的排水坑,用来安装铺泵,以便设备维修对排水和紧急手段排水;设备安装预留坑要求上部盖板方便打开,以便日后维护检查。

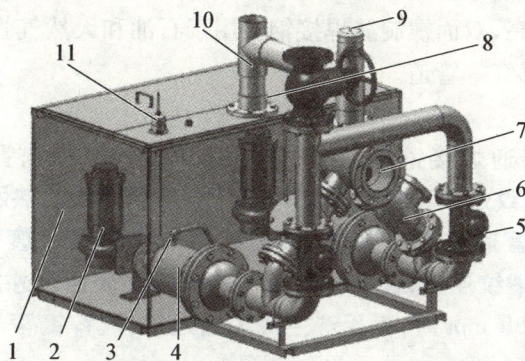

图 1-2-13 污水提升器

1—水箱;2—水泵;3—反冲口;4—杂物分离器;5—出口止回阀;6—进水止回阀;
7—进水口;8—出口闸阀;9—防溢电极;10—防溢换气;10—液位电极

**图1-2-14 地下车库的集水井实物图**

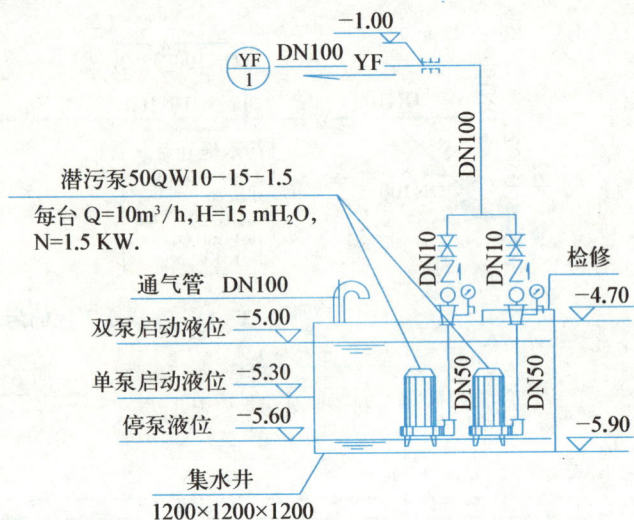

**图1-2-15 地库的排水集水井和潜污泵的安装图**

# 1.3 建筑给排水常用材料

## 1.3.1 建筑给排水常用管材

建筑给排水常用管道按材质可分为金属管、非金属管和复合管等。

### 1. 金属管

**给排水常用的金属管主要有钢管、铸铁管、铜管。**

**(1) 钢管**

① 无缝钢管。一般当工作压力大于0.6 MPa时,采用无缝钢管。无缝钢管及其管件的规格通常用**外径×壁厚表示。例如,D57×4表示无缝钢管的外径是57 mm,壁厚是4 mm。**

② 焊接钢管。按焊缝的形式可分为直缝焊接钢管和螺旋缝焊接钢管。螺旋缝焊接钢管比直缝焊接钢管强度高,双面螺旋缝焊接钢管用于石油和天然气管道,直缝焊接钢管主要用于建筑采暖、消防和煤气等管道。

③ 镀锌钢管

按是否镀锌分为普通焊接钢管(黑铁管)和镀锌钢管(白铁管)。**普通焊接钢管,当$DN \leqslant 32$ mm时,采用螺纹连接;当$DN > 32$ mm时,采用焊接。热浸(内外)锌焊接钢管广泛用于生活、消防给水管道和煤气管道,故又称为水煤气管。镀锌钢管不采用焊接,当$DN \leqslant 100$ mm时,采用螺纹连接,套丝扣时破坏的镀锌层表面及外露螺纹部分应做防腐处理(刷油漆);当$DN > 100$ mm时,采用法兰或沟槽连接,镀锌钢管与法兰的焊接处应二次镀锌。**

④ 薄壁不锈钢管

壁厚为0.6～2.0 mm的不锈钢管带或不锈钢板,用自动氩弧焊等熔焊焊接工艺制成的

给排水常用管材

管材。薄壁不锈钢（Light　gauge stainless pipes）优点：耐腐蚀、耐高温、水阻小、寿命长，综合成本低，如图1-3-1。

（2）铸铁管

常用的球墨铸铁用含碳量在2%以上的生铁铁浇铸而成，铸铁耐腐蚀，价格便宜，但性脆、耐压强度较低，管道定尺长度短（一般不超过1.2 m），接口多。铸铁管的接口方式有承插接口[石棉水泥接口、膨胀水泥接口、青铅接口（见图1-3-2)]、法兰胶圈接口和橡胶抱箍接口。

图1-3-1　薄壁不锈钢管（挤压连接）

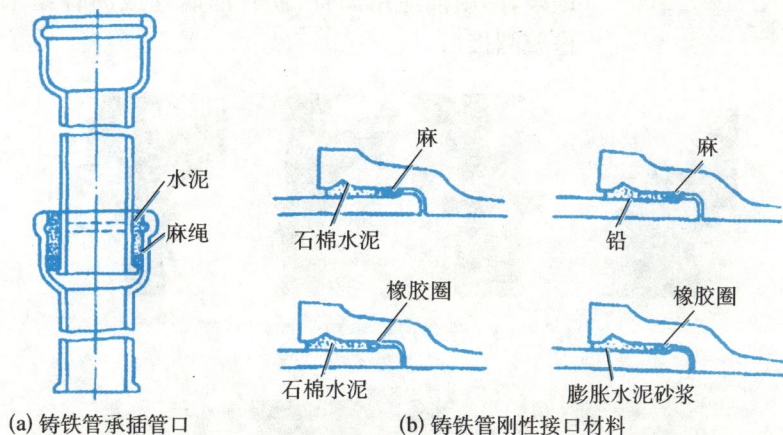

（a）铸铁管承插管口　　　　（b）铸铁管刚性接口材料

图1-3-2　铸铁管承插接口

1—给水铸铁管；2—密封橡胶圈；3—紧固螺栓；4—法兰压盖；5—插口接口处；6—排水铸铁管承口

**石棉水泥接口、膨胀水泥接口、青铅接口属于刚性接口，抗震性差、施工复杂、费工费时，目前很少使用，但直接埋地的管道，需要用承插接口。**

承插铸铁管（水泥捻口）的连接工艺如下：

① 对口。对口时，**插口不应顶死承口，应留有≮3 mm 的对口间隙，**如图1-3-3(a)所示。

② 塞麻、打麻。把麻丝拧成麻股，用麻捻凿塞入接口，麻股长度要超过管子周长的1/5，通常塞2～3圈，然后用手锤和捻凿将麻股分层打实，**打麻深度一般为承口深度的1/3，**如图1-3-3(b)所示。

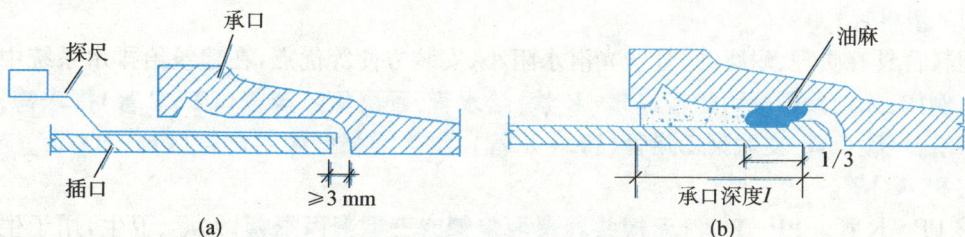

（a）　　　　　　　　　　　　　（b）

图1-3-3　铸铁管的对口间隙及油麻捻口

③ 填灰打口。麻股被打实后，将配置完成的填料分层填入接口内，并分层用手锤和灰捻凿打实。

④ 接口的养护。水泥接口填灰打口完成后应进行潮湿性养护，对于水泥捻口的给水铸铁管，当其安装地点有侵蚀性地下水时，应在接口处涂抹沥青防腐层。

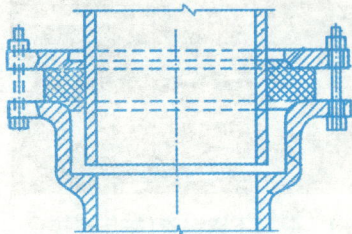

图1-3-4　法兰胶圈接口连接示意图

**法兰胶圈接口**（如图1-3-4）、橡胶抱箍接口属于柔性接口，施工方便快捷、抗震性能好，目前在建筑给排水工程中应用普遍。法兰胶圈接口的连接步骤如图1-3-5所示。橡胶抱箍接口的连接步骤如图1-3-6所示。采用橡胶圈接口的埋地给排水铸铁管，在土壤或地下水对橡胶圈有腐蚀性的地段，回填前应用沥青、沥青油麻丝或沥青锯末等材料封闭橡胶圈接口。

图1-3-5　法兰胶圈接口的连接步骤

图1-3-6　橡胶抱箍接口的连接步骤

**（3）铜管**

铜管工作温度为－196～205 ℃，无污染、耐腐蚀，主要用于空调制冷剂管道、散热器主管和生活热水管。**铜管一般用焊接（气焊）和专用接头连接，管径小于22 mm时，采用承插焊承口应迎着介质流向，管径大于或等于22 mm时，采用对口焊。**

**2. 非金属管**

**（1）塑料管**

塑料管具有质轻、耐腐蚀、管壁光滑水阻小、安装方便等优点，在建筑给排水系统中应用广泛。**例如：无规共聚聚丙烯管（PP－R管）给水管，硬聚氯乙烯管（UPVC管）排水管，低温水暖系统，地暖盘管：交联聚乙烯管（PE－X管）、耐热增强型聚乙烯管（PE－RT管，使用温度可达95 ℃）等。**

① PP－R管。**PP－R管（无规共聚聚丙烯管或三型聚丙烯管）**无毒、卫生，用于生活冷水管、热水管，工作温度低于70 ℃、工作压力为1.0 MPa时，使用寿命可达50年，PP－R

管常用热熔连接,与金属管件、阀门等的连接应使用专用管件,**不得在管上套丝**。PP-R在 5 ℃以下热熔连接时,加热时间要延长 50%,长期受紫外线照射易老化,安装在户外或阳光直射处须包扎深色防护层,线膨胀系数较大,在明装时须采取防止管道膨胀变形的技术措施。

例如:某工程给水管采用环保型冷水 PPR 管(公称压力 1.0 MPa),热水管采用环保型冷水 PPR 管(公称压力 2.0 MPa)。

② UPVC 管。UPVC 管以卫生级聚氯乙烯树脂为主要原料,经挤压或注塑制成,常用规格见表 1-3-1,分为普通管、芯层发泡管、空壁螺旋消声管等,**适用于建筑高度不大于100 m、连续排放温度不高于 40 ℃、瞬时排放温度不高 80 ℃的生活污水系统和雨水系统**。

表 1-3-1　UPVC 管的常用规格　　　　单位:mm

| 管径 | 50 | 75 | 90 | 110 | 125 | 160 |
|------|-----|-----|-----|-----|-----|-----|
| 壁厚 | 2 | 2.3 | 3.2 | 3.2 | 3.2 | 4 |

例如:某工程排水管立管采用双壁螺旋消音 PVC-U 塑料管,粘接。排水横管、埋地污水排水横管采用 PVC-U 塑料管,螺旋管与横支管连接时必须采用旋转进水型管件。伸顶通气管采用排水铸铁管,压力排水管采用焊接钢管。

③ 高密度聚乙烯(HDPE)排水管

HDPE 是一种结晶度高、非极性的热塑性树脂,如图 1-3-7 所示。HDPE 管道主要用于室外埋地排水管。

**(2) 混凝土管和钢筋混凝土管**

混凝土管(见图 1-3-8)和钢筋混凝土管造价低,但不耐酸碱,抗腐蚀性能差,承受压力低,一般应用于市政排水管道和雨水管道,采用承插式连接。

**图 1-3-7　高密度聚乙烯(HDPE)排水管**

**图 1-3-8　混凝土管**

**3. 复合管**

复合管结合了金属管材和非金属管材的优点,目前普遍应用的有铝塑复合管、钢塑复合管、铜塑复合管、钢丝骨架复合管等。

**(1) 铝塑复合管**

铝塑复合管的结构如图 1-3-9 所示,耐腐蚀性好、承压能力较强,采用夹紧式铜配件连接,主要应用于水温不高于 95 ℃、系统工作压力不大于 0.6 MPa 的低温水暖系统。

### （2）钢塑复合管

钢塑复合管结合了钢管和塑料管的优点，耐腐蚀性好、承压能力高、使用温度在 50 ℃以下，常用作建筑给水冷水管主干管，价格较贵。**钢塑复合管的管径不大 100 mm 时宜采用螺纹连接，管径大于 100 mm 时采用法兰或沟槽式连接**，钢塑复合管的结构和实物如图1-3-10所示。

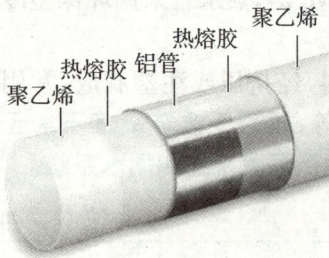

**图1-3-9　铝塑复合管的结构**　　**图1-3-10　钢塑复合管的结构和实物**

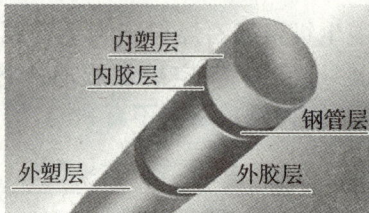

例如：某工程的给水干管及立管采用 PSP 钢塑复合压力管，产品符合标准《钢塑符合压力管》(CJ/T 183—2003)，采用专用工具进行双热熔连接，支管采用公称压力为 1.25 MPa 内 PP-R 管，给水管道必须采用与管材相适应的管件，生活给水系统所使用的管材管件应具有权威检测机构有效的型式检测报告及生产厂家的质量合格证，管材和管件的卫生性能应符合《生活饮用水输配水设备及防护材料的安全性评价标准》(GB/T 17219)的规定。支管管材和管件间采用热熔连接，与金属管或用水器具连接，采用丝扣或法兰连接。

### （3）钢丝骨架复合管

钢丝网骨架聚乙烯复合管是以高强度钢丝左右螺旋缠绕成型的网状骨架为增强体，以高密度聚乙烯(HDPE)为基体，并用高性能的 HDPE 改性粘结树脂将钢丝骨架与内、外层高密度聚乙烯紧密地连接在一起的一种管材。耐腐蚀性好，耐温性能、承压强度较强，适用于埋地的消防管道、饮用水、热回水和排水管道等。采用生产厂家配备的专用电熔管件，能达到非常好连接质量，如图 1-3-11 所示。

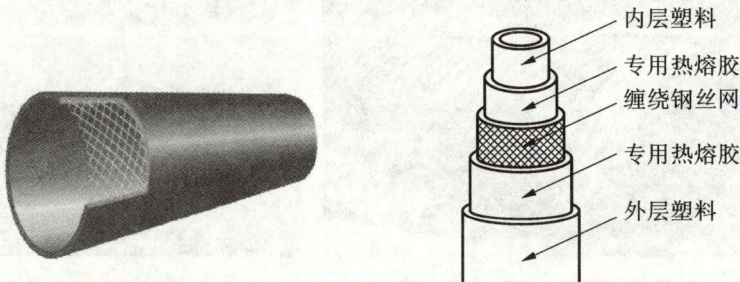

**图1-3-11　钢丝骨架复合管的结构和实物**

在实际工程中，生活给水管道一般采用 PPR、薄壁不锈钢管、内衬塑外镀锌复合管(PSP)等。消火栓系统、自动喷水灭火系统宜采用热浸镀锌钢管，热水系统一般采用热水用 PPR 管，PE-X、铝塑料复合管等，采暖管道一般采用热浸镀锌钢管。埋地管道的管材，应具有耐腐性和能承受相应的地面荷载，可采用球墨铸铁管、PPR 塑料管和钢丝骨架复合管或经可靠防腐处理的钢管。某工程的给排水管道材质见表 1-3-2。

表 1-3-2　某工程的给排水管道材质及接口方式

| 序号 | 系统类别 | 参数 | 管材及接口方式 | |
|---|---|---|---|---|
| 1 | 市政供水入户管、给水立管、水表配水阀前管道 | $DN \leqslant 80$ | 钢衬塑复合管,螺纹连接 | |
| | | $DN > 80$ | 钢衬塑复合管,法兰连接 | |
| | 室内冷水支管 | | S4 等级 PPR 给水塑料管,热熔连接 | |
| 2 | 室内热水支管 | | S2.5 等级 PPR 热水塑料管,热熔连接 | |
| 3 | 室内消防管道 | $P \leqslant 1.6$ MPa | 热浸镀锌加厚焊接钢管 | $DN \leqslant 100$,螺纹连接 |
| | | $P > 1.6$ MPa | 内外镀锌镀锌无缝钢管 | $DN > 100$,卡箍法兰连接 |
| 4 | 室内排水立管 | | 柔性铸铁管,W(抱箍连接)型接口 | |
| | 首层以下立管及横干管 | | 柔性铸铁管,A(法兰连接)型接口 | |
| | 卫生间排水支管 | | 白色 UPVC 排水管,胶水粘接 | |
| | 地下室压力排水管 | | 热镀锌钢管,$DN \leqslant 100$,螺纹连接;$DN > 100$,卡箍法兰连接 | |
| 5 | 冷凝水管、阳台排水管 | | 白色 UPVC 排水管,胶水粘接 | |
| 6 | 雨水排水管 | | 防紫外线排水压力管,壁厚 4 mm,插入式连接 | |

## 1.3.2　管材规格参数

描述管道规格需要表述管道的材质、接口尺寸(管径、壁厚)、工作压力和工作温度。

### (1) 公称直径 DN

公称直径 $DN$ 表示管道、管件和设备的接口尺寸,公称直径是一个序列,与管内径接近,例如:$DN100$ 的无缝钢管有 D102 * 5 和 D108 * 5。

**公称直径可用公制 mm 表示,也可用英制 in 表示,1 in=25.4 mm=DN25。** 在施工图中一般用公称直径来描述管径;但在实际工程中,**无缝钢管、铜管和不锈钢管习惯用 D108×5 (管外径×壁厚)表示,塑料管(PVC 管、UPVC 管、PPR 管、PE 管)** 等习惯用管外径表示,如 **De63**。给水 PPR 管公称直径与管外径的对应关系见表 1-3-3。

表 1-3-3　给水 PPR 管 DN 与 De 对应关系　　　　　　单位:mm

| 公称直径 | | $DN15$ | $DN20$ | $DN25$ | $DN32$ | $DN40$ | $DN50$ | $DN65$ |
|---|---|---|---|---|---|---|---|---|
| 外径 | | $De20$ | $De25$ | $De32$ | $De40$ | $De50$ | $De63$ | $De75$ |
| 外径×壁厚 | 规格:S5(1.25 MPa) | 20×2.0 | 25×2.3 | 32×2.9 | 40×3.7 | 50×4.6 | 63×5.8 | 75×6.8 |
| | 规格:S4(1.6 MPa) | 20×2.3 | 25×2.8 | 32×3.6 | 40×4.5 | 50×5.6 | 63×7.1 | 75×8.4 |

### (2) 压力

管道及管件的压力分为公称压力、工作压力(设计压力)和试验压力。

① 公称压力

公称压力用 PN 表示例如,公称压力为 1.6 MPa 的管道应写作 PN1.6,压力单位为兆帕(MPa)。

② 工作压力（设计压力）

工作压力（设计压力）用 $P$ 表示，管道按设计压力可分为真空管道（$P<0$ MPa）、低压管道（$0$ MPa$\leqslant P\leqslant 1.6$ MPa）、中压管道（$1.6$ MPa$<P\leqslant 10$ MPa）、高压管道（$10$ MPa$<P\leqslant 100$ MPa）和超高压管道（$P>100$ MPa）。

③ 试验压力

压力管道安装完成应做**强度试验**，**当设计未注明实验压力时：水压试验压力＝工作压力×1.5，气压试验压力＝工作压力×1.15。**

（3）温度

耐温性能是管材性能的一个重要指标，选用管材时应注意描述管网的工作温度，**比如生活冷水管、生活热水管（70 ℃）和低温水暖管道（90 ℃）都要选择耐热性相适应的管材。**

### 1.3.3 管道切割与连接方式

#### 1. 管道切割

现场采用的切割管道的主要方法有人工锯割（钢管、复合管）、管钳切割（电气配管，塑料材质）、砂轮盘切割和盘锯切割等，严禁采用气割。**砂轮盘切割是现场切割效率、质量最高的切的管道切割方式，但要注意的是复合管不能使用砂轮盘切割，应采用人工锯割或盘锯切割（转速低于 800 r/min），以防止热熔胶影响管材的质量。**

**管道切割与连接**

#### 2. 管道的连接方式

管道常用的连接方式及其适用范围见表 1-3-4。

表 1-3-4　管道常用的连接方式及其适用范围

| 管道连接方式 | 管件连接方式说明 | 适用范围 |
| --- | --- | --- |
| 螺纹连接 | 螺纹压紧密封填料为：**聚四氟乙烯生料带或油麻丝**；紧固好的螺栓外露丝扣应为 2～3 丝扣，并不应大于螺栓直径的 1/2；管径≤$DN$100 的镀锌钢管应采用螺纹连接，被破坏的镀锌层表面及外露螺纹部位应做好防腐处理。 | 普通钢管（$DN\leqslant 32$ mm）、镀锌钢管（$DN\leqslant 100$ mm）、钢（衬）塑复合管（$DN\leqslant 80$ mm） |
| 焊接连接 | 管道直接对焊或承插焊的连接方式 | $DN>32$ mm 的普通钢管（电弧焊）、铜管（氧-乙炔气焊） |
| 法兰连接 | 法兰盘间衬垫片**（3～5 mm 厚）**密封，用螺栓拉紧；法兰之间的垫片常用的有：**冷水系统-橡胶垫片；采暖系统-橡胶石棉垫片（耐热）**；镀锌钢管与法兰焊接处应进行**二次镀锌**，加工镀锌管的管道不得刷漆及污染。 | 管道和设备的连接、管道和法兰阀门的连接、镀锌钢管（$DN>100$ mm）。常用的法兰有螺纹法兰、焊接法兰（平焊法兰，**给排水工程，1.6 MPa 的低压焊接法兰，最为常用**；对焊（高颈）法兰，工业常用）和松套法兰。 |
| 沟槽（卡箍）连接 | 在管端部分压凹槽，接口部位外套橡胶密封圈，外用卡箍固定，对橡胶密封圈施加一定压力的连接方式 | 镀锌钢管（$DN>100$ mm）、钢（衬）塑复合管（$DN>80$ mm） |
| 卡压/卡套接头连接 | 用外力将管件与管子表面压合，形成压力密封的机械连接方式 | 不锈钢管（卡压连接）、铝（钢）塑管（卡套接头） |

续　表

| 管道连接方式 | 管件连接方式说明 | 适用范围 |
|---|---|---|
| 热熔连接 | 对结合面加热至熔融(电熔或热熔),并施加外力使其结合的连接方式 | PPR(电熔承插连接、电熔对接) |
| 铸铁管连接 | 刚性承插接口(石棉水泥接口、膨胀水泥接口、青铅接口)和柔性接口(法兰胶圈接口、橡胶抱箍接口) | |
| 胶水黏结 | 用胶水将管道粘合密封的连接方式 | PVC-U |

### 1.3.4　管件(管道接头零件)

管道配件是指在管道系统中起**连接、变径、转向、分支**等作用的接头零件,又称**管件**,每种管材都有相应的管道配件。

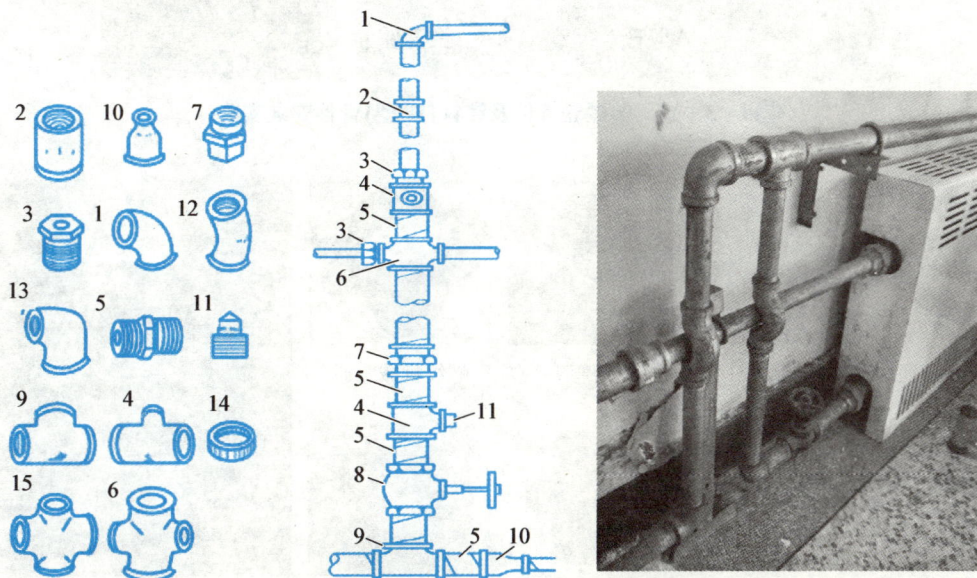

**图1-3-12　钢管连接配件及连接方法**

1—90°弯头;2—管箍;3—补心;4—异径三通;5—内管箍;6—异径四通;7—活接头;8—阀门;
9—等径三通;10—异径管箍;11—管堵;12—45°弯头;13—异径弯头;14—根母;15—等径四通

钢管管件如图1-3-12所示,排水塑料管 UPVC 管件连接实物如图1-3-13所示,给水塑料管 PPR 管件连接实物如图1-3-14所示,铸铁管柔性连接管件如图1-3-15所示,不同管道管件安装实物如图1-3-16~图1-3-17所示。

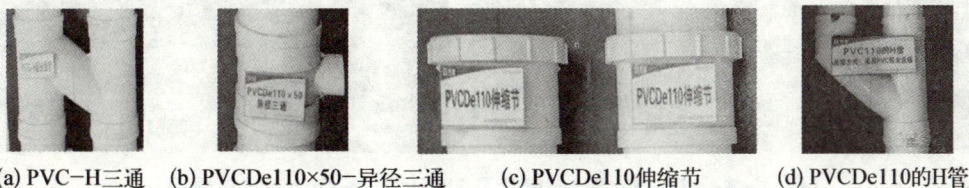

(a) PVC-H三通　　　(b) PVCDe110×50-异径三通　　　(c) PVCDe110伸缩节　　　(d) PVCDe110的H管

**图1-3-13　常用的排水塑料管 UPVC 管件连接实物**

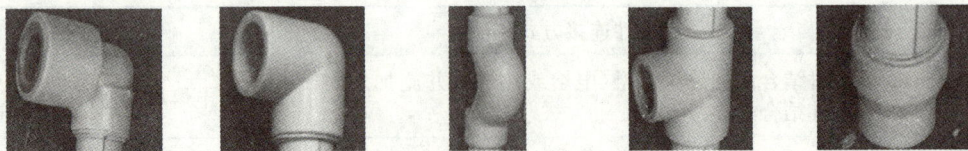

(a) De20×1/2内丝弯头　(b) 90°De25弯头　(c) De25过桥弯头　(d) De25正三通　(e) De25×20异径接头

**图 1-3-14　常用的给水塑料管 PPR 管件连接实物**

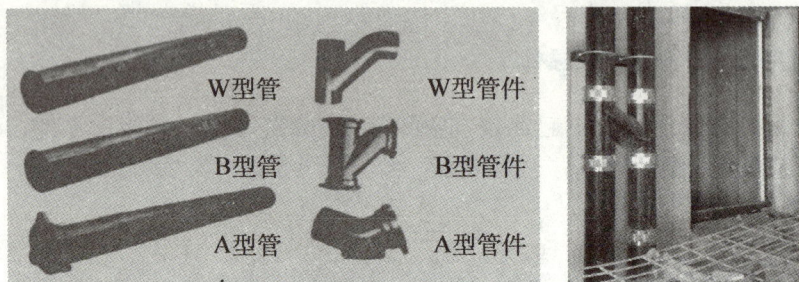

**图 1-3-15　铸铁管管件及铸铁(W型)管件安装实物**

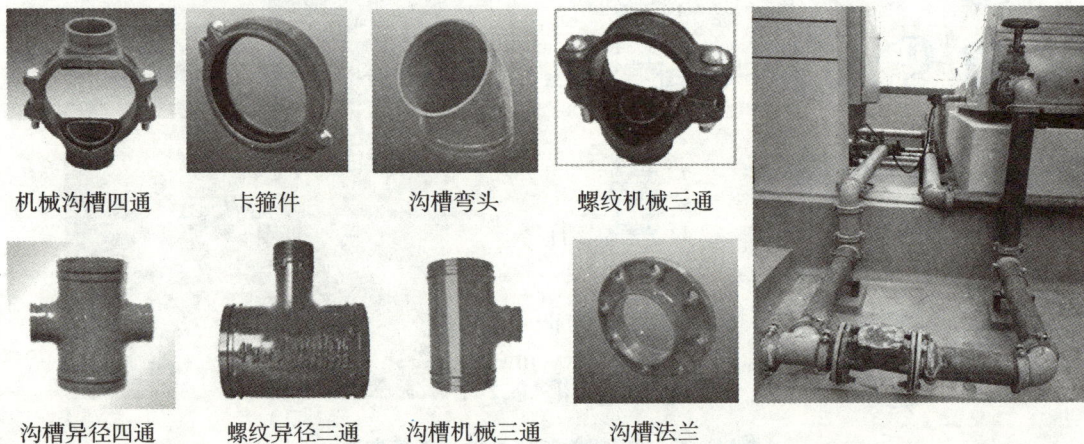

机械沟槽四通　　卡箍件　　沟槽弯头　　螺纹机械三通

沟槽异径四通　　螺纹异径三通　　沟槽机械三通　　沟槽法兰

**图 1-3-16　消防管道(沟槽管件)及安装实物图**

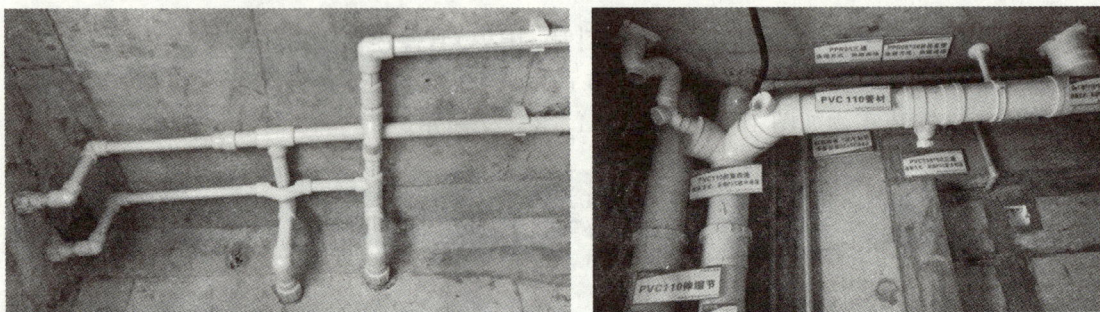

**图 1-3-17　PPR 管道、管件及 UPVC 管道、管件安装实物图**

### 1.3.5　管材、管件进场检查

建筑给水、排水及采暖工程所使用的所有材料进场时应**进行进场检查**：

**(1) 符合性检查**（按供货清单核对：规格、型号、数量）；

**(2) 外观检查**（包装应完好，表面无划痕及外力冲击破损）；

**(3) 质量合格证明文件检查**（生产许可证、质量合格证和性能检验报告）。

参与人员（**甲方、监理、施工方、供货方**），检查结果要经**监理工程师**核查确认，检验合格的材料方能进入施工现场的材料堆放场地（仓库），并由专人看管。

管材、管件进行现场外观检查应符合下列要求：

（1）镀锌钢管应为内外壁热镀锌钢管，钢管内外表面的镀锌层不得有脱落、锈蚀等现象；钢管的内、外径应符合现行国家标准《低压流体输送用焊接钢管》（GB/T 3091—2015）或现行国家标准《输送流体用无缝钢管》（GB/T 8163—2008）的规定；

（2）表面应无裂纹、缩孔、夹渣、折叠和重皮；

（3）螺纹密封面应完整、无损伤、无毛刺；

（4）非金属密封垫片应质地柔韧、无老化变质或分层现象，表面应无折损、皱纹等缺陷；

（5）法兰密封面应完整光洁，不得有毛刺及径向沟槽；螺纹法兰的螺纹应完整、无损伤。

## 1.4　建筑给水管道施工技术

### 1.4.1　室内给水管道的敷设

室内给水管宜沿墙、梁、柱明敷，也可在管槽、管井、管沟及吊顶内暗敷，直埋在地坪面层内及墙体内的管道，不得有机械式连接管件。

**1. 引入管**

给水引入管（进户管）与排水排出管（出户管）的水平净距不得小于 **1 m**。当室内给水管道与排水管道平行敷设时，两管道间的水平净距不得小于 **0.5 m**；交叉铺设时，两管道间的垂直净距不得小于 **0.15 m**。给水管应敷设在排水管的上面，若给水管必须敷设在排水管的下面，**则给水管应加套管**，套管的长度不得小于排水管管径的 3 倍。

引入管的**埋深**应符合设计要求，不得小于当地冻土线以下 **0.15 m**。引入管穿越承重墙或基础时，应按设计要求预留孔洞，孔洞大小为管径加 200 mm，管道装妥后，管道与孔洞之间的空隙用黏土填实或者用聚氨酯发泡填实，外抹防水水泥砂浆，以防止室外雨水渗入，具体做法如图 1-4-1 所示。

**2. 配水管网**

给水管道的平面位置、高程应符合设计要求，且与装修协调一致，管道变径在分支管后进行，距分支管的

**图 1-4-1　引入管穿越基础的做法**

（QR code）
建筑给水
管道安装

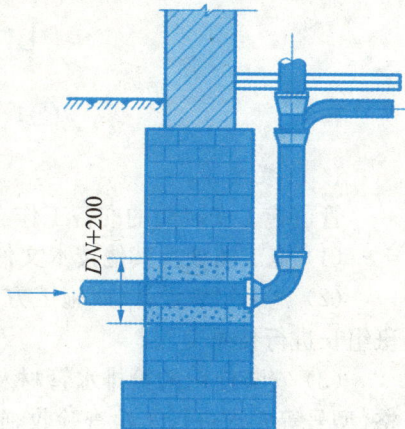

距离≥大管的直径且≥100 mm。**管道避让应遵循小管让大管、压力流管让重力流管、压力流管道让电缆、冷水管让热水管、生活用水管道让工业、消防用水管道、气管让水管、阀件少的管道让阀件多的管道等原则。垂直对正管路的要求是:热介质管道在上、冷介质在下,保温管安装在上,非保温管安装在下,气管体管道在上、液体管道在下金属管在上、非金属管在下,高压管线安装上,低压管线安装下。**

给水管道**不宜穿过伸缩缝、沉降缝和抗震缝**,当必须穿过时,应采取措施使管道不受拉伸与挤压:

(1) 在管道或保温层外皮上、下部留有不小于 **150 mm 的净空**,给水引入管管顶上部净空一般不小于 100 mm,排水排出管管顶上部净空一般不小于 150 mm;如图 1-4-2(a)所示。

(2) 在墙体两侧采取**柔性连接**,如图 1-4-2(b)所示。

(3) 在穿墙处**水平安装方形补偿器**,如图 1-4-2(c)所示。

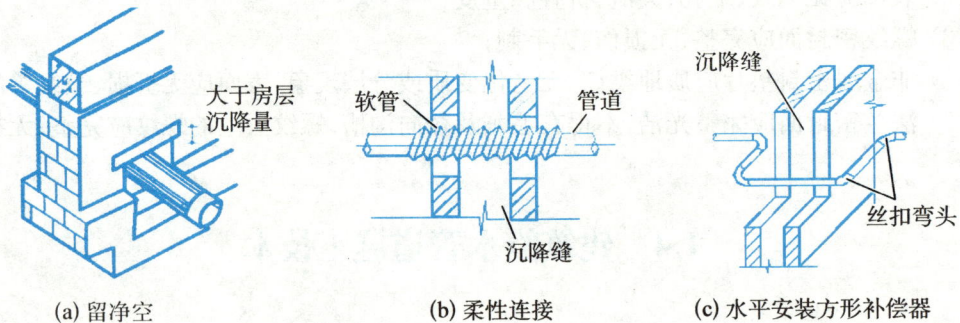

(a) 留净空      (b) 柔性连接      (c) 水平安装方形补偿器

**图 1-4-2 管道穿过伸缩缝、抗震缝及沉降缝的三种技术措施**

## 1.4.2 室内给水管道的安装程序及方法

**室内给水管道的安装程序**,如图 1-4-3 所示。

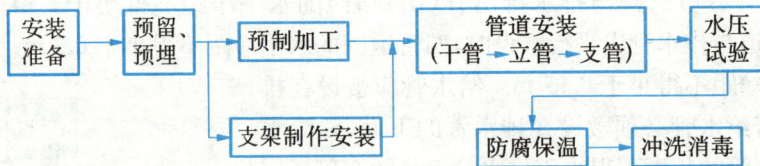

**图 1-4-3 室内给水管道的安装程序**

### 1. 安装准备

管道施工安装前的准备工作有以下几项:

(1) 施工图纸及其他技术文件齐全,并经会审,设计交底已经完成。

(2) 施工组织设计(或施工方案)经技术主负责人审批通过,并向有关施工管理人员和班组长进行技术交底。

(3) 安装使用的给排水管材及管件等材料已按计划组织进场,并按设计选用的材质、规格、型号等要求进行了检查验收,施工现场的用水、用电和材料存放等条件均能满足要求,施工机具已备齐。

（4）管道安装部位的土建施工应能满足管道安装要求,并有明显的建筑轴线和标高控制线,墙面抹灰已完成。

管道安装前,应先按设计要求定出支架的位置,再按管道的标高、同一水平直管段两点间的距离和坡度大小,算出两点间的高差;然后在两点间拉直线,按照支架的间距,在墙上或柱子上画出每个支架的位置。

**2. 预留、预埋**

在土建人员进行钢筋绑扎时,水电安装班组要配合土建人员进行预留孔洞和预埋套管(件)的施工。**引入管穿地下室或地下构筑物外墙时,应采取防水措施,一般预埋刚性防水套管**(见图1-4-4);**若有严格防水要求或可能出现沉降,则应预埋柔性防水套管**(见图1-4-5)。

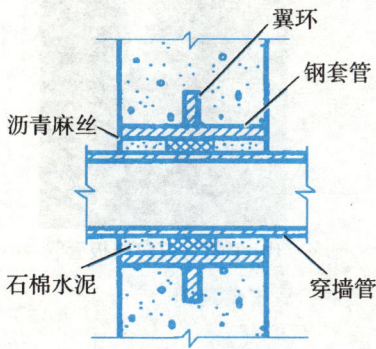

(a) 刚性防水套管的做法　　(b) 刚性防水套管的实物

**图 1-4-4　刚性防水套管**

1—石棉水泥;2—沥青麻丝;3—翼环;4—钢套管;5—穿墙管

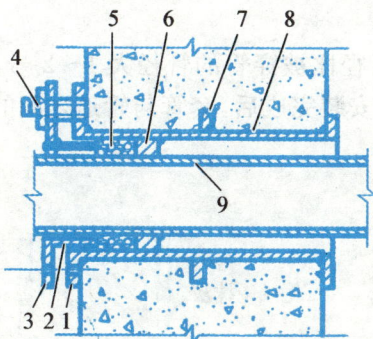

(a) 柔性防水套管的做法　　(b) 柔性防水套管的实物

**图 1-4-5　柔性防水套管**

1—翼盘;2—短管;3—法兰盘;4—双头螺栓;5—橡皮条;
6—挡圈;7—翼环;8—套管;9—穿墙管

**管道穿墙、梁、板时,应预埋套管**(套管的材质为焊接钢管或塑料管),套管在结构施工时预埋,如图1-4-6所示;也可以先在结构施工时预留孔洞,在管道安装时再安装套管,如图1-4-7所示,预留孔洞的尺寸由设计人员在结构图上给出,当设计无规定时,**宜较通过的管径大 50～100 mm** 或按表1-4-2执行。

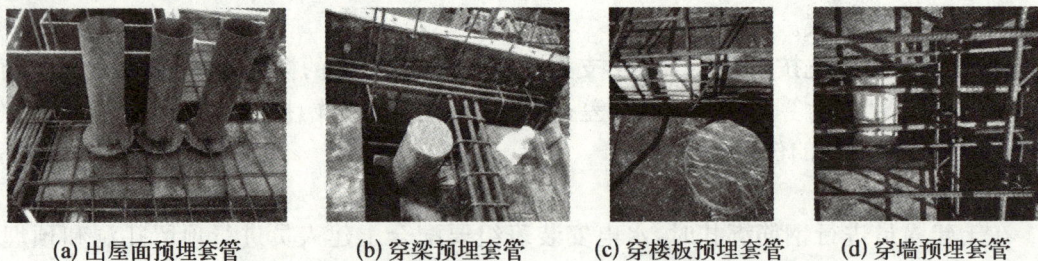

(a) 出屋面预埋套管　　(b) 穿梁预埋套管　　(c) 穿楼板预埋套管　　(d) 穿墙预埋套管

图 1-4-6　预埋套管

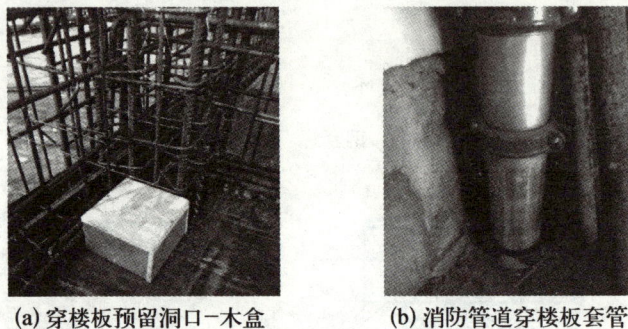

(a) 穿楼板预留洞口-木盒　　(b) 消防管道穿楼板套管

图 1-4-6　预留洞口后安装套管

如图 1-4-8 所示，立管穿过楼板时加装的套管的管径应比被穿管大 1～2 号，套管底部应与楼板底面相平，顶部应高出装饰地面 20 mm，在有水渍的卫生间、厨房，顶部应高出地面 50 mm。管道安装完成后，套管与管道之间的空隙用阻燃密实材料（石棉绳或沥青油麻）和防水油膏填实，套管环缝应均匀，外部用腻子或密封胶封堵；当管道穿越防火分正时，套管的环缝应该用防火胶泥等防火材料进行有效封堵。

水平管穿墙时采用普通钢套管，钢套管的管径比被穿管的管径大 1～2 号，穿墙套管的两侧与墙装饰面平齐，如图 1-4-9 所示。管道安装完成后，套管与管道之间的空隙用石棉绳或沥青油麻填实。

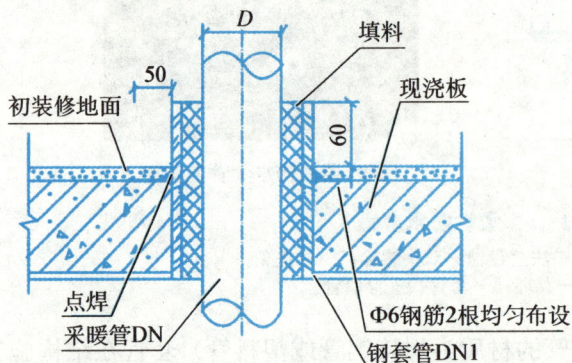

图 1-4-8　立管穿越楼板钢套管做法

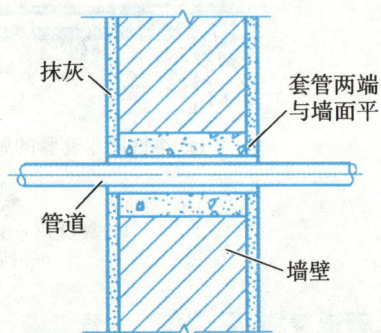

图 1-4-9　水平管穿墙钢套管做法

在建筑水电安装工程中，常用套管的使用情况见表 1-4-1。

表 1-4-1　常用套管的使用情况

| 穿越部位 | 套管形式 | 具体做法 |
|---|---|---|
| 穿墙或楼板 | 金属套管/塑料套管 | 套管与管道之间的空隙用防火、防水填料填实 |
| 穿屋面 | 刚性防水套管 | 做法详见《防水套管》(02S404) |
| 穿地下室外墙 | 刚性防水套管 | |
| 穿过水池和水箱、池壁、池底 | 柔性防水套管 | 做法详见《防水套管》(02S404) |

### 3. 支架预埋件的安装

支架预埋件大多设置在钢筋混凝土的墙、柱和楼板中。当土建施工进行到绑扎钢筋时，安装单位要依据土建单位给定的建筑轴线和标高线（50 线）按设计要求的埋件位置进行预埋件的就位安装，校正位置、标高、水平度或垂直度后，用钢丝将预埋件与附近的钢筋绑牢。

### 4. 管道安装

室内给水管道的安装应遵循先地下后地上，先大管后小管，先主管后支管的原则，一般按安装引入管—水平干管—立管—支管的顺序施工。

1）引入管的安装

(1) 挖管沟的施工方法与室外管沟类似，管沟两边各留 300 mm 的工作面，管与管的间距应符合要求。

(2) 埋地干管应有 2‰~5‰ 的坡度坡向室外泄水装置，引入管的底部装泄水阀或管堵，以利管道系统试验及冲洗时排水。

(3) 室内埋地管道的埋设深度不宜小于 300 mm。

2）水平干管的安装

(1) 水平干管的安装一般在支架安装完毕后进行，先定水平干管的标高、位置、坡度、管径等，正确按尺寸埋好支架。

(2) 管子和管件可先在地面组装，地下干管在上管前，应将各分支口堵好，防止泥沙进入。

(3) 干管安装后，要用水平尺在每段上复核，防止出现"反坡"现象，一般以不小于 3‰ 的坡度坡向泄水装置、室外阀门井和水表井。

3）立管的安装

(1) 立管的安装顺序是由下往上。在安装前，打通各楼层孔洞，自顶层向底层吊线坠，用粉囊在墙面上弹画出立管安装的垂直中心线，作为预制量尺及现场安装中的基准线。明敷管道与墙、梁、柱的间距应满足施工、维护、检修的要求，可参照表 1-4-2 的规定。

表 1-4-2　给水管与墙、住、梁的参考距离

| 管　段 | 最小距离要求 |
|---|---|
| 横干管 | 与墙、地沟壁的净距大于等于 100 mm；<br>与梁、柱净距大于等于 50 mm（此处无接头）； |
| 立　管 | 管表面距柱表面大于等于 50 mm<br>与墙的净距：DN32：25 mm，DN 32~50：35 mm；<br>DN75~100：50 mm；DN125~150：60 mm。 |

明装管道外壁（或保温层外壁）之间的最小距离宜按下列规定确定：

① $DN \leqslant 32$ 时,不小于 100 mm;$DN > 32$ 时,不小于 150 mm;

② 管道上阀门不宜并列安装,应尽量错开位置,必须并列安装时,管道外壁最小距:$DN \leqslant 50$,不宜小于 250 mm;$DN 50 \sim DN 150$,不宜小于 300 mm。

（2）根据立管卡的高度在垂直线上确定出立管卡的位置,并画好横线,再根据横线和垂线的交点打洞设卡。立管卡的安装原则有以下几点。

① 当层高小于或等于 5 m 时,每层须安装一个;当层高大于 5 m 时,每层不得少于两个。

② 立管卡应距地面 1.5~1.8 m,2 个以上的立管卡应均匀安装。

③ 成排管道或同一房间的立管卡和阀门等的安装高度应保持一致。

4）支管的安装

（1）在墙面上弹出支管位置线,如图 1-4-10 所示。弹线时应注意管道与梁、柱、楼板之间应保持一定的距离,应符合表 1-4-3 的规定。水平给水管应有不小于 0.002 的坡度坡向立管,以便修理时放水。

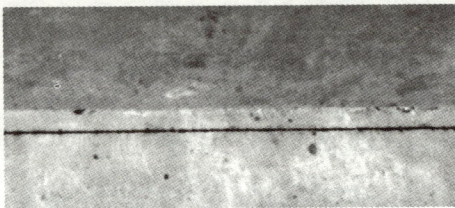

图 1-4-10 在墙面上弹出支管位置线

表 1-4-3 管道中心线与梁、柱、楼板的最小距离　　　　单位:mm

| 公称直径 | 25 | 32 | 40 | 50 | 70 | 80 | 100 | 125 | 150 | 200 |
|---|---|---|---|---|---|---|---|---|---|---|
| 最小距离 | 40 | 40 | 50 | 60 | 70 | 80 | 100 | 125 | 150 | 200 |

（2）按规定设置管卡。水平管道在安装前应按图纸给定的设计标高及管道的坡度进行测量选择首末两点放线,按照支架的间距在墙上或柱上画出每个支架的位置。中间的支架根据墙不作架、托稳转角、中间等分、不超最大的原则来确定其位置和数量。支架的最大间距若设计无要求,应符合施工验收规范的要求,如表 1-4-4 和表 1-4-5 确定。

表 1-4-4 钢管管道支架的最大间距

| 公称直径/mm | | 15 | 20 | 25 | 32 | 40 | 50 | 65 | 80 | 100 | 125 | 150 | 200 | 250 | 300 |
|---|---|---|---|---|---|---|---|---|---|---|---|---|---|---|---|
| 支架的最大间距/m | 保温管 | 2 | 2.5 | 2.5 | 2.5 | 3 | 3 | 4 | 4 | 4.5 | 6 | 7 | 7 | 8 | 8.5 |
| | 不保温管 | 2.5 | 3 | 3.5 | 4 | 4.5 | 5 | 6 | 6 | 6.5 | 7 | 8 | 9.5 | 11 | 12 |

表 1-4-5 塑料管及复合管管道支架的最大间距

| 管径/mm | | | 16 | 20 | 25 | 32 | 40 | 50 | 63 | 75 | 90 | 110 |
|---|---|---|---|---|---|---|---|---|---|---|---|---|
| 支架的最大间距/m | 立　管 | | 0.7 | 0.9 | 1.0 | 1.1 | 1.3 | 1.6 | 1.8 | 2.0 | 2.2 | 2.4 |
| | 水平管 | 冷水管 | 0.5 | 0.6 | 0.7 | 0.8 | 0.9 | 1.0 | 1.1 | 1.2 | 1.35 | 1.55 |
| | | 热水管 | 0.25 | 0.3 | 0.35 | 0.4 | 0.5 | 0.6 | 0.7 | 0.8 | | |

$DN 32$ 以内的 PP-R 给水管的管卡间距为 0.8 m,如图 1-4-11 所示。管卡安装好后,在地面上按要求连接好管道,再用管卡固定好,如图 1-4-12 所示。

图1-4-11　在墙上安装管卡

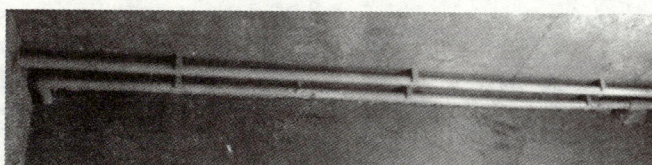

图1-4-12　PP-R管沿板明敷(敷设在吊顶内)

（3）明装的生活给水管应根据设计要求进行保温处理，以防止结露，如图1-4-13所示。

（4）嵌墙敷设的管槽，浇筑墙时宜配合土建施工预留。对于砖墙或轻质隔墙，可开管槽[见图1-4-14(a)]，划线定位。对于 $DN32$ 以内的给水管，给水支管的安装一般先做到卫生器具的供水

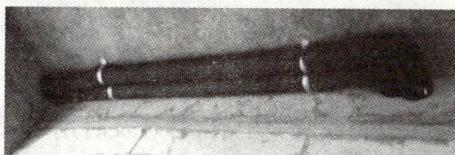

图1-4-13　明装的生活给水管的保温处理

点，**当管槽尺寸设计无规定时，管槽的宽度宜比管道外径大 40～50 mm，管槽的深度为：D＋15 mm，两根及以上管入槽，应控制管与管的间距为 25 mm。** 开槽时，管槽的底和壁应平整无凸出的尖锐物，**墙体横向连续开槽长度不宜大于 1 m，槽的深度不宜超过墙厚 1/3，并应征得结构设计同意。管子安装好后，用管卡固定（间距为 1 m 左右）**，如图1-4-14(b)所示。管道固定好后，**用 M7.5 水泥砂浆分两层填槽**：第一层填塞至 3/4 管高，砂浆初凝时应将管道略做左右摇动，使管壁与砂浆之间形成缝隙；第二层填塞，填满管槽，并与墙面抹平，砂浆必须密实饱满，如图1-4-14(c)所示。

(a) 开管槽，划线定位

(b) 用管卡固定安装好的管道

(c) 暗敷后填槽

图1-4-14　PP-R生活给水管暗敷

（5）在浇筑的混凝土内预埋给水管的步骤。

① 在混凝土板墙内按设计图中的尺寸和位置预制给水管，如图1-4-15(a)所示。

② 把预制好的给水管绑扎在板墙的钢筋网上，如图1-4-15(b)所示。

③ 穿过模板洞，用角铁固定，控制好出墙尺寸，如图1-4-15(c)所示。

④ 模板拆除后，取水点应凸出墙面 2 cm，如图1-4-15(d)所示。

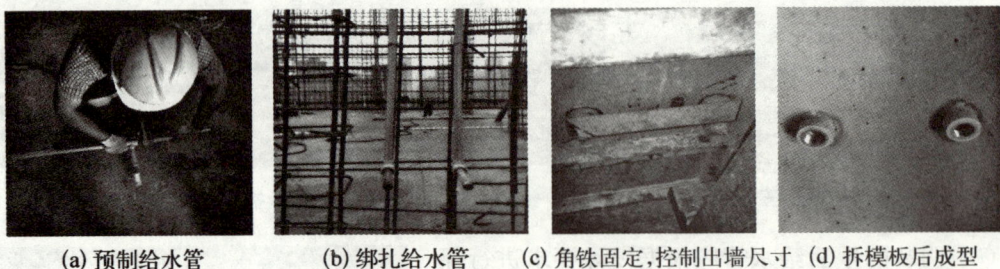

(a) 预制给水管　　　(b) 绑扎给水管　　(c) 角铁固定,控制出墙尺寸　(d) 拆模板后成型

图 1-4-15　在浇筑的混凝土内预埋给水管

　　管道安装完毕后,必须及时用不低于结构强度等级的混凝土或水泥砂浆把孔洞堵严、抹平,为了不致因堵洞而将管道移位,造成立管不垂直,应派专人配合土建人员堵孔洞。堵楼板孔洞宜用定型模具或用木板支搭牢固后,往洞内浇点再用 C20 以上的细石混凝土或 M5.0水泥砂浆填平捣实。管道安装完毕后,应对预埋防水套管与管道之间的环形缝隙进行嵌缝,先在套管中部塞 3 圈以上的油麻,再用 M10 膨胀水泥砂浆嵌缝至平套管口。

　　给水管道支管应安装到供水点(一般为角阀处,如图 1-4-16 所示,也有直接安装到水龙头出预留接口),不同卫生洁具,供水点标高不同应符合规范要求,如表 1-4-6 所示。

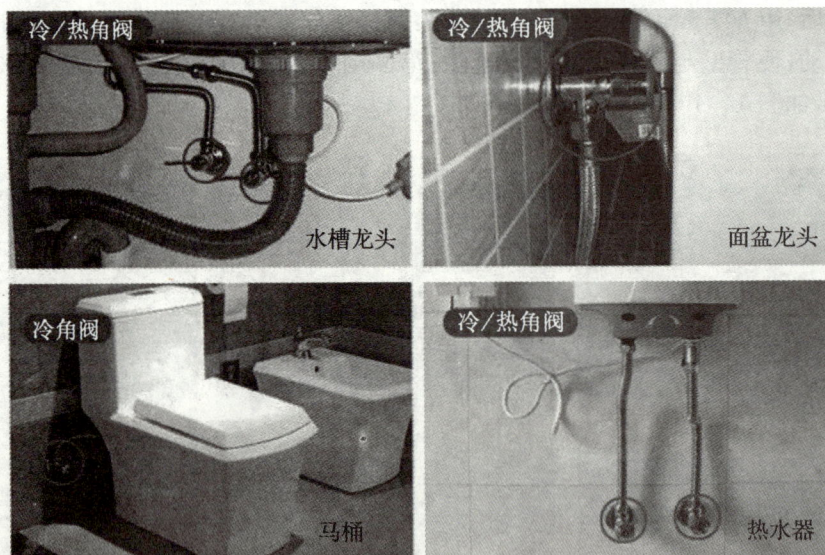

图 1-4-16　不同卫生器具的供水角阀实物图

表 1-4-6　卫生洁具供水点标高

| 序号 | 给水配件名称 | 配件中心距地面高度(mm) | 序号 | 给水配件名称 | | 配件中心距地面高度(mm) |
|---|---|---|---|---|---|---|
| 1 | 落地式污水盆(池)水龙头 | 800 | 6 | 洗脸盆 | 角阀(下配水) | 450 |
| 2 | 洗涤盆(池)水龙头、住宅集中给水龙头洗手盆水龙头、实验室化验室化验水龙头 | 1 000 | 8 | 浴盆 | 水龙头(上配水) | 670 |

续　表

| 序号 | 给水配件名称 | | 配件中心距地面高度(mm) | 序号 | 给水配件名称 | 配件中心距地面高度(mm) |
|---|---|---|---|---|---|---|
| 9 | 淋浴器 | 截止阀、混合阀 | 1 150 | 15 | 坐式大便器低水箱角阀 | 150 |
| 13 | 立式小便器角阀 | | 1 130 | 17 | 妇女卫生盆混合阀 | 360 |
| 14 | 挂式小便器角阀及截止阀 | | 1 050 | 11 | 大便槽冲洗水箱截止阀(从台阶算起) | ≮2 400 |

### 1.4.3　室外给水管道的安装

**室外管道的安装工艺为:测量放线→管沟开挖→沟底找坡(沟槽排水)→沟基处理→下管稳管→接口养护→阀门及阀门井(砌筑阀门井)→试压→接口补充防腐→回填。**

给水管道在埋地敷设时,应在当地的**冰冻线以下(150 mm)**,如必须在冰冻线以上铺设时,应做可靠的保温防潮措施。在无冰冻地区,**埋地敷设时,管顶的覆土埋深不得小于500 mm,穿越道路部位的埋深不得小于700 mm。**管道接口法兰、卡扣、卡箍等应安装在检查井或地沟内,不应埋在土壤中。

（1）沟槽开挖

沟槽开挖的方法有人工法和机械法两种,在条件允许情况下,尽量采用机械法开槽。沟槽应分段开挖,确定合理的开挖顺序,相邻沟槽开挖,应按先深后浅的施工顺序。**沟槽开挖应严格控制标高,防止槽底超挖或对槽底土的扰动,采用机械法挖土应留 0.2~0.3 m 厚土层待铺管前用人工清挖至设计标高;人工法挖土应预留 0.15 m。如沟基为岩石、不易清除的块石或为砾石层时,沟底应下挖 100~200 mm,填铺细砂或粒径不大于 5 m 的细土,夯实到沟底标高后,方可进行管道敷设。**

（2）管沟基底处理

室外给水管道一般直接敷设于未经扰动的原土上,管道下方铺设 100~200 mm 的砂垫层,管沟基底的坐标、位置、沟底标高应符合设计要求,管沟的沟底层应是原土层或夯实的回填土,沟底平整,坡度顺畅,无尖硬的物体、块石等。槽底不得受水浸泡或受冻,槽底局部扰动或受水浸泡时,宜采用天然级配砂砾石或石灰土回填;槽底扰动土层为湿陷性黄土时,应按设计要求进行地基处理。**塑料管道垫层应采用砂土垫层,同时要求管沟底砂土垫层厚度不小于 100 mm,回填应采用细砂土回填至管顶 300 mm 处,并且分层夯实后回填原土。**

排水管道则必须修筑管道基础,室外管道的基础形式有:

① 沙土基础:沙垫层基础和弧形素混凝土基础(在原土基础上挖弧形槽);

② 混凝土枕基:在接口部位局部设置混凝土基础;

③ 混凝土带形基础:沿管道全长铺设混凝土基础适用于有地下水大管径管道。

（3）阀门及阀门井

**设在通车路面下或小区道路下的各种井室,必须使用重型井圈和井盖,井盖上表面应与路面相平,允许偏差为±5 mm。绿化带上和不通车的地方可采用轻型井圈和井盖,井盖的上表面应高出地坪 50 mm,并在井口周围以 2% 的坡度向外做水泥砂浆护坡。重型铸铁或**

混凝土井圈,不得直接放在井室的砖墙上,砖墙上应做不少于 80 mm 厚的细石混凝土垫层。

### (4) 回填

　　管道安装完毕应做水压试验,试压合格并经隐蔽验收后方可回填,回填前应检查管道起、止点标高,回填时排除沟内杂质和积水,**管顶上部 200 mm 以内应用砂子或无块石及冻土块的土,并不得用机械回填,管顶上部 500 mm 以内不得回填直径大于 100 mm 的块石和冻土块,500 mm 以上部分回填土中的块石或冻土块不得集中。回填时应分层夯实,人工夯实每层回填厚度不应大于 200 mm,机械夯实每层不应大于 300 mm,在管顶以上 500 mm 范围内应采用人工夯打或轻型机械压实,上部用机械回填时,机械不得在管沟上行走。**

### 1.4.4　补偿器设置

　　受输送介质温度或环境温度的影响,管道会**热胀冷缩**,须在管道上安装补偿器,以保证管道有热胀冷缩的余地。管道在敷设时形成的 L 形或 Z 形自然弯(见图 1-4-17)可以补偿直线管段部分的伸缩量,管道敷设时充分利用自然补偿的可能性,当利用管段的自然补偿不能满足要求时,应设置补偿器,常用补偿器有**方形补偿器、套筒形补偿器、波纹补偿器和球形补偿器等**。

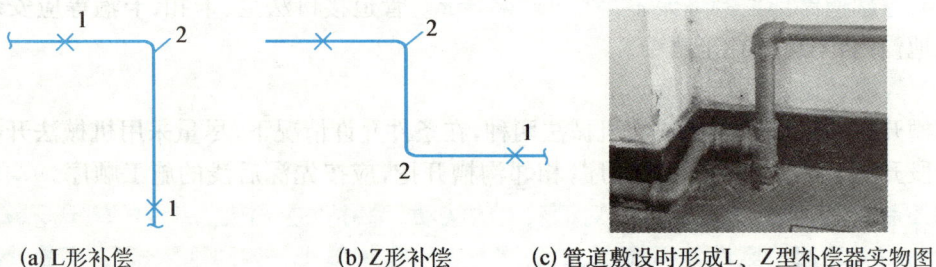

(a) L形补偿　　　　　　(b) Z形补偿　　　(c) 管道敷设时形成L、Z型补偿器实物图

图 1-4-17　自然补偿管道

图 1-4-18　方形伸缩器的实物

#### (1) 方形补偿器

　　方形补偿器是由几个弯管组成,又称为方形伸缩器(见图 1-4-18),俗称方形胀力。方形补偿器安装简单、成本低,工作可靠性强,补偿能力大,但其轴向推力大,占用空间。**补偿器应优先采用方形或 Z 形补偿器,并应设置于两个固定点间距的 1/2～1/3 范围内。**

　　在直管段中设置补偿器的最大间距(固定支架的间距)应按设计规定,若设计无规定,则可按表 1-4-7 执行。

表 1-4-7　方形补偿器在直管段中设置补偿器的最大间距

| 公称直径/mm | | 25 | 30 | 40 | 50 | 65 | 80 | 100 | 125 | 150 | 200 | 250 | 300 | 350 | 400 |
|---|---|---|---|---|---|---|---|---|---|---|---|---|---|---|---|
| 最大间距/m | 架空与地沟敷设 | 30 | 35 | 45 | 50 | 55 | 60 | 65 | 70 | 80 | 90 | 100 | 115 | 130 | 145 |
| | 无沟敷设 | | | 45 | 50 | 55 | 60 | 65 | 70 | 70 | 90 | 90 | 110 | 110 | 110 |

#### (2) 套筒形补偿器

　　套筒形补偿器也称为填料函式补偿器,如图 1-4-19 所示,它是以插管和套筒的虚位来补偿管道的热伸缩,插管和套管之间以压紧的填料实现密封。套筒形补偿器的优点是占地空间小,安装简便,补偿能力较大(一般可达 $250\sim400$ mm),缺点是易泄漏,如管段发生横向位移,填料圈卡住,会造成芯管不能自由伸缩。

图 1 - 4 - 19　套筒形补偿器的结构
1—内套筒;2—填料压盖;3—压紧环;
4—密封填料;5—填料支承环;6—外壳

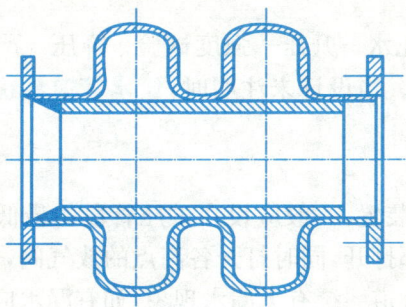

### (3) 波纹补偿器

波纹补偿器是一种以金属薄板压制并拼焊起来的伸缩装置,又称为纹波伸缩器(见图 1 - 4 - 20),波纹补偿器的结构紧凑,补偿能力小,价格较贵。波纹管补偿器,可采用可曲挠橡胶接头来替代,但必须注意采用耐热橡胶制品。

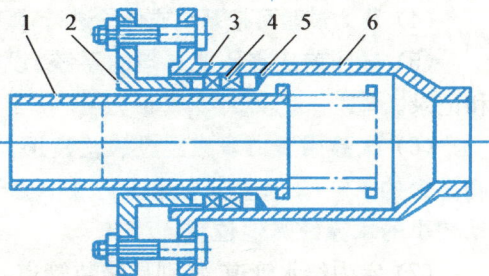

图 1 - 4 - 20　波纹伸缩器的实物和示意图

### (4) 球形补偿器

球形补偿器可以吸收管道一个或多个方向上的横向位移,应成对使用,单台使用没有补偿能力;可作为管道万向接头使用,补偿能力大,对支座作用力小;长时间运行出现渗漏时,不需停气减压便可进行维护,以防止地基不均匀沉降或震动对管道造成破坏。

## 1.4.5　压力试验

承压管道安装完成后,应按施工图纸要求进行压力试验,以检验管路系统接口承压能力和密封性能。液体管道一般用清洁水为介质做水压试验,气体管道的压力实验还应进行气压试验,气压试验必须采取有效的安全措施,并报请主管部门批准后方可进行。

水压试验、
冲洗消毒

### 1. 管道压力试验应具备的条件

管道压力试验应具备的条件有以下几个。

(1)试压段的管道安装工程已全部完成,并符合设计要求和管道安装施工的有关规定。对室内给水管道可安装至卫生器具的进水阀前,卫生器具至进水阀间的短管可不进行水压试验,采暖系统试压应在管道和散热设备全部连接安装后进行。

(2)支、吊架安装完毕,配置正确,紧固可靠;为试压而采取的临时加固措施经检查应确认安全可靠。

**(3)试压前焊接钢管和焊缝均不得涂漆和保温,焊缝应经过外观检查以确认合格。**

（4）压力试验可按系统或分段进行，隐蔽工程应在隐蔽前进行，埋地敷设的管道不应覆土。

（5）试压前应将不能参与的系统、设备、仪表和管道附件等加以隔离，并应有明显标记和记录。

（6）试验用压力表应经过检验校正，其精度等级不应低于 1.5 级，表的满刻度为最大被测压力的 1.5～2 倍。试验用压力表不少于 2 块，一块装在试压泵的出口，另一块装在压力波动较小的本系统其他位置。

（7）室内给水管道，特别是暗装管道，是在管道与卫生设备连接时进行压力试验，即卫生设备上的各种水龙头、阀门及填料连接短管都不参与压力试验，在压力试验前用丝堵堵好。

（8）管道试压分段不宜过长，否则很难排净管道内空气，室外管道试压段一般为 500 m～1000 m，管线多转弯试压段一般为 300 m～500 m，湿陷性黄土管段 200 m，管道通过河流、铁路等障碍物地段需单独试压。

### 2. 水压试验的步骤及要求

水压试验的步骤是：系统充水—升压—强度试验—降压—严密性试验。室内给水管道的水压试验必须符合设计要求。当设计未注明时，给水管道系统试验压力均为工作压力的 1.5 倍，但不得小于 0.6 MPa。

#### （1）系统充水

水压试验的充水点和加压装置，一般应设在试压管段的最低处，以利于低处进水、高点排气。充水前，将系统阀门全部打开，同时打开各高点的放气阀，当放气阀不间断出水时，关闭放气阀和进水阀，全面检查管道系统有无漏水现象，如有漏水应及时进行修理。

#### （2）升压及强度试验

管道充满水且无漏水，即可通过手压泵加压（当管径≥DN300 时采用电动泵加压），一般分 2～3 次升压升至试验压力后，停止升压并迅速关闭进水阀，观察压力表，如压力表指针跳动，说明排气不良，应打开放气阀再次排气，并加压至试验压力，然后记录时间、压力检查。

#### （3）降压及严密性试验

强度试验合格后，将压力降至工作压力，在稳压的条件下进行严密性检查。检查的重点在于管道的各类接口、管道与设备的连接处。各类阀门和附件的严密程度，以不渗漏为合格。

### 3. 水压试验的合格标准

水压试验只有当强度试验和严密性试验均合格时才算合格。管道水压试验的合格标准见表 1-4-8。

表 1-4-8　管道水压试验的合格标准

| 水压试验项目 | 合格标准 | 验收专业标准号 |
| --- | --- | --- |
| 室内给水管道 | （1）试验压力要求<br>当设计未注明时，各种材质的给水管道系统试验压力均为工作压力的 1.5 倍，但不得小于 0.6 MPa。<br>（2）检验方法<br>① 金属及复合管给水管道系统在试验压力下观测 10 min，压力降不应大于 0.02 MPa，然后降到工作压力进行检查，应不渗不漏；<br>② 塑料管给水系统应在试验压力下稳压 1 h，压力降不得超过 0.05 MPa，然后在工作压力的 1.15 倍状态下稳压 2h，压力降不得超过 0.03 MPa，同时检查各连接处不得渗漏。 | GB 50242—2002 主控项目 4.2.1 |

续 表

| 水压试验项目 | 合格标准 | 验收专业标准号 |
|---|---|---|
| 阀门的强度和严密性试验 | 阀门的强度试验压力为公称压力的 1.5 倍,严密性试验压力为公称压力的 1.1 倍;试验压力在试验持续时间内应保持不变,且壳体填料及阀瓣密封面无渗漏 | GB 50242—2002 主控项目 3.2.5 |
| 消防水泵接合器及消火栓系统 自动喷水灭火系统 | (1) 试验压力要求 当系统设计工作压力等于或小于 1.0 MPa 时,水压强度试验压力应为设计工作压力的 1.5 倍,并不应低于 1.4 MPa;当系统设计工作压力大于 1.0 MPa 时,水压强度试验压力应为该工作压力加 0.4 MPa。<br>(2) 检验方法<br>① 强度试验。达到试验压力后,稳压 30 min 后,管网应无泄漏、无变形,且压力降不应大于 0.05 MPa。<br>② 严密性试验。在水压强度试验和管网冲洗合格后进行,试验压力应为设计工作压力,稳压 24 h 应无泄漏 | GB 50261—2005 主控项目 6.2.1 主控项目 6.2.2 主控项目 6.2.3 |
| 闭式喷头密封试验 | 试验压力应为 3.0 MPa,保压时间不得少于 3 min;以无渗漏、无损伤为合格 | GB 50261—2005 主控项目 3.2.3 主控项目 3.2.4 |
| 报警阀渗漏试验 | 试验压力应为额定工作压力的 2 倍,保压时间不应小于 5 min。阀瓣处应无渗漏 | |
| 密闭水箱(罐)安装 | 密闭水箱(罐)与系统连在一起,其水压试验应与系统相一致,即以其工作压力的 1.5 倍做水压试验;<br>检验方法:水压试验在试验压力下 10 min 压力不降,不渗不漏 | GB 50242—2002 主控项目 4.4.3 |
| 热水管道安装 | (1) 试验压力要求 当设计未注明时,热水供应系统水压试验压力应为系统顶点的工作压力加 0.1 MPa,同时在系统顶点的试验压力不小于 0.3 MPa。<br>(2) 检验方法<br>① 钢管和复合管道系统试验压力下 10 min 内压力降不大于 0.02 MPa,然后降至工作压力检查,压力应下降,且不渗不漏。<br>② 塑料管道系统在试验压力下稳压 1 h,压力降不得超过 0.05 MPa,然后在工作压力 1.15 倍状态下稳压 2 h,压力降不得超过 0.03 MPa,连接处不得渗漏 | GB 50242—2002 主控项目 6.2.1 |
| 采暖系统 | (1) 试验压力要求<br>① 蒸汽、热水采暖系统,应以系统顶点工作压力加 0.1 MPa 作水压试验,同时在系统顶点的试验压力不小于 0.3 MPa;<br>② 高温热水采暖系统.试验压力应为系统顶点 工作压力加 0.4 MPa;<br>③ 使用塑料管及复合管的热水采暖系统;应以系统顶点工作压力加 0.2 MPa 作水压试验,同时在系统顶点的试验压力不小于 0.4 MPa。<br>(2) 检验方法<br>使用钢管及复合管的采暖系统应在试验压力下 10 min 内压力降不大于 0.02 MPa,降至工作压力后检查,不渗、不漏;使用塑料管的采暖系统应在试验压力下 1 h 内压力降不大于 0.05 MPa,然后降压至工作压力的 1.15 倍,稳压 2 h,压力降不大于 0.03 MPa,同时各连接处不渗、不漏。<br>(3) 系统试压合格后,应对系统进行冲洗并清扫过滤器及除污器,系统冲洗完毕应充水、加热,进行试运行和调试。 | GB 50242—2002 主控项目 8.6.1 |

续 表

| 水压试验项目 | 合格标准 | 验收专业标准号 |
|---|---|---|
| 空调水系统管道 | 安装后必须进行水压试验(凝结水系统除外),冷(热)水、冷却水系统的试验压力,当工作压力小于或等于 1.0 MPa 时,为 1.5 倍工作压力,最低不小于 0.6 MPa;当工作压力大于 1.0 MPa 时,为工作压力加 0.5 MPa。 | GB 50243—2016 主控项目 9.2 |

注:当设计对水压试验压力有明确要求时,按设计要求进行。

**下雨天不宜进行室外管道的水压试验,当气温低于 5 ℃时,应采取严格的防冻措施**,一般应在 5~10 min 内将管道灌满 50 ℃左右的热水进行试验;整个试验过程以不超过 2~3 h 为宜。水压试验合格后应立即将水排净,以防冻坏管道和设备。

**4. 最终水压试验与渗水量试验**

埋地压力管道(钢管、铸铁管)在回填土后,还应进行系统最终水压试验。试验前,管内需充水浸泡 24 h,试验压力为工作压力。其渗水量应符合要求,渗水量严重的接口必须进行修理。最终水压试验合格后,可进行渗水量试验。采用测量槽水位的方法来确定单位时间的管道渗水量。当对公称直径不大于 400 mm 的埋地压力管道进行最终试验时,如管道内的空气排尽,强度试验压力降不大于 0.05 MPa,则可不测定渗水量,即认为最终试验合格。

### 1.4.6　冲洗与消毒

水压试验合格后应对系统进行冲洗以清除管道内的铁屑、铁锈、焊渣、尘土及其他污物。冲洗一般使用清洁水,如管道分支较多可分段冲洗。**在冲洗管段的最底部设排污口,排污口的截面积不应小于被冲洗管截面积的 60%**,排水管应接入可靠的排水井或沟中。**冲洗时,以系统内可能达到的最大流量或不小于 1 m/s 的流速进行。**

冲洗消毒的合格标准如下:

(1) 当设计无规定时,以出口的水色和透明度与入口处目测一致为合格。

(2) 管道第一次冲洗应用清洁水冲洗至出水口水样浊度小于 3NTU(浊度:相当于 1 L 的水中含 1 mg 的 $SiO_2$)。

(3) **管道第二次冲洗应在第一次冲洗后,用有效氯离子含量不低于 20 mg/L 的清洁水**(消毒常用的药剂有漂白粉、漂白精和液氯)**浸泡 24 h 后,再用清洁水进行第二次冲洗,直至水质检测、管理部门取样化验合格为止。**

# 1.5　建筑排水管道施工技术

## 1.5.1　室内排水管道的敷设

排水埋地管道不得布置在可能受重物压坏或穿越生产设备基础。**排水管道不得穿过沉降缝、伸缩缝、变形缝、烟道和风道**,排水管道不得穿越客厅、餐厅和卧室,排水管道不宜穿越橱窗、壁柜,排水管道不得穿越生活饮用水池部位的上方。室内排水管道不得布置在遇水会引起燃烧、爆炸的原料、产品和设备的上方,排水横管不得布置在食堂、饮食业厨房的主副食操作、烹调和备餐的上方,塑料排水立管与家用灶具边净距不得小于 0.4 m。塑料排水管避免布置在热源附近,当不能避免,并导致管道表面受热温度大于 60 ℃时,应采取隔热措施。**饮食业工艺设备引出的排水管及饮用水水箱的溢流管不得与污水管道直接连接,并应留有不小于 100 mm 的隔断空间。**安装未经消毒处理的医院含菌污水管道,不得与其他排水管道直接连接。**为防止夏季管道表面结露,设置在楼板下、吊顶内及管道结露影响使用要求的生活污水排水横管,应按设计要求做好防结露隔热措施,**当设计对无具体要求时,可采用 20 mm 厚的难燃性橡塑管壳。

管顶标高大于后者

**图 1-5-1　检查井内排水管跌落差**

### 1. 排水横干管和出户管的敷设要求

(1)排水干管应尽量少拐弯,**检查井内排出管与室外管道连接,前者管顶标高应大于后者,连接管水流转角不得小于 90°,若有大于 300 mm 的跌落差则可不受角度限制,**如图 1-5-1 所示。

(2)排水横管、干管的排出管的坡度符合要求,则按照标准坡度(见表 1-5-1)敷设。

**表 1-5-1　排水管道的标准坡度**

| 管道材质 | 管径/mm | | | | | |
|---|---|---|---|---|---|---|
| | 50 | 75 | 100 | 125 | 150 | 200 |
| 铸铁管 | 0.035 | 0.025 | 0.020 | 0.015 | 0.010 | 0.008 |
| 塑料横干管 | 0.025 | 0.015 | 0.012 | 0.010 | 0.007 | 0.004 |
| 塑料横支管 | 0.026 | | | | | |

(3)**排水横管的直线管段上检查口或清扫口之间的最大距离,**应符合表 1-5-2 的规定。

**表 1-5-2　排水横管的直线管段上检查口或清扫口之间的最大距离**

| 管径/mm | 清扫设备种类 | 最大距离/m | |
|---|---|---|---|
| | | 生活废水 | 生活污水 |
| 50～75 | 检查口 | 15 | 12 |
| | 清扫口 | 10 | 8 |
| 100～150 | 检查口 | 20 | 15 |
| | 清扫口 | 15 | 10 |
| 200 | 检查口 | 25 | 20 |

### 2. 排水立管的敷设要求

(1)排水立管宜靠近杂质多、水量大的排水点,上下层立管中心不宜错位转弯,以利于排水顺畅,但高层建筑的排水立管为降低噪声,可以转弯。

**(2)** 排水立管穿过楼板预留洞时注意使排水立管中心与墙面有一定的操作距离,见表1-5-3。

**表1-5-3　排水立管中心与墙面距离及楼板留洞尺寸**　　　　单位:mm

| 管　　径 | 50 | 75 | 100 | 125 | 150 | 200 |
|---|---|---|---|---|---|---|
| 管中心与墙面距离 | 50 | 70 | 80 | 90 | 110 | 130 |
| 楼板留洞尺寸 | 100×100 | 200×200 | 200×200 | 300×300 | | |

#### 3. 排水横支管的敷设要求

排水横支管应有一定的坡度和坡向,一般用间距为 1~1.5 m 的吊环悬吊在地板上,底层的横支管宜埋地敷设。**尽量少拐弯、在转角小于 135°的污水横管上,应设置检查口或清扫口。**

### 1.5.2　室内排水管道的安装程序

**室内排水管道的安装程序为:安装准备→测量放线定位(结构施工时)→预埋(止水节、套管、预留孔洞)预制(支架、下料)→管道安装(干管、立管、支管)→卡件固定→封口堵洞→闭水试验→通球试验→竣工验收。**

施工准备和测量放线与室内给水管道安装内容类似,不再赘述。

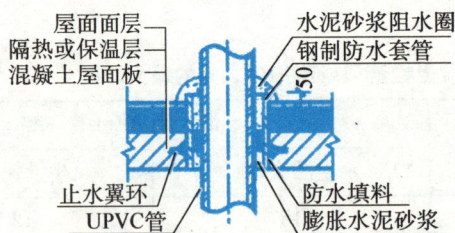

#### 1. 预埋预制

在土建主体结构工程施工过程中,应配合土建施工做好管道穿越屋面、楼板、穿墙、穿管井井壁等结构的预留孔洞和预埋套管的工作。如图 1-5-2(a)所示,排水管安装完成后先用防水填料(沥青油麻丝填 2~3 圈)打实,再支好模板,用膨胀水泥砂浆封堵。刚性防水套管[见图 1-5-2(b)]的公称直径与排水管的公称直径一致,此时刚性防水套管的内径要大于排水管的外径,长度应高出屋面 50 mm(从保温层算起)。

屋面面层　　　水泥砂浆阻水圈
隔热或保温层　钢制防水套管
混凝土屋面板
止水翼环　　　防水填料
UPVC管　　　膨胀水泥砂浆

(a) 排水管穿屋面预埋刚性防水套管及套管封堵的详图　　　(b) 刚性防水套管

**图1-5-2　排水管穿屋面做法**

如图 1-5-3(a)所示,此时的封堵可以视作排水管的固定支架。封口堵洞时,先支好模板,如图 1-5-3(b)所示,第一次浇捣混凝土至 2/3 处,装止水胶圈,然后再浇混凝土填满压实,随楼板一次浇筑成型。排水管安装完成后先用混凝土填实,再拆除模板,如图 1-5-3(c)所示。排水管穿楼板预留洞不采用套管,封堵时地面应做宽度为 3 mm 左右、高度不小于 20 mm 的水泥砂浆阻水圈,如图 1-5-3(d)所示。

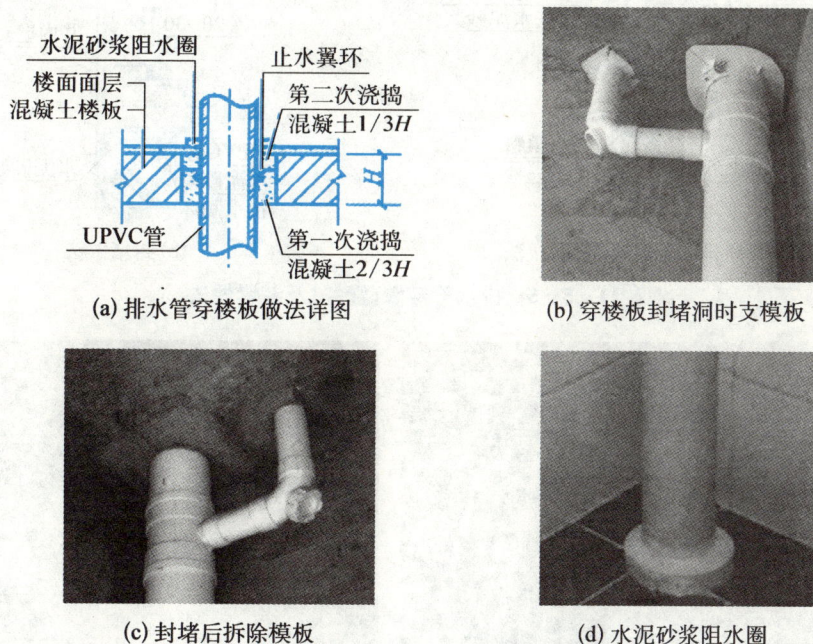

(a) 排水管穿楼板做法详图

(b) 穿楼板封堵洞时支模板

(c) 封堵后拆除模板

(d) 水泥砂浆阻水圈

图 1-5-3　排水管穿楼板及封堵做法

　　如图 1-5-4(a) 所示为排水管穿楼板预埋套管及封堵做法详图，图 1-5-4(b) 所示为在支模板、绑扎钢筋之前，排水管穿楼板预埋钢套管，图 1-5-4(c) 所示为排水管穿楼板时采用的钢套管。封堵时，将套管与管道间用石棉绳或沥青油麻绳封填，上面用沥青油膏(防水油膏)嵌缝抹平。

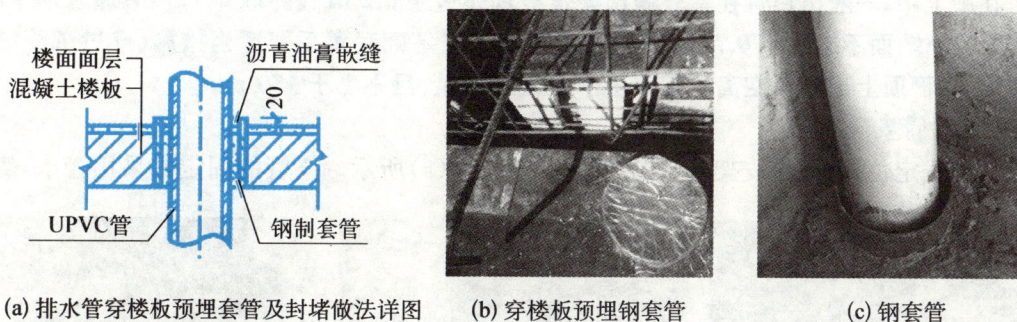

(a) 排水管穿楼板预埋套管及封堵做法详图

(b) 穿楼板预埋钢套管

(c) 钢套管

图 1-5-4　排水管穿楼板预埋套管及封堵做法

　　图 1-5-5 所示为排水管穿墙(管井)及封堵做法，其施工工艺与排水管道穿楼板的工艺类似。

　　塑料排水管道的器具排水管穿楼板，不需要安装套管，但要预埋止水翼环(见图 1-5-6)。通用的做法是：首先，在支模板时固定止水节并封堵好，然后随现浇板浇筑成整体，如图 1-5-6(a) 所示；最后，在止水节上方接上(黏结)预留的卫生洁具排水口(点)，如图 1-5-6(b) 所示。

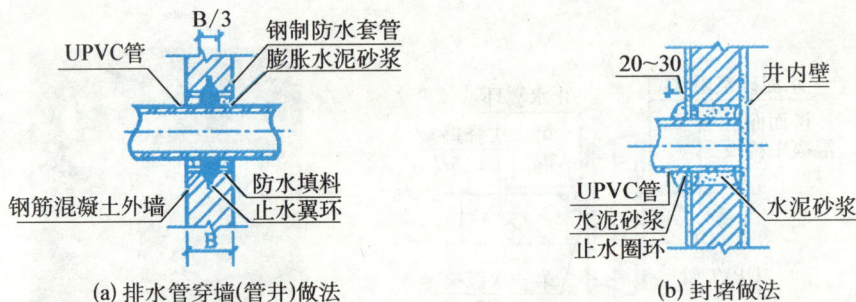

(a) 排水管穿墙(管井)做法　　　　　　　(b) 封堵做法

**图 1－5－5　排水管穿墙(管井)及封堵做法**

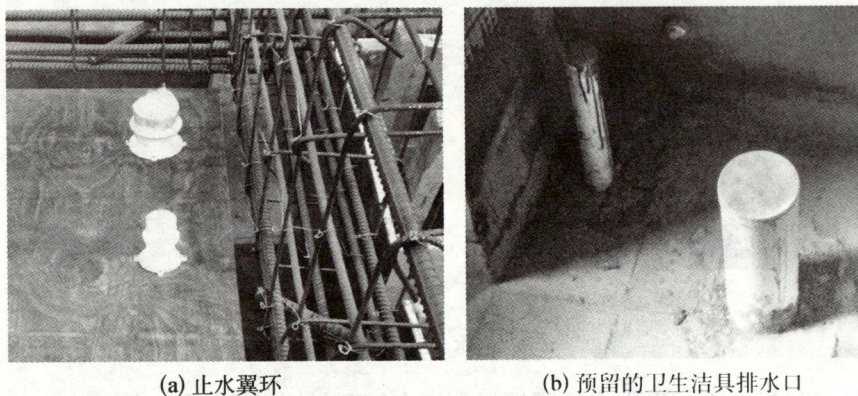

(a) 止水翼环　　　　　　　　　(b) 预留的卫生洁具排水口

**图 1－5－6　卫生器具(洁具)下水口穿楼板做法**

### 2. 管道安装

**(1) 出户管安装**

在施工中,**一般出户管在室外做出建筑散水外边缘 0.2 m 或外墙外 1.5 m;埋入地下时,管顶距室外地面不应小于 0.7 m;穿越建筑承重墙或基础时要采取适当措施,穿过沉降缝时要预留洞,管顶上部的净空高度不得小于最大沉降量,且不小于 150 mm。**

**(2) 立管安装**

先划线定位,打眼设支架(管卡),如图 1－5－7(a)所示。立管的固定常采用管卡,管卡

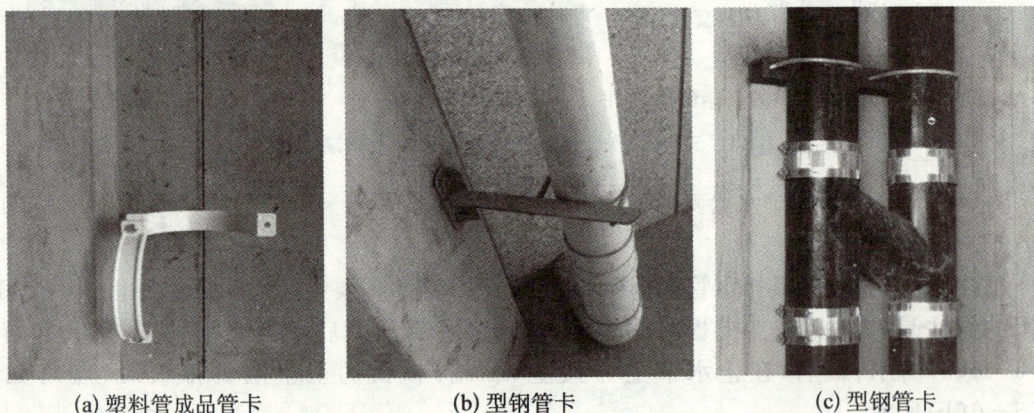

(a) 塑料管成品管卡　　　　　(b) 型钢管卡　　　　　(c) 型钢管卡

**图 1－5－7　划线定位,装管卡**

间距不得超过 3 m,但每层至少应设置 1 个,托在承口的下面,管卡可以是成套管卡,也可以用型钢制作。例如,用 L50×50 角钢和 Φ10 的圆钢制作的 U 形管卡固定立管,如图 1-5-7(b)所示;铸铁管用 5 号槽钢和 Φ10 的圆钢制作的 U 形管卡固定立管,如图 1-5-7(c)所示。

立管一般不允许转弯,当上、下层位置错开时,宜用乙字弯管(见图 1-5-8)或两个 45° 弯头连接。地上采用 UPVC 管、地下采用铸铁管时,UPVC 管与铸铁管连接时的转换接头如图 1-5-9 所示。

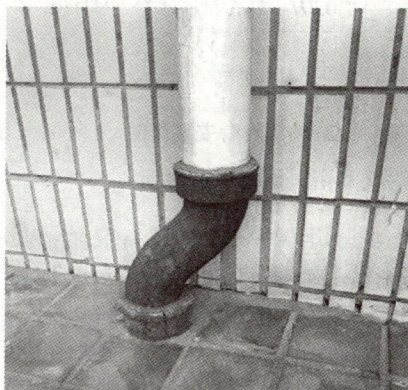

图 1-5-8　乙字弯管

图 1-5-9　UPVC 管与铸铁管
连接时的转换接头

如图 1-5-10(a)所示,塑料排水管、通气管或雨水管应按要求装伸缩节,伸缩节的间距不大于 4 m,塑料排水立管一般每层装一个。如图 1-5-10(b)所示,伸缩余量 Z:冬季为 5~10 mm,夏季为 15~20 mm。如图 1-5-10(c)所示,排水塑料管水平管也应安装伸缩节,伸缩节应安装在两个固定支架间,间距应符合要求。

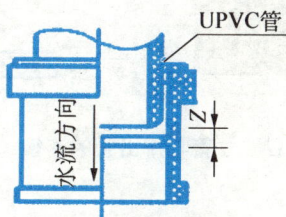

(a) 伸缩节实物图　　　(b) 伸缩节大样图　　　(c) 伸缩节安装详图

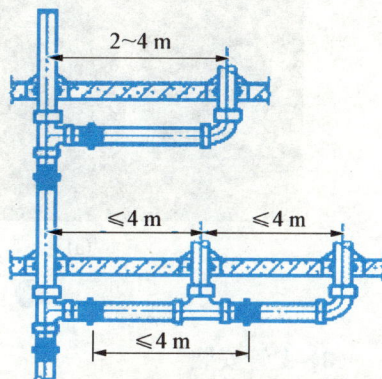

图 1-5-10　排水立管安装伸缩节

**管径≥110 mm 的明设塑料排水立管穿楼板或横管穿防火分区,应设置阻火圈或防火套管,**如图 1-5-11 所示。

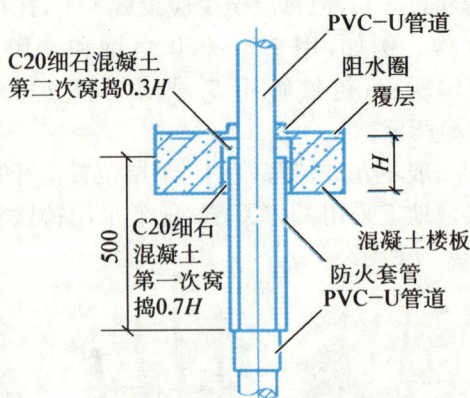

(a) 阻火圈安装实物图　　　　　(b) 防火套管安装详图

**图 1-5-11　塑料排水立管穿越楼板时设置阻火圈或防火套管**

**安装在排水立管上的检查口,其中心距地面为 1.0 m,且高于该层最高卫生器具上边缘 0.15 m。** 铸铁排水立管检查口之间的距离不宜大于 10 m,塑料排水立管宜每六层设置一个检查口;但在建筑最低层和设有卫生器具的二层以上建筑的最高层,应设置检查口;当立管水平拐弯或有乙字管时,在该层立管拐弯处和乙字管的上部应设检查口。

如图 1-5-12(a)所示,立管与出户管的连接应采用两个 45°弯头或弯曲半径不小于 4 倍管径的 90°弯头,并用固定支架固定牢固。如图 1-5-12(b)所示,当出户管埋设时,应在立管与排出管垂直连接的弯头下面设 C15 混凝土支墩,托稳转角,以防止立管水流冲击力而导致接口发生脱落。

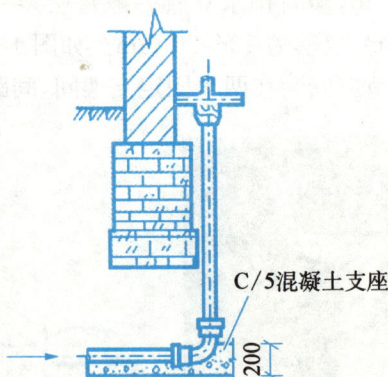

(a)　　　　　　　　　　(b)

**图 1-5-12　立管与排出管的连接**

（3）支管安装

如图 1-5-13 所示,污水横管上有两个及两个以上的坐便器或者三个及三个以上的卫生器时,应在横支管的起始端设置清扫口。**安装清扫口时,宜将清扫口设置在楼板或地坪上,且与地面相平,清扫口与管道相垂直的墙面距离不得小于 200 mm,若设置终端堵头代替清扫口时,与墙面距离不得小于 400 mm,排水横支管与立管连接处应采用 45°三通、斜四通或 90°斜三通、斜四通连接。**

如图 1-5-14 所示，**排水支管一般安装到结构地面以上预留 200 mm**，器具排水管待贴完瓷砖后，随卫生洁具安装，卫生器具的排水管管径应符合验收规范要求，大便器为 **DN100**，盆具排水为 **DN50**，但洗脸（手）盆可以为 **DN32**。

### 3. 灌水试验

排水管道为非承压管道，管道安装后应做灌水试验（闭水试验），以检验管道、管件及接口的严密性。**隐蔽或埋地的排水管道在隐蔽前做灌水试验，灌水高度不低于底层卫生器具的上边缘或底层地面高度，满水 15 min，水面下降后，再灌满观察 5 min，液面不降，管道及接口无渗漏为合格。**

图 1-5-13　排水支管立管连接、支管起始端终端堵头

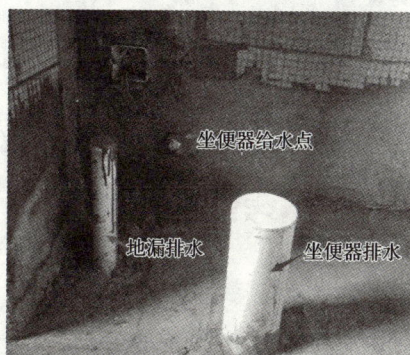

(a) 地漏、坐便器的排水管道安装　　(b) 盆具的排水管道安装

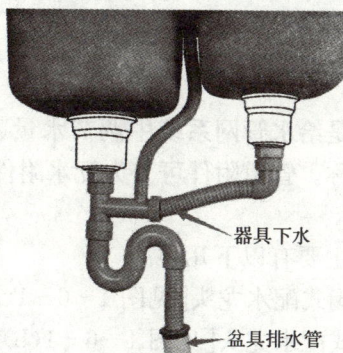

图 1-5-14　排水支管管安装截止点

屋顶或吊顶内的管道：用球胆充气堵死下部立管检查口，**从上部检查口灌水至检查口承口面**，以检查夹在中间需隐蔽的排水横管，如图 1-5-15 所示。

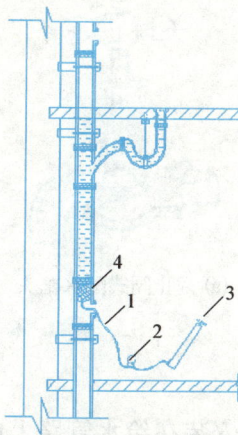

(a) 灌水试验用胶囊　　(b) 对上层楼层灌水

图 1-5-15　排水立管灌水试验

1—胶管；2—压力表；3—气筒；4—气囊

雨水管道,灌水高度为每根立管最顶部的雨水漏斗面,满水观察 1 h,接口不渗漏为合格。

#### 4. 通球试验

在排水立管施工安装完工后,很难避免异物(如断砖、砂浆块、木块)进入管内,会造成立管及出户管弯头堵塞,因此工程竣工验收前应做通球试验,其主要操作要求如下:

(1) 排水主立管及水平干管管道均应做通球试验,通球球径不小于排水管道管径的 2/3,通球率必须达到 100%。

(2) 选用 2/3 管径的橡胶球或塑料球,从排水管道顶部放入,加入适量的水,并在排水管出口处放置金属或塑料容器,以便试验水经沉淀后可二次利用。

## 1.6 建筑给水附件及常用设备

### 1.6.1 常用附件

管道附件是给水管网系统中调节水量、水压,控制水流方向,关断水流等各类装置的总称。管道附件可分为配水附件和控制附件。

阀门附件

#### 1. 配水附件

配水附件主要有以下几种。

(1) 截止阀式配水龙头[见图 1-6-1(a)]。

(2) 旋塞式配水龙头[见图 1-6-1(b)]。该龙头旋转 90°即完全开启。

(3) 盥洗龙头 盥洗龙头设在洗脸盆上供冷水(或热水)用,有莲蓬头式、鸭嘴式、角式、长脖式等多种形式。

(4) 混合龙头 混合龙头是将冷水、热水混合调节为温水的龙头,供盥洗、洗涤、沐浴等使用。

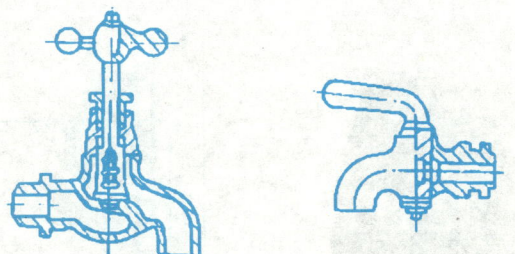

(a) 截止阀式配水龙头　　　(b) 旋塞式配水龙头

图 1-6-1　配水龙头

#### 2. 控制附件

控制附件主要是指安装在给水管路上的阀门,阀门主要起到通断(开关)介质,防止倒流,调节介质的压力和流量,分离、混合或分配介质,防止介质超压,保证管道或设备安全运行等作用。

1）常用的阀门

（1）截止阀。截止阀的内部构造如图 1-6-2 所示，截止阀安装时有方向性，低进高出，阻力较大，易堵塞，但检修方便。截止阀的连接方式有螺纹式和法兰式两种，**适用于管径不大于 50 mm 的给水管道。**

（2）球阀。球阀启闭件是一个有孔的球体，绕垂直于通道的轴线旋转，从而达到启闭通道的目的。球阀的内部构造如图 1-6-3 所示

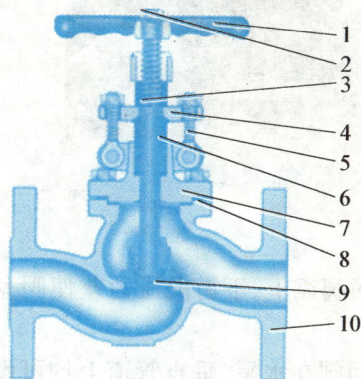

图 1-6-2　截止阀的内部构造

1—手轮；2—阀杆螺母；3—阀杆；4—填料压盖；5—T 形螺栓；
6—填料；7—阀盖；8—垫片；9—阀瓣；10—阀体

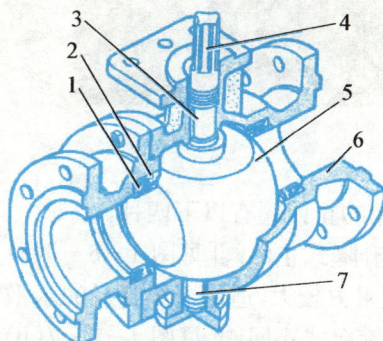

图 1-6-3　球阀的内部构造

1—弹簧；2—阀座；3—上轴承；4—阀杆；
5—球体；6—阀体；7—下轴承

（3）闸阀。如图 1-6-4 所示，内部有闸板又称闸板阀，两边对称、无方向性，主要起通断作用、不作调节流量使用。闸阀全开时，阻力较小，如有杂质落入阀座会导致阀门不能关严冲刷磨损而漏水。闸阀的连接方式有法兰式、螺纹式连接，建筑安装工程中，**DN50 及以上的管道系统采用闸阀。**

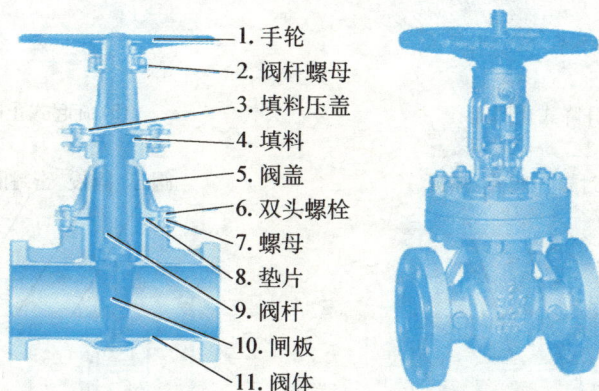

1. 手轮
2. 阀杆螺母
3. 填料压盖
4. 填料
5. 阀盖
6. 双头螺栓
7. 螺母
8. 垫片
9. 阀杆
10. 闸板
11. 阀体

图 1-6-4　法兰闸阀的内部构造及实物图

（4）蝶阀。蝶阀（见图 1-6-5）的阀板可在 90°翻转范围内起到调节、节流和关闭的作用。蝶阀操作扭矩小，启闭方便，体积较小，适用于 DN70 以上或水双向流动的管道。

（5）止回阀。止回阀用以阻止水流反向流动。如图 1-6-6 所示，安装止回阀时，管道中的水流方向应与阀体外壳上的箭头指示方向相同。

图 1 - 6 - 5　碟阀

图 1 - 6 - 6　止回阀的安装实物图

常用的止回阀有以下四种。

① 升降式止回阀[见图 1 - 6 - 7(a)]。升降式止回阀靠上、下游的压力差使阀盘自动启闭，水流阻力较大，适用于小管径的水平管道。

② 旋启式止回阀[见图 1 - 6 - 7(b)]。旋启式止回阀在水平、垂直管道上均可设置。它启闭迅速，易引起水击，不宜在压力大的管道系统中采用。

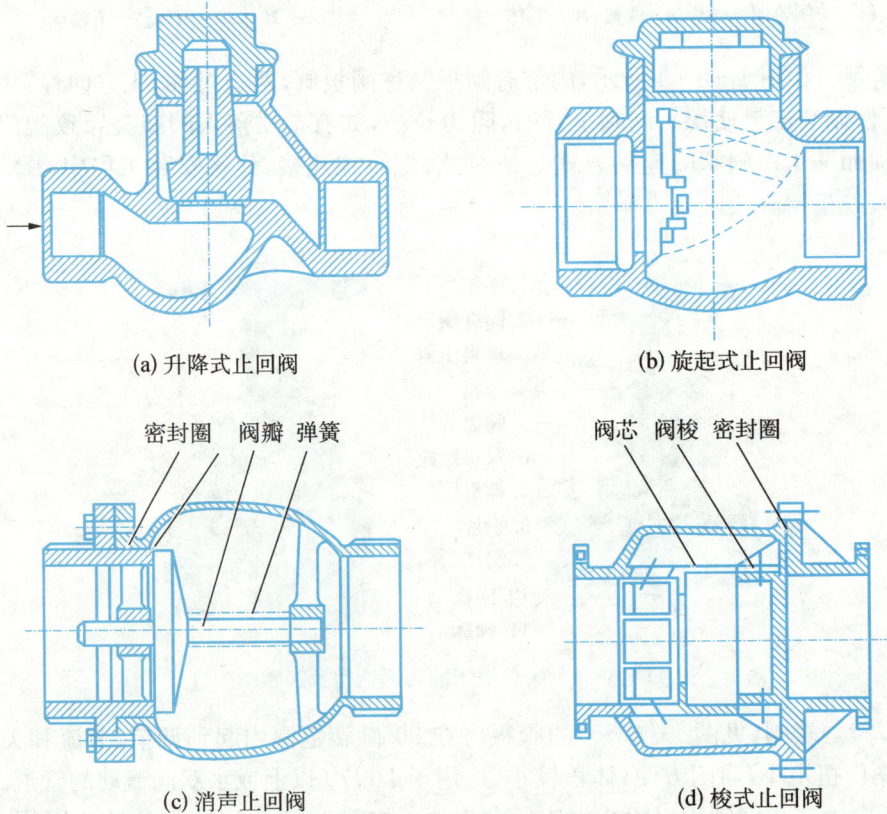

(a) 升降式止回阀

(b) 旋起式止回阀

密封圈　阀瓣　弹簧

阀芯　阀梭　密封圈

(c) 消声止回阀

(d) 梭式止回阀

图 1 - 6 - 7　4 种常用止回阀的结构

③ 消声止回阀[见图 1-6-7(c)]。当水向前流动时,推动阀瓣压缩弹簧,阀门被打开;当水停止流动时,阀瓣在弹簧的作用下在水击到来之前即关阀,可消除阀门关闭时的水击冲击和噪声。

④ 梭式止回阀[见图 1-6-7(d)]。梭式止回阀是利用压差梭动原理制造的新型止回阀,其水流阻力小,密闭性能好。

(6) 液位控制阀。如图 1-6-8 所示,液位控制阀具有浮球阀的功能,可以自动控制水池水位,同时克服了浮球阀体积较大的缺点,是浮球阀的升级换代产品。

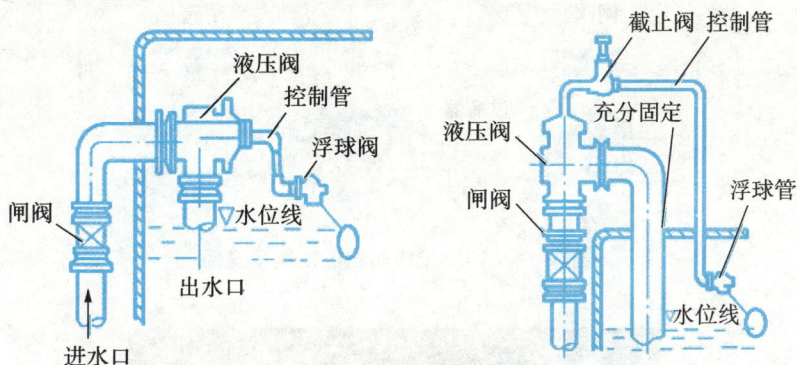

图 1-6-8　浮球阀和液位控制阀的结构

(7) 安全阀。安全阀安装在热力管网中,**主要防止管网或设备超压导致爆炸,安全阀主要有弹簧式安全阀和杠杆式安全阀两种,**如图 1-6-9 所示。

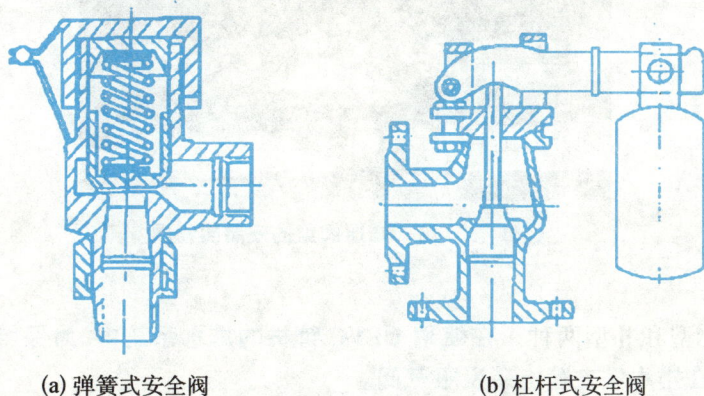

(a) 弹簧式安全阀　　　　　　(b) 杠杆式安全阀

图 1-6-9　弹簧式安全阀和杠杆式安全阀的结构

(8) 减压阀。减压阀的作用是降低流体压力,常用的减压阀有弹簧式减压阀和活塞式减压阀(比例式减压阀)。例如:在消防泵房中常安装减压阀组,如图 1-6-10、1-6-11 所示。**减压阀应根据消防给水设计流量和压力选择,并校核在 150% 设计流量时,减压阀的出口动压不应小于设计值的 65%,减压阀在小流量、设计流量和设计流量的 150% 时不应出现噪声明显增加。减压阀仅应设置在单向流动的供水管上,不应设置在有双向流动的输水管上;每一供水分区应设不少于两组减压阀组,每组减压阀组宜设置备用减压阀。减压阀宜采用比例式减压阀,当超过 1.20 MPa 时,宜采用先导式减压阀,**减压阀的阀前阀后压力比值不宜大于 3∶1,当一级减压阀减压不能满足要求时,可采用减压阀串联减压,但串联减压不应大于两级,第二级减压阀宜采用先导式减压阀,阀前后压力差不宜超过 0.40 MPa。减压阀后应设置安全阀,安全阀的启动压力可设为减压阀阀后静压力+0.4 MPa。

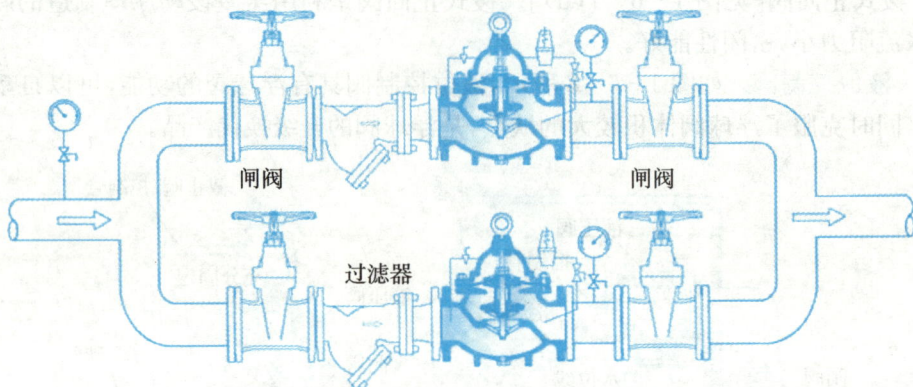

图 1-6-10　减压阀组的安装示意图

图 1-6-11　减压阀组的安装实物图

（9）吸气阀

吸气阀分Ⅰ型和Ⅱ型两种。在使用 UPVC 管材的排水系统中,为保持压力平衡或无法设通气管时,可在排水横支管上装设吸气阀。

（10）疏水器

常用的有机械型吊桶式疏水器和热动力型圆盘式疏水器。疏水器常用在蒸汽管道上,作用是保证系统封闭正常型的同时,排除系统中产生的凝结水。蒸汽管道的低点、垂直升高的管段前和同一坡向的管段顺坡每隔 400~500 m、逆坡每隔 200~300 m 应设启动疏水和经常疏水装置,经常疏水装置排出的凝结水宜排入凝结水管道,当不能排入凝结水管时,排入下水道前应降温至 40 ℃ 以下。

2）阀门的型号描述

阀门型号通常由阀门类型、驱动方式、连接形式、结构形式、密封圈材料或衬里材料、公称压力、阀体材料等 7 个单元构成,如图 1-6-12 所示。

| 1 | 2 | 3 | 4 | 5 | 6 | 7 |

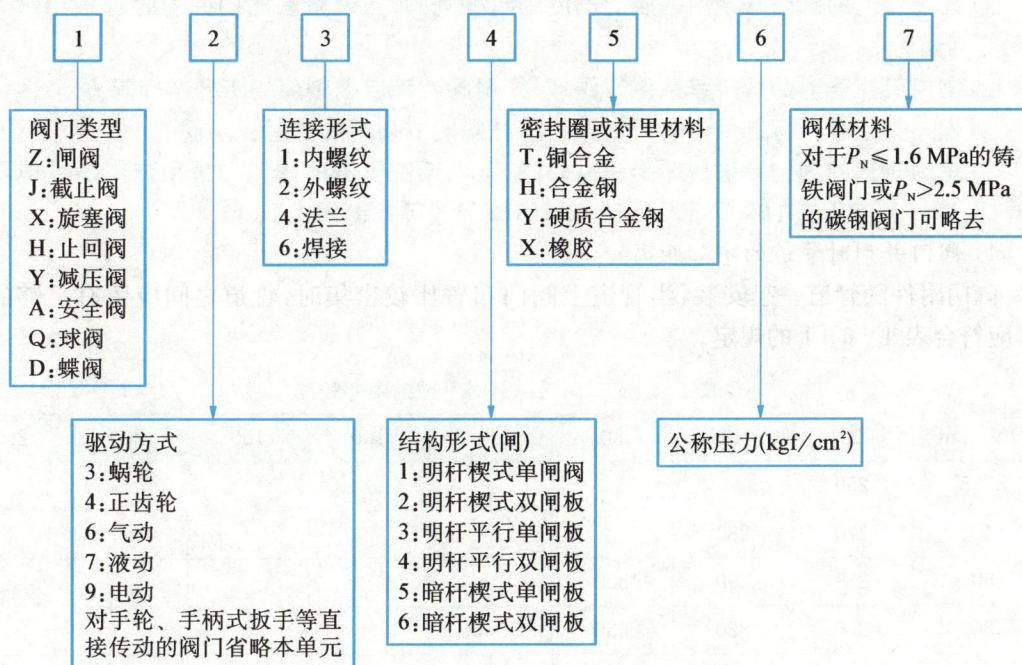

**阀门类型**
Z：闸阀
J：截止阀
X：旋塞阀
H：止回阀
Y：减压阀
A：安全阀
Q：球阀
D：蝶阀

**连接形式**
1：内螺纹
2：外螺纹
4：法兰
6：焊接

**密封圈或衬里材料**
T：铜合金
H：合金钢
Y：硬质合金钢
X：橡胶

**阀体材料**
对于 $P_N \leq 1.6$ MPa 的铸铁阀门或 $P_N > 2.5$ MPa 的碳钢阀门可略去

**驱动方式**
3：蜗轮
4：正齿轮
6：气动
7：液动
9：电动
对手轮、手柄式扳手等直接传动的阀门省略本单元

**结构形式(闸)**
1：明杆楔式单闸阀
2：明杆楔式双闸板
3：明杆平行单闸板
4：明杆平行双闸板
5：暗杆楔式单闸板
6：暗杆楔式双闸板

**公称压力(kgf/cm²)**

图 1-6-12　阀门型号的构成

第 1 单元用汉语拼音字母表示阀门类型；

第 2 单元用一个阿拉伯数字表示阀门的驱动方式，对于手轮、手柄或扳手等直接驱动的阀门和自动阀门，则在型号中取消本单元；

第 3 单元用 1 个阿拉伯数字表示阀门的连接形式；

第 4 单元用 1 个阿拉伯数字表示阀门的结构形式；

第 5 单元用汉语拼音字母表示阀件的密封圈材料或衬里材料；

第 6 单元直接用公称压力的数值表示，并用短线与第 5 单元分开；

第 7 单元用汉语拼音字母表示阀体材料。

例如：Z944T-1，DN500：表示公称直径 500 mm，电动机驱动，法兰连接，结构形式为明杆平行式双闸板，公称压力为 1 MPa，阀体材料为灰铸铁(该部分省略)的闸阀。

J11T-1.6，DN32：表示公称直径 32 mm，手轮驱动(该部分省略)，内螺纹连接，结构形式为直通式，铜密封圈，公称压力为 1.6 MPa，阀体材料为灰铸铁(该部分省略)的截止阀。

H11T-1.6K，DN50：表示公称直径 50 mm，自动启闭(该部分省略)，内螺纹连接，结构形式为直通升降式(铸造)，铜密封圈，公称压力 1.6 MPa，阀体材料为可锻铸铁的止回阀。

3）阀门的应用举例

例如：某工程生活给水管上采用铜材质阀门，低区工作压力 0.6 MPa，高区工作压力 1.0 MPa。当 DN≤50 时采用截止阀，当 DN≥50 时采用闸阀或蝶阀。消防给水管上采用短系列不锈钢蝶阀，工作压力为 1.0 MPa，阀门应由明显的启闭标志。消防给水系统管道的最高点处宜设置自动排气阀，消防水泵出水管上的止回阀宜采用水锤消除止回阀，当消防水泵供水高度超过 24 m 时，应采用水锤消除器，当消防水泵出水管上设有囊式气压水罐时，可不设水锤消除设施。消防给水系统的阀门选择应符合下列规定：

① 埋地管道的阀门宜采用带启闭刻度的暗杆闸阀,当设置在阀门井内时可采用耐腐蚀的明杆闸阀;

② 室内架空管道的阀门宜采用蝶阀、明杆闸阀或带启闭刻度的暗杆闸阀等;

③ 室外架空管道宜采用带启闭刻度的暗杆闸阀或耐腐蚀的明杆闸阀;

④ 埋地管道的阀门应采用球墨铸铁阀门,室内架空管道的阀门应采用球墨铸铁或不锈钢阀门,室外架空管道的阀门应采用球墨铸铁阀门或不锈钢阀门。

4)阀门并列时管道的中心距离

阀门附件随管道一起安装,当管道上阀门布置比较密集时,管道之间应留有足够的间距,应符合表 1-6-1 的规定。

表 1-6-1 　阀门并列时管道的中心距离

| DN/mm | 25 | 40 | 50 | 80 | 100 | 150 | 200 | 250 |
|---|---|---|---|---|---|---|---|---|
| ≤25 | 250 | | | | | | | |
| 40 | 270 | 280 | | | | | | |
| 50 | 280 | 290 | 300 | | | | | |
| 80 | 300 | 320 | 330 | 350 | | | | |
| 100 | 320 | 330 | 340 | 360 | 375 | | | |
| 150 | 350 | 370 | 380 | 400 | 410 | 450 | | |
| 200 | 400 | 420 | 430 | 450 | 460 | 500 | 550 | |
| 250 | 430 | 440 | 450 | 480 | 490 | 530 | 580 | 600 |

5)阀门的入场检验

普通阀门应从每批(同制造厂、同规格、同型号、同时到货)中抽查 10%,且不得少于 1 个进行检查,当不合格时,应加倍抽查,仍不合格时,该批阀门不得使用。试验介质采用洁净水,阀门的强度试验压力为公称压力的 1.5 倍;严密性试验压力为公称压力的 1.1 倍;试验压力在试验持续时间内应保持不变,且壳体填料及阀瓣密封面无渗漏。阀门试验持续时间应符合表 1-6-2 的规定。

表 1-6-2 　阀门试验持续时间

| DN/mm | 最短试验持续时间/min | | |
|---|---|---|---|
| | 严密性试验 | | 强度试验 |
| | 金属密封 | 非金属密封 | |
| ≤50 | 15 | 15 | 15 |
| 65~200 | 30 | 15 | 60 |
| 250~450 | 60 | 30 | 180 |

对于安装在主干管上起切断作用的阀门,应逐个做强度试验和严密性试验。阀门的规格型号应符合设计要求,阀体铸造规范,表面光洁、无裂纹、开关灵活、关闭严密,填料密封完好无渗漏,手轮完整、无损坏。

### 1.6.2　常用卫生器具及安装工艺

卫生器具主要分布在卫生间、盥洗间、厨房和阳台等场所,主要有便溺用卫生器具、盥洗用卫生洁具和洗涤用卫生器具等。

**1. 便溺用卫生器具**

便溺用卫生器具包括大便器、大便槽、小便器和小便槽等。

**(1) 坐便器。**坐便器又称为马桶,本身带有存水弯,一般用于住宅、宾馆等卫生间内。坐便器按冲洗原理及构造可分为冲洗式、虹吸式、喷射虹吸式和旋涡虹吸式。冲洗水箱与坐便器可以分体、也可以连体,最常用的连体式坐便器,其结构如图 1-6-13 所示,其材质一般为陶瓷。

**(2) 蹲式大便器。**蹲式大便器的卫生条件比坐式大便器要好,一般用于机关、学校、工厂等公共场所的卫生间内。蹲式大便器本身不带存水弯,安装时需另设存水弯。冲洗设备可采用延时自闭冲洗阀、高水箱,也可采用低水箱。

**(3) 大便槽**

大便槽用水磨石、瓷砖或整体不锈钢槽建造,设备简单,建造费用低,在建筑标准不高的公共建筑或公共厕所内采用。大便槽槽底坡度不小于 0.015,排水管的管径一般为 150 mm。大便槽宜采用自动冲洗水箱进行定时冲洗,如图 1-6-14 所示。

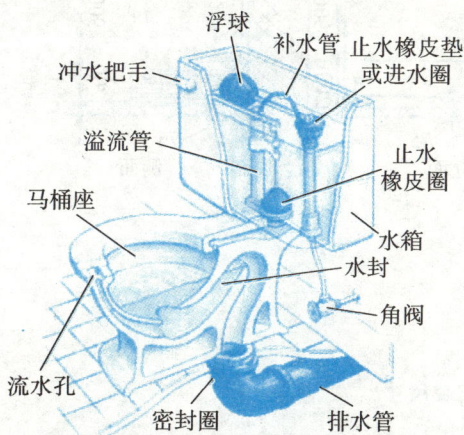

**图 1-6-13　下排水式坐便器的结构**

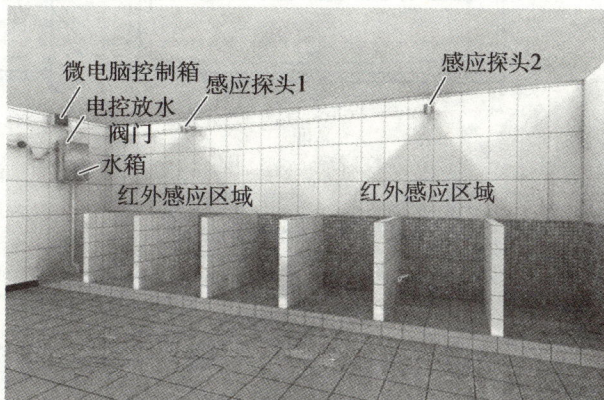

**图 1-6-14　大便槽的红外感应冲洗式**

**(4) 小便器**

小便器设于公共建筑的男厕所内,有立式和挂式两种,如图 1-6-15 所示。小便器由冲洗阀、小便斗、存水弯和冲洗管组成。

**(5) 小便槽**

小便槽槽底坡度不小于 0.01,如图 1-6-16 所示,小便槽可用普通阀门控制的多孔冲洗管冲洗,但应尽量采用自动冲洗水箱冲洗,冲洗管设在距地面 1.1 m 高的地方,管径为 15 mm 或 20 mm;管壁上开有直径为 2 mm、间距为 30 mm 的一排小孔,小孔喷水的方向与墙面成 45°夹角;小便槽的长度 $L$ 一般不大于 6 m。目前,在公共场所男卫生间也采用不锈钢制品成套小便槽。

(a) 挂式小便器(自闭冲洗阀式)的安装实物图　　　　(b) 挂式小便器的安装尺寸

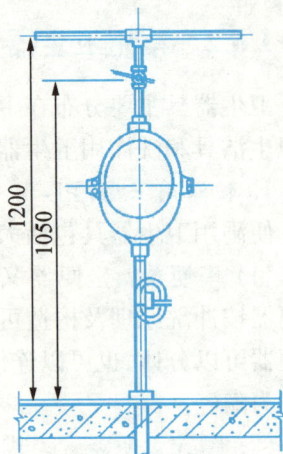

图 1-6-15　小便器的安装

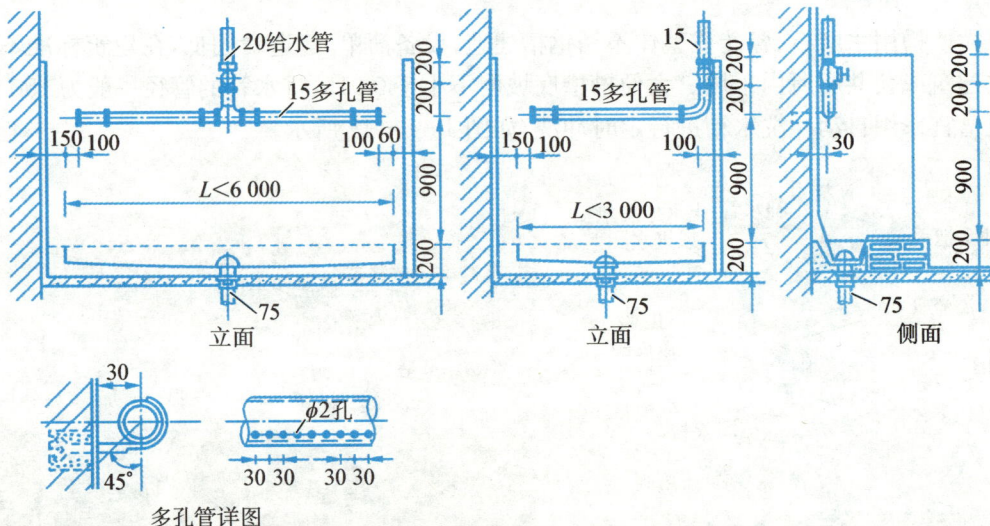

图 1-6-16　小便槽的安装尺寸

## 2. 盥洗、沐浴用卫生洁具

盥洗、沐浴用卫生器具包括洗脸盆、盥洗槽、浴盆、淋浴器和净身盆等。

### (1) 洗脸盆

洗脸盆的规格形式多样,洗脸盆大部分为瓷质,常用有台上、台下、台中盆,也可分为单冷、冷热水洗脸盆。成套洗脸盆的安装包含盆具、水龙头、水件(角阀软管)、下水甚至台面、柜体等,盆具的安装应按照标准图集尺寸预留给排水点位。洗脸盆的台面高度为 800 mm,上配水时:单冷水的水龙头位于盆中心线墙面,距地面 1 000 mm,冷、热水龙头中心距 150,明管安装时,热水龙头高于冷水龙头 100 mm(距地面 1 100 mm)。下配水洗脸盆最为常用,如图 1-6-17 所示,角阀安装高度 450 mm,角阀位置与洗脸盆上水龙头孔位置在一垂直线上,盆的后壁有溢水孔,盆底部设有排水栓,存水弯的公称直径为 32 mm,排水管的公称直径为 50 mm。

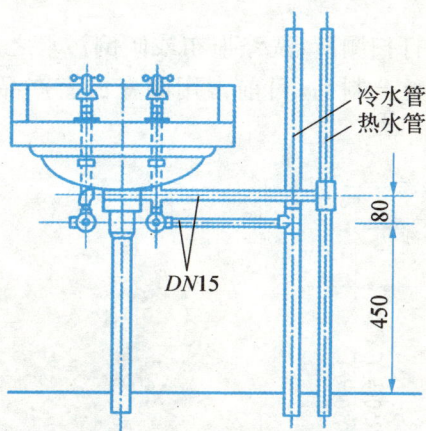

(a) 下配水型洗脸盆安装详图　　　　　　(b) 台下洗脸盆安装实物图

**图 1-6-17　洗脸盆的安装**

### (2) 盥洗槽

盥洗槽装置在同时有多人需要使用盥洗的地方,如工厂、学校的集体宿舍、工厂生活间等。单面盥洗槽的安装如图 1-6-18 所示。槽宽一般为 500～600 mm;槽长在 4.2 m 以内可采用 1 个排水栓,超过 4.2 m 需设置 2 个排水栓。

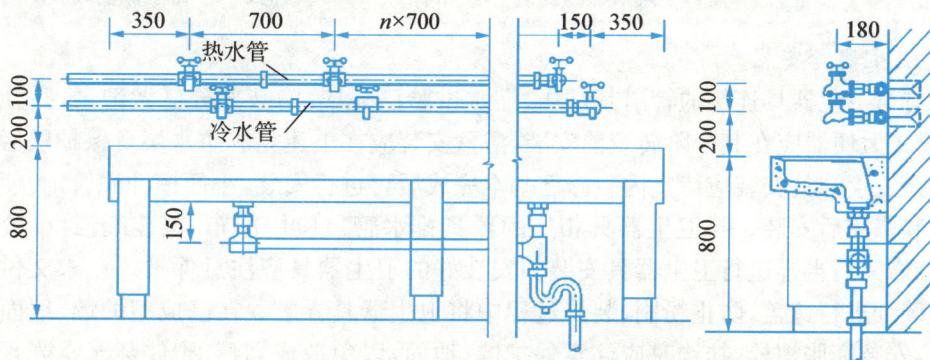

**图 1-6-18　盥洗槽的安装详图**

### (3) 淋浴器

如图 1-6-19 所示,一般淋浴器的莲蓬头下缘安装在距地面 1.9～2.1 m 高度,给水管的公称直径为 15 mm,其冷、热水截止阀离地面 1.15 m,两淋浴头的间距为 900～1 000 mm。地面有 0.005～0.010 的坡度坡向排水口或排水明沟。

### (4) 浴盆和净身盆

浴盆一般设在住宅、宾馆卫生间内,一般为陶瓷材质。净身盆为一般设于高级公寓、宾馆和妇产医院的厕所中。

## 3. 洗涤用卫生器具

### (1) 洗涤盆

洗涤盆装设在厨房或公共食堂内,供洗涤碗碟、蔬菜等食物之用。洗涤盆排水口在盆底的一端,口上设十字栏栅,卫生要求严格时还设有过滤器;为使水在盆内停留,应设排水栓。

**（2）污水盆（池）**

污水盆装设在公共建筑的厕所、盥洗室内，供打扫厕所、洗涤拖布或倾倒污水之用。污水盆以前常用水磨石或水泥砂浆抹面的钢筋混凝土制品，目前常用陶瓷成套产品，如图1-6-20所示。

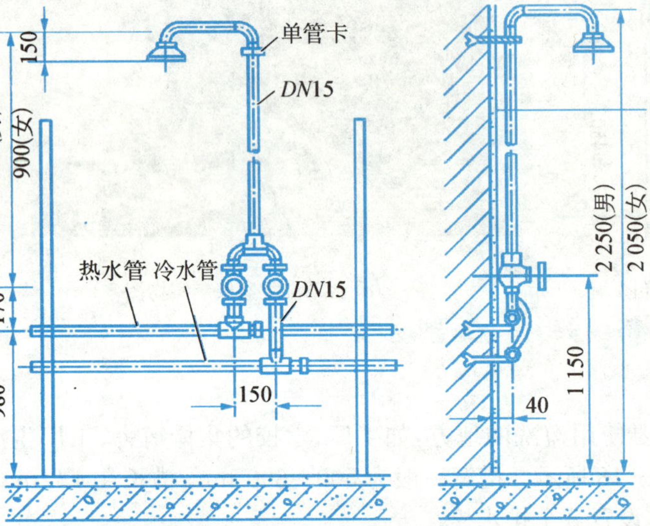

图1-6-19　淋浴器的安装

图1-6-20　陶瓷成套产品的污水盆

**4. 卫生器具安装**

所有与卫生器具连接的管道其试压、灌水试验已完毕，隐蔽部分已做记录，并办理预验手续；蹲式大便器应在其台阶砖筑前安装，浴盆安装应在土建完成防水层及保护层后进行安装。其余卫生洁具安装应待室内装修已基本完成后再进行安装，小便槽冲洗管、大便槽冲洗水箱待装修完后安装。与卫生器具相连的器具排水管口应用旧布、包装纸、封口胶带封堵好，待装修完后再样进行卫生器具安装。安装好的卫生器具应注意保护。在未交付使用前应用包装纸进行遮盖，防止粉刷、装修过程中将卫生器具弄脏。在已成型的墙、地面饰面层上钻孔，安装膨胀螺栓、挂钩时应注意保护墙、地面，以免造成划痕、裂纹甚至空壳现象。装修工程中所安装的地漏，大多为不锈钢型的地漏，此部分地漏大多不符合水封高度要求，因此在购买时一定要注意选用水封高度大于50 mm的正规地漏或采取增设地漏排水管存水弯，以达到水封效果。**给水点、排水点、卫生洁具尺寸定位符合要求，最后采用样板间交底，卫生器具的安装程序为：卫生器具安装（装饰施工完成后）→满水试验→通水试验→交工验收。**

卫生器具安装应符合《建筑给水、排水及采暖工程施工质量验收规范》（GB 50242—2002）、《住宅装饰装修工程施工规范》（GB 5032—2001）、《建筑工程施工质量验收统一标准》及相关技术规程的要求。卫生器具安装高度如设计无要求时，应符合表1-6-3的规定。

下面以蹲式大便器的安装为例，来介绍卫生器具的安装程序：

（1）模板支好后，上工作面预埋下水点位，根据标图集的要求，640 mm，间距900 mm，如图1-6-21(b)所示，预埋水止水节；

（2）配合结构安装好排水管，如图1-6-21(c)所示；

表 1-6-3　卫生器具安装高度

| 序号 | 卫生器具名称 | | 卫生器具安装高度 | | 备注 |
|---|---|---|---|---|---|
| | | | 住宅和公共建筑 | 幼儿园 | |
| 1 | 污水盆 | 架空式/落地式 | 800/500 | 800/500 | |
| 2 | 洗涤盆（池） | | 800 | 800 | |
| 3 | 洗涤盆\洗手盆（有塞\无塞） | | 800 | 500 | 自地面至器具上边缘 |
| 4 | 舆洗槽 | | 800 | 500 | |
| 5 | 浴盆 | | ≯520 | | |
| 6 | 蹲式大便器 | 高水箱/低水箱 | 1 800/900 | 1 800/900 | 自台阶面至高水箱底 自台阶面至低水箱底 |
| 7 | 坐式大便器 | 高水箱 | 1 800 | 1 800 | 自地面至高水箱 底,自地面至低水箱 底 |
| | | 低水箱 外露排水管式/虹吸喷射式 | 510/470 | 370 | |
| 8 | 小便器 | 挂式 | 600 | 450 | 自地面至下边缘 |
| 9 | 小便槽 | | 200 | 150 | 自地面至台阶面 |
| 10 | 大便槽冲洗水箱 | | ≮2 000 | | 自台阶面至水箱底 |
| 12 | 化验盆 | | 800 | | 自地面至器具上边缘 |

（3）根据图纸要标准图集要求安装好供水点位，留好三通用管堵堵好，如图 1-6-21 (d)所示；

（4）卫生间地面防水做好后，配合土建装饰安装蹲便器，如图 1-6-21(d)所示；

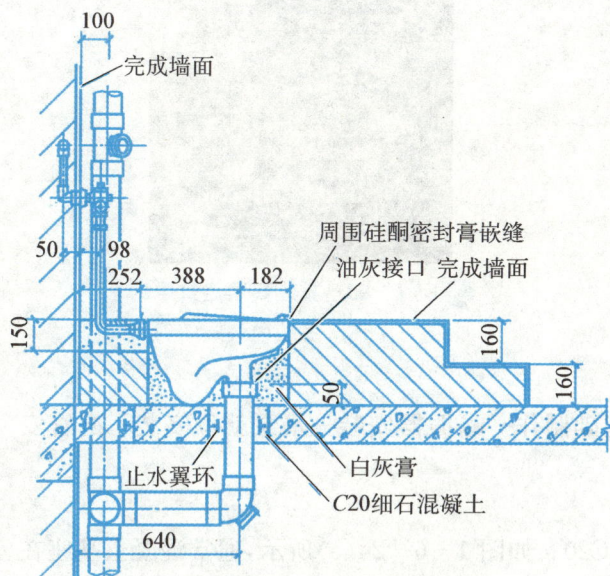

(a) 蹲式大便器的安装详图尺寸(标准图集)

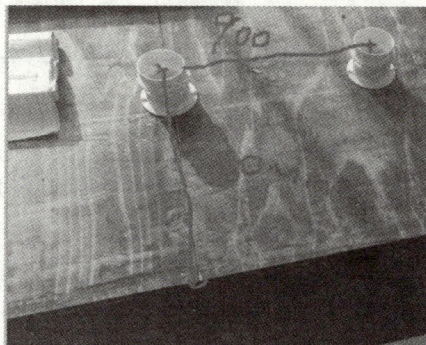

(b) 模板预埋止水节(排水点)

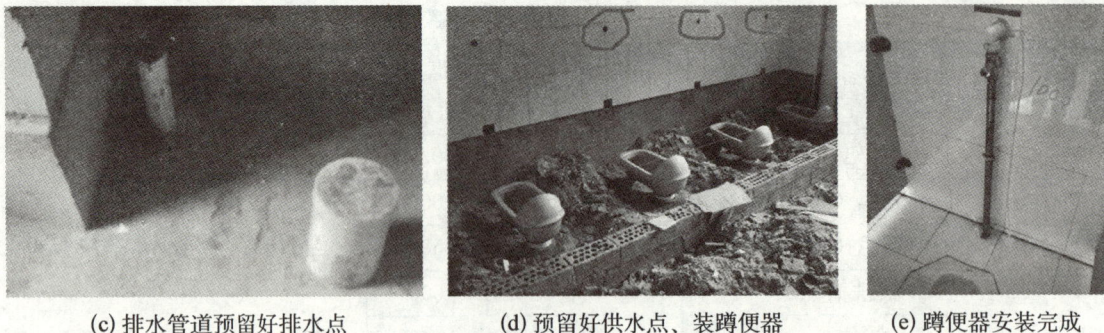

(c) 排水管道预留好排水点　　　(d) 预留好供水点、装蹲便器　　　(e) 蹲便器安装完成

图 1-6-21　蹲式大便器的安装

（5）配合装饰装上水件（自闭冲洗阀），完成装饰面，封堵符合验收规范要求，如图 1-6-21(e) 所示；

（6）满水试验、通水试验、交工验收。

### 1.6.3　附属设备

#### 1. 水箱

给水管道系统上常用的水箱有高位水箱、减压水箱、膨胀水箱和消防水箱等。如图 1-6-22 所示，水箱由进水管、出水管、溢流管、水位信号装置、泄水管和通气管等组成。如图 1-6-23 所示，目前常用的水箱由钢板拼接而成，保温层直接与钢板形成整体。水箱的基础可以为混凝土基础，也可以为槽钢基础；混凝土基础一般比地面高 600 mm。

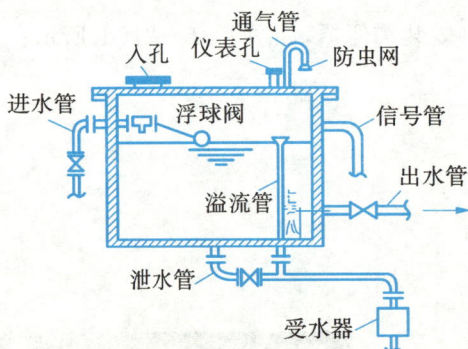

图 1-6-22　水箱的组成示意图

图 1-6-23　某超高层建筑中的生活水箱实物图

#### 2. 水泵

水泵的安装流程是水泵基础定位—基础制作—隔振器安装—水泵就位安装—配管安装—单机试运转—管道系统。

1）无隔振要求的水泵安装

（1）水泵基础混凝土强度等级一般为 C20。如图 1-6-24(a) 所示，通常混凝土基座在地坪上的高度为 150 mm，深入地坪以下的尺寸应符合设计要求。

（2）水泵安装前，应清理混凝土基础上的污物，应再次检查基础的尺寸、位置和标高等是否符合设计要求；校对水泵底座尺寸与混凝土基础尺寸，底座地脚螺栓孔与基础地脚螺栓预留孔的尺寸、位置是否一致，基础平面的水平度是否符合有关规范的要求。

（3）吊装水泵就位于基础上，装上地脚螺栓，用平（斜）垫铁找平，找正后将螺母拧上，进行二次灌浆（灌浆混凝土的强度等级不低于C25）。

（4）每个地脚螺栓旁要有一组垫铁，每一组垫铁组不应超过5块，每组垫铁均要压紧；水泵调平后，垫铁之间要焊牢，垫铁要露出底座外缘10～30 mm，垫铁组插入水泵底座的长度要超过地脚螺栓的中心。

2）有隔振要求的水泵安装

安装有隔振要求的水泵时，需在水泵的进出管上设置橡胶挠性接头，管道支架也需采用弹性支（吊）架；在水泵基座下还需装上隔振垫、减振器等，如图1-6-24(b)所示。

(a) 水泵在混凝土基础上安装　　　(b) 水泵在型钢基础上安装

图1-6-24　某工程消防泵的安装

## 1.6.4　管道支架的制作安装

支架又称管路支撑件、管道标高、坡度的保持依赖于支架的合理设置。根据支架对管道的制约不同，可分为普通支架、防震支架、固定支架、抗震支架等，根据支架的结构形式可分为托架、吊架和管卡。

### 1. 支架的形式

（1）固定支架

指与管道之间不能产生相对位移，将管道固定在确定的位置上，使管道只能在两个固定支架之间胀缩，以保证各分支管路位置一定的支架。

建筑机电安装工程常用的支架有以下几种：

① 5号角钢和10号圆钢组成的管卡，适用于$DN15～DN150$的管道，如图1-6-25(a)所示。

② 5号槽钢和10号圆钢组成的管卡，适用于$DN100～DN700$的管道，如图1-6-25(b)所示。

③ 梁上安装的角钢支架适用于$DN25～DN400$的管道，如图1-6-25(c)所示。

④ 角钢支架在梁上安装、角钢管卡在屋面上安装、角钢管卡落地安装如图1-6-26所示。

(a) 角钢管卡　　　　　　　(b) 槽钢管卡　　　　　　　(c) 角钢管道支架

**图 1-6-25　某工程管卡安装 1**

(a) 角钢支架在梁上安装　　(b) 角钢管卡在屋面上安装　　(c) 角钢管卡落地安装

**图 1-6-26　某工程管卡安装 2**

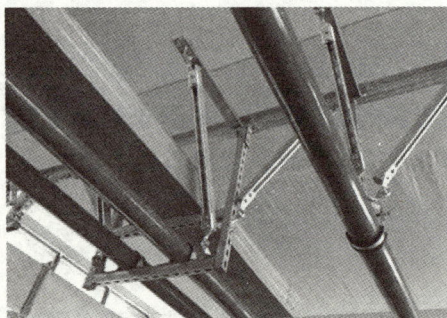

**图 1-6-27　管道的抗震支架**

（2）防晃支架、普通支架

防震支架与管并不完全固定，管是可以轴向移动的，例如：在通风空洞工程中，防晃支架的吊杆一般采用的是角钢或槽钢，吊架紧靠钢管表面，横旦的尺寸短一些，普通支架的吊杆一般是用通丝吊杆、吊杆与风管表面一般应该有 50～100 mm 左右的一个间距，横旦长一些。

（3）抗震支架

如图 1-6-27 所示，管道抗震支吊架不应限制管线热胀冷缩产生的位移，组成抗展支吊架的所有构件应采用成品构件，连接紧固件的构造应便于安装，由锚固件、加固吊杆、抗震连接构件及抗震斜撑组成。

（4）综合管道支架、弹性支吊架

目前，支架的标准化、商品化生产已逐步推广，各专业安装管线优化设计后集中布道，多条管线共用支架，综合支架设计应用也越来越普遍。管道支架安装完成后应刷油漆防腐，如图 1-6-28 的综合支架，其吊臂由角钢组成，横梁为精钢，U 型管卡为 10 号圆钢。另外为风机、新风机阻吊装为了减震，一般采用弹性吊架。

**图 1 - 6 - 28　并排安装的管道支架**

### 2. 支架的制作

在实际施工中,抗震支架、综合支架一般采用成品、普通支架、固定支架一般是现场制作的,但在制作支架时应注意以下问题。

(1) 管道支架的形式、材质、加工尺寸、精度及焊接等应符合标准图集的设计要求。

(2) 下料时应按图纸与实际尺寸进行划线和机械切割,如用气割,则应清除氧化物。

(3) 支架的孔眼应采用电钻加工,其孔径应比管卡或吊杆直径大 1~2 mm,不得以气割开孔。

(4) 制作合格的支架应进行除锈、防腐处理,焊接变形应予以矫正。

### 3. 支架的安装

### (1) 支架安装的一般要求

固定支架、抗震支架按设计要求安装。普通支架安装前应按图纸的标高、坡度测量放线。按两点一线的原理,管道测量放线时,**测量控制点为管道的起点、终点和转折点,支架的位置根据墙不作架、托稳转角、中间等分、不超最大的原则(管道施工验收规范规定的最大间距)来确定。**抗震支吊架应和结构主体可靠连接,当管道穿越建筑沉降缝时应考虑不均匀沉降,其设置和设计应满足相关规范规定。

土建有预埋钢板或预留支架孔洞的,应检查预留孔洞或预埋件的标高及位置是否符合要求,同时要检查预埋板的牢固性、平整度,清除预埋钢板上的砂浆或油漆。滑动支架的滑托与滑槽两侧间应留有 3~5 mm 的间隙,并留有一定的偏移量,铸铁或大口径钢管上的阀门应设有专用的阀门支架,不得以管道承重。

### (2) 支架的安装方法

① 栽埋法。墙上有预留孔洞的,可将支架横梁埋入墙内,埋设前应清除洞内的碎砖及灰尘,并用水将洞浇湿,填塞用 M5(1:6)水泥砂浆,插栽支架角钢(注意应将支架末端劈成燕尾状),用碎石捣实挤牢。支架墙洞要填得密实饱满,墙洞口要凹进 3~5 mm,不得有砂浆外流现象,当砌体未达到设计强度的 75% 时,不得安装管道,否则应采取加固措施。

② 焊接法。在预制或现浇钢筋混凝土时,在各支架的位置处预埋钢板后,将支架横梁焊接在预埋的钢板上。这种方法适用于在不宜打洞的钢筋混凝土构件上安装支架横梁。

③ 膨胀螺栓法和射钉法。在没有预留孔洞和预埋钢板的砖墙或混凝土构件上,可以用射钉或膨胀螺栓紧固支架,具体做法:根据支架在墙、柱上的安装位置用电钻钻孔或用射钉枪射入射钉,钻孔深度与膨胀螺栓相等,孔径与膨胀螺栓套管外径相等,射钉直径为 8~12 mm。在清除孔洞内碎屑后,装入套管或膨胀螺栓,将支架横梁安装在螺栓上,拧紧螺母

使螺栓锥形尾部胀开,膨胀螺栓的选用见表1-6-4。

表1-6-4 膨胀螺栓的选用　　　　　　　　　　　单位:mm

| 管道基本直径 | ≤70 | 80~100 | 125 | 150 |
|---|---|---|---|---|
| 膨胀螺栓规格 | M8 | M10 | M12 | M14 |
| 钻头直径 | 10.5 | 13.5 | 17 | 19 |

④ 抱柱法。用型钢和螺栓把柱子夹起来,适用于沿柱安装的设备,在混凝土或木结构上安装支架不能钻孔或打洞的情况,也是在未预埋钢板的混凝土柱上安装横梁的补救方法。

# 1.7　给排水安装工程施工图的识读

## 1.7.1　管道工程图中常用表示方法

### 1. 常用线型

图纸的宽度$b$应根据图纸的类型、比例和复杂程度,按现行国家标准《房屋建筑制图统一标准》(GB/T 50001—2010)中的规定选用,建筑给水排水专业制图常用的各种线型宜符合表1-7-1的规定。

表1-7-1 管道常用线型

| 名称 | 线型 | 线宽 | 用　　途 |
|---|---|---|---|
| 粗实线 | —— | $b$ | 新设计的各种排水和其他重力流管线 |
| 粗虚线 | - - - | $b$ | 新设计的各种排水和其他重力流管线的不可见轮廓线 |
| 中实线 | —— | $0.5b$ | 给水排水设备、零(附)件的可见轮廓线,总图中新建的建筑物和构筑物的可见轮廓线,原有的各种给水和其他压力流管线 |
| 中虚线 | - - - | $0.5b$ | 给水排水设备、零(附)件的不可见轮廓线,总图中新建的建筑物和构筑物的不可见轮廓线,原有的各种给水和其他压力流管线的不可见轮廓线 |
| 细实线 | —— | $0.25b$ | 建筑的可见轮廓线,总图中原有的建筑物和构筑物的可见轮廓线,制图中的各种标注线 |
| 细虚线 | - - - | $0.25b$ | 建筑的不可见轮廓线,总图中原有的建筑物和构筑物的不可见轮廓线 |
| 折断线 | ～ | $0.25b$ | 断开界线 |
| 波浪线 | 〰 | $0.25b$ | 平面图中的水面线,局部构造层次范围线,保温范围示意线 |

### 2. 管道类别

在管道图中,为了区别各种不同类型的管道,常在管道线中注上用汉语拼音字母表示的规定符号(通常为汉语拼音的第一个大写字母),见表1-7-2。

给排水施工图

表 1-7-2　常用管道类别

| 序号 | 名称 | 规定符号 | 序号 | 名称 | 规定符号 |
| --- | --- | --- | --- | --- | --- |
| 1 | 生活给水管 | J | 6 | 雨水管 | Y |
| 2 | 消火栓管道 | XH | 7 | 废水管 | F |
| 3 | 中水给水管 | ZJ | 8 | 污水管 | W |
| 4 | 热水给水管 | RJ | 9 | 蒸汽管 | Z |
| 5 | 凝结水管 | N | 10 | 通气管 | T |

### 3. 管道的坡度及坡向

管道坡度用 $i$ 表示,在 $i$ 后面有等号,等号后面有坡度值;箭号的方向表示坡向,箭头朝向方表示低向,如图 1-7-1 所示。

图 1-7-1　管道的坡度及坡向的表示

1—管线;2—表示坡向的箭头

### 4. 管道标高

管道、设备的高度有时要用标高表示,在需要标注的地方做一引出线,再在引出线上画一带横线的三角线,并在横线上写出标高(单位为 m)。在给排水工程图样中,室内工程应标注相对标高,压力管道(如生活管道、热水给水管)应标注管中心标高。

标高的标注方法应符合下列规定。

(1)平面图中,管道标高应按图 1-7-2 的方式标注。

(2)剖面图中,管道及水位的标高应按图 1-7-3 的方式标注。

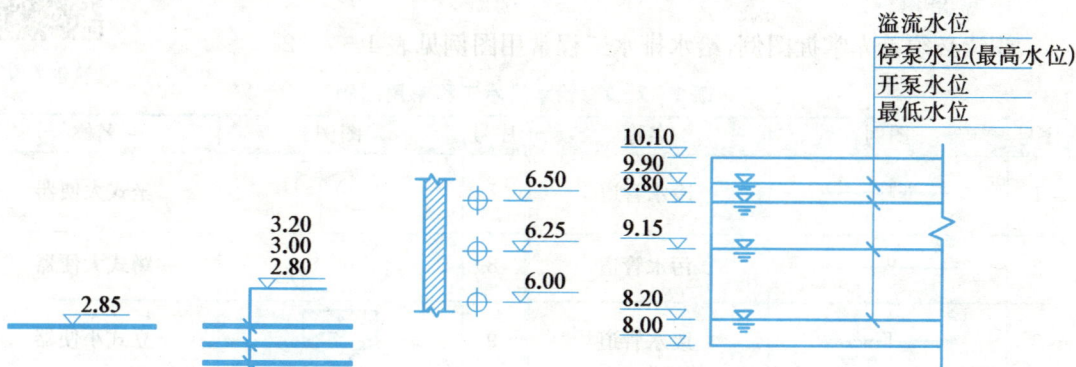

图 1-7-2　平面图中管道标高标注法

图 1-7-3　剖面图中管道及水位标高标注法

(3)轴测图中,管道标高应按图 1-7-4 的方式标注。

### 5. 管道管径

管径的标注应按图 1-7-5 的方式标注。

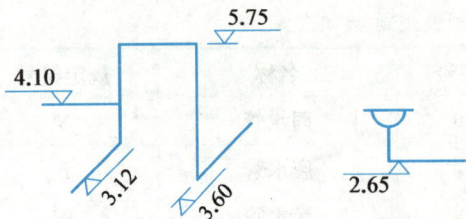

**图 1-7-4 轴测图中管道标高标注法**

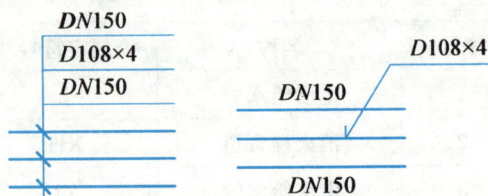

**图 1-7-5 多管管径表示法**

#### 6. 管道编号

（1）当建筑物的给水引入管或排水排出管的数量超过一根时，应进行编号，编号宜按图 1-7-6 的方法表示。

（2）当建筑物内穿越楼层的立管的数量超过一根时，应进行编号，编号宜按图 1-7-7 的方法表示。

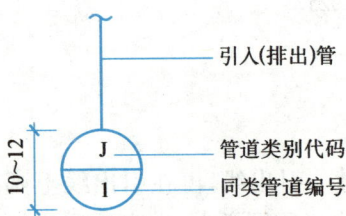

**图 1-7-6 给水引入（排水排出）管编号表示法**

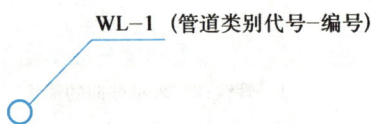

WL-1 （管道类别代号-编号）

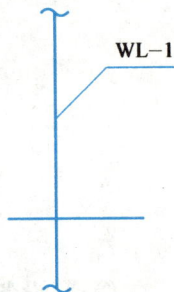

(a) 平面图 (b) 剖面图、系统图、轴测图

**图 1-7-7 立管编号表示法**

### 1.7.2 给水管道施工图的识读

#### 1. 常用图例

识读必须首先掌握图例，给水排水工程常用图例见表 1-7-2。

**给排水图例**

**表 1-7-2 给水排水工程常用图例**

| 序号 | 图例 | 名称 | 序号 | 图例 | 名称 |
|---|---|---|---|---|---|
| 1 | —— J —— | 冷水管道 | 7 | | 坐式大便器 |
| 2 | —— W —— | 污水管道 | 8 | | 蹲式大便器 |
| 3 | —— F —— | 废水管道 | 9 | | 立式小便器 |
| 4 | —— KN —— | 空调凝结水管 | 10 | | 淋浴喷头 |
| 5 | —— XH —— | 消火栓管道 | 11 | 平面　系统 | 水嘴 |
| 6 | | 台式洗脸盆 | 12 | | 角阀 |

续　表

| 序号 | 图例 | 名称 | 序号 | 图例 | 名称 |
|---|---|---|---|---|---|
| 13 |  | 检查口 | 25 | FL-Y | 废水管道立管 |
| 14 |  | 截止阀 | 26 | XHL-Y | 消火栓管道立管 |
| 15 | 平面　系统 | 圆形地漏 | 27 | KNL-Y | 空调冷凝水排水立管 |
| 16 |  | 水泵结合器 | 28 | J | 冷水检查井编号 |
| 17 | 平面　系统 | 清扫口 | 29 | W | 污水检查井编号 |
| 18 |  | 表 | 30 | F | 废水检查井编号 |
| 19 | S形　P形 | 存水弯 | 31 |  | 闸阀 |
| 20 | 平面　系统 | 自动排气阀 | 32 |  | 止回阀 |
| 21 |  | 水表井 | 33 |  | 蝶阀 |
| 22 |  | 排水检查井 | 34 | 平面　系统 | 室内消火栓（单口） |
| 23 | JL-X | 冷水管道立管 | 35 | 成品　蘑菇形 | 通气帽 |
| 24 | WL-X | 污水管道立管 | 36 |  | 压力表 |

## 2. 图纸构成

建筑给水排水施工图主要由图纸首页（文字部分）、平面图、系统图、详图（或大样图）和标准图集等组成。

图纸首页包括图纸目录、图例、设计施工说明、主要材料设备表和总平面图。

给水排水平面图主要包括底层给水排水平面图、标准层给水排水平面图和顶层给水排水平面图。底层给水排水平面图反映了给水进户管和排水出户管的位置、埋地管道的走向；标准层给水排水平面图反映了中间相同楼层的给水排水管道及设备布置情况；顶层给水排水平面图反映了屋面水箱定位及屋面管道布置情况。

给水排水系统图是示意图，主要反映给水排水管道的空间走向、逻辑关系、标高和管径等。

在实际工程中有些非标准的设备安装或管道布置在平面图或系统图上难以表达清楚，此时要用详图（或大样图）来放大比例进行描述。

一般给水排水设备安装均有国家统一的标准图集,故在设计图纸上不再重复。

**3. 识读方法**

**(1) 看文字部分,了解工程概况、范围、管材种类、接口形式,支架套管做法、防腐保温和图例等。**

**(2) 读系统图。一张图纸中有多个独立的系统(如 W1、W2 排水系统;J1、J2 给水系统)组成,应分系统分别识读,系统与系统之间均不可混读。应先找到管道进、出口(对于室外管网,先明确水源位置),按总管及入口装置、干管、立管、支管、设备的顺序的顺序依次识读,直至将整个系统全部识读完毕。**

**(3) 对照识读。其一,系统图与平面图对照识读**;其二,与其他专业工种图纸之间的对照识读。分层识读是指对设计人员所绘制的各层平面图进行分别的识读,**并按底层(含箱基、地下室)平面图、顶层(含设备层)平面图、楼层平面图的顺序分别识读。**

(4) 看图时要注意从粗到细、从整体到局部、由主到次。看安装图时也要结合土建图纸来看,这样才能对安装物体的具体位置比较清楚,图纸有问题也能及时发现;对于需要结合现场的工程,要认真踏勘现场,尽量与实际情况结合起来。

## 1.7.3　室内给水施工图的识读实例

**1. 实例一**

现以普通住宅楼给水工程为例,介绍给水施工图的识读方法和步骤。

**(1) 熟悉图纸**

本套施工图纸包括图纸目录、图例、设计施工说明、给水排水平面图(见图 1-7-8 和图 1-7-9)、系统图(见图 1-7-10～图 1-7-11)等。

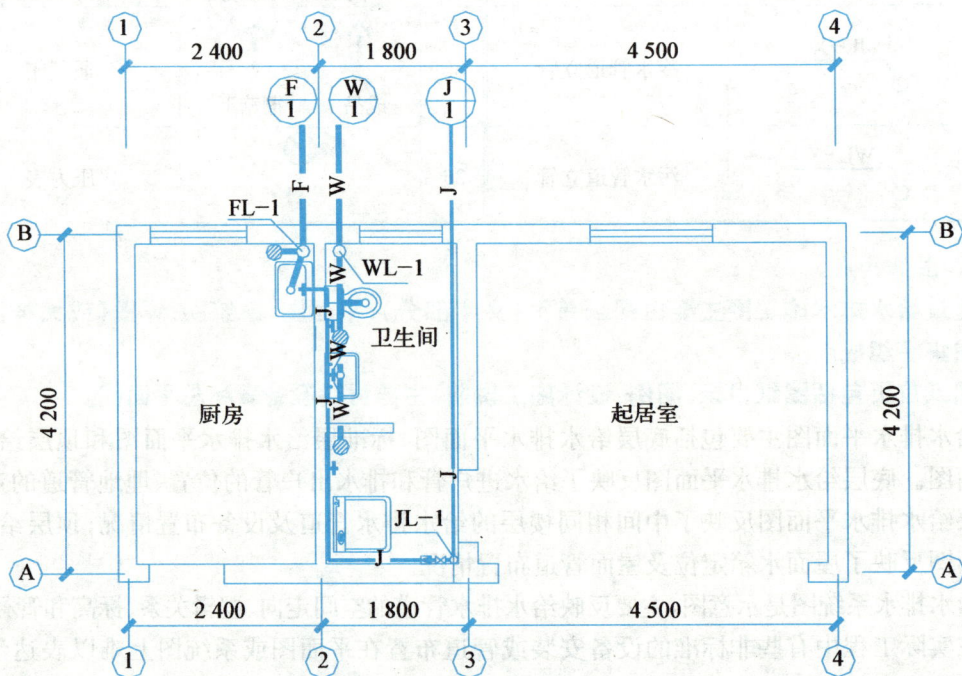

**图 1-7-8　一层给水排水平面图**

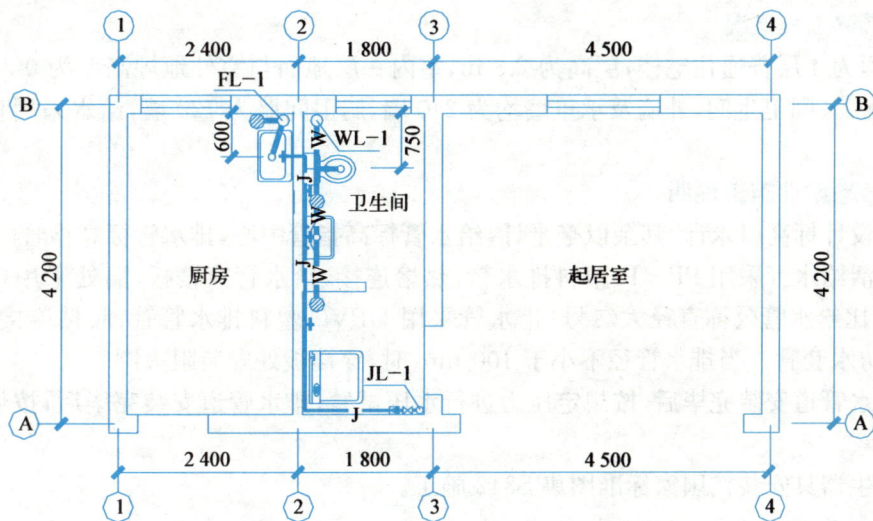

图 1-7-9 二层至四层给水排水平面图

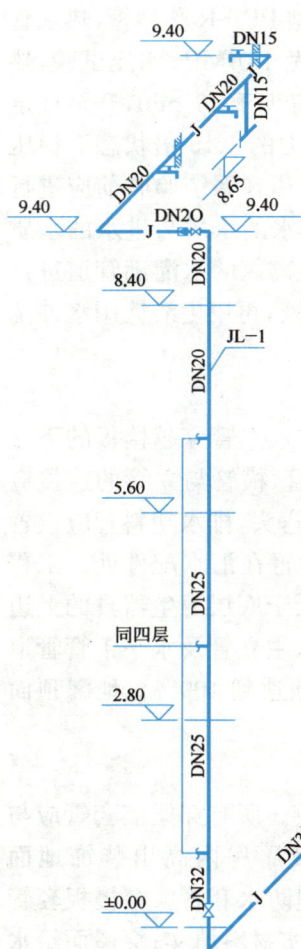

图 1-7-10 给水系统图

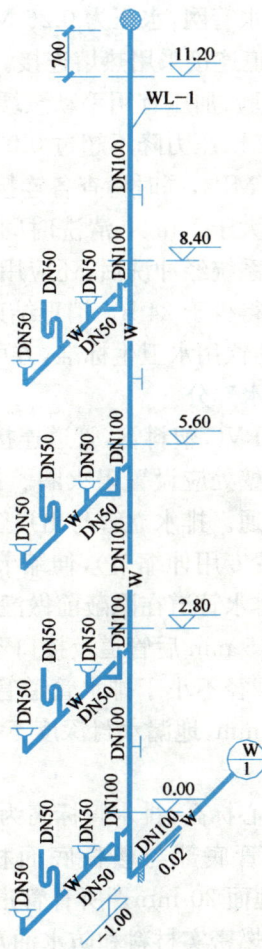

图 1-7-11
污水排水系统图

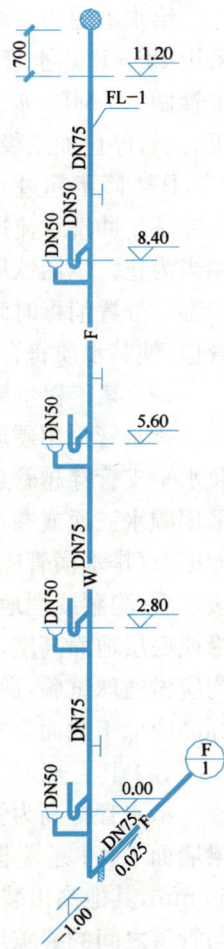

图 1-7-12
废水排水系统图

**（2）了解工程概况**

本工程为 4 层普通住宅楼，层高为 2.8 m，室内一层地面与室外地坪高差为 0.3 m，户内有一间厨房、一间卫生间，外墙及承重墙均为 240 墙，厨卫间墙为 120 墙，给水采用直接给水方式。

**（3）熟悉设计施工说明**

① 本设计标高以米计，其余以毫米计，给水管标高指管中心，排水管标高指管内底。

② 生活给水管采用 PP－R 塑料排水管，热熔连接，给水管穿楼板，墙处采用普通钢套管，钢套管比给水管公称直径大二号；排水管采用 UPVC 塑料排水管管，胶粘连接，出屋面处做刚性防水套管。当排水管径不小于 100 mm 时，穿楼板处安装阻火圈。

③ 给水管道安装完毕后，按规定压力进行水压试验；排水管道安装完毕后，按规定进行渗漏试验。

④ 卫生器具安装按国家标准图集 S342 施工。

**2. 实例二**

**（1）某工程生活给水部分**

给水水源为市政给水管网，水压为 0.25 MPa，给水管采用环保型 PP－R 塑料管，热水管采用 PP－R 热水管，管道连接采用热熔连接。工程竣工后，给水管做 1.0 MPa 水压试验，热水管做 1.5 MPa 水压试验，加压宜用手动泵缓慢升压，升压时间不得少于 10 min，升至规定压力后，停止加压稳压 1 h，压力降不超过 0.05 MPa，然后在工作压力的 1.15 倍状态下稳压 2 h，压力降不超过 0.03 MPa，同时检查各连接处不得泄露。给水管道在系统验收前应进行水冲洗。冲洗水流速宜大于 1 m/s，清洗时间控制在冲洗出口处排水的水质与进水的水质相当为止。生活饮用水系统经冲洗后，还应用含 20～30 mg/L 的游离氯的水灌满管道进行消毒。静置消毒时间不得少于 24 h。消毒结束，放空管道内的消毒液，再用生活饮用水冲洗管道，使其水质符合生活饮用水卫生标准，方可交付使用。

**（2）某工程生活排水部分**

排水管采用硬质 UPVC 塑料管，管道连接为承插黏结。塑料排水立管穿越楼板的下方及水平支管穿越管道井壁处应设置阻火圈。排水管道的横管与横管、横管与立管的连接应采用顺水三通或顺水四通。排水立管与出户管的连接采用 2 个 45°弯头，排水塑料管应设置伸缩节（排水横管应设置专用伸缩节），伸缩节（间距不大于 4 m）设置在汇水配件处。工程竣工后，隐蔽或埋地的排水管道在隐蔽前做灌水试验，灌水高度不低于底层卫生器具的上边缘或底层地面高度，以 15 min 后管道及接口不渗不漏为合格。排水主立管及水平干管管道均应做通球试验，通球球径不小于排水管道管径的 2/3，通球率必须达到 100%。地漏顶面标高应低于地面 5～10 mm，地漏水封深度不得小于 50 mm。

**（3）其它规定**

给水管标高为管中心标高，排水管标高为管底标高，标高以米计。所有穿梁墙套管应与梁墙面平齐；穿楼板套管底部与楼板底面相平，其顶部卫生间及厨房内高出装饰地面 50 mm，其他高出装饰地面 20 mm。所有管道穿地下室外墙应预埋防水套管。穿楼板套管与管道之间的缝隙用阻燃密实材料和防水油膏填实；其余用阻燃密实材料填实；穿屋面给水管道应预埋防水套管，阀门暗装时应预留检修洞。

图 1－7－13～图 1－7－16 为该工程一～三层的卫生间给排水施工图。

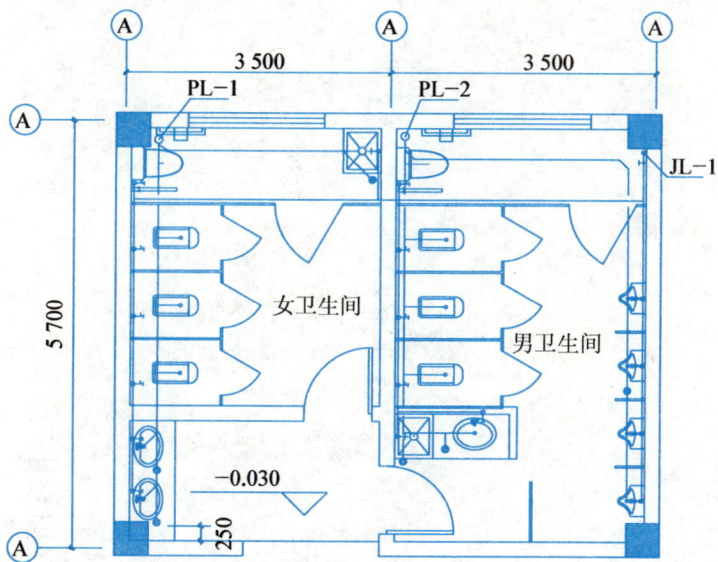

一层卫生间大样图　1:50

**图 1-7-13　一层卫生间大样图**

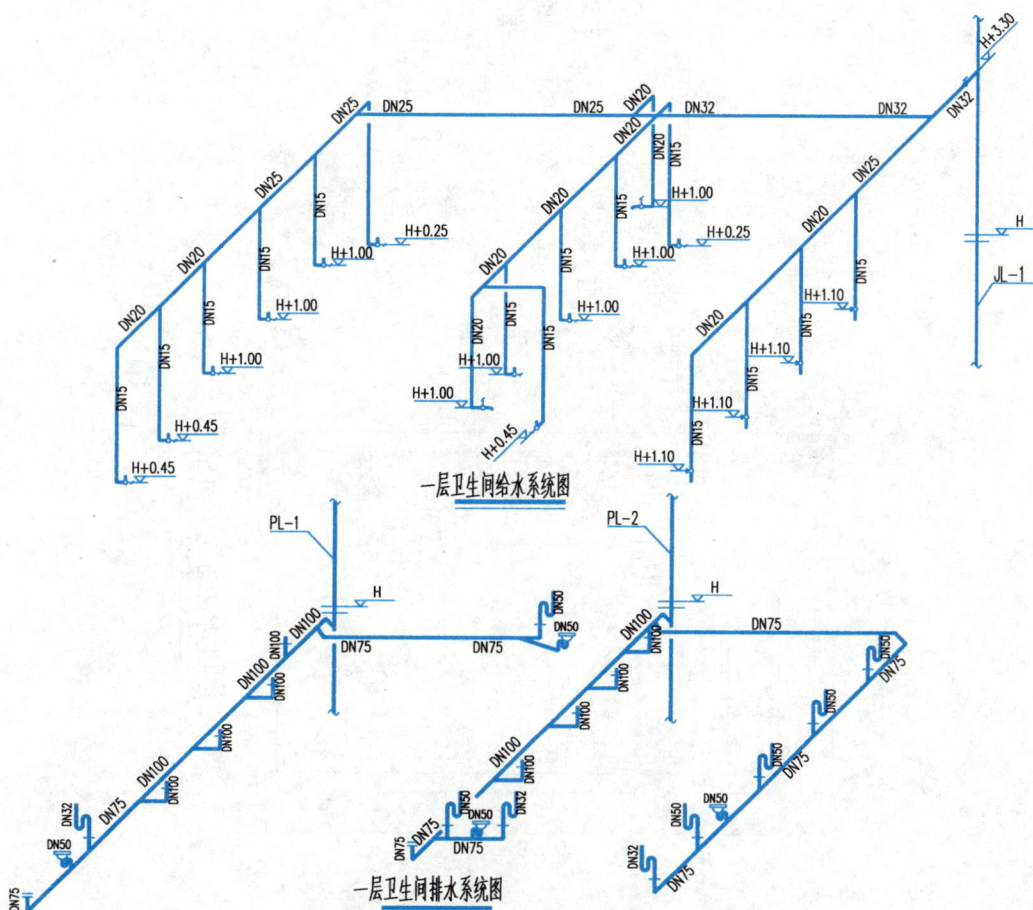

一层卫生间给水系统图

一层卫生间排水系统图

**图 1-7-14　一层卫生间给水排水系统图**

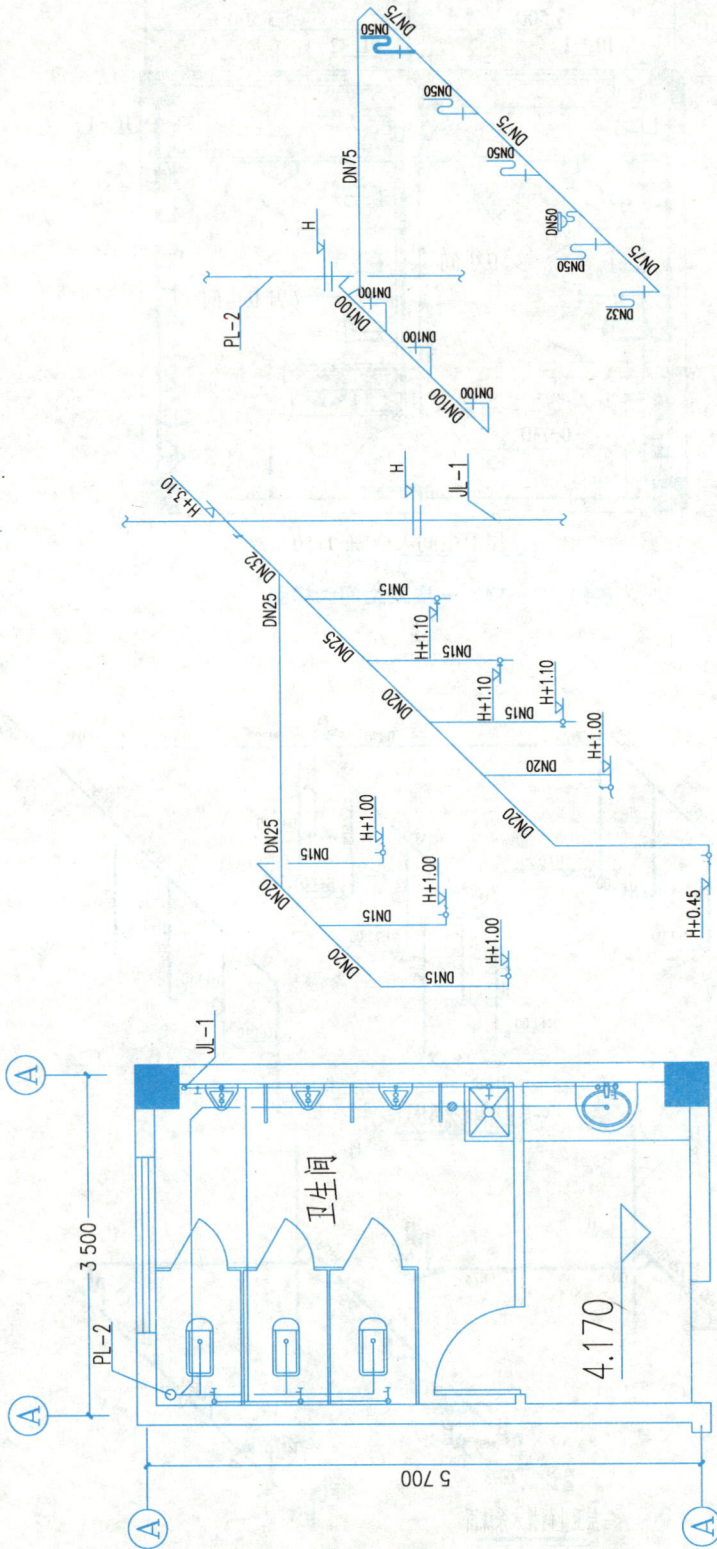

一层卫生间给排水系统图

一层卫生间大样图 1:50

**图1-7-15　二层卫生间大样图和排水系统图**

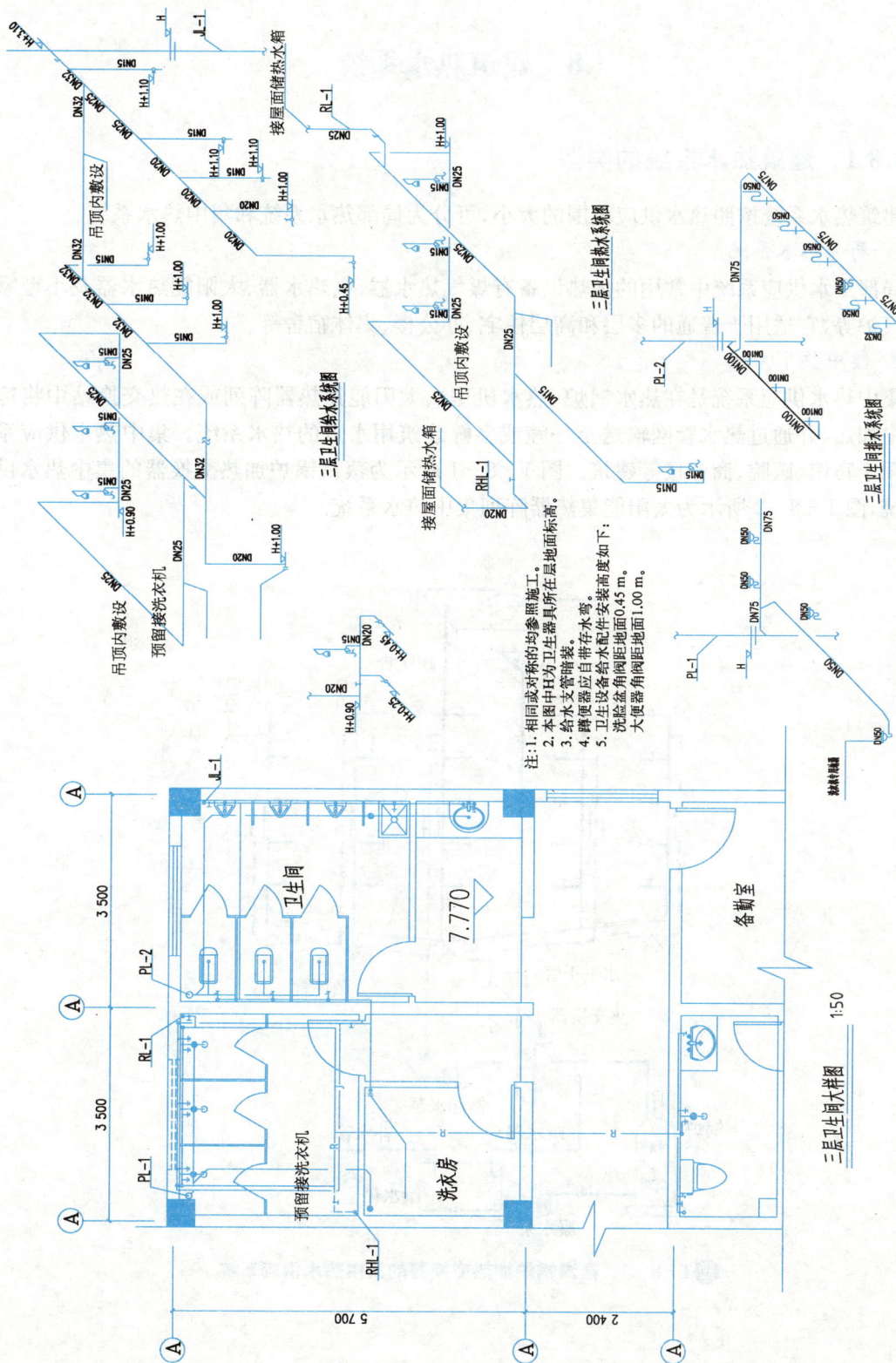

图 1-7-16　三层卫生间大样图和排水系统图

# 1.8 建筑热水系统

## 1.8.1 建筑热水系统的类型

建筑热水系统按照热水供应范围的大小,可分为局部热水系统和集中热水系统。

### 1. 局部热水系统

局部热水供应系统中常用的加热设备有煤气热水器、电热水器、太阳能热水器及小型家用燃气炉等,它适用于普通的多层和高层住宅、办公楼、集体宿舍等。

### 2. 集中热水系统

集中热水供应系统是在热水锅炉(热水机房)、太阳能集热器阵列或在热交换站中将冷水集中加热,并通过热水管网输送至一幢或多幢建筑用水点的热水系统。集中热水供应系统适用于宾馆、医院、商务楼等建筑。图1-8-1所示为蒸汽锅炉加热交换器的集中热水供应系统,图1-8-2所示为太阳能集热器阵列集中热水系统。

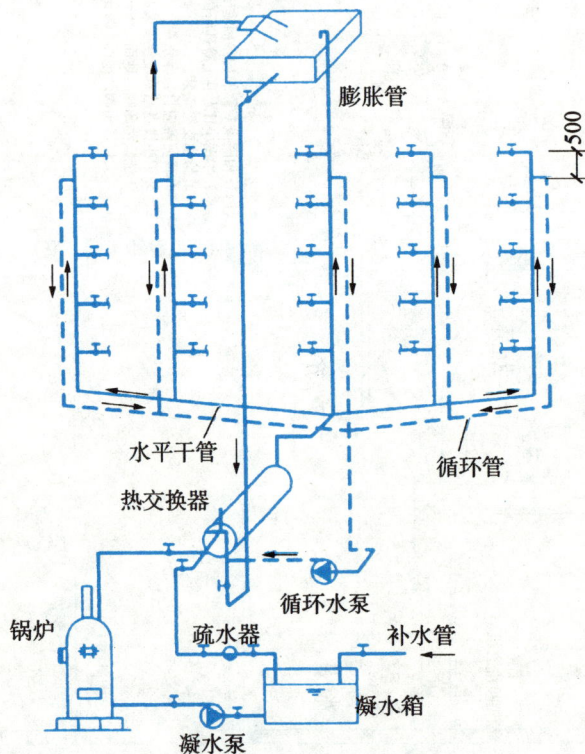

图1-8-1 蒸汽锅炉加热交换器的集中热水供应系统

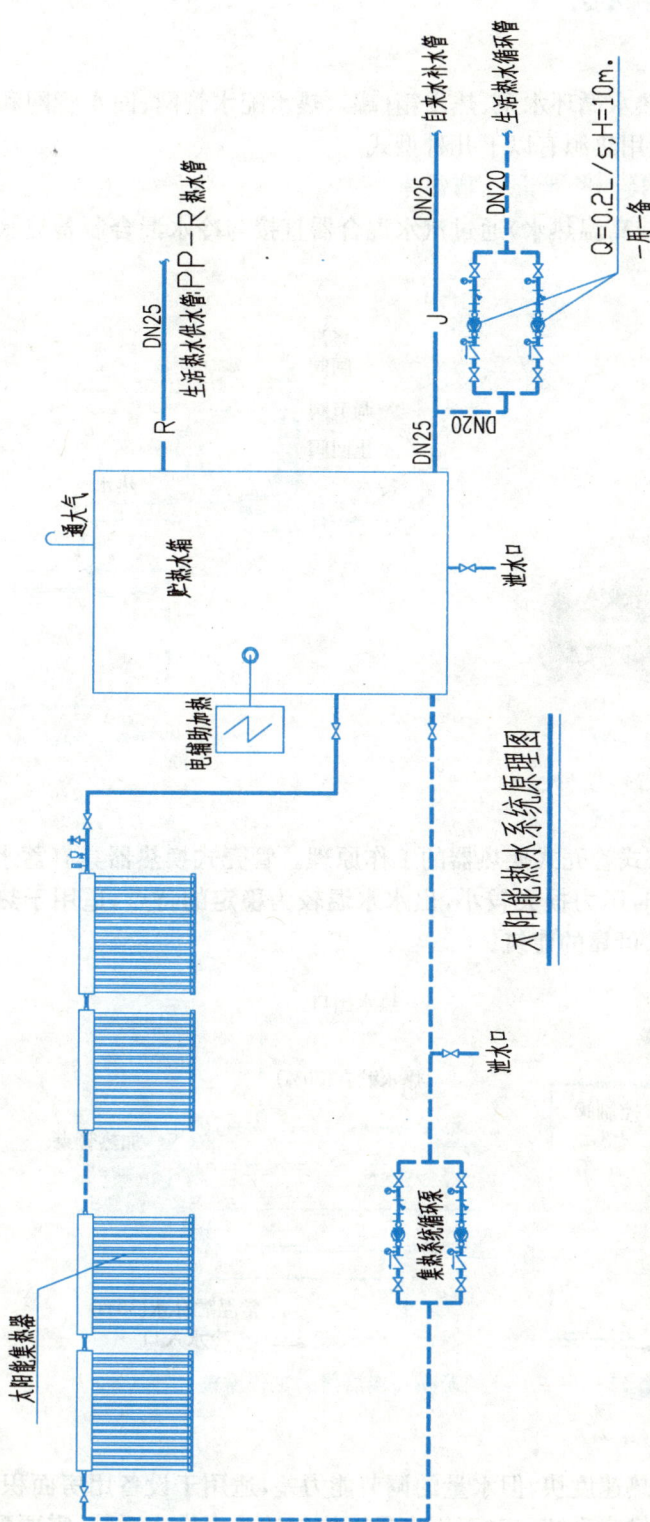

图1-8-2 太阳能集热器阵列集中热水系统

注1：本工程热水采用强制循环直接式太阳能与电辅助加热系统，参照系统原理图由专业厂家施工、调试。

注2：本工程热水最高日热水(60 ℃)用水量为1.0 m³/d，最大小时用水量为0.3 m³/h。

注3：本工程太阳能热水供应系统的集热面积为15 m³，采用玻璃一金属真空管承压型太阳集热器(由专业厂家另行设计)。

注4：本工程储热水箱的有效容积为1.0 m³，采用装配式不锈钢热水箱(1 500 mm×1 000 mm×1 000 mm)，自带保温。

注5：未尽事项按《太阳能热水系统设计与安装》(06K503)、《民用建筑太阳能热水系统应用技术规范》(GB 50364—2005)及《建筑给水排水及采暖工程质量验收规范》(GB 50242—2002)及现行规范、规程执行。

### 1.8.2　建筑热水系统的组成

#### 1. 热源

建筑热水系统由热源、热水循环水泵、热水箱(罐)、热水配水管网、回水管网和补水管网和管路附件等组成,其中,利用热源有以下几种型式:

##### (1) 通过汽水混合器直接与冷水混合制备热水

锅炉生产的热媒(蒸汽或高温热水)通过汽水混合器直接与冷水混合制备热水,如图1-8-3和图1-8-4所示。

图1-8-3　汽水混合器

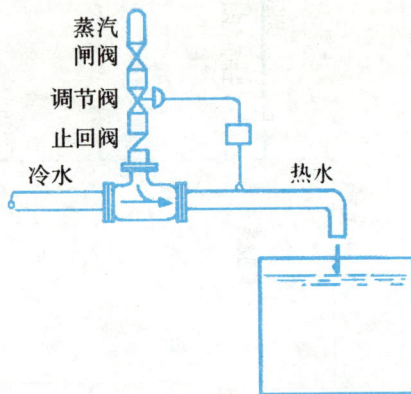

图1-8-4　汽水混合器直接加热

##### (2) 利用管壳式换热器加热

如图1-8-5所示为卧式管壳式换热器的工作原理。管壳式换热器具有蓄水和调节水量能力较好,被加热水通过时压力损失较小,出水水温较为稳定的特点,适用于热水供应系统用水量大,要求供水安全、可靠的建筑。

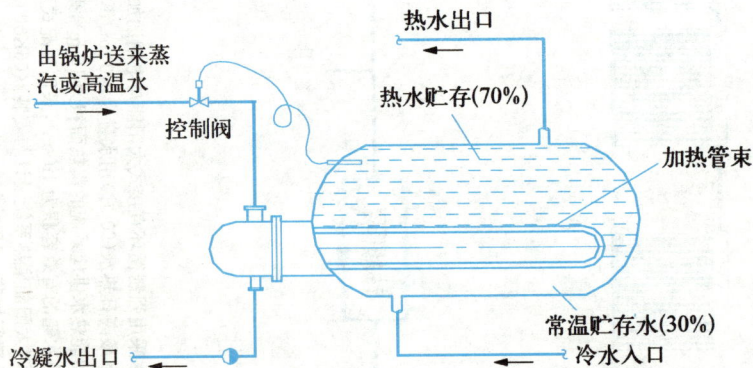

图1-8-5　卧式管壳式换热器的工作原理

##### (3) 利用板式换热器加热

板式换热器体积小,加热速度快,但水量的调节能力差,适用于设备用房面积较小、用水量均匀、冷水硬度低的热水供应系统。对于用水量不均匀的热水供应系统,需要配置储热水箱(罐)。

### （4）空调热（泵）水机组

地源热泵、水源热泵、空气能热泵是较能满足节能环保的热源形式,采用热水机组直接加热供水方式较难调节系统的冷热水量和压力平衡,一般需加储热（膨胀）水箱来调节水量、平衡压力,如图 1－8－6 所示。

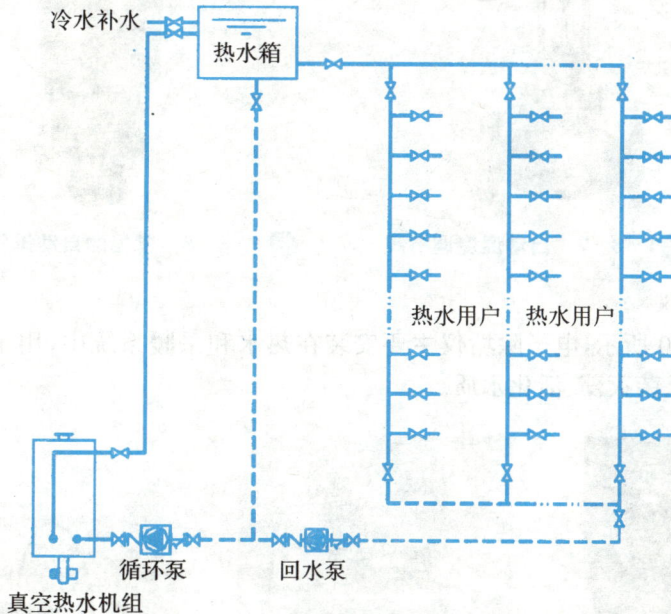

**图 1－8－6　热水机组直接加热系统示意**

### （5）太阳能集热器

太阳能集热器又称为太阳能热水器,是一种绿色节能产品,太阳能集热器可以安装在平屋面上,也可以结合坡屋面、阳台、外墙、雨棚一体化安装。

### 2. 输水管网

热水供应系统一般可采用薄壁铜管、薄壁不锈钢管、铝塑复合管、交联聚乙烯(PE－X)管、三型无规共聚聚丙烯管(PP－R)等。

### 3. 管路附件

蒸汽、热水供应系统的控制附件、配水附件(龙头)及仪表,如阀门、温度自动调节器、疏水器、膨胀罐、管道补偿器、自动排气阀、Y 形过滤器、温度计等,在此不再赘述。

#### 1）自动温度调节阀

温控阀如图 1－8－7,安装在热水和采暖系统中,用于调节热水和采暖系统的供水温度。自动温度调节阀的常见类型有直接式自动温度调节阀和电动式自动温度调节阀。

#### 2）自动排气阀

安装在热水和采暖系统中,用于排除热水、采暖管路系统内的气体,常见的自动排气阀如图 1－8－8 所示。

#### 3）疏水器

用于排放蒸汽管道中的凝结水,常用的疏水器有吊桶式疏水器和热动力式疏水器,如图 1－8－9 所示。

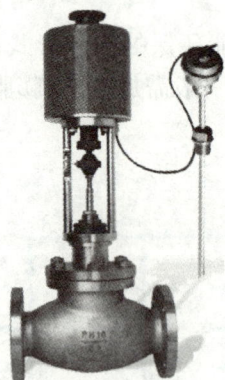
图1-8-7　自动温度调节阀

图1-8-8　常见的自动排气阀

4）电子除垢仪

如图1-8-10所示，电子除垢仪主要安装在热水和采暖系统中，用于加热设备的防垢除垢、防腐阻锈、杀菌灭藻、活化水质。

(a) 吊桶式疏水器

(b) 热动式疏水器

图1-8-9　疏水器

图1-8-10　电子除垢仪

# 单元实训

图纸

给排水

## 一、施工图识读实训

### 1. 实训目的

熟悉建筑给排水安装工程施工图的表达方法与表达内容，掌握建筑给排水安装工程施工图的识读方法，具备建筑给排水施工图识读能力。

### 2. 实训内容

识读民用建筑给排水安装施工图，了解图中给排水系统类别组成、管材规格、管道连接方式、设备及附件的类型、套管做法、管道安装标高、施工工艺和技术措施。

## 二、施工建模实训

### 1. 实训目的

在建筑给排水施工图的识读基础上,通过专业课程基础知识的综合运用,思考给排水管线、附属设备及附件的安装施工与建筑工程施工过程中的相互配合和影响因素,协调各工种工程进度,编制施工组织设计,合理安排施工程序,做好施工准备。

### 2. 实训内容

根据普通民用建筑给排水安装工程施工图,利用 BIM 软件建立三维模型,导出材料计划,分析建筑给排水施工过程中与土建专业安装配合环节,落实好施工方案,确定配合措施。

# 模块 2　防腐蚀、绝热工程

防腐蚀、绝热工程

## ❖ 学习目标

（1）掌握钢材表面除锈质量等级标准和除锈方法。

（2）掌握油漆的种类和作用、刷油的施工工艺和常用防腐层的做法。

（3）掌握绝热目的、常用的绝热材料及其性能、绝热结构和绝热工程的施工工艺等。

## 2.1　除锈工程

除锈的目的是除去金属表面的锈蚀和杂质，为刷油漆做准备，管道（设备）防腐（保温）前必须根据金属表面的锈蚀、污垢情况，正确选择表面处理方法，以确保防腐（保温）质量。

### 2.1.1　钢材表面除锈质量等级标准

#### 1. 钢材表面原始锈蚀等级

目前世界上通用的瑞典标准 SISO 55900 将钢材表面锈蚀程度分成 A、B、C、D 四级，具体规定见表 2-1-1。

表 2-1-1　钢材表面原始锈蚀等级

| 锈蚀等级 | 锈蚀状况 |
| --- | --- |
| A 级（微锈） | 覆盖着完整的氧化皮或只有极少量锈的表面（氧化皮完全紧附，仅有少量锈点） |
| B 级（轻锈） | 部分氧化皮已松动、翘起或脱落，已有一定锈的钢材表面（部分氧化皮开始破裂脱落，红锈开始发生） |
| C 级（中锈） | 氧化皮大部分翘起或脱落，大量生锈，但目测时看不到锈蚀的钢材表面（氧化皮部分破裂脱落，呈堆粉状，除锈后肉眼见到腐蚀小凹点） |
| D 级（重锈） | 氧化皮几乎全部翘起或脱落，大量生锈，目测时能看到锈蚀的钢材表面（氧化皮大部分脱落，呈片状锈蚀或凸起的锈斑，除锈后出现麻点或麻坑） |

施工现场的管材保管应有完善的管理制度，不会出现中锈、重锈等情况，因此施工现场的管材锈蚀程度一般按轻锈来考虑。对于出厂时已经刷油的管道，不需要再计算除锈、刷油的工作，镀锌钢管、钢板在刷漆之前应做的擦拭清洁表面工作，视作除的锈。

#### 2. 钢材表面除锈质量等级

钢材表面除锈质量等级见表 2-1-2。

表 2-2-2　钢材表面除锈质量等级

| 质量级别 | 质量标准 |
|---|---|
| **Sa3** | **非常彻底**的**喷射除锈或抛射除锈**，除净金属表面上的油脂、氧化皮、锈蚀产物等一切杂物，表面无任何可见残留物，呈现**均匀的金属光泽**，并有一定的粗糙度 |
| Sa2.5 | **彻底**的喷射除锈或抛射除锈。**完全除去**金属表面的油脂、氧化皮、锈蚀产物等一切杂物，可见阴影条纹、斑痕等残留物不得超过单位面积的 5% |
| Sa2 | 较彻底的喷射除锈或抛射除锈。除去金属表面上的油脂、锈皮、松疏、浮锈等杂物，允许有紧附的氧化皮 |
| Sa1 | 轻度的喷射除锈或抛射除锈。钢材表面无可见的油脂和污垢，且没有附着不牢的氧化皮、铁锈和油漆等附着物 |
| **St3** | **非常彻底的手工和动力工具除锈**，钢材表面无可见的油脂和污垢，且没有附着不牢的氧化皮、铁锈和油漆涂层等附着物，底材显露部分的表面应**具有金属光泽** |
| St2 | 彻底的手工和动力工具除锈。钢材表面无可见的油脂和污垢，且没有附着不牢的氧化皮、铁锈和油漆等附着物。可保留粘附在钢材表面且不能被钝油灰刀剥掉的氧化皮、锈和旧涂层 |

**喷射除锈一般按 Sa2.5 级标准确定，施工资源消耗标准为：如 Sa3 级按人工、材料、机械乘以系数 1.1；Sa2 级或 Sa1 级乘以系数 0.9。**

### 2.1.2　除锈方法

#### 1. 人工除锈

用砂轮片、砂布、铲刀、钢丝刷、手锤等简单工具，以磨、敲、铲、刷等方法除掉金属表面的氧化物及铁锈；**设备、管道和钢结构的除锈，一般采用人工除锈**。

#### 2. 动力工具除锈

人工使用风（电）砂轮、风（电）钢丝刷（轮）等机械进行除锈，适用于小面积或不易使用机械除锈的场合。例如，焊缝部位的除锈采用砂轮机机械除锈方式，要求除锈等级达到 St3 级。

#### 3. 喷（抛）射除锈

喷（抛）射除锈是利用各种喷射或抛射机械喷出的颗粒物去冲击、摩擦、敲打金属表面，达到去除锈目的。喷（抛）射除锈常用的有干法喷砂除锈、湿法喷砂除锈、高压水除锈和射流控制真空喷丸除锈等。例如，管道、管道支架等钢结构采用喷砂方式除锈。喷砂除锈时，安排在防腐工地集中喷砂除锈，其除锈质量等级为 Sa2.5 级。

#### 4. 化学除锈

又称为酸洗除锈，通常用于形状复杂的设备或零部件的除锈。

## 2.2　刷油工程和防腐蚀工程

### 2.2.1　刷油工程

刷油是一种经济、有效的防腐措施，油漆在表面形成一层薄膜，将母体与空气、水分、日光及外界的腐蚀性物质（包括化学药品、有机溶剂、矿物油等）隔绝开，使其不受侵蚀。刷油除了防腐外，还有装饰和标识作用，在各种管道和设备上用各色油漆做标志以便于识别，例如**消火栓管道表面要刷涂红色调和漆二道，中水管道刷涂浅为绿色，天然气管道刷涂为黄色等等。** 常用油漆的性能和用途见表2-2-1。

**表2-2-1 常用油漆的性能和用途**

| 油漆名称 | 主要性能 | 耐温/℃ | 主要用途 |
|---|---|---|---|
| 红丹防锈漆 | 附着力强，隔潮防水，防锈能力强 | 150 | 底漆，不能暴露于大气中，必须用面漆覆盖 |
| 铁红醇酸底漆 | 附着力强，防锈性和耐候性较好 | 200 | 高温条件下黑色金属表面底漆 |
| 过氯乙烯漆 | 抗酸性强、也耐浓度不大的碱，不易燃烧，防水绝缘性好 | 60 | 用于钢、木表面，以喷涂为佳 |
| 醇酸树脂磁漆 | 漆膜保光性、耐候性和耐汽油性好 | 150 | 适用于金属、木材及玻璃 |

**1. 涂料的组成**

**涂料由主要成膜物质、次要成膜物质和辅助成膜物质组成。**

（1）主要成膜物质。构成漆膜的主要成分，分为油料和树脂两大类。常用的有天然植物油、鱼油和合成油，常用的树脂有天然树脂、酚醛树脂、醇酸树脂和过氯乙烯树脂等。以油为主要成膜物质的涂料，称为油性漆；以树脂为主要成膜物质的涂料，称为树脂漆，以油和天然树脂合用为主要成膜物质的涂料，称为油基涂料（油基漆）。

（2）次要成膜物质。**次要成膜物质又称为颜料**，主要用来着色，也可提高涂膜的耐久性、耐候性和耐磨性，**防锈颜料的主要品种有红丹（四氧化三铅）、锌铬黄、氧化铁红、铝粉等。**

（3）辅助成膜物质。辅助成膜物质不能构成涂膜，涂料成膜后就会全部挥发，不存在于涂膜中，但会影响涂料的成膜过程和性能，辅助成膜物质主要是溶剂和辅助材料。辅助成膜物质按功用可分为催干剂、增塑剂、固化剂、润湿剂、悬浮剂、防结皮剂、紫外光吸收剂和稳定剂等，使用最多的是**催干剂和增塑剂。**

**2. 涂料施工方法**

涂料施工方法很多，要根据被涂物件和涂料品种加以选择。

1）刷涂 即用毛刷蘸漆涂刷物件，**施工现场的管道和支架一般采用人工刷涂油漆。**

2）喷涂 用压缩空气将涂料从喷漆机均匀地喷至物面成为涂膜，适用于挥发快的涂料用于大面积涂饰。

3）浸涂 将物件放入盛在容器中的涂料里浸渍，例如散热器的涂饰。

## 2.2.2 管道防腐

**1. 明装管道防腐**

明装管道常用的防腐（刷油漆）做法见表2-2-2。

表 2 - 2 - 2　某给排水工程管道防腐做法

| 管道类别 | 防腐要求和做法 |
|---|---|
| 消火栓管道 | 刷樟丹二道、红色调和漆二道 |
| 保温管道 | 保温后,在保温外壳先刷防火漆二道。给水管刷蓝色色环 |
| 管道支架 | 除锈后,刷樟丹二道、银粉漆二道 |
| 埋地镀锌钢管 | 沥青防腐层、三布二油 |

### 2. 埋地管道防腐

**埋地管道腐蚀的轻重主要取决于土壤的性质,**见表 2 - 2 - 3,根据土壤的性质不同可将防腐层结构分为三种:**一是普通防腐层,其厚度一般不小于 3 mm;二是加强防腐层,其厚度一般不小于 6 mm;三是特加强防腐层,其厚度一般不小于 9 mm,**具体厚度应按设计而定。

表 2 - 2 - 3　地下管道防腐结构表

| 防腐层层数(从金属表面起) | 普通防腐层 | 加强防腐层 | 特加强防腐层 |
|---|---|---|---|
| 1 | 沥青底漆 | 沥青底漆 | 沥青底漆 |
| 2 | 沥青涂层 | 沥青涂层 | 沥青涂层 |
| 3 | 外包保护层 | 加强保护层 | 加强保护层 |
| 4 | | 沥青涂层 | 沥青涂层 |
| 5 | | 外包保护层 | 加强保护层 |
| 6 | | | 沥青涂层 |
| 7 | | | 外包保护层 |

如图 2 - 2 - 1 所示,**某给排水工程埋地钢管加强防腐层做法:管外壁涂冷底子油一道,石油沥青一道,玻璃丝布一道,石油沥青一道,外保护层采用聚氯乙烯工业薄膜一层(厚度不小于 0.2 mm),防腐层总厚度不小于 6 mm。**

图 2 - 2 - 1　埋地管道防腐实物图

1) 石油煤沥青漆的防腐层做法

石油沥青涂料外防腐层施工应符合下列规定:

(1) 涂底料前管体表面应清除油垢、灰渣、铁锈;人工除氧化皮、铁锈时,其质量标准应

达 St3 级;喷砂或化学除锈时,其质量标准应达 Sa2.5 级;

(2)涂底料时基面应干燥,基面除锈后与涂底料的间隔时间不得超过 8h。应涂刷均匀、饱满,涂层不得有凝块、起泡现象,底料厚度宜为 0.1～0.2 mm,管两端 150～250 mm 范围内不得涂刷;

(3)沥青涂料熬制温度宜在 230 ℃左右,最高温度不得超过 250 ℃,熬制时间宜控制在 4～5h,每锅料应抽样检查;

(4)沥青涂料应涂刷在洁净、干燥的底料上,常温下刷沥青涂料时,应在涂底料后 24h 之内实施;沥青涂料涂刷温度以 200～230 ℃为宜;

(5)涂沥青后应立即缠绕玻璃布,玻璃布的压边宽度应为 20～30 mm;接头搭接长度应为 100～150 mm,各层搭接接头应相互错开,玻璃布的油浸透率应达到 95%以上,不得出现大于 50 mm×50 mm 的空白;管端或施工中断处应留出长 150～250 mm 的缓坡型搭茬;

(6)包扎聚氯乙烯薄膜保护层作业时,不得有褶皱、脱壳现象,压边宽度应为 20～30 mm,搭接长度应为 100～150 mm;

(7)沟槽内管道接口处施工,应在焊接、试压合格后进行,接茬处应粘结牢固、严密。

2)环氧煤沥青漆防腐层做法

常用的环氧煤沥青漆防腐层做法见表 2-2-4。

表 2-2-4　常用的环氧煤沥青漆的做法

| 方案名称 | 漆膜厚度/mm | 做　法 | 适用场合 |
|---|---|---|---|
| 轻型防腐 | 0.2～0.5 | 一层底漆(环氧富锌底漆或环氧铁红底漆或环氧煤沥青底漆),用量为 0.3 kg/m²;<br>两层面漆(环氧煤沥青防腐漆面漆),用量为 0.4～0.9 kg/m² | 地下保温管,地沟管道,大罐的内、外壁,煤气柜,污水池等 |
| 普通防腐 | 0.4～0.5 | 一层底漆(厚浆型环氧煤沥青防腐漆底漆),用量为 0.3 kg/m²;<br>一层玻璃丝布,每平方米的用量为 1.1 m²;<br>三层面漆(厚浆型环氧煤沥青防腐漆面漆),用量为 0.7～0.9 kg/m² | 直接埋地管道及埋地设备的内、外壁 |
| 加强防腐 | 0.6～0.8 | 一层底漆(厚浆型环氧煤沥青防腐漆底漆),用量为 0.3 kg/m²;<br>两层玻璃丝布,每平方米的用量为 2.2 m²;　四层面漆(厚浆型环氧煤沥青防腐漆面漆),用量为 0.9～1.50 kg/m² | 穿越高盐、碱地,沼泽或其他环境较为恶劣的地方 |
| 特加强防腐 | 1.6～2.0 | 一层底漆(厚浆型环氧煤沥青防腐漆底漆),用量为 0.3 kg/m²;<br>七层玻璃丝布,每平方米的用量为 7.7 m²;<br>九层面漆(厚浆型环氧煤沥青防腐漆面漆),用量为 1.8～2.0 kg/m² | 穿越道路建筑的地下钢构件 |

注:沥青底漆是沥青与汽油、煤油、柴油等溶剂按 1:(2.5～3.0)体积比的比例配制而成的。

(1)底漆和缠玻璃布前的面漆施工注意事项如下:

① 钢材除锈经检查合格后涂刷底漆和面漆,涂漆时尽可能留出钢材装配的焊缝位置,

预留长度约为 150 mm,以免焊接时难以清根,影响焊接质量。

② 环氧煤沥青漆混合配制好拌匀后将其熟化 15~30 min,并在 4 h 内用完。底漆表干后固化前涂刷第一道面漆,面漆实干后固化前涂刷第二道面漆,如果油漆复涂间隔太长,则需要将油漆表面用砂布或砂轮打毛后再涂刷后道漆。

③ 钢材喷砂合格后应立即涂刷底漆,涂漆时尽可能远离喷砂区域或暂停喷砂施工,漆膜在干燥过程中应保持周围环境清洁,防止漆膜表面受污。

(2) 玻璃布的缠绕应在第二道面漆涂刷后立即进行,缠绕玻璃布时要求压边时搭边 15~25 mm,接头处搭头 100~150 mm。缠布时如果出现鼓泡,应用小刀将其割破,然后挤出泡内空气,抹平表面,整个玻璃布的缠绕应表面均匀平整。

(3) 面漆涂刷、干燥与保养玻璃布缠好后立即涂刷后道面漆。缠布后的面漆涂刷两道。涂层应保证将玻璃布完全覆盖浸透。管道防腐完成后让其静置自行干燥,至少保持 8 h 不能移动,使其不受淋雨、泡水,实干后方可运输。

(4) 管道防腐层的补伤和补口管道在运输和安装过程中可能会出现对管道防腐层的损伤,管道安装完成并验收合格后,还需要对管道防腐层进行补口、补伤。补伤时钢材表面的锈渍采用砂轮机除锈或手工除锈,其除锈等级要达到 St3 级以上。管道的防腐补口、补伤所采用的防腐层应与相邻管道的防腐层相一致。新防腐层与旧防腐层的接茬呈阶梯式,接口处须搭接,搭接至少保持在 50 mm 以上。

# 2.3  绝热工程

为减少设备、管道及其附件在工作过程中的冷、热损失,保证介质的状态、参数和安全运行改善工作环境,设备或管道在下列情况下应保温、保冷:

1)采暖管道通过非采暖区域时需要保温,以减少热量损失;

2)对于输送低温介质的管道,需防止其表面结露,如生活冷水管道敷设在吊顶内时需要绝热,以防止结露;

3)敷设在有冻结危险场所的管道,如冬季寒冷地区的室外消火栓;

4)**供热介质温度高于 50 ℃的管道及设备,外表面温度高于 60 ℃且敷设容易使人烫伤的地方,应设置防烫伤保温措施。**

保温和保冷虽统称为绝热,但两者有区别:**保冷结构在绝热层外必须设置防潮层,以防止凝水的产生;而保温结构一般不需要设防潮层。**

## 2.3.1  保温材料的性能及种类

### 1. 保温材料的性能

理想的绝热材料应具有导热系数小(当平均温度低于 350 ℃时,保温材料的导热系数不大于 0.12 W/(m·k),当平均温度低于 27 ℃时,**保冷材料的导热系数不大于 0.064 W/(m·k))、吸湿率小、重量轻、密度小(保温材料的密度不大于 400 kg/m³,保冷材料的密度不大于 220 kg/m³)**并有一定的机械强度。

**2. 保温材料的种类**

**(1) 玻璃棉及其制品。**玻璃棉及其制品包括沥青、淀粉、酚醛树脂等为胶结材料制成的玻璃棉毯、板和管壳。

**(2) 矿渣棉及其制品。**矿渣棉及其制品包括以沥青或酚醛树脂为胶结材料制成的矿渣棉毯、板和管壳。

**(3) 石棉及其制品。**石棉及其制品包括石棉绳、石棉布、石棉绒、石棉板和硅藻土石棉灰等。当设计无具体要求时，可按 70%～77% 的 32.5 级以上的水泥、20%～25% 的 4 级石棉、3% 的防水粉（质量比），用水搅拌成胶泥。

**(4) 岩棉及其制品。**岩棉及其制品包括以岩棉为骨料，以酚醛树脂和硅溶液为胶结剂制成的岩棉毯、板和管壳等。

**(5) 泡沫塑料。**泡沫塑料包括聚乙苯烯、苯乙烯、聚氨乙烯、聚氨酯等泡沫塑料。

### 2.3.2 绝热结构

绝热结构一般由防锈层、保温层、防潮层（对保冷结构而言）、保护层、防腐蚀及识别标志层组成，如图 2-3-1 所示。

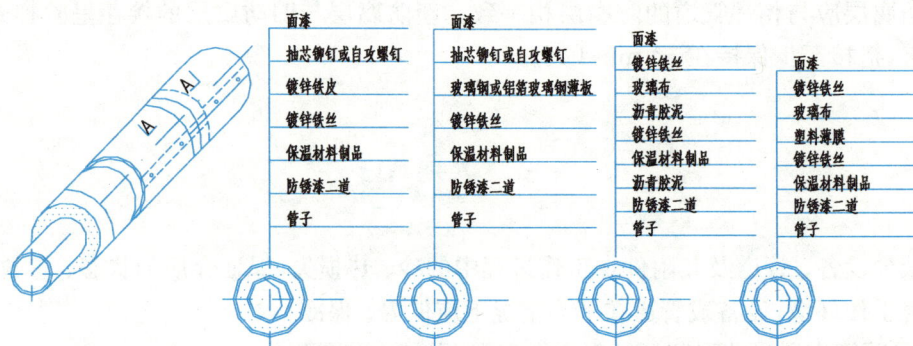

图 2-3-1 管道保温结构示意图

**1. 防锈层**

给排水工程需要做保温的热水管道，不镀锌钢塑复合管在保温之前应将管道外表面的锈污清除干净，然后涂刷两道防锈漆，若管材为镀锌钢塑复合管、聚丙烯（PP-R）塑料管、铜管、镀锌钢管，则管道外表面不需要涂刷防锈漆即可进行管道保温。

**2. 保温层**

防锈层的外面是保温层，常用的保温材料按照施工方法和形态的不同可分为以下几类：

**(1) 板材。**板材主要包括岩棉板、铝箔岩棉板、超细玻璃棉毡、铝箔超细玻璃吊板、自熄性聚苯乙烯泡沫塑料、聚氨酯泡沫塑料、橡塑板、铝镁质隔热板等。

**(2) 管壳制品。**管壳制品主要包括岩棉、矿渣棉、玻璃棉、预制瓦块（泡沫混凝土、珍珠岩、蛭石、石棉瓦）等（见图 2-3-2）。

**(3) 卷材及聚氨酯发泡材料。**卷材主要包括聚苯乙烯泡沫塑料、岩棉、橡塑保温材料、发泡聚氨酯等。

(a) 预制瓦块　　　　　　　　　　　　(b) 管道保湿实物

图 2-3-2　管道保温图

### 3. 防潮层

防潮层的作用是防止水蒸气或雨水渗入保温层，设置在保温层的外面，常用的防潮材料有**沥青及沥青油毡、玻璃丝布、聚乙烯薄膜、铝箔等**。

### 4. 保护层

保护层设在保温层或防潮层的外面，其主要作用是保护保温层或防潮层不受机械损伤。保护层根据其所用材料和施工方法的不同可分为以下几类：

(1) **涂抹式保护层**。沥青胶泥、石棉水泥砂浆等，其中石棉水泥砂浆适用于硬质绝热层或者有防火要求的管道上。

(2) **管壳式保护层**。**镀锌铁皮**、铅皮、**聚氯乙烯(PE)管壳**、不锈钢板等。

(3) **毡、布类保护层**。属于这类保护层的有**油毡、玻璃布、铝箔布**等。

### 5. 防腐蚀及识别标志层

绝热结构最外面的防腐蚀及识别标志层，其作用在于保护保护层不被腐蚀。一般将耐气候性较强的涂料直接涂刷在保护层上，同时又为区别管道内的不同介质，常用不同颜色的涂料涂刷，以起到识别标志的作用。

## 2.3.3　绝热工程的施工

### 1. 保温层的施工

#### (1) 绝热工程的一般要求

保温、保冷材料应符合设计要求，有产品合格证，**严禁受潮**。设备、管道应按规定进行强度试验或气密性试验，经试验合格后方能进行保温施工，在特殊情况下，管道的保温、保冷允许在未经强度试验及气密性试验前进行，但应留出全部焊缝，焊缝两侧应各留出一块保温预制块的距离或 250 mm 的长度，端面做防水处理，留出的部分保温层，应在管道强度及气密性试验合格后施工。

#### (2) 保温、保冷层的施工方法

① 捆扎法。先把绝热材料制品敷于设备及管道的表面，再用捆扎材料将其固定，适用于软质毡、板、管壳、硬质板、半硬质板等各类绝热材料制品。例如：膨胀珍珠岩瓦、膨胀

蛭石瓦、硅藻土瓦等保温材料,安装预制瓦前,应在已涂刷防锈漆的管道外表面上先涂一层厚度约为 5 mm 的石棉硅藻土或碳酸镁石棉粉胶泥,然后将半圆管壳或扇形瓦片按对应的规格和位置装配到管道上。装配的管瓦的纵向缝和横向缝应相互错开,环形对缝应错开 100 mm 以上,再用石棉硅藻土胶泥填实所有的接缝,用直径为 1.0～1.6 mm 的镀锌钢丝进行捆绑。

② 粘贴法。粘贴法是用各种黏结剂将绝热材料制品直接粘贴在设备及管道表面的施工方法。**它适用于各种轻质绝热材料制品,如泡沫塑料、泡沫玻璃、半硬质或软质毡、板等。**例如:用橡塑海绵保温时,先按管径和保温厚度选好橡塑海绵管,用利刀将其从纵向切开,在管道表面涂刷 801 胶,随即把橡塑海绵管从切缝处掰开,套在涂上胶的管道上,用手压住橡塑海绵管,使其与管道相粘;当为下一段管道刷胶时,将上一段橡胶海绵管的端部刷上胶,当套下一段橡塑海绵管时,应使两段橡塑海绵管相粘。如图 2-3-3 所示,**橡塑海绵的柔性好、不需要做伸缩缝,表面光滑无特殊要求时不必另做保护层。**

③ 浇注法。浇注法是将配制好的液态(聚氨酯发泡)原料或湿料倒入设备及管道外壁设置的模具内,使其发泡定型或养护成型的一种绝热施工方法,如图 2-3-4 所示。

图 2-3-3　橡塑海绵保温(管道、阀门)　　图 2-3-4　直埋保温管接口恢复保温实物图

④ 喷涂法。喷涂法是利用机械和气流技术将料液或粒料输送、混合至特制喷枪口送出,使其附着在绝热面成型的一种施工方法。

⑤ 充填法。充填法是用粒状或棉絮状绝热材料充填到设备及管道壁外的空腔内的施工方法。

**(4) 管道保温层施工技术要求**

① 水平管道的纵向接缝位置,不得布置在管道垂直中心线 45°范围内。

② 保温层的捆扎采用包装钢带或镀锌铁丝,每节管壳至少捆扎两道,双层保温应逐层捆扎,并进行找平和接缝处理。

③ 有伴热管的管道保温层施工时,伴热管应按规定固定。伴热管与主管线之间应保持空间,不得填塞保温材料。

④ 预制装配式保温弯管和三通时,应按管道部件的形状裁切保温管壳或保温瓦,弯管

应弯成 2～3 节的虾米腰,如图 2-3-5 所示。三通应由两部分组成。装配时,各片间应留出伸缩缝,缝宽为 10～30 mm。在直线管段上每隔 3～7 m 也应留一道伸缩缝,缝宽为 5 mm。所有的伸缩缝都应填充石棉绳或玻璃棉。

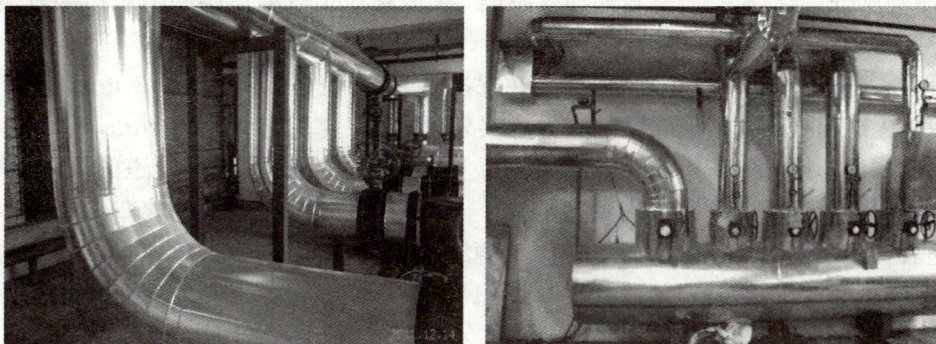

图 2-3-5　保温时弯头虾米腰的做法

⑤ 采用预制块做保温层时,同层要错缝,异层要压缝,用同等材料的胶泥勾缝。管道上的阀门、法兰等需要经常维修的部位,其保温层必须采用可拆卸式的结构,如图 2-3-6 和 2-3-7 所示。

图 2-3-6　阀门保温实物

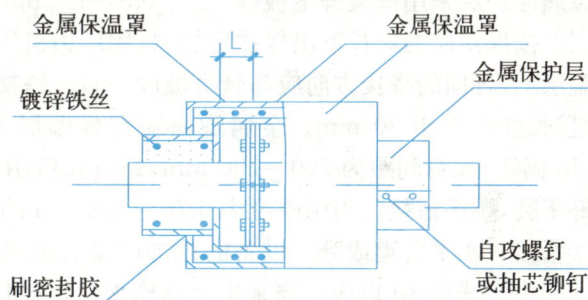

图 2-3-7　法兰保温结构

1—刷密封胶;2—镀锌铁丝;3—金属保温罩;
4—金属保护层;5—自攻螺钉或抽芯铆钉

(5) 管道保冷层施工技术要求

① 当所采用的保冷制品的层厚大于 80 mm 时,应分两层或多层逐层施工。在分层施工中,先内后外,同层错缝,异层压缝,保冷层的拼缝宽度不应大于 2 mm。

② 管道支架、管卡的保冷。支承块用致密的刚性聚氨酯泡沫塑料块或硬质木块,采用硬质木块做支承块时,硬质木块应浸渍沥青防腐。

③ 管道上附件保冷时,保冷层长度应大于保冷层厚度的 4 倍或敷设至垫木处。

2. 防潮层施工

保冷工程必须设防潮层(阻汽层)。防潮层施工的每一道工序都应严格要求,铺贴防潮层的基体表面应平整,不得有凸出面尖角和凹坑及起砂现象;在铺设前基体表面要保持干燥,在安装金属保护层外壳时,不允许使用自攻螺钉从金属壳外拧入保冷层。

### (1) 沥青或沥青玛蹄脂粘沥青油毡做防潮

以玻璃丝布做胎料,两面涂刷沥青或沥青玛蹄脂。用石油沥青粘贴油毡铺设防潮层时,油毡之间、油毡和基体之间应采用与油毡所用相同的石油沥青调制的玛蹄脂粘贴。沥青胶玻璃布防潮层分三层:第一层是石油沥青胶层,厚度为 3 mm;第二层是中粗格平纹玻璃布,厚度为 0.1~0.2 mm;第三层是石油沥青胶层,厚度为 3 mm。

采用沥青粘贴玻璃布做防潮层时,先在保冷层外壁上涂刷厚度约为 3 mm 的沥青玛碲脂,然后将无碱粗格平纹玻璃布粘贴在保冷层外,纵横搭接宽度约为 50 mm,搭接处必须粘贴密实,立式设备或垂直管道的环向接缝应为上搭下,卧式设备或水平管道的纵向接缝位置应在两侧搭接,缝朝下。管道宜用宽度为 100~250 mm 的粗格平纹玻璃布带,对于水平管道,应逆着管道坡向由低处向高处呈螺旋状缠绕,接头处应用不锈钢丝扎紧,立式设备或管道应从下向上呈螺旋状缠绕,接缝处是"上搭下",搭接宽度约为 20 mm,贴好玻璃布后,再用冷玛蹄脂涂敷一层。

### (2) 聚乙烯薄膜做防潮层

塑料薄膜应采用工业用防水薄膜,厚度为 0.4~0.6 mm;在保冷层外表面上缠绕 1~2 层聚乙烯薄膜或聚氯乙烯薄膜,注意搭接缝的宽度为 100 mm 左右,一边缠绕一边用热沥青玛蹄脂或专用粘结剂粘接。这种防潮层适用于纤维质绝热层面。

### 3. 保护层的施工

金属保护层采用薄镀锌钢板(厚度为 0.3~1.0 mm)或薄铝皮(厚度为 0.5~1.0 mm)做保护层。按保温层的周长下出保护层的料,用压边机压边,用滚圆机滚圆成圆筒。将圆筒套在保温层上,环向的搭接方向应与管道坡度一致。搭接长度为 30~40 mm;纵向搭接缝应朝下,搭接长度不少于 30 mm。金属圆筒应与保温层紧靠,不留空隙。用半圆头自攻螺钉 M4×16 固定,螺钉间距为 200~250 mm,螺钉孔应用手电钻钻孔。严禁采用冲孔。弯管处做成虾米腰,顺序搭接。当用厚度为 0.75~1.0 mm 的镀锌薄钢板做保护层时,可以不压边而直接搭接。水平管道或卧式设备的顶部严禁有纵向接缝,纵向接缝应位于水平中心线上方与水平中心线成 30°以内。当采用金属作为保护层时,对于下列情况必须按照规定嵌填密封剂或在接缝处包缠密封带:

(1) 露天或潮湿环境中的保温设备、管道和室内外的保冷设备、管道与其附件的金属保护层。

(2) 保冷管道的直管段与其附件的金属保护层接缝部位和管道支(吊)架穿出金属护壳的部位。

# 单元实训

### 1. 实训目的

熟悉建筑给排水、采暖、消防、通风空调安装工程施工图中关于防腐和绝热的内容、做法、施工工艺及施工要求,能够编写防腐、绝热工程的施工方案。

### 2. 实训内容

识读民用建筑建筑给排水、采暖、消防、通风空调安装工程施工图,了解图中关于防腐、绝热的内容和做法,管道长度的确定方法;编写防腐、绝热工程的施工方案。

# 模块3 水灭火系统安装工程

## 学习目标

(1) 掌握室外、室内消火栓给水系统的组成。
(2) 了解消火栓系统的给水要求。
(3) 掌握消火栓系统设备的规格型号和安装要求。
(4) 掌握消火栓系统施工图识读方法和系统安装工艺流程。
(5) 了解湿式自动喷水灭火系统的组成和工作原理。
(6) 掌握自动喷水灭火系统施工图的识读方法。
(7) 掌握自动喷水灭火系统管网和组件的安装工艺。
(8) 了解消防泵房的管网设备安装要求和验收要求等。

消火栓系统

## 3.1 室外消火栓

室外消火栓给水系统是设置在建筑物外面消防给水管网上的供水设施,主要供消防车从市政给水管网或室外消防给水管网取水实施灭火,也可以直接连接水带、水枪灭低区的火灾。**室外消防给水管道的压力应保证用水总量达到最大时,管网压力不低于0.14 MPa,管道的压力应保证灭火时最不利点消火栓的水压不小于10 m水柱(从室外地面算起)。**

**1. 室外消防给水管网的设置要求**

**室外消防给水管道的最小直径不应小于DN100,室外消防给水管网应布置成环状,**向环状管网输水的输水管不应少于2条,并从2条市政给水管道引入,当其中1条发生故障时,其余的干管应仍能通过消防用水总量;环状管道应用阀门分成若干独立段,每段内消火栓的数量不宜超过5个。

**2. 室外消火栓的布置要求**

**室外消火栓有地上式消火栓和地下式消火栓,地上式消火栓应有1个DN150或DN100的栓口和2个DN65栓口,地下式消火栓应有直径为DN100和DN65的栓口各1个,**并有明显的标志,如图3-1-1所示。地上式消火栓目标明显,操作方便,适应于气温较高地区。地下式消火栓的防冻,适用于较寒冷地区。

室外消火栓的型号规格见表3-1-1。

(a) 地上式消火栓      (b) 地下式消火栓

图 3 - 1 - 1 　 室外消火栓

表 3 - 1 - 1 　 室外消火栓的型号规格

| 类别 | 参　数 | | | | | |
|---|---|---|---|---|---|---|
| | 型号 | 公称压力/MPa | 进水口 | | 出水口 | |
| | | | 口径/mm | 数量/个 | 口径/mm | 数量/个 |
| 地上式消火栓 | SS100 - 1.0 | 1.0 | 100 | 1 | 65 | 2 |
| | | | | | 100 | 1 |
| | SS100 - 1.6 | 1.6 | 100 | 1 | 65 | 2 |
| | | | | | 100 | 1 |
| | SS150 - 1.0 | 1.0 | 150 | 1 | 65 或 80 | 2 |
| | | | | | 150 | 1 |
| | SS150 - 1.6 | 1.6 | 150 | 1 | 65 或 80 | 2 |
| | | | | | 150 | 1 |
| 地下式消火栓 | SX65 - 1.0 | 1.0 | 100 | 1 | 65 | 2 |
| | SX65 - 1.6 | 1.6 | 100 | 1 | 65 | 2 |
| | SX100 - 1.0 | 1.0 | 100 | 1 | 65 | 1 |
| | | | | | 100 | 1 |
| | SX100 - 1.6 | 1.6 | 100 | 1 | 65 | 1 |
| | | | | | 100 | 1 |

　　室外消火栓的保护半径不应超过 150 m,室外消火栓的间距不应超过 120 m,室外消火栓应沿建筑物周围均匀布置,但在消防扑救面不少于两个,在人防工程的入口处应设置室外消火栓,距离入口为 5～40 m,汽车库的消火栓距最后一排汽车≮7 m。另外市政消火栓应沿道路设置,当道路宽度超过 60 m 时,宜在道路两边设置消火栓,并宜靠近十字路口,距路边不宜小于

0.5 m,并不应大于 2.0 m,距建筑物外墙边缘不宜小于 5 m。人防工程、地下工程等建筑应在出入口附近设置室外消火栓,且距出入口的距离不宜小于 5 m,并不宜大于 40 m。地上室外消火栓顶高为 0.64 米,控制阀门距消火栓不应超过 1.5 米,室外地下式消火栓安装在消火栓井内,消火栓井内径不应小于 1.5 米,消火栓顶距井盖≥0.2 米,主管距底部≥0.2 米。

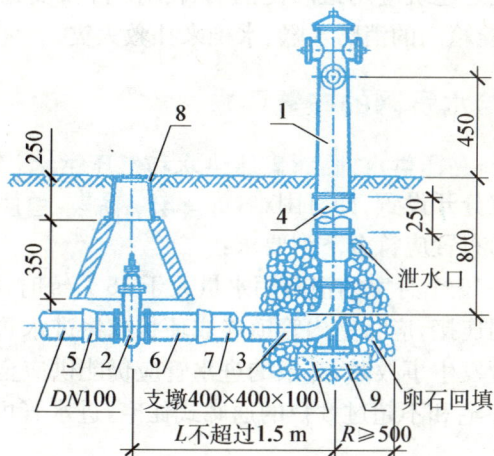

1-1 剖面图

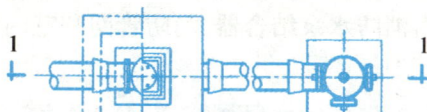

主要设备及材料表

| 编号 | 名称 | 规格 | | 材料 | 单位 | 数量 | 备注 |
| --- | --- | --- | --- | --- | --- | --- | --- |
| | | 1.0 MPa | 1.6 MPa | | | | |
| 1 | 地上式消火栓 | SS100/65 - 1.0 | SS100/65 - 1.6 | | 套 | 1 | |
| 2 | 闸阀 | SZ456 - 10 DN100 | SZ45X - 16 DZ100 | | 个 | 1 | |
| 3 | 弯管底座 | DN100×90°承盘 | DN100×90°双盘 | 铸铁 | 个 | 1 | 与消火栓配套供应 |
| 4 | 法兰接管 | 长度 l=250 | | 铸铁 | 个 | 1 | 与消火栓配套供应 |
| 5 | 短管甲 | DN100 | | 铸铁 | 个 | 1 | |
| 6 | 短管乙 | DN100 | | 铸铁 | 个 | 1 | |
| 7 | 铸铁管 | DN100 | | 铸铁 | 根 | 1 | |
| 8 | 闸阀套筒 | | | | 座 | 1 | |
| 9 | 混凝土支墩 | 400×400×100 | | C20 | m³ | 0.02 | |

说明:
1. 消火栓采用 SS100/65 - 1.0 型或 SS100/65 - 1.6 型地上式消火栓。该消火栓有两个 DN65 和一个 DN100 的出水口。
2. 凡埋入土中的法兰接口涂沥青冷底子油和热沥青各两道,并用沥青麻布或用 0.2 mm 厚塑料薄膜包严,其余管道和管件的防腐作法由设计人确定。

图 3-1-2　室外消火栓安装详图及材料表

# 3.2 室内消火栓系统

室内消火栓给水系统是建筑应用最广泛的一种消防自救设施,它主要供火灾现场人员或消防人员使用,用消火栓箱内的消防水喉、水枪来扑救火灾。

## 3.2.1 室内消防给水管网的布置要求

消防给水方式有三种:**高压供水、临时高压供水和低压供水**,室内消火栓给水管网与自动喷水灭火设备的管网宜分开设置,如有困难,**可合用消防泵,但应在报警阀前分开设置。**

室内消防给水管网的布置应符合下列要求:

(1)室内消火栓超过 10 个且室内消防用水量大于 15 L/s 时,室内消防给水管网至少应有 2 条进水管与室外管网连接,应将室内管道连成环状或将进水管与室外管道连成环状,当环状管网上的 1 条进水管发生事故时,其余的进水管应仍能供应全部用水量。

(2)7~9 层的单元住宅和不超过 8 户的通廊式住宅,进水管可采用 1 条,室内消防给水管网可布置成枝状。

## 3.2.2 室内消火栓给水系统的组成

室内消火栓给水系统一般由消防水泵结合器、消防管网和室内消火栓等组成。

### 1. 消防水泵接合器

**消防水泵接合器是供消防车向消防给水管网输送消防用水的预留接口,消防水泵接合器根据安装型式可以分为地下式、地上式、墙壁式、多用式等四种类型,**如图 3-2-1 所示。消防水泵接合器规格型号的描述如图 3-2-2 所示,其技术参数见表 3-2-1。

(a)地上式    (b)地下式    (c)墙壁式    (d)多用式

图 3-2-1 消防水泵接合器的类型

消防水泵接合器主要由弯管、本体、法兰接管、法兰弯管、闸阀、止回阀、安全阀、放水阀等零(部)件组成。其中,弯管、本体、法兰接管、法兰弯管等主要零件的材料为灰铸铁;闸阀在管路上作为开关使用,平时常开;止回阀的作用是防止水倒流;安全阀用来保证管路水压不大于 1.6 MPa,以防超压造成管路爆裂;放水阀是供排泄管内余水之用,防止冰冻破坏,避免水锈腐蚀。

```
SQ □ □□ □□ □
```

- 企业自定义代号
- 连接形式代号:法兰连接可省略,螺纹连接用W表示
- 公称压力代号,单位为兆帕(MPa)
- 公称通径代号,单位为毫米(mm)
- 安装型式代号:S表示地上式,A表示地下式,
  B表示墙壁式,D表示多用式
- 接合器代号

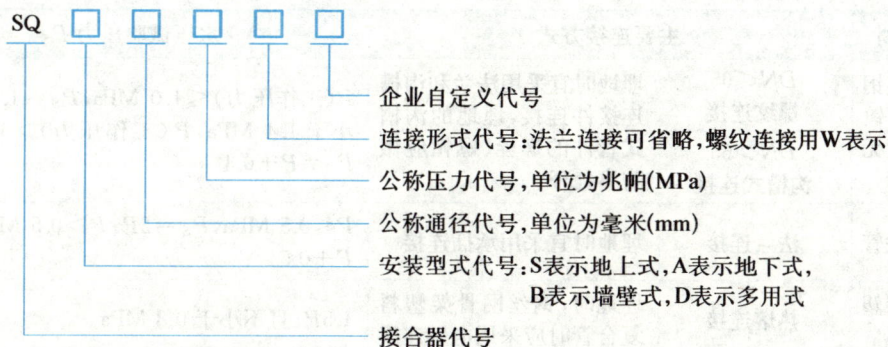

示例 1:公称通径为 100 mm、公称压力为 1.6 MPa、法兰连接的地上式消防水泵接合器可表示为:SQS100-1.6。
示例 2:公称通径为 150 mm、公称压力为 2.5 MPa、螺纹连接的多用式消防水泵接合器可表示为:SQD150-2.5W。

**图 3-2-2　消防水泵接合器规格型号的描述**

**表 3-2-1　消防水泵接合器的技术参数**

| 产品名称 | 型号规格 | 接口型号 | 公称直径/mm | 安装方式 |
|---|---|---|---|---|
| 多用式水泵接合器 | SQD100-1.6W | KWS65 | 100 | R4 连接 |
| | SQD150-1.6 | KWS80 | 150 | |
| 地下式水泵接合器 | SQX100-1.6W | KWS65 | 100 | 法兰连接 |
| | SQX150-1.6 | KWS80 | 150 | |
| 地上式水泵接合器 | SQS100-1.6W | KWS65 | 100 | |
| | SQS150-1.6 | KWS80 | 150 | |
| 墙壁式水泵接合器 | SQB100-1.6W | KWS65 | 100 | |
| | SQB100-1.6W | KWS80 | 150 | |

　　其结构按水泵接合器给水方向,依次是:本体、连接弯管、止回阀、安全阀、闸阀、放水阀等组成。其中,弯管、本体、法兰接管、法兰弯管等主要零件的材料为灰铸铁,闸阀在检修时关闭,平时常开;安全阀用来保证管路水压不大于 1.6 MPa 防止超压,一定要装在止回阀后,放水阀设在弯管底座处,放空余水,避免管路发生水锈、防止冰冻。

　　水泵接合器接口距室外栓或消防水池的距离宜为 15～40 m,墙壁消防水泵接合器安装高度距地面宜为 0.7 m,与墙面上的门、窗、孔、洞的净距离不应小于 2.0 m,且不应安装在玻璃幕墙下方(火灾发生时消防队员能靠近对接,避免火舌从洞孔烧伤队员,也避免消防水龙带被烧坏)。地下消防水泵接合器的安装,应使进水口与井盖底面的距离不大于 0.4 m,且不应小于井盖的半径,地下消防水泵接合器井的砌筑应有防水和排水措施。

　　2. 消防管网

　　(1) 消防管网材质。

　　室内消火栓给水系统一般采用焊接钢管或无缝钢管,管道应做防腐(地上管道刷防锈漆两遍和红色调和漆两遍),消防给水管的常用管材和连接方式见表 3-2-2。

表 3-2-2　消防给水管的常用管材、连接方式和水压试验压力

| 常用管材 | 主要连接方式 | | 水压试验压力 $P_s$ |
|---|---|---|---|
| 普通焊接钢管、热浸镀锌钢管/无缝锌钢管 | $DN \leqslant 65$ 螺纹连接 | 埋地时宜采用法兰和沟槽连接件连接,埋地的沟槽式管件的螺栓、螺帽应做防腐处理 | $P$(工作压力)$\leqslant 1.0$ MPa,$P_s = 1.5P$,且不小于 $1.4$ MPa,$P$(工作压力)$> 1.0$ MPa,$P_s = P + 0.4$ |
| | $DN > 65$ 沟槽式连接 | | |
| 球墨铸铁管 | 法兰连接 | 埋地时宜采用承插连接 | $P \leqslant 0.5$ MPa,$P_s = 2P$;$P > 0.5$ MPa,$P_s = P + 0.5$ |
| 钢丝骨架塑料管 | 热熔连接 | 埋地时,钢丝网骨架塑料复合管时应采用电熔连接 | $1.5P$,且不小于 $0.8$ MPa |

　　埋地管道当工作压力≤1.2 MPa 时,宜采用球墨铸铁管或钢丝网骨架塑料复合管给水管道;当工作压力为 1.20 MPa 和 1.60 MPa 之间时,宜采用钢丝网骨架塑料复合管、加厚钢管和无缝钢管;当工作压力>1.60 MPa 时,宜采用无缝钢管。钢丝网骨架塑料复合管给水管道与金属管道或金属管道附件的连接,应采用法兰或钢塑过渡接头连接,与直径≤DN50 的镀锌管道或内衬塑镀锌管的连接,宜采用锁紧型承插式连接。

　　架空管道当系统工作压力≤1.20 MPa 时,可采用热浸锌镀锌钢管;当系统工作压力大于 1.20 MPa 且小于 1.60 MPa 时,应采用热浸锌加厚钢管或热浸锌镀锌无缝钢管;当系统工作压力>1.60 MPa 时,应采用热浸锌镀锌无缝钢管。

　　(2)室内消防管网的布置

　　消防竖管的布置,应保证同层相邻两个消火栓的水枪的充实水柱同时达到被保护范围内的任何部位。消防立管不应小于 DN100,最大间距不宜大于 30 m,对于 18 层及 18 层以下、每层不超过 8 户、建筑面积不超过 650 m² 的塔式高层住宅,可设 1 根消防竖管,但必须采用双阀双出口型消火栓。

　　(3)室内消防管网上的阀门设置

　　室内消防给水管道应用阀门分成若干独立段,当某段损坏时,停止使用的消火栓在一层中不应超过 5 个。高层民用建筑室内消防给水管道上阀门的布置,应保证检修管道时关闭停用的消防竖管不超过 1 根,当消防竖管超过 4 根时,可关闭不相邻的 2 根,每根立管上、下两端与供水干管相连处设置阀门,水平环状管网中的干管宜按防火分区设置阀门,且阀门之间同层消火栓的数量不超过 5 个(不含两端设有阀门的立管上连接的消火栓);任何情况下关闭阀门应使每个防火分区至少有 1 个消火栓能正常使用。

　　(4)管网水压试验和严密性试验

　　消火栓系统干、立、支管道的水压试验应按设计要求进行,如表 3-2-3 所示,稳压 30 min,管网应无泄漏、无变形,且压力降不应大于 0.05 MPa 为合格。试压合格后应连续冲洗,冲洗流量应符合设计要求,目测进出水口的颜色一致时,冲洗合格后。冲洗合格后应做严密性试验,试验压力为工作压力,保压 24 h,接口不渗漏,压降符合要求为合格,严密性试验结束后,放空管网内的水,交工验收。

　　3. 室内消火栓

　　室内消火栓箱集室内消火栓、消防水枪、消防水带、消防软管卷盘及消防按钮等于一体,具有灭火和报警功能,如图 3-2-3 所示。

图 3-2-3 室内消火栓箱实物图

消火栓箱根据安装方式可分为明装、暗装、半明装三类，制造材料有铝合金、冷轧板、不锈钢三种，消火栓箱材料设备配置见表 3-2-3。

表 3-2-3 消火栓箱材料设备配置

| 编号 | 名 称 | 材 料 | 规 格 | 单位 | 数量 |
|---|---|---|---|---|---|
| 1 | 消火栓箱 | 铝合金、不锈钢或冷轧钢板 | 由设计定 | 个 | 1 |
| 2 | 消火栓 | 铸铁 | SN50 或 SN65 | 个 | 1 或 2 |
| 3 | 水枪 | 铝合金或铜 | $\phi13$、$\phi16$ 或 $\phi19$ | 只 | 1 或 2 |
| 4 | 水龙带 | 有衬里或无衬里 | $DN50$ 或 $DN65$ | 条 | 1 或 2 |
| 5 | 水龙带接口 | 铝合金 | KD50 或 KD65 | 个 | 2 或 4 |
| 6 | 挂架 | 钢 | 由设计定 | 套 | 1 或 2 |
| 7 | 消防软管卷盘 | | 由设计定 | 套 | 1 |
| 8 | 暗杆楔式闸阀 | 铸铁 | $DN25$ | 个 | 1 |
| 9 | 软管或镀锌钢管 | | $DN25$ | m | 1 |
| 10 | 消防按钮 | | 由设计定 | 个 | 1 |

（1）室内消火栓

室内消火栓由阀、出水口和壳体等组成，其外形如图 3-2-4 所示。室内消火栓的常用类型有直角单阀单出口、45°单阀单出口、直角单阀双出口和直角双阀双出口等四种，出水口直径为 $DN50$、$DN65$。

（2）消防水枪

消防水枪由卡扣接口、枪体和喷嘴等主要零部件组成，**室内消火栓箱内一般配置 19 mm 直流水枪与 65 mm 消火栓及消防水带配套使用。**

SN65　　SNSS65

图 3-2-4 室内消火栓的实物

（3）消防水带

消防水带用于连接水枪和消火栓阀，分为有衬里消防水带和无衬里消防水带。室内消火栓常配置长度≤25 m 的 DN65 有衬里消防水带。图 3－2－5 所示的消防水带型号 10—65－25 表示：工作压力为 1.0 MPa（10 公斤压力），直径为 φ65，长度为 25 m 的涤纶布有衬里消防水带。消防水袋有 3C 认证型式检验报告，长度小于标称长度 1 m 以上的不合格，截取 1.2 m，平稳加压至试验压力（一般为工作压力的 1.5 倍），保压 5 min，无渗漏为合格。在试验压力下继续升压至爆破，其爆破压力应≮工作的 3 倍。

（4）消防软管卷盘

人员密集的公共建筑，建筑高度超过 100 m 建筑和建筑面积大于 200 ㎡ 的商业服务网点，应设消防卷盘或轻便水龙。消防软管卷盘，如图 3－2－6 所示，配置内径≥φ19 的消防软管，其长度宜为 30 m，消防软管卷盘和消防水龙应配置当量喷嘴直径为 6 mm 的消防水喉。

图 3－2－5　消防水带的实物　　　　图 3－2－6　消防软管卷盘

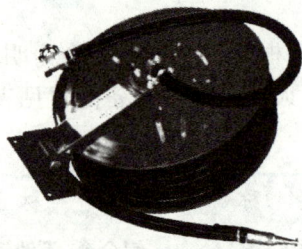

（5）消火栓按钮

消火栓按钮是设置在消火栓箱内的手动按钮，消防按钮应安装在明显和便于操作的部位，安装在墙上时，距地高度为 1.3～1.5 m。消火栓按钮不宜直接启动消防水泵，但可作为发出报警信号的开关或启干式消火栓系统的快速启闭装置。

### 3.2.3　室内消火栓系统的给水方式

**1. 单多层建筑室内消火栓系统的给水方式**

临时高压供水方式是最常用的建筑物消防给水方式，如图 3－2－7 所示。系统中的消防用水平时由屋顶水箱提供，生产生活水泵定时向水箱补水，火灾发生时可启动消防水泵同系统供水。当室外消防给水管网的水压经常不能满足室内消火栓给水系统所需水压时，宜采用这种给水方式；当室外管网不允许消防水泵直接吸水时，应设消防水池。

**2. 高层建筑室内消火栓系统的给水方式**

当系统不超压，高层建筑消火栓系统可以采用一个区供水，但当工作压力大于 2.40 MPa、消火栓栓口处静压大于 1.0 MPa、自动水灭火系统报警阀处的工作压力大于 1.60 MPa 或喷头处的工作压力大于 1.20 MPa 时，消防给水系统应分区供水。消防给水分区方式，如图 3－2－8 所示。

当系统的工作压力大于 2.40 MPa 时，应采用消防水泵串联或减压水箱分区供水方式。如图 3－2－9 所示，采用消防水泵转输水箱串联时，转输水箱的有效储水容积不应小于 60 m³，串联转输水箱的溢流管宜连接到消防水池。

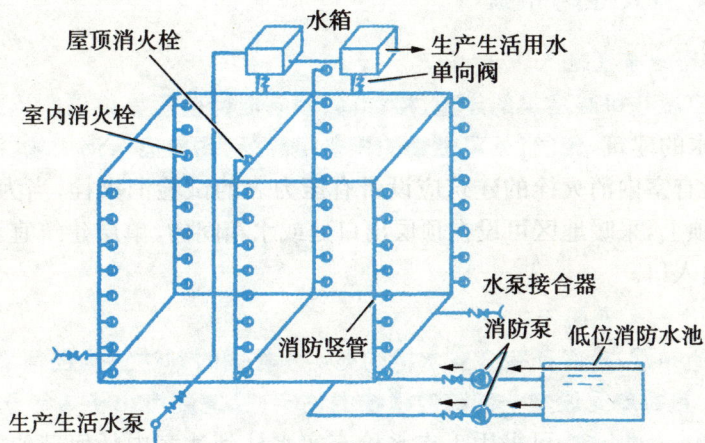

图 3-2-7　设有消防水泵和消防水箱的给水方式

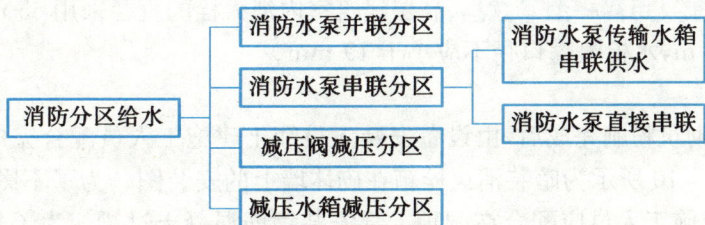

图 3-2-8　消防分区供水形式示意图

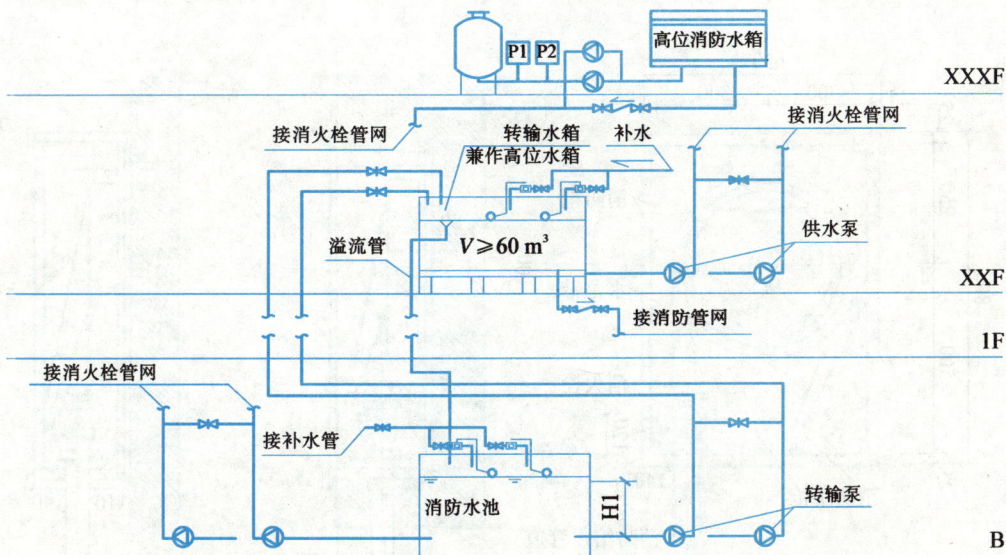

图 3-2-9　消防水泵转输水泵串联分区供水

### 3.2.4　室内消火栓的布置

**1. 室内消火栓的布置地点**

室内消火栓应设在每层建筑的走道、楼梯间、消防电梯前室等位置明显且易于操作的地点。设有消防给水的建筑，每层(无可燃物的设备层除外)均应设置消火栓，消防电梯前室应设室内消火栓，设有室内消火栓的建筑应设带有压力表的试验消火栓，当为平屋顶时，试验消火栓宜在平屋顶上，采暖地区可设在顶层出口处或水箱间内，单层建筑宜设置在水力最不利处，且应靠近出入口。

**2. 室内消火栓的布置间距**

室内消火栓的布置，应保证有 2 支水枪的充实水柱同时到达室内任何部位，但建筑高度小于或等于 54 m 且每单元设置一部疏散楼梯的住宅，建筑高度小于或等于 24 m 时且体积小于或等于 5 000 m³ 的仓库，可采用 1 支水枪充实水柱到达室内任何部位。间距应由计算确定，消火栓按 2 支消防水枪的 2 股充实水柱布置的建筑物，消火栓的间距不应大于 30 m，消火栓按 1 支消防水枪的 1 股充实水柱布置的建筑物，消火栓的间距不应大于 50 m。同一建筑物内消火栓应采用同一型号规格，高层建筑室内消火栓的直径采用 65 mm，配备的水龙带长度不超过 25 m，水枪喷嘴口径不应小于 19 mm。

**3. 消火栓箱的安装**

在土建墙体砌筑粉刷完成后，由设备安装人员和土建施工人员配合完成消火栓箱的安装工作。图 3-2-10 所示为暗装消火栓箱在砌体墙上的安装图。为了不影响墙体构造，防止栓箱受压，土建施工人员应配合在洞顶上部安装钢筋混凝土过梁。为了避免墙面抹灰层开裂，栓箱安装完毕后，土建施工人员应配合完成箱体后部抹灰层的加固，当消火栓箱暗装在防火墙上时，要求洞口后部剩余砖墙厚不小于 120 mm。

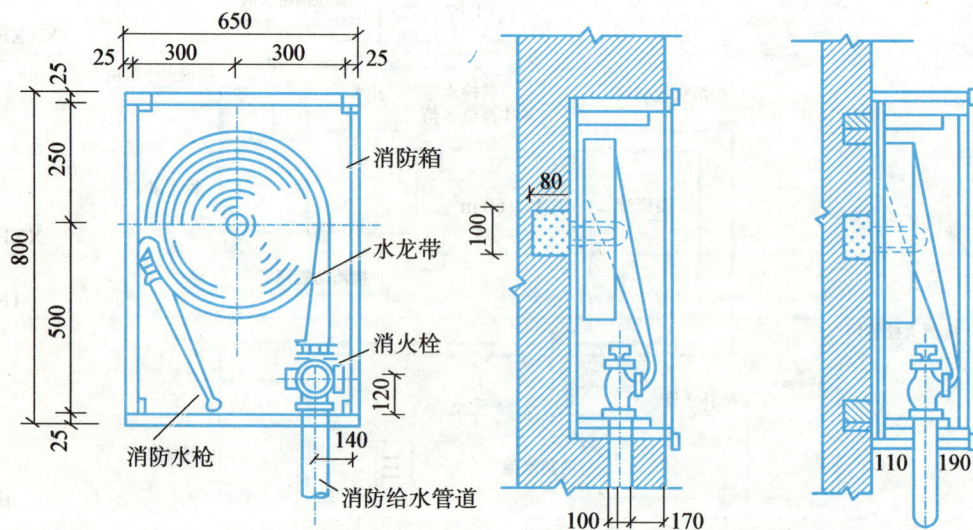

图 3-2-10　消火栓箱暗装在砌体墙上图示

消火栓箱的安装应符合下列规定：

(1) 栓口应朝外，并不应安装在门轴侧。

(2) 栓口中心距地面为 1.1 m，允许偏差为±20 mm。

(3) 阀门中心距箱侧面为 140 mm，距箱后内表面为 100 mm，允许偏差为±5 mm。

(4) 消火栓箱体的垂直度允许偏差为 3 mm，箱门开启角度≥120°。

**4. 室内消防水枪充实水柱和栓口的压力要求**

室内消火栓系统安装完成后应取屋顶层（或水箱间内）试验消火栓和首层取二处消火栓做试射试验，充实水柱的长度和栓口的动压达到要求。充实水柱长度是指由水枪喷嘴起至射流 75%～90% 的水柱水量穿过直径为 260 mm～380 mm 圆孔处的一段射流长度，如图 3-2-11 所示。

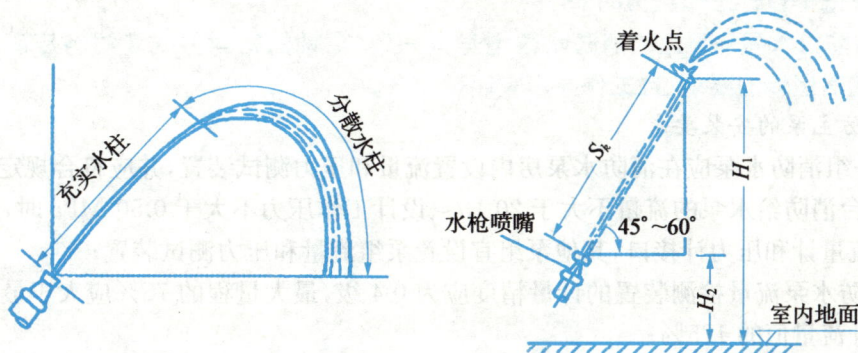

图 3-2-11 水枪充实水柱

充实水柱长度的计算公式为

$$S_k = \frac{H_1 - H_2}{\sin\alpha} \tag{4-1}$$

式中，$S_k$ 为灭火所需的水枪充实水柱长度(m)；$H_1$ 为室内最高着火点距地面高度(m)；$H_2$ 为水枪喷嘴距地面高度(m)；$\alpha$ 为水枪射流倾角，一般取 45°～60°。

高层建筑、厂房、库房和室内净空高度超过 8 m 的民用建筑等场所，其消火栓栓口动压不应小于 0.35 MPa，水枪的充实水柱长度不应小于 13 m；其他场所的消火栓栓口动压不应小于 0.25 MPa，水枪的充实水柱长度不应小于 10 m。当消火栓动压力大于 0.5 MPa 时，水枪的充实水柱长度过大（超过 15 m），射流的反作用力会使消防人员无法握住水枪，影响灭火，消火栓动压力大于 0.7 MPa 时，应采取减压措施。

### 3.2.5 消防增压设备、蓄水设施和稳压设备

**1. 消防水泵**

消防水泵是建筑消防给水系统中主要的增压设备，消防水泵包括消防主泵和稳压泵，稳压泵应与消防主泵连锁，当消防主泵启动后稳压泵自动停运。

一组消防水泵应设置备用泵（建筑高度≤54 m 的住宅、室外消火栓流量≤25 L/S 的建筑物、室内栓流量≤10 L/S 的建筑物可不设备用泵），备用泵的工作能力不应小于其中最大

消防水池、水箱、水泵

一台消防工作泵,消防泵常用多级离心式水泵,其泵壳宜为球墨铸铁,叶轮宜为青铜或不锈钢。消防主泵可连锁启动(主管路上的流量开关或压力开关)、联动启动(消火栓按钮或消防控制中心远程启动),也可在泵房控制柜现场手动启动,消防主泵启动后只能现场手动停泵。

1) 消防主泵的性能

(1) 消防水泵的性能应满足消防给水系统所需流量和压力的要求,消防水泵所配驱动器的功率应满足所选水泵流量扬程性能曲线上任何一点运行所需功率的要求,当采用电动机驱动的消防水泵时,应采用电动机干式安装的消防水泵;

(2) 流量扬程性能曲线应为无驼峰、无拐点的光滑曲线,零流量时的压力不应大于设计工作压力的 140%,且宜大于设计工作压力的 120%;当出流量为设计流量的 150% 时,其出口压力不应低于设计工作压力的 65%;

(3) 消防给水同一泵组的消防水泵型号宜一致,泵轴的密封方式和材料应满足消防水泵在低流量时运转的要求,且工作泵不宜超过 3 台。

2) 消防主泵的安装要求

(1) 一组消防水泵应在消防水泵房内设置流量和压力测试装置,并应符合规定:

① 单台消防给水泵的流量不大于 20 L/s、设计工作压力不大于 0.50 MPa 时,泵组应预留测量用流量计和压力计接口,其他泵组宜设置泵组流量和压力测试装置;

② 消防水泵流量检测装置的计量精度应为 0.4 级,最大量程的 75% 应大于最大一台消防水泵设计流量值的 175%;

③ 消防水泵压力检测装置的计量精度应为 0.5 级,最大量程的 75% 应大于最大一台消防水泵设计压力值的 165%;

④ 每台消防水泵出水管上应设置 DN65 的试水管,并应采取排水措施。

(2) 消防水泵吸水应符合要求:

① 消防水泵应采取自灌式吸水;

② 从市政管网直接抽水时,应在消防水泵出水管上设置有空气隔断的倒流防止器;

③ 当吸水口处无吸水井时,吸水口处应设置旋流防止器;

④ 消防水泵吸水口的淹没深度应满足消防水泵在最低水位运行安全的要求,吸水管喇叭口在消防水池最低有效水位下的淹没深度应根据吸水管喇叭口的水流速度和水力条件确定,但不应小于 600 mm,当采用旋流防止器时,淹没深度不应小于 150 mm。

(3) 消防水泵吸水管、出水管和阀门安装如图 3-2-12、图 3-2-13 所示,具体要求如:

① 一组消防水泵,吸(出)水管不应少于两条,当其中一条损坏或检修时,其余吸水管应仍能通过全部消防给水设计流量;

② 消防水泵吸水管可设置管道过滤器,管道过滤器的过水面积应大于管道过水面积的 4 倍,且孔径不宜小于 3 mm;

③ 消防水泵的吸水管上应设置明杆闸阀,当采用蝶阀时,应带有自锁装置,但当设置暗杆闸门时应设有开启刻度和标志,当管径超过 DN300 时,宜设置电动阀门;

④ 消防水泵的出水管上应设止回阀、明杆闸阀,当采用蝶阀时,应带有自锁装置,当管径大于 DN300 时,宜设置电动阀门;

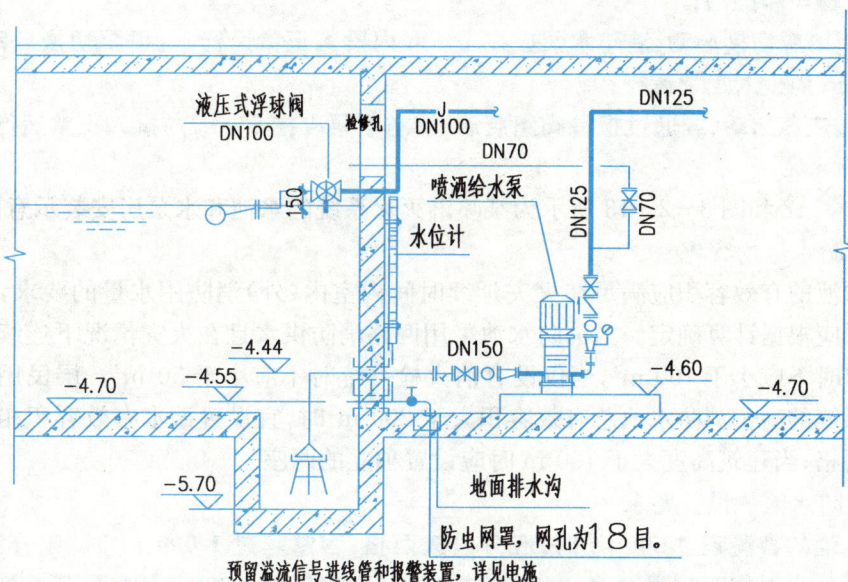

图3-2-12　某喷淋灭火系统的水池和水泵房安装示意图1

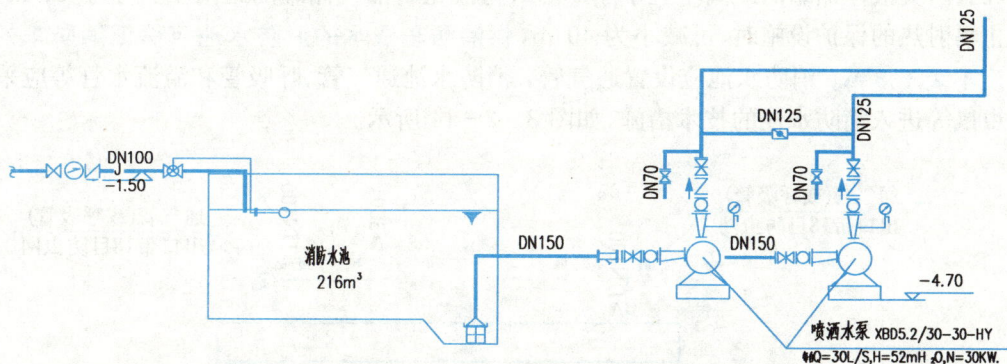

图3-2-13　某喷淋灭火系统的水池和水泵房安装示意图2

⑤ 消防水泵的吸水管、出水管道穿越外墙时,应采用防水套管;消防水泵的吸水管穿越消防水池时,应采用柔性套管。

(4) 消防水泵吸水管和出水管上应设置压力表,并符合以下要求:

① 消防水泵出水管压力表的最大量程不应低于其设计工作压力的 2 倍,且不应低于 1.60 MPa;

② 消防水泵吸水管宜设置真空表、压力表或真空压力表,压力表的最大量程应根据工程具体情况确定,但不应低于 0.70 MPa,真空表的最大量程宜为 -0.10 MPa;

③ 压力表的直径不应小于 100 mm,应采用直径不小于 6 mm 的管道与消防水泵进出口管相接,并应设置关断阀门。

(5) 消防泵、稳压泵及消防转输泵应有不间断的动力供应,并符合以下要求:

① **双电源切换时间不大于 2 s,一路电源与内燃机的动力切换时间不应大于 15 s;**

② **以自动直接启动或手动直接启动消防水泵时,消防水泵应在 55 s 内投入正常运行,**

且应无不良噪声和振动；

③ 备用电源切换启动,消防水泵应在 1 min 内投入正常运行,备用泵切换启动,消防水泵应在 2 min 内投入正常运行；

④ 机械应急启动,或通过报警阀组启动,消防水泵应在 5 min 内投入正常运行。

2. 消防水池

图 3-3-12 和图 3-2-13 所示为某喷淋灭火系统的水池和水泵房安装示意图。

（1）消防水池的容积

消防水池的有效容积应满足在火灾延续时间内室内（外）消防用水量的要求,消防水池的有效容积应根据计算确定。当消防水池采用两路消防供水且在火灾情况下连续补水能满足消防要求时不应小于 100 m³,当仅设有消火栓系统时不应小于 50 m³。层民用建筑高压消防给水系统的高位消防水池总有效容积大于 200 m³ 时,宜设置蓄水有效容积相等且可独立使用的两格；当建筑高度大于 100 m 时应设置独立的两座。

（2）消防水池的设置要求

消防水池的容量超过 500 m³ 时,应分设成两格,容量超过 1 000 m³ 时,应分设成两座。消防水池的补水时间不宜超过 48 h；当消防水池的容量超过 2 000 m³ 时,可延长到 96 h。供消防车取水的消防水池应设取水口,其取水口与建筑（水泵房除外）的距离不宜小于 15 m,与甲、乙、丙类液体储罐的距离不宜小于 40 m,与液化石油气储罐的距离不宜小于 60 m,当有防止辐射热的保护设施时,可减小为 40 m,供消防车取水的消防水池应保证消防车的吸水高度不大于 6 m。消防水池应设置通气管,消防水池通气管、呼吸管和溢流水管等应采取防止虫鼠等进入消防水池的技术措施,如图 3-2-14 所示。

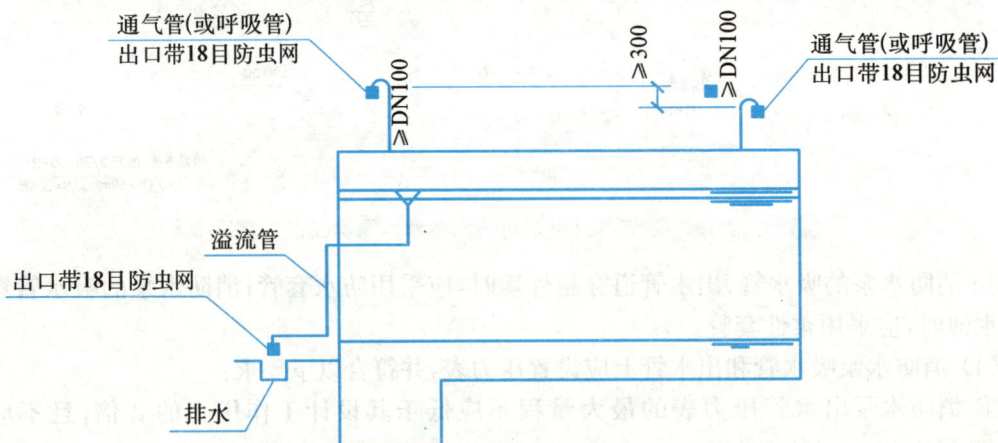

图 3-2-14 消防水池通气管、呼吸管设置示意图

3. 高位消防水箱

（1）高位消防水箱的容积

消防水箱应储存火灾初期 10 min 的消防用水量,高位水箱的最小有效容积见表 3-2-4。

表 3 - 2 - 4  高位水箱的最小有效容积表

| 公共建筑 | 最小容积 | 商场 | 最小容积 | 住宅 | 最小容积 |
|---|---|---|---|---|---|
| 多层公共，二类高层 | 18 m³ | 10 000 m²～30 000 m² | 36 m³ | 高度＞21 m 的多层住宅 | 6 m³ |
| 一类高层 | 36 m³ | ＞30 000 m² | 50 m³ | 二类高层 | 12 m³ |
| 高度＞100 m | 50 m³ | | | 一类高层 | 18 m³ |
| 高度＞150 m | 100 m³ | | | | |

应注意的是公共建筑中的商场，除了满足高度要求外，**建筑面积在 10 000 m²～30 000 m² 的商场，高位水箱的有效容积不应小于 36 m³，建筑面积大于 30 000 m² 的商场，高位水箱的有效容积不应小于 50 m³。**

（2）高位水箱的设置高度

高位水箱设置高度应满足室内最不利点消火栓的静水压力。**建筑高度超过 100 m 时，最不利点消火栓的静水压力不应低于 0.15 MPa；一类高层公共建筑最不利点消火栓静水压力不应低于 0.10 MPa；其他民用建筑，最不利点消火栓的静水压力不应低于 0.07 MPa。**当高位消防水箱不能满足上述静压要求时，应设气压罐稳压装置，临时高压给水系统应设消防水箱，高位消防水箱的最低有效水位应根据出水管喇叭口和防止旋流器的淹没深度确定，如图 3 - 2 - 15 所示，**当采用出水管喇叭口时≥600 mm，当采用防止旋流器时应≥150 mm。**

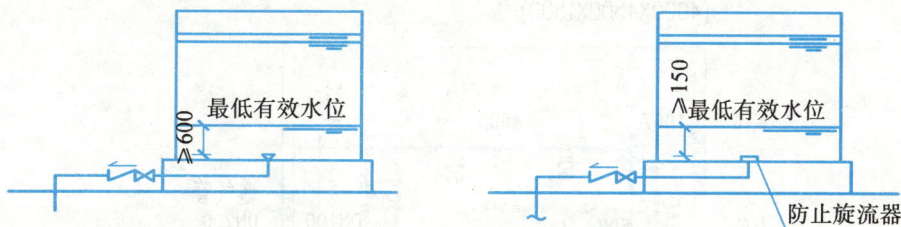

图 3 - 2 - 15  高位水箱有效水位图示

（3）高位水箱的设置场所

严寒、寒冷等冬季冰冻地区的消防水箱应设置在消防水箱间内，水箱间应通风良好，不应结冰，环境温度或水温**不应低于 5 ℃**，低于 5 ℃ 时应采取**防冻措施**。非严寒地区宜设置在室内，当高位消防水箱在屋顶露天设置时，水箱的人孔以及进出水管的阀门等应采取锁具或阀门箱等保护措施。消防用水与其他用水合并的水箱，应有确保消防用水不作他用的技术措施，如图 3 - 2 - 16。

高位消防水箱与基础应牢固连接，高位消

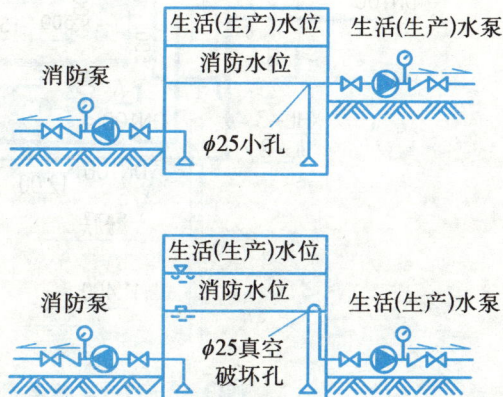

图 3 - 2 - 16  保消防用水不作他用的技术措施

防水箱外壁与建筑本体结构墙面或其他池壁之间的净距,应满足施工或装配的需要,**无管道的侧面,净距不宜小于 0.7 m;安装有管道的侧面,净距不宜小于 1.0 m,且管道外壁与建筑本体墙面之间的通道宽度不宜小于 0.6 m,设有人孔的水箱顶,其顶面与其上面的建筑物本体板底的净空不应小于 0.8 m。**

（4）高位水箱的管道布置

① **进水管** 管径应满足消防水箱 8 h 充满水的要求,但管径不应小于 DN32,进水管宜设置液位阀或浮球阀,进水管应在溢流水位以上接入,进水管口的最低点高出溢流边缘的高度应等于进水管管径,但最小不应小于 100 mm,最大不应大于 150 mm。当进水管为淹没出流时,应在进水管上设置防止倒流的措施或在管道上设置虹吸破坏孔和真空破坏器,虹吸破坏孔的孔径不宜小于管径的 1/5,且不应小于 25 mm。但当采用生活给水系统补水时,进水管不应淹没出流。

② **溢流管的直径不应小于进水管直径 2 倍,且不应小 DN100,溢流管的喇叭口直径不应小于溢流管直径的 1.5 倍~2.5 倍。**

③ **高位消防水箱出水管管径应满足消防给水设计流量的出水要求,且不应小于 DN100,高位消防水箱出水管应位于高位消防水箱最低水位以下,并应设置防止消防用水进入高位消防水箱的止回阀。**

④ 高位消防水箱的进、出水管应设置带有指示启闭装置的阀门,某喷淋灭火系统的稳压水箱安装图(平面)如图 3-2-17 所示。

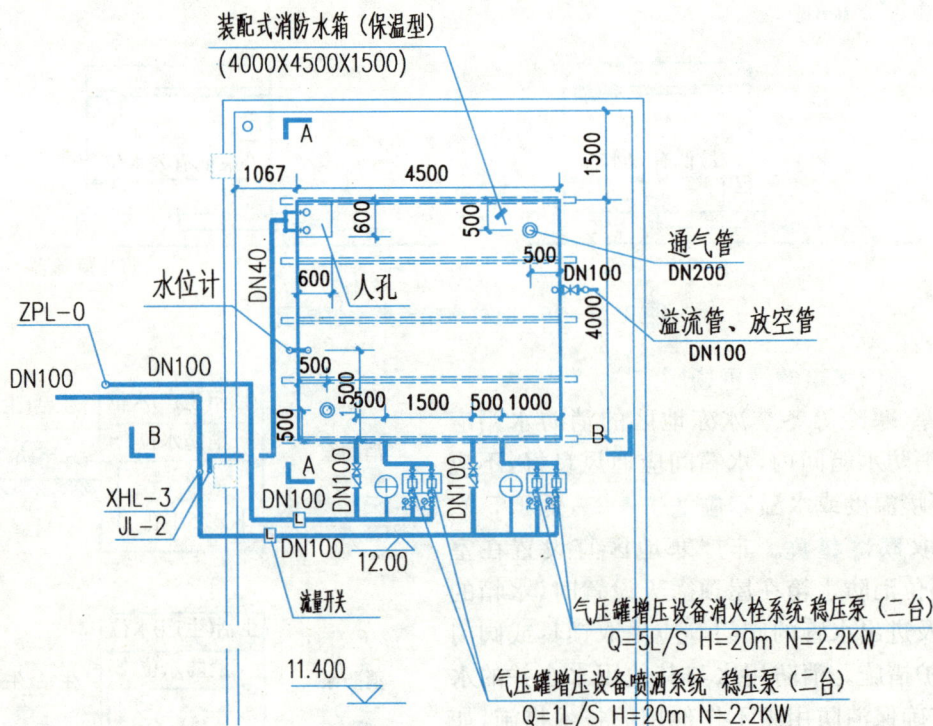

**图 3-2-17　某喷淋灭火系统的稳压水箱安装图(平面)**

### 4. 气压水罐稳压装置

在消防系统中若高位消防水箱不能满足静水压力要求时,应采用增压、稳压措施—隔膜式气压罐稳压装。设置稳压泵的临时高压消防给水系统应设置防止稳压泵频繁启停的技术措施,**当采用气压水罐时,其调节容积应根据稳压泵启泵次数不大于 15 次/h 计算确定,但有效储水容积不宜小于 150 L。**消防稳压装置一般是稳压水泵和气压罐组合的一套装置,自带底座或采用 10♯槽钢底座,如图3-2-18 所示,其具体在系统中的安装图如图 3-2-19 所示,出水管上应设止回阀,安装时其四周应设检修通道,其宽度不宜小于 0.7 m,消防气压给水设备顶部至楼板或梁底的距离不宜小于 0.6 m。

**图 3-2-18　隔膜式气压罐消防稳压装置**

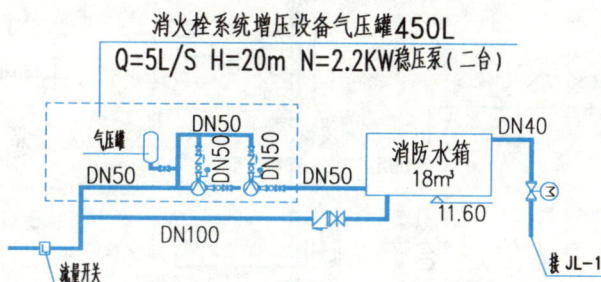

**图 3-2-19　某工程消火栓稳压装置安装图**

## 3.2.6　消火栓系统施工图

某消火栓系统竖向分 1 个压力区,由消防泵加压供给,室内消火栓管网呈环状布置,在楼屋顶设有 18 m³ 的消防水箱,以保证本火灾初期 10 min 的消防用水。消火栓的设置要保证建筑内任意一个着火点均有 2 股 10 m 的水柱同时到达。消火栓采用 SN65 型带消防软管卷盘、消防软管组合型室内消火栓,消火栓预留洞尺寸为 1 000 mm×700 mm×240 mm(高×宽×厚),消火栓管道接管标高为 0.8 m,箱内配备 SN65 型室内消火栓、长度为 25 m 的尼龙衬胶水龙带及 DN65×19 mm 水枪,并设软管、灭火喉各一套。消火栓栓口距地1.10 m,所有消火栓及配件的公称压力大于 1.6 MPa,箱内设有启动消防泵的按钮和指示灯各一个,在启动消防泵的同时向消防中心报警,建筑室外设有一个消防水泵接合器,供消防车向系统供水。消火栓设计出口压力控制在 0.25～0.50 MPa。

水消防施工图

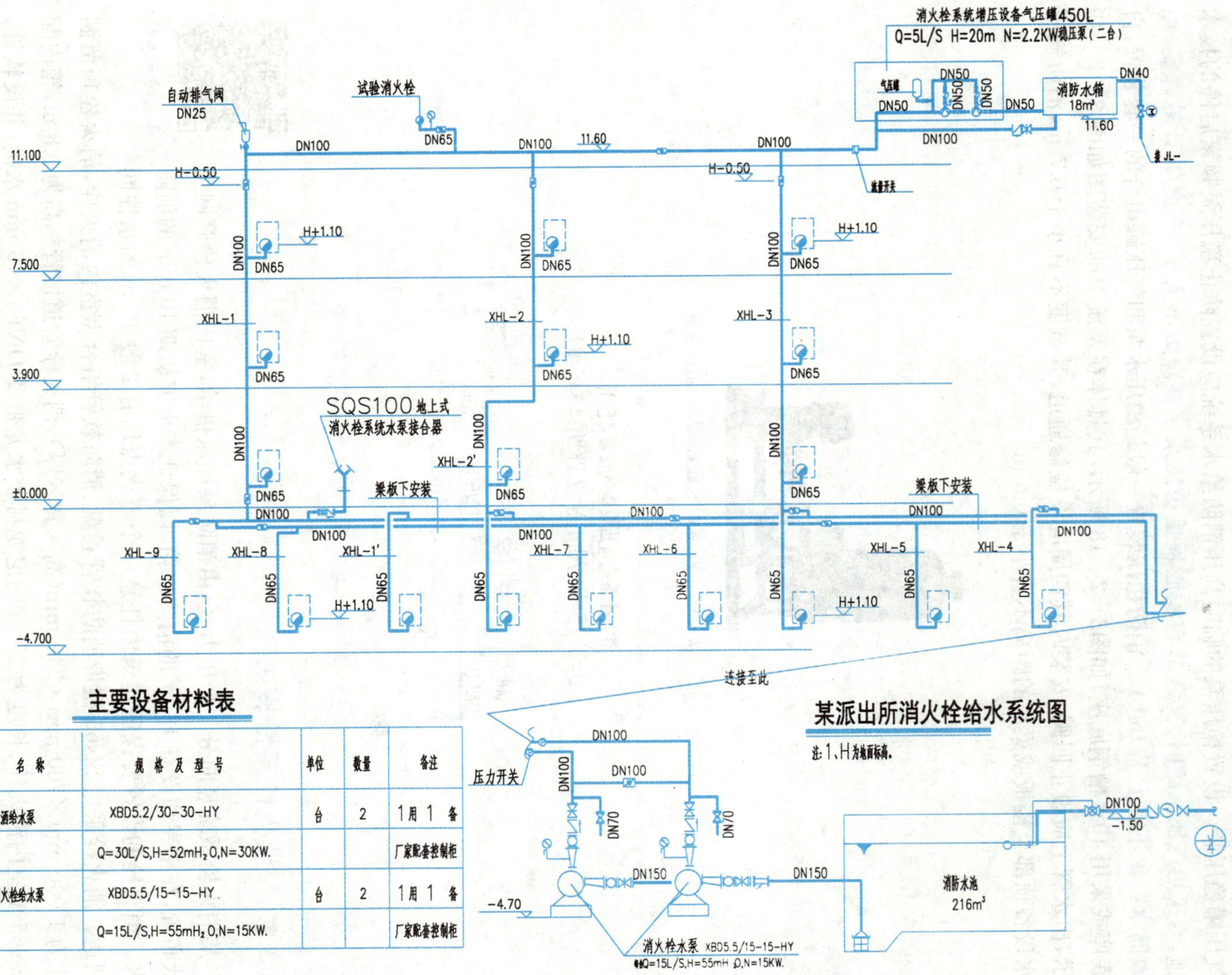

某派出所消火栓给水系统图

注:1.H为楼板标高。

某派出所消防给水系统图

图3－2－20　某派出所消防给水系统图

### 主要设备材料表

| 编号 | 名称 | 规格及型号 | 单位 | 数量 | 备注 |
|---|---|---|---|---|---|
| 1 | 喷淋给水泵 | XBD5.2/30-30-HY | 台 | 2 | 1用1备 |
| | | Q=30L/S,H=52mH₂O,N=30KW. | | | 厂家配套控制柜 |
| 2 | 消火栓给水泵 | XBD5.5/15-15-HY. | 台 | 2 | 1用1备 |
| | | Q=15L/S,H=55mH₂O,N=15KW. | | | 厂家配套控制柜 |

# 3.3　自动喷水灭火系统

**自动喷水灭火系统是由洒水喷头、报警阀组、水流报警装置(水流指示器或压力开关)、喷淋管道、附件和供水设施等组成。**当发生火灾时,自动喷水灭火系统能够发出火警信号并自动喷水灭火或隔绝火源,扑灭初期火灾成功率在97%以上,被广泛应用于工业建筑和民用建筑。

## 3.3.1　自动喷水灭火系统的类型

按**喷头的形式**,自动喷水灭火系统可分为**闭式**自动喷水灭火系统和**开式**自动喷水灭火系统两大类。其中,**闭式**自动喷水灭火系统可分为**湿式**自动喷水灭火系统、**干式**自动喷水灭火系统、**预作用**自动喷水灭火系统、自动喷水防护冷却系统和重复启闭预作用自动喷水灭火系统;**开式自动喷水灭火系统可分为雨淋系统、水幕系统等。**

### 1. 湿式自动喷水灭火系统

湿式自动喷水灭火系统由闭式喷头、湿式报警阀组、水流指示器或压力开关、供水与配水管道以及供水设施等组成,如图3-3-1所示。准工作状态时,系统水管内充满有一定压力的消防用水。火灾发生时,建筑室内温度上升,当室温升高到足以打开闭式喷头上的闭锁装置时,喷头自动打开喷水灭火,同时水流指示器报告起火区域,报警阀组输出启动消防水泵的信号,完成系统启动,系统启动后由消防水泵在火灾持续时间内向已开启的喷头连续供水,实施灭火。

自喷系统组成

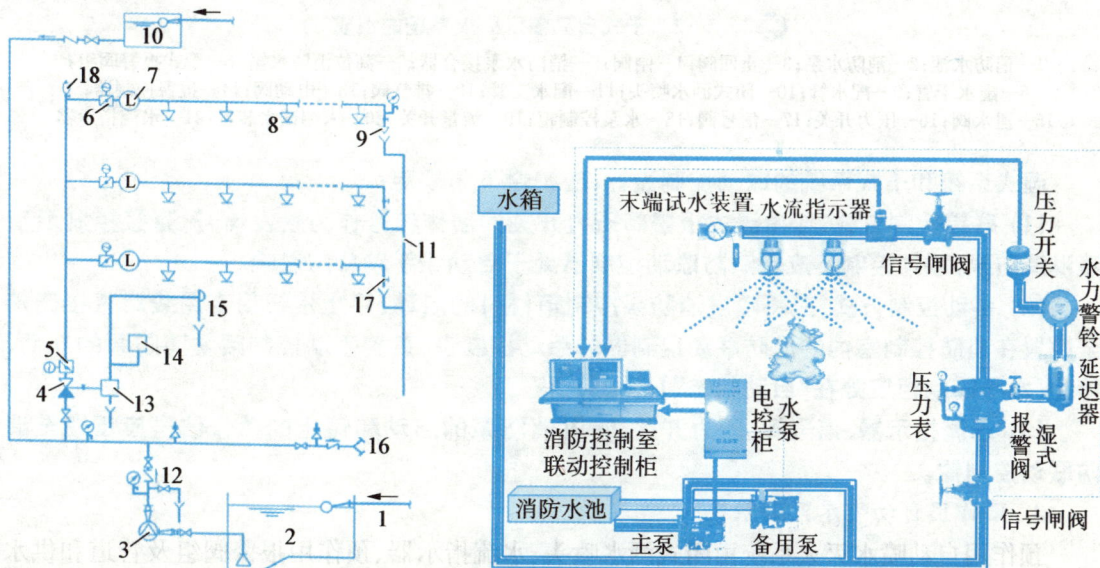

**图3-3-1　湿式自动喷水灭火系统的组成**

1—进水管;2—消防水池;3—消防水泵;4—湿式报警阀;5—信号蝶阀;6—信号阀;7—水流指示器;8—闭式洒水喷头;9—末端试水装置;10—消防水箱;11—排水管;12—消防泵试水阀($DN65$);13—延迟器;14—压力开关;15—水力警铃;16—水泵接合器;17—试水阀;18—自动排气阀

湿式自动喷水灭火系统适于常年室内温度**不低于 4 ℃且不高于 70 ℃的建筑环境**；低于 4 ℃存在冰冻的危险，高于 70 ℃的场合存在组件内充水蒸气压力升高而破坏管道的危险。

### 2. 干式自动喷水灭火系统

干式自动喷水灭火系统由闭式喷头、干式报警阀组、水流指示器或压力开关、供配水管道、重启设备及供水设施等组成，如图 3-3-2 所示。准工作状态时，报警阀组系统侧管充满有压气体，供水侧充满压力水，火灾发生时，闭式喷头打开，配水管网排气喷水灭火，水流指示器报告起火区域，报警阀组启动消防水泵，完成系统启动，实施灭火。

**干式自动喷水灭火系统适于室内温度低于 4 ℃或高于 70 ℃的建筑环境。**

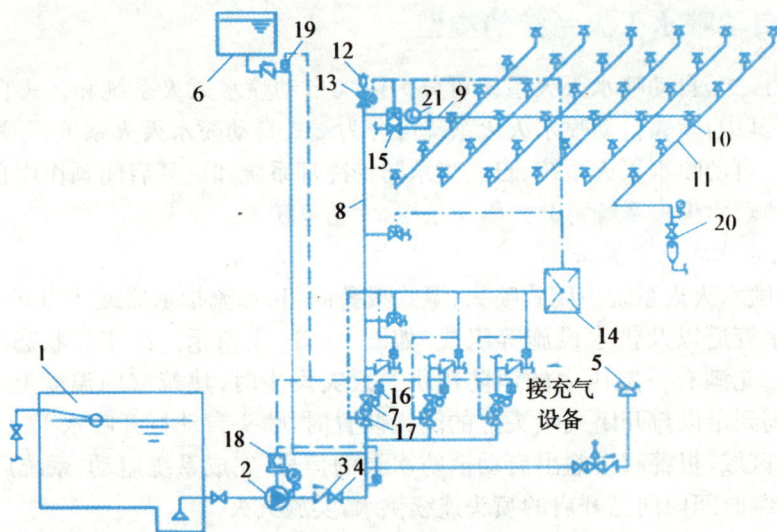

**图 3-3-2　干式自动喷水灭火系统的组成**

1—消防水池；2—消防水泵；3—止回阀；4—闸阀；5—消防水泵接合器；6—高位消防水箱；7—干式报警阀组；8—配水干管；9—配水管；10—闭式洒水喷头；11—配水支管；12—排气阀；13—电动阀；14—报警控制器；15—泄水阀；16—压力开关；17—信号阀；18—水泵控制柜；19—流量开关；20—末端试水装置；21—水流指示器

**湿式系统和干式系统的联动控制设计，应符合下列规定：**

**(1) 联锁控制方式，应由湿式报警阀压力开关的动作信号作为触发信号，直接控制启动喷淋消防泵，联锁控制不应受消防联动控制器处于自动或手动状态影响。**

**(2) 手动控制方式，应将喷淋消防泵控制箱(柜)的启动、停止按钮用专用线路直接连接至设置在消防控制室内的消防联动控制器的手动控制盘，直接手动控制喷淋消防泵的启动、停止(水泵控制柜应处在"自动状态")。**

**(3) 水流指示器、信号阀、压力开关、喷淋消防泵的启动和停止的动作信号应反馈至消防联动控制器。**

### 3. 预作用自动喷水灭火系统

预作用自动喷水灭火系统由闭式洒水喷头、水流指示器、预作用报警阀组及管道和供水设施等组成，如图 3-3-3 所示。**准工作状态时，充满有压气体，火灾发生时，由感烟火灾探测器报警联动启动预作用阀向管网排气充水，转为湿式系统，当火灾温度继续升高，闭式喷头打开，实施喷水灭火。**预作用自动喷水灭火系统依靠配套使用的火灾自动报警系统启动，能够适当改善干式系统因为充水排气过程而造成的系统启动灭火滞后现象。

第一步：发生火灾　　第二步：探测器动作

1. 消防水池
2. 消防水泵
3. 消防水箱
4. 报警阀

6. 压力开关
7. 水力警铃
8. 水流指示器
9. 喷头
10. 末端试水
11. 排气阀
12. 电动阀

火灾报警控制器

第四步：预作用阀动作
水流进水力警铃和压力开关

第五步：压力开关动作

第三步：预作用阀附属
电磁阀动作

第六步：直接启动水泵

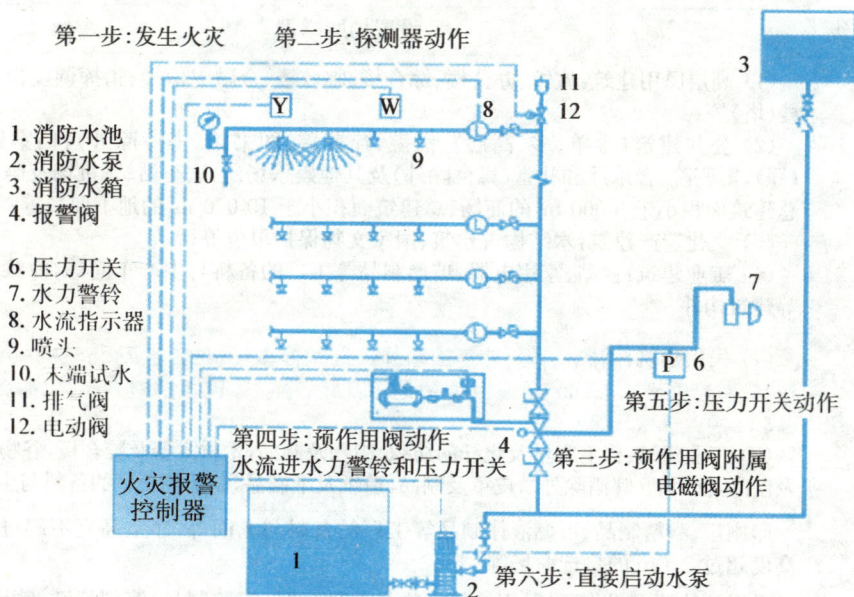

**图 3-3-3　预作用喷水灭火系统的组成**

**预作用自喷水灭火系统一般用于替代干式系统或禁止误喷的场所。**

预作用系统的联动控制设计，应符合下列规定：

**(1) 联动控制方式，应由同一报警区域内两只及以上独立的感烟火灾探测器或一只感烟火灾探测器与一只手动火灾报警按钮的报警信号，作为预作用阀组开启的联动触发信号。由消防联动控制器控制预作用阀组的开启，使系统转变为湿式系统；当系统设有快速排气装置时，应联动控制排气阀前的电动阀的开启。**

**(2) 手动控制方式，应将喷淋消防泵控制箱(柜)的启动和停止按钮、预作用阀组和快速排气阀入口前的电动阀的启动和停止按钮，用专用线路直接连接至设置在消防控制室内的消防联动控制器的手动控制盘，直接手动控制喷淋消防泵的启动、停止及预作用阀组和电动阀的开启。**

**(3) 水流指示器、信号阀、压力开关、喷淋消防泵的启动和停止的动作信号，有压气体管道气压状态信号和快速排气阀入口前电动阀的动作信号应反馈至消防联动控制器。**

### 3.3.2　设置场所火灾危险等级

自动喷水灭火系统设置在火灾发生时人员密集、不易疏散、外部增援灭火与救生较困难、性质重要和火灾危险性较大的场所。设置场所火灾危险等级举例见表 3-3-1。

**表 3-3-1　设置场所火灾危险等级举例**

| 火灾危险等级 | 设置场所举例 |
| --- | --- |
| 轻危险级 | 住宅建筑、幼儿园、老年人建筑，建筑高度为 24 m 及以下的旅馆、办公楼，仅在走道设置闭式自动喷水灭火系统的建筑等 |

| 火灾危险等级 | | 设置场所举例 |
|---|---|---|
| 中危险级 | Ⅰ级 | （1）高层民用建筑：旅馆、办公楼、综合楼、邮政楼、金融电信楼、指挥调度楼、广播电视楼（塔）等；<br>（2）公共建筑（含单、多、高层）：医院、疗养院，图书馆（书库除外）、档案馆、展览馆（厅），影剧院、音乐厅和礼堂（舞台除外）及其他娱乐场所，火车站、飞机场及码头的建筑，总建筑面积小于 5 000 m² 的商场、总建筑面积小于 10 000 m² 的地下商场等；<br>（3）文化遗产建筑：木结构古建筑、国家文物保护单位等；<br>（4）工业建筑：食品、家用电器、玻璃制品等工厂的备料与生产车间等，冷藏库、钢屋架等建筑构件 |
| | Ⅱ级 | （1）民用建筑：书库、舞台（葡萄架除外）、汽车停车场、总建筑面积 5 000 m² 及以上的商场、总建筑面积 1 000 m² 及以上的地下商场，净空高度不超过 8 m、物品高度不超过 3.5 m 的自选商场等；<br>（2）工业建筑：棉毛麻丝及化纤的纺织、织物及制品，木材木器及胶合板，谷物加工，烟草及制品，饮用酒（啤酒除外），皮革及制品，造纸及纸制品，制药等工厂的备料与生产车间 |
| 严重危险级 | Ⅰ级 | 印刷厂、酒精制品、可燃液体制品等工厂的备料与车间等，净空高度不超过 8 m、物品高度超过 3.5 m 的自选商场等 |
| | Ⅱ级 | 易燃液体喷雾操作区域，固体易燃物品、可燃的气溶胶制品、溶剂清洗、喷涂、油漆、沥青制品等工厂的备料及生产车间，摄影棚、舞台的葡萄架下部 |
| 仓库危险级 | Ⅰ级 | 食品、烟酒，木箱、纸箱包装的不然难燃物品等 |
| | Ⅱ级 | 木材、纸、皮革、谷物及制品、棉毛麻丝化纤及制品、家用电器、电缆、B组塑料与橡胶及其制品、钢塑混合材料制品、各种塑料瓶盒包装的不燃物品及各类物品混杂储存的仓库等 |
| | Ⅲ级 | A组塑料与橡胶及其制品，沥青制品等 |

### 3.3.3　自动喷淋灭火管网安装

各类消防设备、组件及材料到达施工现场后，施工单位组织现场检查：包括产品的合法性检查（市场准入文件）、一致性检查和产品质量检查：

1）系统组件、管件及其他设备、材料，应符合设计要求和国家现行有关标准的规定，并应具有出厂合格证或质量认证书。

2）喷头、报警阀组、压力开关、水流指示器、消防水泵、水泵接合器等系统主要组件，应经国家消防产品质量监督检验中心检测合格；稳压泵、自动排气阀、信号阀、多功能水泵控制阀、止回阀、泄压阀、减压阀、蝶阀、闸阀、压力表等，应经相应国家产品质量监督检验中心检测合格。

自动喷水灭火系统的安装程为：施工准备→干管安装→报警阀安装→立管安装→洒分层干、支管安装→喷洒头支管安装→水压试验→管道冲洗→减压装置安装→报警阀配件及其他组件安装→喷洒头安装→系统通水调试。

镀锌钢管应为内外壁热镀锌钢管，配水干管（立管）与配水管（水平管）连接，应采用沟槽式管件，如沟槽三通（见图 3-3-4），不应采用机械三通（见图 3-3-5）。采用机械三通、机械四通连接时，支管的口径应满足表 3-3-2 的规定。机械三通的开孔间距不应小于 500 mm，机械四通的开孔间距不应小于 1 000 mm。

图 3 - 3 - 4　沟槽三通

图 3 - 3 - 5　机械三通

表 3 - 3 - 2　采用机械三通、机械四通连接时支管的最大允许管径　单位:mm

| 主管直径 DN | | 50 | 65 | 80 | 100 | 125 | 150 | 200 | 250 |
|---|---|---|---|---|---|---|---|---|---|
| 支管直径 DN | 机械三通 | 25 | 40 | 40 | 65 | 80 | 100 | 100 | 100 |
| | 机械四通 | — | 32 | 40 | 50 | 65 | 80 | 100 | 100 |

管道的安装位置应符合设计要求。当设计无要求时,管道的中心线与梁、柱、楼板等的最小距离应符合表 3 - 3 - 3 的规定。

表 3 - 3 - 3　管道的中心线与梁、柱、楼板等的最小距离　单位:mm

| 公称直径 DN | 25 | 32 | 40 | 50 | 70 | 80 | 100 | 125 | 150 | 200 |
|---|---|---|---|---|---|---|---|---|---|---|
| 距离 | 40 | 40 | 50 | 60 | 70 | 80 | 100 | 125 | 150 | 200 |

配水干管、配水管应做红色或红色环圈标志,红色环圈标志,宽度不应小于 20 mm,间隔不宜大于 4 m;在一个独立的单元内,环圈不宜少于 2 处。管道支架或吊架之间的距离不应大于表 3 - 3 - 4 的规定。

表 3 - 3 - 4　管道支架或吊架之间的距离

| 公称直径/mm | 25 | 32 | 40 | 50 | 70 | 80 | 100 | 125 | 150 | 200 | 250 | 300 |
|---|---|---|---|---|---|---|---|---|---|---|---|---|
| 距离/m | 3.5 | 4.0 | 4.5 | 5.0 | 6.0 | 6.0 | 6.5 | 7.0 | 8.0 | 9.5 | 11.0 | 12.0 |

支(吊)架的位置不应妨碍喷头的洒水效果,一般吊架距喷头距离应大于 300 mm,圆钢吊架可以缩小到 75 mm,与末端喷头间距应小于 750 mm。配水支管上每一直管段、相邻两喷头之间的管段设置的吊架均不宜少于 1 个,吊架的间距不宜大于 3.6 m。

下列部位应设置固定支架或防晃支架:

(1) DN≥50 的配水管,宜在中点设置 1 个防晃支架;

(2) 配水管长度超过 15 m 时,每 15 m 长度内应至少设一个防晃支架,但 DN≤40,可不设;

(3) DN>50 的管道拐弯、三通、四通位置应设一个防晃支架。

配水管两侧每根配水支管控制的标准喷头数,轻危险级、中危险级场所不应超过 8 只,同时在吊顶上下安装喷头的配水支管,上下侧均不应超过 8 只。严重危险级及仓库危险级场所均不应超过 6 只。轻危险级、中危险级场所中配水支管、配水管控制的标准喷头数,不应超过表 3 - 3 - 5 的规定。

表 3 - 3 - 5　轻危险级、中危险级场所中配水支管、配水管控制的标准喷头数

| 公称管径/mm | | 25 | 32 | 40 | 50 | 65 | 80 | 100 |
|---|---|---|---|---|---|---|---|---|
| 控制的标准喷头数/只 | 轻危险级 | 1 | 3 | 5 | 10 | 18 | 48 | — |
| | 中危险级 | 1 | 3 | 4 | 8 | 12 | 32 | 64 |

管网安装完毕后,应对其进行强度试验、严密性试验和冲洗。**当系统设计工作压力等于或小于 1.0 MPa 时,水压强度试验压力应为设计工作压力的 1.5 倍,并不应低于 1.4 MPa;当系统设计工作压力大于 1.0 MPa 时,水压强度试验压力应为该工作压力加 0.4 MPa**。水压强度试验的测试点应设在系统管网的最低点。对管网注水时,应将管网内的空气排净,并应缓慢升压;达到试验压力后,**稳压 30 min 后,管网应无泄漏、无变形,且压力降不应大于 0.05 MPa**。水压严密性试验应在水压强度试验和管网冲洗合格后进行,**试验压力应为设计工作压力,稳压 24 h 应无泄漏**。水压试验时的环境温度不宜低于 5 ℃,当低于 5 ℃时,水压试验应采取防冻措施。

**气压试验的介质宜采用空气或氮气,气压严密性试验压力应为 0.28 MPa,且稳压 24 h,压力降不应大于 0.01 MPa**。

**管网冲洗的水流流速、流量不应小于设计流量、流速**,管网冲洗宜分区、分段进行,管网冲洗宜设临时专用排水管道,其排放应畅通和安全,**排水管道的截面面积不得小于被冲洗管道截面面积的 60%**。管网冲洗应连续进行,当出口处水的颜色、透明度与入口处水的颜色、透明度基本一致时,冲洗方可结束,管网冲洗结束后,应将管网内的水排除干净,如系统需经长时间才能投入使用,则应用压缩空气将其管壁吹干,并加以封闭,这样可以避免管内生锈或再次遭受污染。冲洗顺序应先室外,后室内;先地下,后地上;室内部分的冲洗应按配水干管、配水管、配水支管的顺序进行,冲洗直径大 100 mm 的管道时,应对其死角和底部进行敲打,但不得损伤管道。

### 3.3.4　自动喷淋灭火系统主要组件

#### 1. 喷头

喷头是自动喷水灭火系统的关键组件,喷头由喷水口、温感释放器和溅水盘等组成。

1)喷头的类型

喷头常分为闭式喷头和开式喷头两种,具体分类见表 3-3-6,常用的玻璃球闭式喷头如图 3-3-6 所示。

表 3-3-6　喷头的分类

| 分类依据 | 类别名称 |
| --- | --- |
| 热敏元件 | 易熔合金锁片喷头(轭臂为无色)和玻璃球喷头(57 ℃喷头(橙)、**68 ℃喷头(红)**、79 ℃喷头(黄)、93 ℃喷头(绿)、141 ℃喷头) |
| 安装方式 | 直立型喷头(不舍吊顶的场所,如地下车库)、下垂型喷头、边墙型喷头(平式和直立式,轻、中危险Ⅰ级的住宅、客房、旅馆、医疗病房等)、吊顶型喷头(隐蔽式、嵌入式、平式)等 |
| 覆盖面积 | 标准覆盖面积喷头和扩大覆盖面积喷头 |
| 响应时间 | 标准响应喷头、快速响应喷头、快速响应喷头(公共娱乐、中庭环廊、医疗病房、老幼场所、地下商场) |
| 应用场所 | 早期抑制快速响应喷头、家用喷头、特殊应用喷头 |

(a) 下垂型喷头　　(b) 直立型喷头　　(c) 边墙型喷头　　(d) 通用型喷头　　(e) 隐蔽喷头

图 3-3-6　常见的玻璃球闭式喷头

闭式系统的喷头,其公称动作温度宜高于环境最高温度 30 ℃,自动喷水灭火系统应有备用喷头,其数量不应少于总数的 1%,且每种型号均不得少于 10 只。开式喷头是不含热敏元件的常开喷头,包括开式洒水喷头、水幕喷头、水雾喷头等。

2) 喷头的现场检验

喷头的现场检验应符合下列要求:

(1) 喷头的商标、型号、公称动作温度、响应时间指数(response time index,RTI)、制造厂及生产日期等标志应齐全。

(2) 喷头的型号、规格等应符合设计要求。

(3) 喷头外观应无加工缺陷和机械损伤;喷头螺纹密封面应无伤痕、毛刺、缺丝或断丝现象。

(4) 闭式喷头应进行密封性能试验,以无渗漏、无损伤为合格。**试验数量宜从每批中抽查 1%,但不得少于 5 只,试验压力应为 3.0 MPa;保压时间不得少于 3 min。当两只及两只以上不合格时,不得使用该批喷头。当仅有一只不合格时,应再抽查 2%,但不得少于 10 只,并重新进行密封性能试验;当仍有不合格时,亦不得使用该批喷头。**

3) 喷头的布置

(1) 直立型、下垂型喷头的布置,包括同一根配水支管上喷头的间距及相邻配水支管的间距,应根据系统的喷水强度、喷头的流量系数和工作压力确定,并不应大于表 3-3-7 的规定,且不宜小于 2.4 m。

表 3-3-7　同一根配水支管上喷头的间距及相邻配水支管的间距

| 喷水强度<br>/[L·(min·m²)⁻¹] | 正方形布置的边长/m | 矩形或平行四边形布置的长边边长/m | 一只喷头的最大保护面积/m² | 喷头与端墙的最大距离/m | 喷头与端墙的最小距离/m |
|---|---|---|---|---|---|
| 4 | 4.4 | 4.5 | 20.0 | 2.2 | |
| 6 | 3.6 | 4.0 | 12.5 | 1.8 | |
| 8 | 3.4 | 3.6 | 11.5 | 1.7 | 0.1 |
| ≥12 | 3.0 | 3.6 | 9.0 | 1.5 | |

注1:仅在走道上布置单排喷头的闭式系统,其喷头间距按走道地面不留漏喷空白点确定。
注2:喷水强度大于 8 L/min·m² 时,宜采用流量系数 K>80 的喷头。
注3:货架内置喷头的间距均不应小于 2 m,并不应大于 3 m。

**(2) 在装有网格、栅板类通透性吊顶的场所,当通透面积占吊顶面积大于 70% 时,喷头布置在吊顶上方,且吊顶开口部位净宽度不小于 10 mm。**顶板或吊顶为斜面时,喷头应垂直于斜面,并应按斜面距离确定喷头间距。尖屋顶的屋脊处应设一排喷头,喷头溅水盘至屋脊的垂直距离,当屋顶坡度不小于 1/3 时,不应大于 0.8 m,当屋顶坡度小于 1/3 时,不应大于 0.6 m。

4) 喷头的安装要求

(1) 喷头安装应在系统试压、冲洗合格后进行。**喷头安装时,不得对喷头进行拆装、改动,并严禁给喷头附加任何装饰性涂层;喷头安装应使用专用扳手(灯叉形),**严禁利用喷头的框架施拧;喷头的框架、溅水盘产生变形或释放原件损伤时,应采用规格、型号相同的喷头更换。

（2）喷头管径一律为 $DN25$，末端用 25 mm×15 mm 的异径管箍连接喷头，支管末端弯头处 100 mm 以内加管卡固定，当喷头的公称直径小于 10 mm 时，应在配水干管或配水管上安装过滤器。

（3）除吊顶型喷头和吊顶下安装的喷头外，如图 3-3-7 所示，无障碍物布置直立型标准喷头时，其溅水盘与顶板的距离不应小于 75 mm，且不应大于 150 mm。密肋梁板和梁高≤300 mm 的楼板，可在梁和密肋版下方布置洒水喷头，其溅水盘距离顶板小于 300 mm，与密肋梁底面的距离 25～100 mm，如图 3-3-8 所示的要求。在梁间布置喷头时，在符合梁等障碍物之间间距规定的前提下，喷头溅水盘距离顶板应≤550 mm。

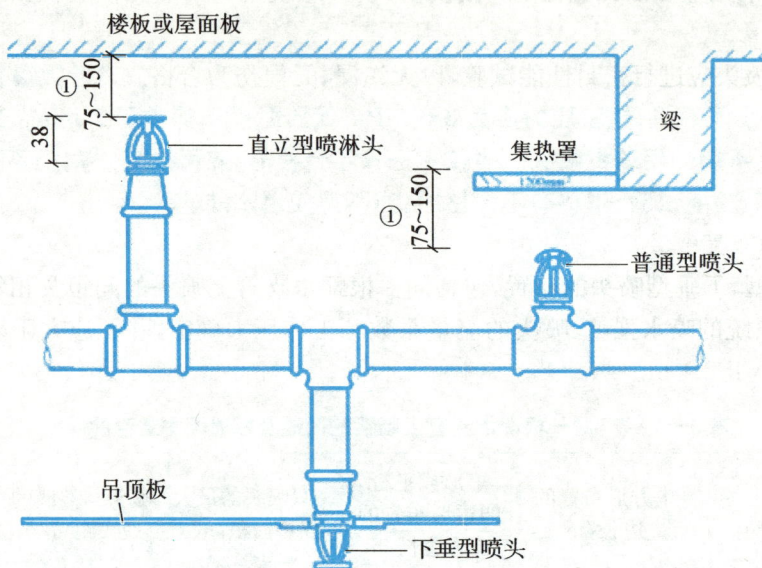

图 3-3-7　喷头与梁板的距离

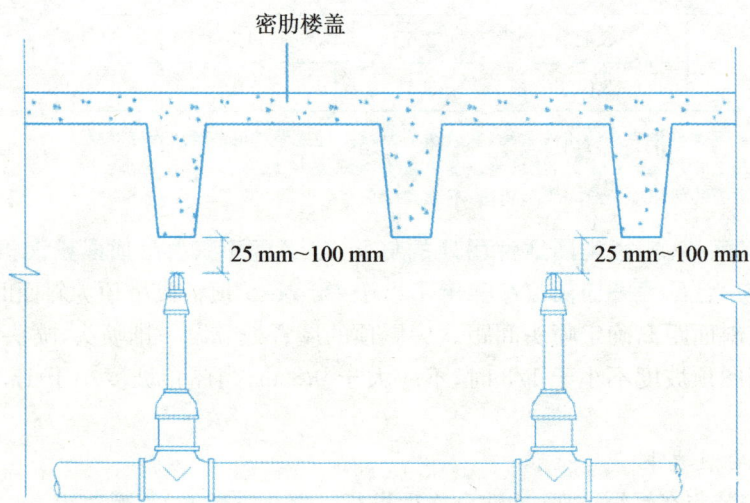

图 3-3-8　密肋楼板下设置喷头

　　喷头洒水时,应均匀分布,且不应受阻挡。图书馆、档案馆、商场、仓库中的通道上方宜设有喷头,喷头与被保护对象的水平距离不应小于 0.3 m,标准喷头溅水盘与保护对象的最小垂直距离不应小于 0.45 m,其他喷头溅水盘与保护对象的最小垂直距离不应小于0.90 m。

　　**(4) 当通风管道、排管、桥架宽度大于 1.2 m 时,应在其腹面以下部位增设喷头**,如图3-3-9所示。当喷头溅水盘高于附近梁底或高于宽度小于 1.2 m 的通风管道、排管、桥架腹面时,喷头溅水盘高于梁底、通风管道、排管、桥架腹面的最大垂直距离(见图 3-3-10)应符合表 3-3-8 的规定。

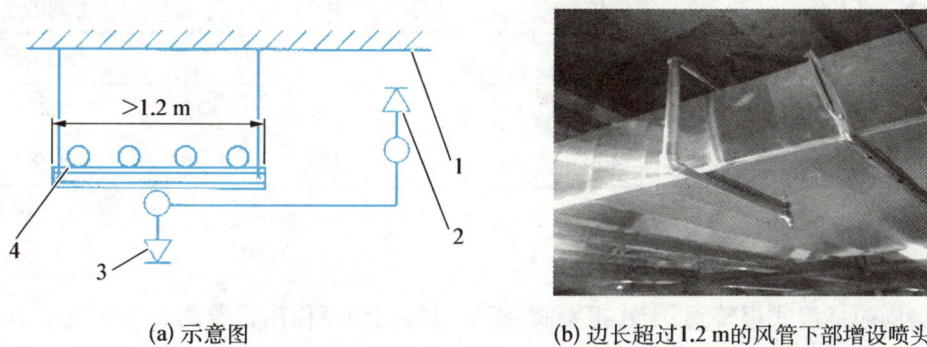

| (a) 示意图 | (b) 边长超过1.2 m的风管下部增设喷头 |

**图 3-3-9　在障碍物下方设置喷头**

1—顶板;2—直立型喷头;3—下垂型喷头;4—排管(或梁、通风管道、桥架等)

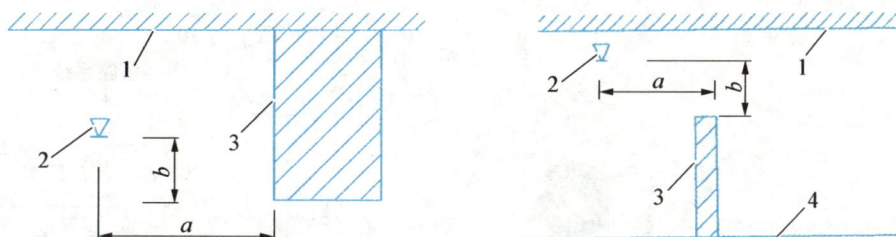

**图 3-3-10　喷头与障碍物的距离**

1—天花板或屋顶;2—喷头;3—障碍物;4—地板

表 3-3-8　直立型、下垂型喷头溅水盘高于梁底、通风管道腹面的最大垂直距离　单位:mm

| 喷头与梁、通风管道、排管、桥架的水平距离 $a$ | 喷头溅水盘高于梁底、通风管道、排管、桥架腹面的最大垂直距离 $b$ |
| :---: | :---: |
| $a<300$ | 0 |
| $300 \leqslant a<600$ | 90 |
| $600 \leqslant a<900$ | 190 |
| $900 \leqslant a<1\,200$ | 300 |
| $1\,200 \leqslant a<1\,500$ | 420 |
| $a \geqslant 1\,500$ | 460 |

(6)当喷头安装在不到顶的隔断附近时,喷头与隔断的水平距离和最小垂直距离应符合表3-3-9的规定。

表3-3-9　直立型、下垂型喷头与隔断的水平距离和最小垂直距离　　单位:mm

| 喷头与隔断的水平距离 $a$ | 喷头与隔断的最小垂直距离 $b$ | | |
|---|---|---|---|
| | 直立型与下垂型喷头 | 大水滴喷头 | 扩大覆盖面喷头 |
| $a<150$ | 75 | 40 | 80 |
| $150\leqslant a<300$ | 150 | 80 | 150 |
| $300\leqslant a<450$ | 240 | 100 | 240 |
| $450\leqslant a<600$ | 320 | 130 | 320 |
| $600\leqslant a<750$ | 390 | 140 | 390 |
| $a\geqslant750$ | 460 | 150 | 460 |

**2. 报警阀**

**1)报警阀的类型**

报警阀包括湿式报警阀、干式报警阀、雨淋报警阀和预作用报警阀。

(1)湿式报警阀。湿式报警阀适用于湿式自动喷水灭火系统,用于接通或关断报警水流,喷头动作后,阀门打开,报警水流驱动水力警铃和压力开关报警,并防止水倒流,如图3-3-11所示。

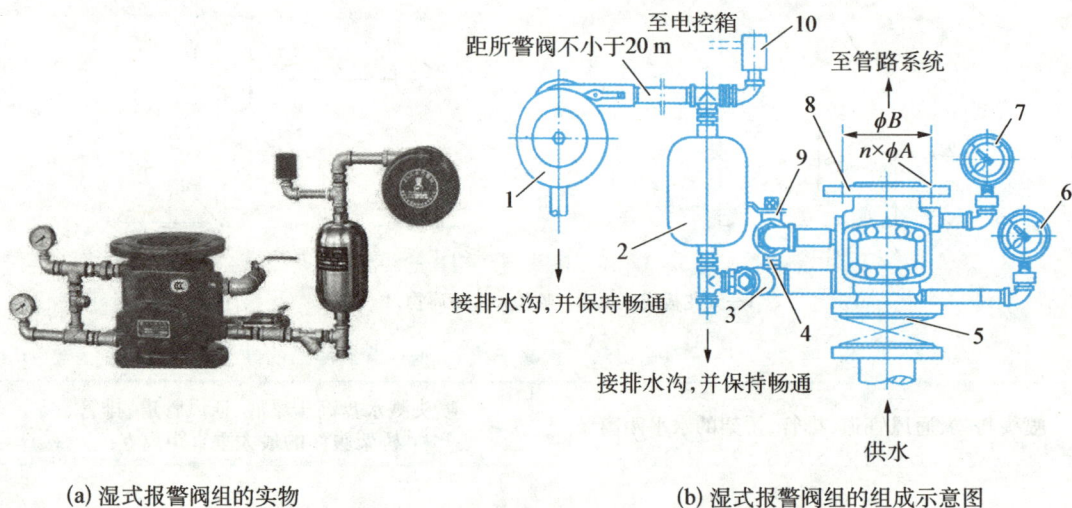

(a)湿式报警阀组的实物　　　　　　　(b)湿式报警阀组的组成示意图

**图3-3-11　湿式报警阀组实物图和示意图**

1—试水阀;2—报警阀;3—压力表;4—信号蝶阀;5—过滤器;6—延迟器;7—水力警铃;8—压力开关

(2)干式报警阀。干式报警阀适用于干式自动喷水灭火系统,用于接通或关断报警水流,喷头动作后,阀门打开,报警水流驱动水力警铃和压力开关报警,并防止水倒流。

(3)雨淋报警阀。雨淋报警阀也称为雨淋阀,如图3-3-12所示,适用于雨淋、水喷雾、水幕等开式系统,用于接通或关断系统配水管道的供水。

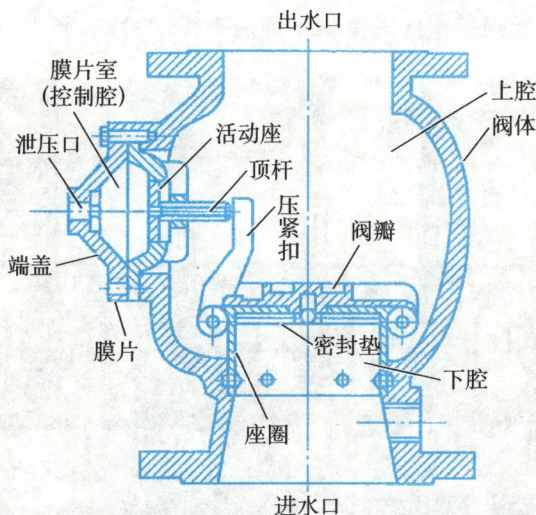

图 3-3-12　雨淋阀组示意图

（4）预作用报警阀。预作用阀适用于预作用系统。一般主要由雨淋阀和湿式报警阀上下串接而成，其工作原理与雨淋阀相似。

2）阀门及其附件的现场检验

阀门及其附件的现场检验应符合下列要求：

（1）阀门的商标、型号、规格等标志应齐全，阀门的型号、规格应符合设计要求。

（2）阀门及其附件应配备齐全，不得有加工缺陷和机械损伤。

（3）报警阀除应有商标、型号、规格等标志外，尚应有水流方向的永久性标志。

（4）报警阀和控制阀的阀瓣及操作机构应动作灵活、无卡涩现象，阀体内应清洁、无异物堵塞。

（5）水力警铃的铃锤应转动灵活、无阻滞现象；传动轴密封性能好，不得有渗漏水现象。

（6）报警阀应进行渗漏试验。试验压力应为额定工作压力的 2 倍，保压时间不应小于 5 min，阀瓣处应无渗漏。

（7）压力开关、水流指示器、自动排气阀、减压阀、泄压阀、多功能水泵控制阀、止回阀、信号阀、水泵接合器及水位、气压、阀门限位等自动监测装置应有清晰的铭牌、安全操作指示标志和产品说明书；水流指示器、水泵接合器、减压阀、止回阀、过滤器、泄压阀、多功能水泵控制阀应有水流方向的永久性标志，安装前应进行主要功能检查。

3）报警阀组的安装要求

报警阀组的安装主要要求如下：

（1）报警阀组的安装应在供水管网试压、冲洗合格后进行，报警阀应逐个进行渗漏试验，试验压力为工作压力的 2 倍，保压时间不应小于 5 min，阀瓣处应无渗漏。安装时应先安装水源控制阀、报警阀，然后进行报警阀辅助管道的连接。水源控制阀、报警阀与配水干管的连接，应使水流方向一致。湿式系统、预作用系统中一个报警阀组控制的喷头数不宜超过 800 只；干式系统不宜超过 500 只。报警阀组安装的位置应符合设计要求；当设计无要求时，报警阀组应安装在便于操作的明显位置，如图 3-3-13 所示，距室内地面高度宜为 1.2 m；两侧与墙的距离不应小于 0.5 m；正面与墙的距离不应小于 1.2 m；报警阀组凸出部位之间的距离不应小于 0.5 m,安装报警阀组的室内地面应有排水设施,环境温度不低于 5 ℃。

图 3-3-13　报警阀组安装实物图

自动喷水灭火系统报警阀处的工作压力不大于 1.2 MPa,若超压,则应采取安装减压孔板、减压阀、节流短管等措施来减压。减压阀应设在报警阀组入口前,其前应设过滤器,当连接 2 个及以上报警阀组时,应设置备用减压阀,垂直安装的减压阀,水流方向宜向下。干式报警阀组、雨淋报警阀组应安装检测时水流不进入系统管网的信号控制阀门。

(2)水力警铃应安装在公共通道或值班室附近的外墙上,且应安装检修、测试用的阀门。水力警铃和报警阀的连接应采用热镀锌钢管,当镀锌钢管的公称直径为 20 mm 时,其长度不宜大于 20 m;安装后的水力警铃启动时,距警铃 3 m 处测量,警铃声强度应不小于 70 dB。

3. 信号阀

信号阀(见图 3-3-14)应安装在水流指示器前的管道上游,与水流指示器之间的距离不宜小于 300 mm。作为供水控制阀,信号阀平时常开,关闭时输出电信号,用于系统检修。

4. 水流指示器

水流指示器一般安装在闭式自动喷水系统中,是将水流信号转换成电信号,能够准确指示火灾发生部位的装置,如图 3-3-15 所示。水流指示器的安装应在管道试压和冲洗合格后进行,每个防火分区、每个楼层均应设水流指示器,水流指示器应竖直安装在水平管道上侧,水流指示器的前后应有 5 倍安装管径的直管段,其动作方向应和水流方向一致,安装后的水流指示器浆片、膜片应动作灵活,不应与管壁发生碰擦。

图 3-3-14　信号阀

图 3-3-15　水流指示器

### 5. 压力开关

压力开关(见图 3-3-16)**应竖直安装**在通往水力警铃的管道上,且不应在安装中拆装改动,管网上的压力控制装置的安装应符合设计要求。

### 6. 末端试水装置

末端试水装置由试水阀、压力表及试水接头等组成,如图 3-3-17 所示,每个报警阀组控制的管网最不利点都要安装末端试水装置,安装高度距地 1.5 m,其他防火分区、楼层的最不利点喷头处,均应设直径为 25 mm 的试水阀。末端试水装置的作用是测试自动喷淋灭火系统在开放一只喷头的最不利条件下,能否实施可靠报警和正常启动,末端试水装置的安装位置应便于检查、试验,有相应排水能力的排水设施。

图3-3-16
压力开关

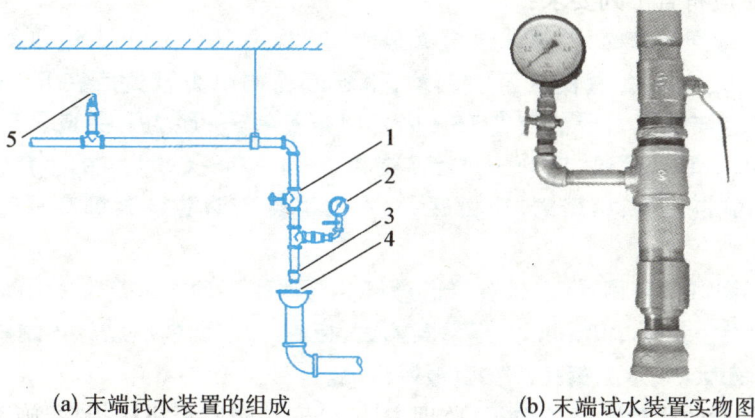

(a) 末端试水装置的组成　　　　(b) 末端试水装置实物图

**图 3-3-17　末端试水装置图示**
1—试水阀;2—压力表;3—试水接头;4—排水漏斗;5—最不利处喷头

### 7. 自动排气阀

自动排气阀应在系统管网冲洗、试压合格后安装,其安装位置应是管网内气体集聚处(系统的最高点)。

### 8. 火灾探测器

火灾探测器至墙壁、梁边的水平距离不应小于 0.5 m,探测器周围 0.5 m 内不应有遮挡物,探测器至空调送风口边的水平距离不应小于 1.5 m,至多孔送风口的水平距离不应小于 0.5 m。当在宽度小于 3 m 的内走道顶棚上设置探测器时,探测器应居中布置,感温探测器的安装间距不应超过 10 m,感烟探测器的安装间距不应超过 15 m。探测器宜水平安装,当必须倾斜安装时,倾斜角不大于 45°。

## 3.3.5　自动喷淋灭火系统调试

自动喷淋灭火系统系统调试应包括**水源测试、消防水泵调试、稳压泵调试、报警阀调试等**。

### 1. 水源测试

水源测试应按设计要求核实消防水箱、消防水池的容积,消防水箱设置高度应符合设计要求;消防储水池应有不作他用的技术措施。按设计要求核实消防水泵接合器的数量和供水能力,并通过移动式消防水泵做供水试验进行验证。系统应设独立的供水泵,并应按一运一备或二运一备比例设置备用泵。每组供水泵的吸水管不应少于2根。报警阀入口前设置环状管道的系统,每组供水泵的出水管不应少于2根。系统的供水泵和稳压泵应采用自灌式吸水方式。供水泵的吸水管应设控制阀;出水管应设控制阀、止回阀、压力表和直径不小于65 mm的试水阀。

**2. 消防水泵调试和稳压泵调试**

消防水泵调试应以自动或手动方式启动消防水泵时,消防水泵应在55 s内投入正常运行。以备用电源切换方式或备用泵切换启动消防水泵时,消防水泵应在1 min或2 min内投入正常运行。稳压泵应按设计要求进行调试。当达到设计启动条件时,稳压泵应立即启动;当达到系统设计压力时,稳压泵应自动停止运行,当消防主泵启动时,稳压泵应停止运行。

**3. 报警阀调试**

报警阀调试应符合下列要求:

(1) 湿式报警阀调试时,在试水装置处放水,当湿式报警阀进口水压大于0.14 MPa、放水流量大于1 L/s时,报警阀应及时启动;带延迟器的水力警铃应在5～90 s内发出报警铃声,不带延迟器的水力警铃应在15 s内发出报警铃声;压力开关应及时动作,并反馈信号。湿式系统的联动试验,启动一只喷头或以0.94 L/s～1.5 L/s的流量从末端试水装置处放水时,水流指示器、报警阀、压力开关、水力警铃和消防水泵等应及时动作,并发出相应的信号。

(2) 雨淋阀调试宜利用检测、试验管道进行。自动和手动方式启动的雨淋阀,应在15 s之内启动;公称直径大于200 mm的雨淋阀调试,应在60 s之内启动。雨淋阀调试时,当报警水压为0.05 MPa时,水力警铃应发出报警铃声。

消防系统的验收由建设单位组织,监理主持,公安消防监督机构指挥,施工单位操作,设计单位也参与的一项重大活动,消防验收的程序是:验收受理—现场检查—现场验收—结论评定—工程移交。

### 3.3.6 自动喷淋灭火系统施工图的识读

自动喷淋灭火系统施工图的识读方法与消火栓系统施工图基本相同,应先读平面图,后将系统轴测图或展开系统原理图对照识读。从平面图中获得管道、系统组件、加压储水设备的平面位置,从系统轴测图或展开系统原理图中掌握管道系统的来龙去脉、主要组件和给水附件的安装位置。在系统图中,喷头只是示意类型,不表示准确的数量。

**1. 平面图识读**

如图3-3-18所示,自喷给水立管的编号为ZPL-1,设在⑦轴以西的新风机房内;连接立管的给水干管上设信号蝶阀和水流指示器,规格为DN100。自喷配水管网在走廊和办公室内呈支状布置,管网布置闭式下喷洒水喷头,配水管上的管径、喷头布置位置见图中标注。

**2. 系统图识读**

如图3-3-19所示,系统采用湿式自动喷水灭火系统,系统的给水方式为设水池、水泵、水箱方式。水池和自喷水泵设在地下二层,水箱设在顶层(水池、水箱水位标高见图中标注)。B2～5F均设计有自喷给水管线、喷头和组件。

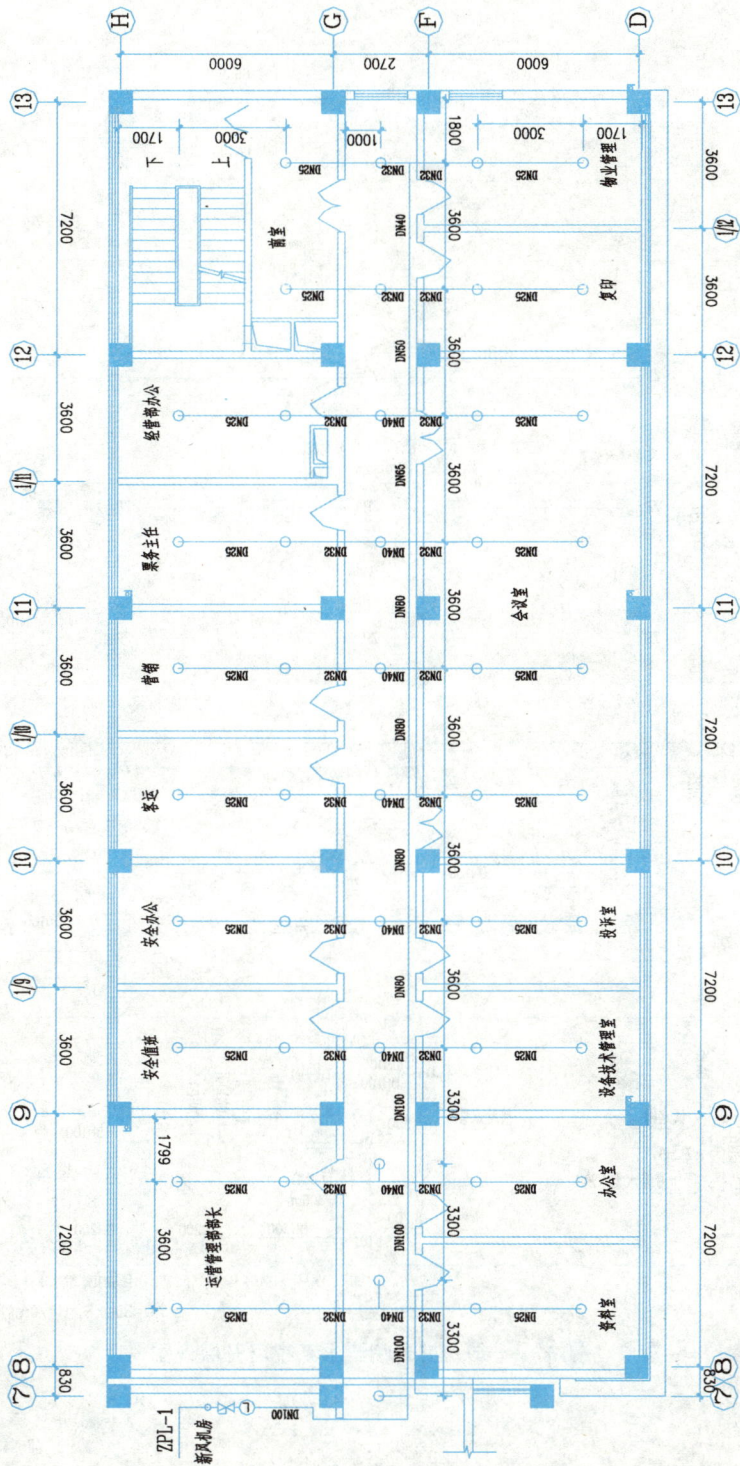

图 3-3-18　某办公楼标准层的湿式自动喷水灭火系统平面图

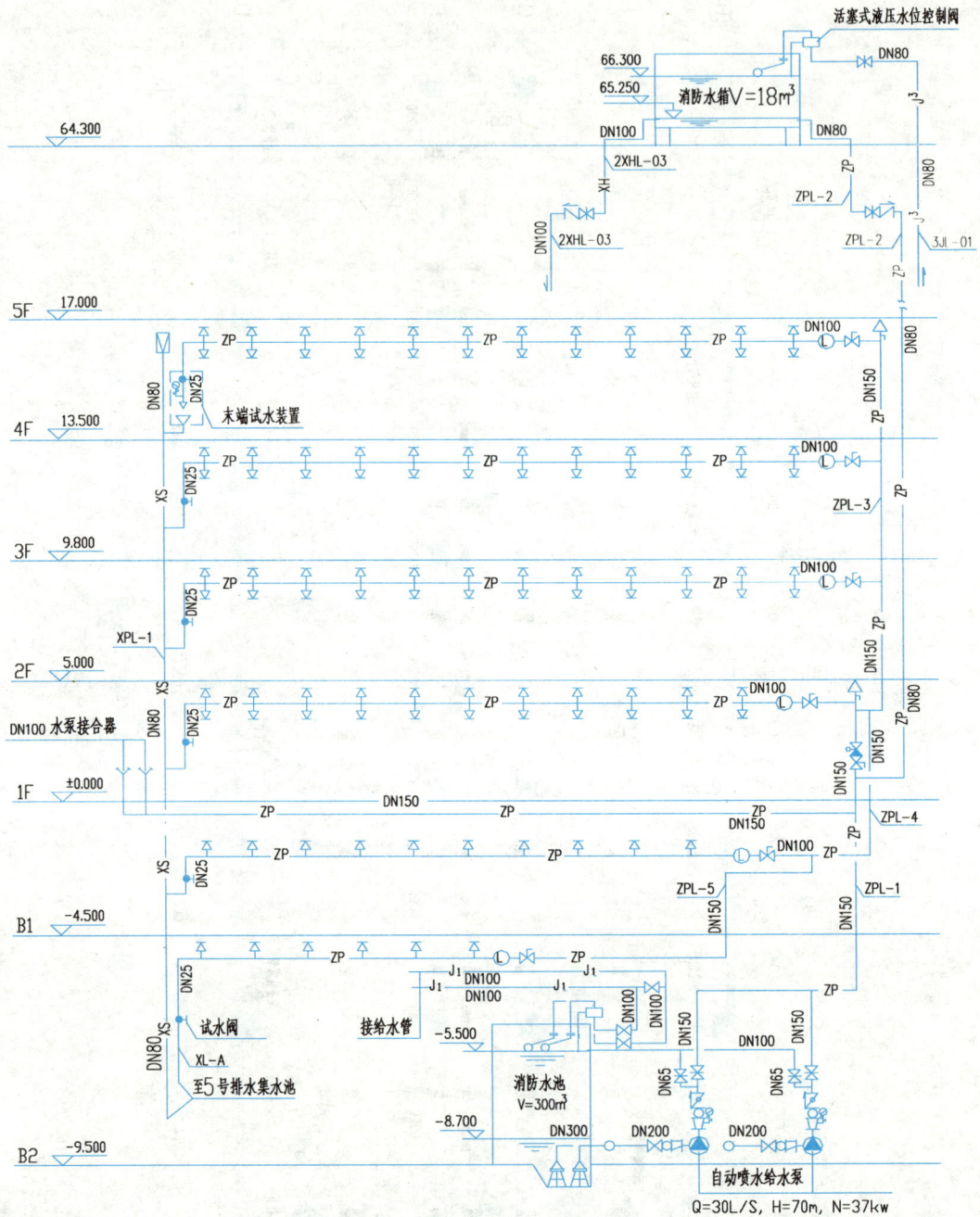

图 3-3-19　某自喷给水系统展开原理图

# 单元实训

图纸

水消防

## 一、施工图识读实训

### 1. 实训目的

熟悉消火栓、水喷淋安装工程施工图的表达方法与表达内容，掌握消火栓、水喷淋安装工程施工图的识读方法，具备施工图识读能力。

### 2. 实训内容

识读建筑消火栓、自动喷淋灭火系统安装施工图，了解系统类别组成、管材规格、管道连接方式、设备及附件的类型、套管做法、管道安装标高和安装工艺确定方法。

## 二、施工建模实训

### 1. 实训目的

在消火栓、水喷淋系统施工图的识读基础上，通过专业课程基础知识的综合运用，思考消防管线、附属设备及附件的安装施工与建筑工程施工过程中的相互配合和影响因素，协调各工种工程进度，制施工组织设计、合理安排施工程序。

### 2. 实训内容

根据普通民用消火栓、水喷淋安装工程施工图，利用 BIM 软件建立三维模型，导出材料计划，分析建筑消防施工过程中与土建专业安装配合环节，落实好施工方案、确定配合措施。

# 模块 4　建筑采暖系统安装工程

## 学习目标

（1）了解建筑采暖系统的组成及分类。

（2）熟悉各采暖系统的特点和适用场合。

（3）熟悉低温热水地板辐射采暖系统的特点和要求。

（4）掌握采暖施工图识读、采暖管道、辅助设备的安装工艺、施工标准及验收要求。

建筑采暖
系统分类

## 4.1　建筑采暖系统概述

### 4.1.1　建筑采暖系统的组成与分类

#### 1. 建筑采暖系统的组成

建筑采暖系统一般由热源、管网和散热器三大部分组成，如图 4-1-1 所示。热源一般热电厂，供热管网又称为热网，分为市政热水（蒸汽）管网、户外热水（蒸汽）管网和室内热水（蒸汽）管网。

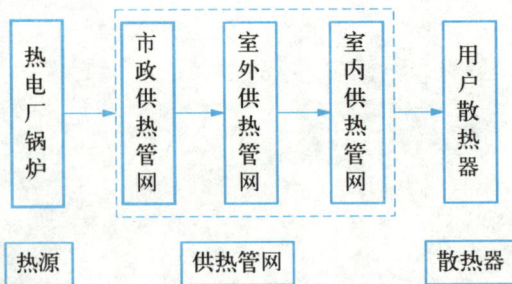

图 4-1-1　建筑采暖系统的组成

#### 2. 建筑采暖系统的分类

按作用范围的不同，建筑采暖系统可分为户式采暖系统、集中采暖（通过管网向建筑群供热），按热媒分，建筑采暖系统可分为热水采暖系统、蒸汽采暖系统，热水采暖系统的设备包括采暖管道、散热器、膨胀水箱、补给水箱、集气罐、除污器、自动排气阀及其他阀门附件等，蒸汽采暖系统除包括上述设备外，还有冷凝水箱、减压器及疏水器等。

### 4.1.2 热水采暖系统

热水采暖系统是以**热水作为热媒**的采暖系统,民用建筑**应**采用热水采暖系统,生产厂房及辅助建筑物宜使用热水采暖系统。

**1. 热水采暖系统的分类**

(1) 按热媒参数的不同,热水采暖系统可分为高温热水采暖系统(以温度高于 100 ℃ 的热水作为热媒)和低温热水采暖系统(**温度低于 100 ℃ 的热水为热媒**),低温热水采暖系统的**供、回水温度通常为 95 ℃/70 ℃ (也有采用 85 ℃/60 ℃)**。

(2) 根据供、回水干管的位置不同,热水采暖系统可分为上供下回式系统、下供上回式系统,如图 4-1-2 所示。

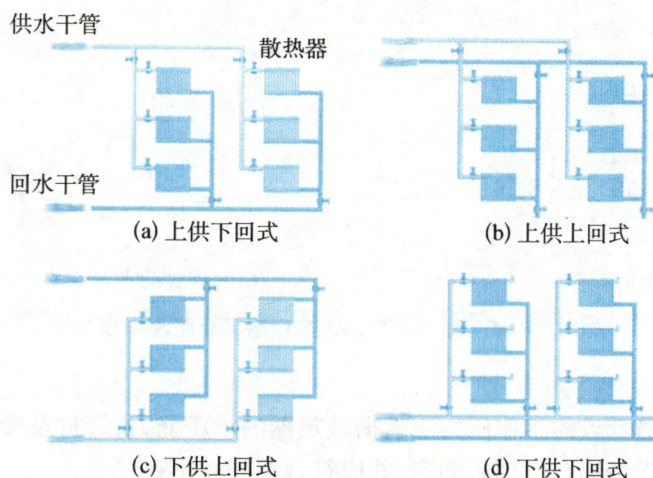

(a) 上供下回式　　　　(b) 上供上回式

(c) 下供上回式　　　　(d) 下供下回式

图 4-1-2 热水系统分类

(3) 按系统循环动力的不同,热水采暖系统可分为自然循环(重力循环)热水采暖系统和机械循环热水采暖系统。如图 4-1-3 所示,**机械循环热水采暖系统是由热水锅炉、供/回水管、散热器、集气罐、膨胀水箱、循环水泵等组成,是目前应用最广泛的采暖系统。**

(4) 按立管根数的不同,热水采暖系统可分为单管热水采暖系统和双管热水采暖系统。按管道连接形式的不同,热水采暖系统可分为顺流式系统和跨越式系统。水平单管式热水采暖系统如图 4-1-4 所示。

(5) 按热媒供热管环路**流程**的不同,热水采暖系统可分为同程式系统和异程式系统,如图 4-1-5 所示,同程式系统浪费管材和能源,但能有效地防止水力失衡,采暖系统应优先采用**闭式机械循环、异程式**系统,有利于节省投资及能源。

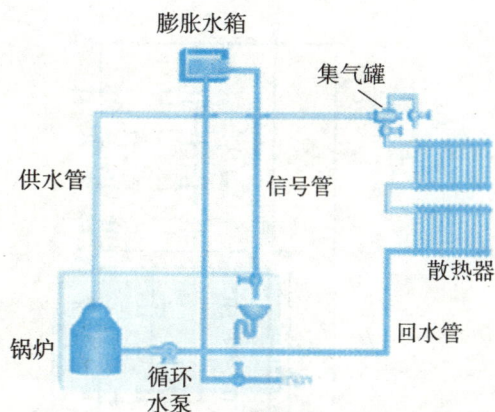

图 4-1-3 机械循环供暖系统

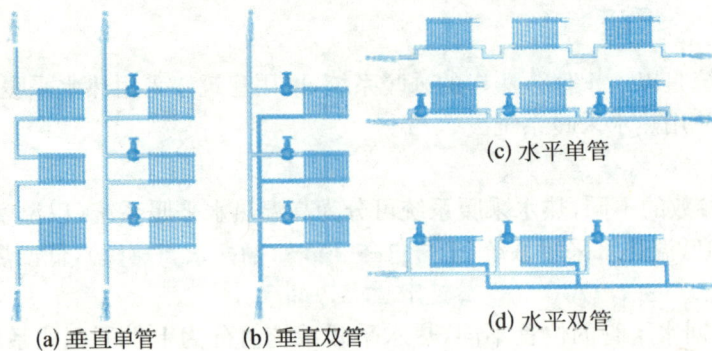

(a) 垂直单管　　(b) 垂直双管　　(c) 水平单管　　(d) 水平双管

图4-1-4　热水采暖系统分类

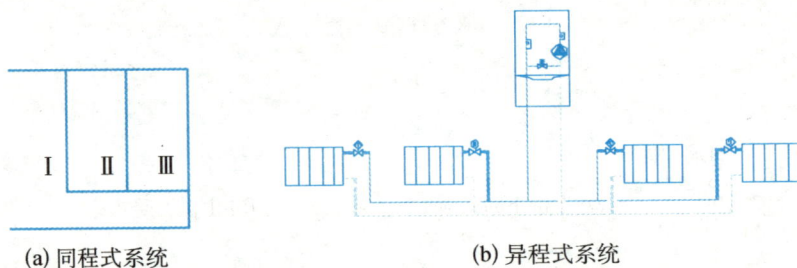

(a) 同程式系统　　　　　　　　　(b) 异程式系统

图4-1-5　热水采暖系统按供热管环路流程分类

**2. 热水采暖系统工作压力**

热水采暖系统最低点的工作压力应根据散热器的承压能力、管材及管件的特性、提高工作压力的成本等因素经综合考虑后确定,并应符合下列规定:

**(1) 当建筑的采暖系统高度超过 50 m 时,宜竖向分区设置,**如图4-1-6所示;

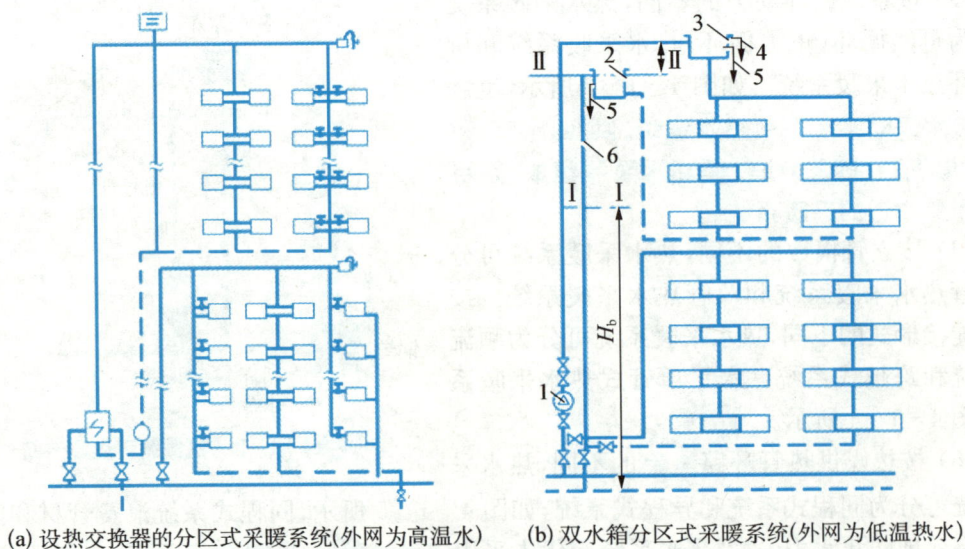

(a) 设热交换器的分区式采暖系统(外网为高温水)　　(b) 双水箱分区式采暖系统(外网为低温热水)

图4-1-6　热水采暖系统的竖向分区形式

**(2)** 采用金属管道的散热器采暖系统,工作压力≤1.0 MPa;

**(3)** 采用热塑性塑料管道的散热器采暖系统,工作压力不宜大于 0.6 MPa;

**(4)** 低温地面辐射采暖系统的工作压力≤0.8 MPa。

### 4.1.3　蒸汽采暖系统

蒸汽采暖系统是指以水蒸气作为热媒的采暖系统,水蒸气在采暖系统的散热器中凝结放出汽化潜热。

#### 1. 蒸汽采暖系统的特点

与热水采暖系统相比,蒸汽采暖系统有以下五个方面的特点。

(1) 蒸汽采暖系统散热器内热媒的温度一般均在 100 ℃以上,易发生烫伤事故,坠落在散热器表面上的灰尘等物质会分解出带有异味的气体,卫生条件较差。

(2) 蒸汽采暖系统的热惯性小,较适用于要求加热迅速、采暖时间集中而短暂的影剧院、礼堂、体育馆类的间歇采暖的建筑中。

(3) 蒸汽采暖系统中热媒(蒸汽)的容重小,所产生的静压力也较小,用于高层建筑中不致因底层散热器承受过高的静压而破裂,不必进行竖向分区。

#### 2. 蒸汽采暖系统的类型

蒸汽采暖系统按系统压力的分为高压蒸汽采暖系统(以工作压力＞70 kPa 的蒸汽作为热媒)、低压蒸汽采暖系统(以工作压力≤70 kPa 的蒸汽作为热媒)和真空蒸汽采暖系统。

### 4.1.4　地暖

地板辐射采暖分为电地暖和水地暖,其中水地暖指在地面下敷设塑料盘管,利用温度**不高于 60 ℃的热水**为热媒,通过地面以辐射和对流的传热方式向室内供暖,又称为**低温热水地板辐射采暖**。水地暖暖系统 70％以上是低温热辐射,人体舒适性高,没有吹风感,**在相同的舒适度情况下,采暖区域的温度可比其他采暖方式低 2 ℃左右**,节能效果明显,应用广泛。

#### 1. 低温热水地板辐射采暖系统的组成及特点

**水地暖暖系统由燃气式壁挂炉(可以不设置)、分集水器、地暖盘管、采暖供/回水管道、截止阀/球阀、电动二通阀、温控器等设备和部件组成,**如图 4-1-7 所示。

#### 2. 低温热水地板辐射采暖的要求

地面辐射采暖系统户内的供水温度不应高于 60 ℃,供回水温差不宜大于 10 ℃;当利用热泵机组提供热水时,供水温度宜采用 40～45 ℃。采用集中供热小区,外网的热媒温度高于 60 ℃时(一般允许最高为 90 ℃),应在各户的分集水器前设置混水泵,如图 4-1-8 所示,保持其温度不高于设定值。**分集水器上均应设置手动或自动排气阀;连接在每组分集水器上的分支环路不宜多于 8 个。**低温热水地板辐射采暖系统的地面构造由楼板、保温层、加热管与填充层、找平层和面层等组成,如图 4-1-9 所示。

当面层采用带龙骨的架空木地板时,加热管不应敷设在混凝土填充层内,应明敷在地板下龙骨之间的绝热层上,如图 4-1-10 所示。**地暖盘管管材宜选用耐热聚乙烯(PE-RT)管和聚丁烯(PB)管,也可采用交联聚乙烯(PE-X)管及铝塑复合管。**

液晶编程室温控制器

截止阀/球阀

地暖盘管

锅炉室温控制器

壁挂炉

液晶编程室温控制器

地暖盘管

电动二通阀

采暖供水

天然气

生活用水回水

采暖回水

生活用水进水

截止阀/球阀

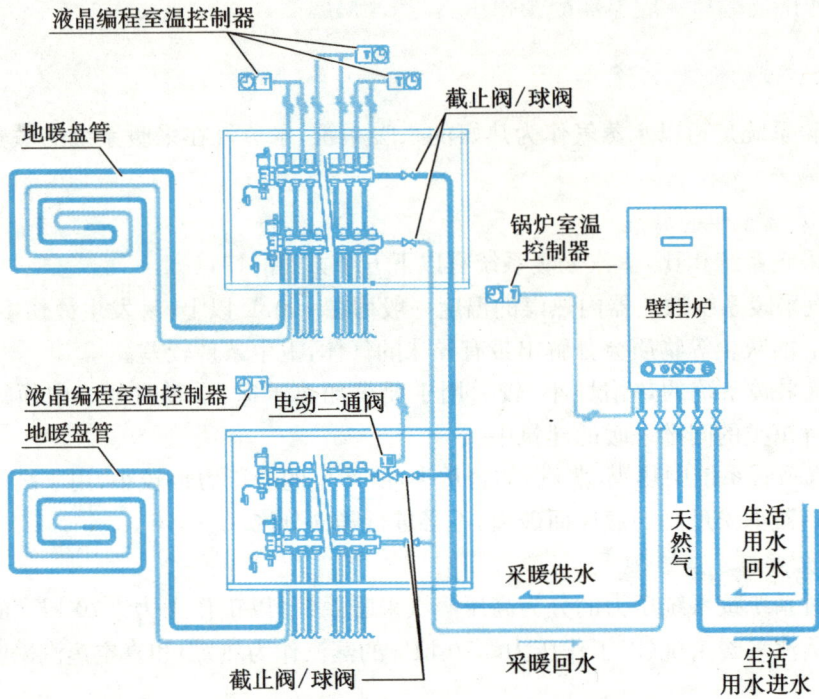

**图4-1-7 低温热水地板辐射采暖系统的结构**

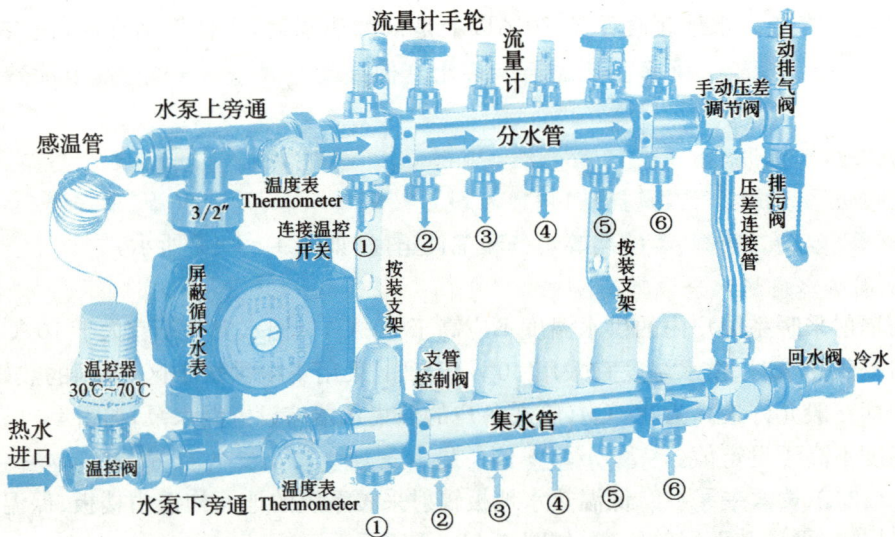

流量计手轮

流量计

自动排气阀

水泵上旁通

手动压差调节阀

感温管

分水管

温度表 Thermometer

压差连接管

3/2″

连接温控开关

屏蔽循环水表

① ② ③ ④ ⑤ ⑥

按装支架

排污阀

温控器 30℃~70℃

安装支架

支管控制阀

热水进口

集水管

回水阀 冷水

温控阀

水泵下旁通

温度表 Thermometer

① ② ③ ④ ⑤ ⑥

**图4-1-8 带混水泵的分集水器(地暖系统采用)**

图4-1-9　面层为地砖的辐射采暖地面构造

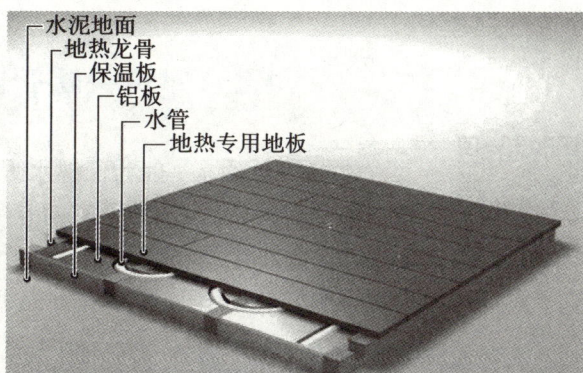

图4-1-10　面层为木地板的辐射采暖地面构造

### 3. 低温热水地板辐射采暖的施工

低温热水地板辐射采暖系统的施工流程为:清理基层—分集水器安装—地面保温层施工—铝箔层铺设—地暖盘管铺设—系统试压。某住宅户内地暖施工图如图4-1-11所示。

地暖的加热管的间距一般为 100～300 mm,连接在同一组分集水器上的加热管的长度宜接近,且不宜超过 120 m,埋于垫层内的加热管不应有接头。加热盘管弯曲部分不得出现硬折弯现象,曲率半径应符合规定:塑料管不应小于管道外径的 8 倍,复合管不应小于管道外径的 5 倍。

为增强辐热射效果应在保温层上面铺设一层铝箔(见图4-1-12),以便把热波反射到用暖房间。盘管隐蔽前必须进行水压试验,试验压力为工作压力的 1.5 倍,但不小于0.6 MPa,稳压 1 h 内压力降不大于 0.05 MPa 且不渗不漏。水地暖管道试压的常用做法是:试验压力为 0.9 MPa 下稳压 1 h,压力降不得超过 0.05 MPa,然后在工作压力的 1.15 倍状态下稳压 2 h,压力降不超过 0.03 MPa,同时不渗不漏为试压合格。

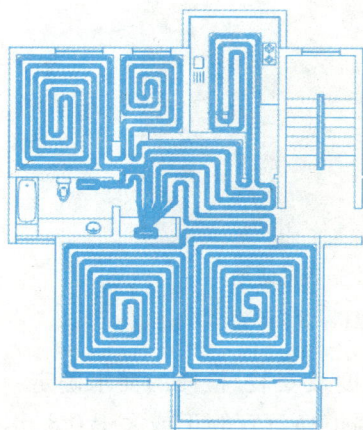

图4-1-11　某住宅户内地暖施工图

图4-1-12　热水地暖交工图

# 4.2　建筑采暖管网和主要设备

建筑采暖系统一般为低温水暖系统,其热力入口不宜设置在室外,对于有地下室的建筑,宜设在地下室的专用空间内,该空间净高不低于 2.0 m,前操作面净距离不小于 0.8 m;对于无地下室的建筑,宜在楼梯间下部小室内,净高不低于 1.4 m,前操作面净距离不小于 1.0 m,小室应设置可锁闭的门。

## 4.2.1　采暖系统的管路布置

采暖管网应沿墙、梁、柱平行敷设,力求布置合理,安装、维护方便,有利于排气,水力条件良好,不影响室内美观,室内采暖管路可明装也可暗装。

### 1. 干管

对于上供式供热系统,供热干管暗装时应布置在建筑顶部的设备层中或吊顶内;有闷顶的建筑,供热干管、膨胀水箱和集气罐应设在闷顶层内,回水或凝水干管一般敷设在地下室顶板之下或底层地面以下的采暖地沟内,地下敷设的管道和管沟坡度不宜小于2‰。地沟内的管道安装位置,其净距(保温层外表面)与沟壁 100～150 mm;与沟底 100～200 mm;与沟顶(不通行地沟) 50～100 mm;(半通行和通行地沟)200～300 mm。

对于下供式采暖系统,供热干管和回水或凝水干管均应敷设在建筑地下室顶板之下或底层地下室之下的采暖地沟内,如图 4-2-1 所示。

(a) 揭开盖板的暖地沟　　　(b) 盖上盖板的暖地沟

**图4-2-1　采暖地沟内的供回水管道(保温)安装**

地沟断面的尺寸应由沟内敷设的管道数量、管径、坡度及安装、检修的要求确定。地沟应设计采用半通行管沟,管沟净高宜等于或大于 1.2 m,通道净宽宜等于或大于 0.8 m,连接水平支管处或有其他管道穿越处,通道净高宜大于 0.5 m,保温表面与沟墙净距、保温表面间最小净距为 0.2 m;管沟应设计通风孔,其间隔距离不宜大于 20 m,沟底应有 3‰的坡向采暖系统引入口的坡度,用以排水;管沟应设活动盖板或检修人孔,盖板覆土深度不应小于 0.2 m。采暖系统中供水干管末端回水干管始端的管道直径不宜小于 DN20,供回水立管及水平串联管的管径不宜大于 $DN25$。在蒸汽采暖系统中,当供汽干管较长,使管沟的高度不能够满足干管所需坡度的要求时,可以每隔 30～40 mm 设抬高管及泄水装置,在供汽干管和回水干管之间设连接管,并设疏水器将供汽干管的沿途凝水排至回水干管。

**2. 立管**

立管宜设置在温度低的外墙转角处,立管与水平干管连接要注意有防止热胀冷缩应力的设置,穿越楼板时应设套管加以保护,以保证管道自由伸缩且不损坏建筑结构,套管内应用柔性材料堵塞。

**3. 支管**

散热器支管进水口和出水口应尽量采用上进下出、同侧连接的方式。

## 4.2.2 采暖主要设备及附件

**1. 膨胀水箱**

热水采暖系统运行时,水被加热,体积膨胀,如果不采取措施收储这部分增大的体积,将会使系统超压;系统停运后,水逐渐冷却,体积收缩,若不补水,则系统内将形成负压,吸入空气,影响系统的正常运行。热水采暖系统一般都设有膨胀水箱(见图 4 - 2 - 2)来收容和补偿系统中水的胀缩量。

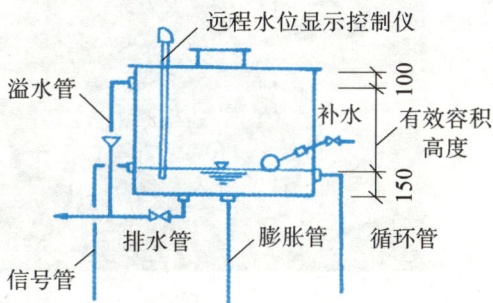

(a) 膨胀水箱示意        (b) 膨胀水箱实物

图 4 - 2 - 2　膨胀水箱

膨胀水箱一般设在系统的最高点,**膨胀水箱上的膨胀管、溢流管、循环管上严禁装设阀门。**信号管用于监督水箱内的水位,可将其接到值班间的污水盆中或工作人员易观察的地方。膨胀管设在循环水泵的吸水口处作为系统控制水泵入口的恒压点,循环管与膨胀管的接入点的间距宜为 **1.5～3 m,**以防止水箱结冻。

**2. 集气罐**

**热水采暖系统中的最高点及有可能积聚空气的部位,应设置自动排气阀或集气罐。**集气罐一般由直径为 100～250 mm 的短管制成,长度为 300～430 mm,有立式和卧式之分,如图 4 - 2 - 3 所示。**集气罐的顶部设有 $DN15$ 的放气阀门,**系统运行时,定期打开排气阀门将罐内的空气排出。

**3. 自动排气阀**

自动排气阀是一种依靠自身内部机构将系统内空气自动排出的装置,如图 4 - 2 - 4 所示。当罐内无空气时,系统中的水流入罐体将浮漂浮起,通过耐热橡皮垫将排气孔关闭;当

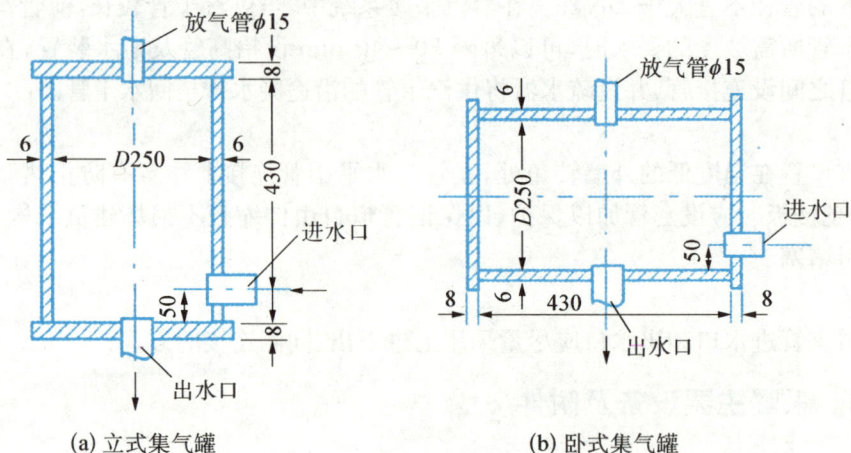

(a) 立式集气罐　　　　　(b) 卧式集气罐

图 4-2-3　集气罐

(a) 自动排气阀示意　　　　　(b) 自动排气阀实物

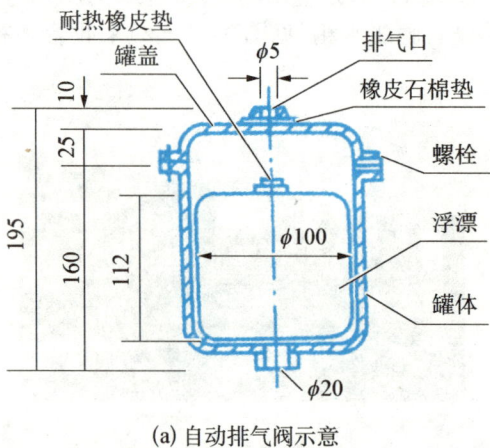

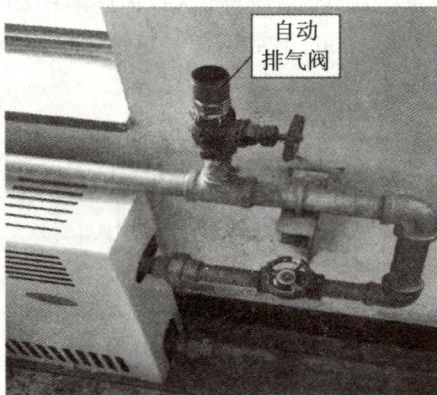

图 4-2-4　自动排气阀

系统中有空气流入罐体时,空气浮于水面上将水面标高降低,浮力减小后浮漂下落,排气孔开启排气,**自动排气阀的口径,一般可采用 DN15,系统较大时宜采用 DN20**。

### 4. 手动跑风门

如图 4-2-5 所示,手动跑风门多为铜制,位于水暖散热器上部,散热器内有空气时,宁松它,排除散热器内的空气,低压蒸汽系统时,装在散热器下部 1/3 的位置上。

### 5. 散热器温控阀

散热器温控阀是一种自动控制散热器散热量的设备,如图 4-2-6 所示。它由两部分组成:一部分为阀体部分,另一部分为感温元件控制部分。当室内温度高于给定的温度时,感温元件受热,其顶杆就压缩阀杆,将阀口关小;进入散热器的水流量减小,散热器散热量减小,室温下降。当室内温度下降到低于设定值时,感温元件开始收缩,其阀杆靠弹簧的作用将阀杆抬起,阀孔开大,水流量增大,散热器散热量增加,室内温度开始升高,从而保证室温处在设定的温度值上,温控阀的控温范围为 13～28 ℃,控温误差为 ±1 ℃。

图 4-2-5　水暖散热器上的放气阀　　　　图 4-2-6　散热器温控阀

### 6. 除污器

如图 4-2-7 所示，除污器一般设置在采暖系统用户引入口供水总管、循环水泵的吸入管段、热交换设备进水管段、调压板前等位置，一般采用 Y 型过滤器。热水采暖系统中的最低点及有可能积水的部位，应设置排污泄水装置，泄水管的直径应保持 $DN \geqslant 20$ mm。

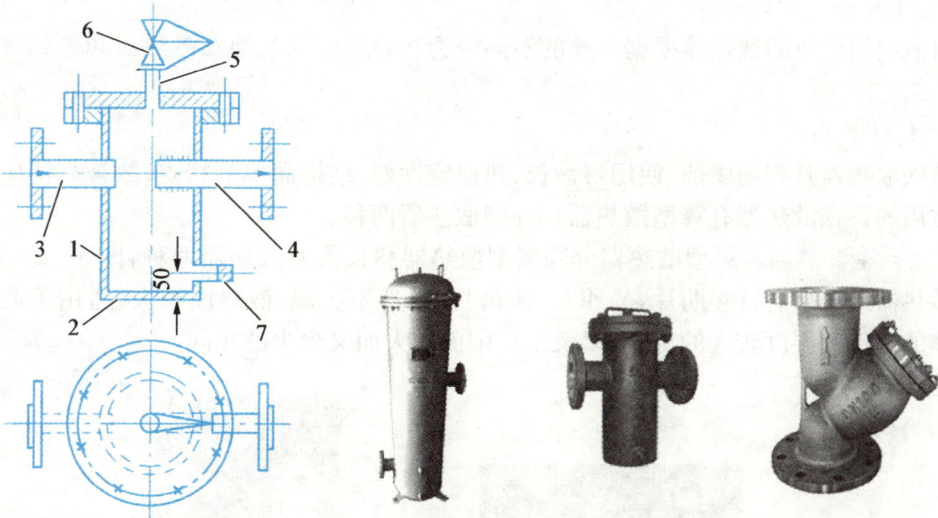

图 4-2-7　除污器(过滤器)示意图及实物图

1—底板；2—筒体；3—进水管；4—截止阀；5—排气管；6—出水花管；7—排污丝堵

### 7. 安全阀

安全阀有微启式、全启式和速启式三种类型，采暖系统中多用微启式安全阀。

### 8. 户用热量表

如图 4-2-8 所示，户用热量表是进行热量测量与计算，用于计费结算的计量仪器。一套完整的户用热量表由热水流量计、供水和回水温度传感器及组成。

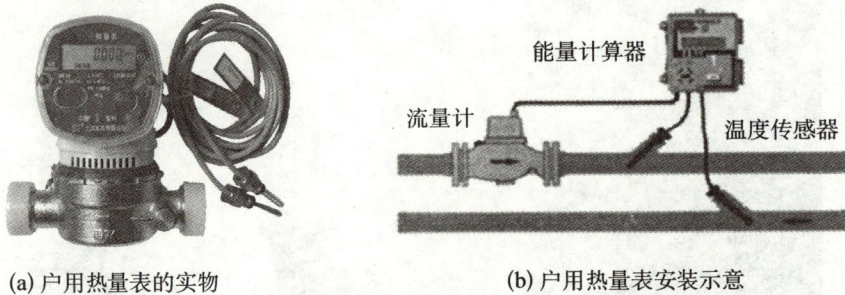

(a) 户用热量表的实物                    (b) 户用热量表安装示意

图4-2-8　户用热量表

### 4.2.3　散热设备

散热器产品符合现行国家标准或行业标准的各项规定。对散热器的要求是：传热能力强，单位体积内散热面积大，耗用金属量小、成本低，承压能力满足采暖系统工作压力，不漏水、不漏气，不积灰，易于清扫，体积小、外形美观，耐腐蚀、使用寿命长。

#### 1. 散热器的种类

目前应用广泛的散热器根据**材质**的不同分为：**铸铁散热器、钢制散热器和铜铝复合散热器三大类**。

##### 1）铸铁散热器

铸铁散热器具有耐腐蚀、使用寿命长、热稳定性好、结构简单的特点，故被广泛应用。工程中常用的铸铁散热器有翼型散热器和柱型散热器两种。

（1）翼型散热器。翼型散热器分圆翼型散热器和长翼型散热器两种，图4-2-9所示。翼型散热器外表面有许多肋片，易积灰，难清扫，外形不美观，散热面积大，适用于散发腐蚀性气体的厂房和湿度较大的房间，以及工厂中面积大而又少尘的车间。

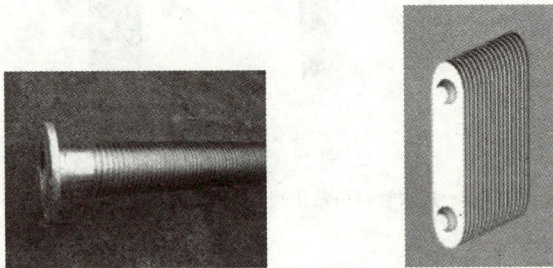

(a) 圆翼型散热器                    (b) 长翼型散热器

图4-2-9　翼型散热器

（2）柱型散热器。柱型散热器主要有二柱、四柱等类型，如图4-2-10所示。柱形散热器是呈柱状的单片散热器，每片各有几个中空的立柱相互连通，根据散热面积的需要，可把各个单片组合在一起形成一组散热器。

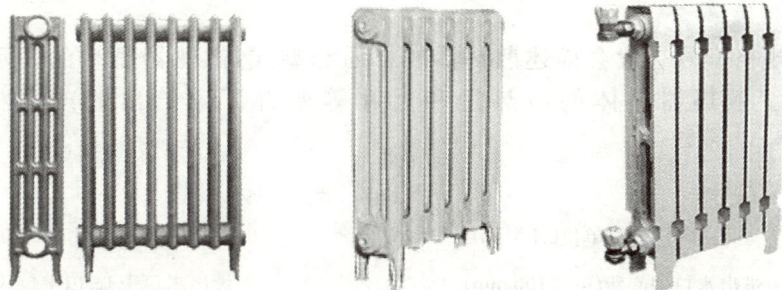

(a) 铸铁暖气片四柱760实物图　　(b) M132铸铁暖气实物图　　(c) 700柱翼型暖气片实物图

图 4 - 2 - 10　柱型散热器

2) 钢制散热器

钢制散热器主要有闭式钢串片散热器、板型散热器(图 4 - 2 - 11)、高频翅片管型散热器(图 4 - 2 - 12)等。与铸铁散热器相比,金属耗量少,大多数由薄钢板压制焊接而成,耐压强度高一般达到0.8～1.0 MPa(铸铁只有0.4～0.5 MPa),外形美观整洁,占地少,便于布置,严重的缺点是容易腐蚀,使用寿命比铸铁短,在蒸汽采暖系统中及较潮湿的地区不宜使用钢制散热器。

(a) 钢制板型散热器的正面　　　　(b) 钢制板型散热器的背面

图 4 - 2 - 11　钢制板型散热器

3) 铜铝复合散热器

如图 4 - 2 - 13 所示,铜铝复合散热器也称铜铝复合暖气片,是一种把铜管与铝翼型材用精密涨压工艺做成的散热器。主管道部分为紫铜管,散热部分为合金铝,耐腐蚀、美观、承压能力较强,散热效果好,应用广泛。

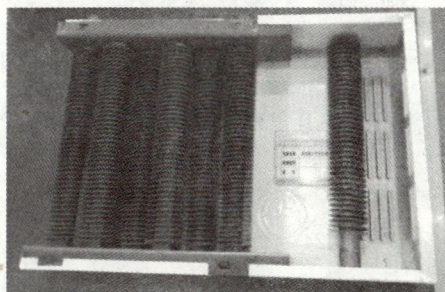

图 4 - 2 - 12　钢制翅片管散热器　　　图 4 - 2 - 13　铜铝复合散热器

### 2. 散热器的规格型号

散热器的规格型号一般会描述散热器的材质和型式,散热器型号的表示方法如图 4-2-14 所示。散热器具体的散热量和尺寸等要看厂家给出的产品样本(见表 4-2-1)。

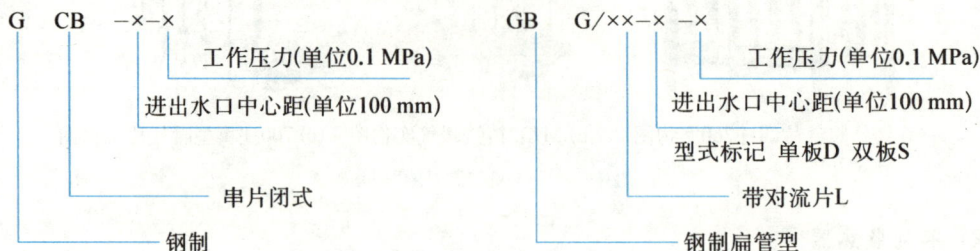

```
G  CB  -×-×                         GB  G/××-×-×
        │ │                                 │ │ │
        │ └─ 工作压力(单位0.1 MPa)            │ │ └─ 工作压力(单位0.1 MPa)
        └─── 进出水口中心距(单位100 mm)        │ └─── 进出水口中心距(单位100 mm)
                                            └───── 型式标记 单板D 双板S
    └──────── 串片闭式                          └────── 带对流片L
└──────────── 钢制                      └────────────── 钢制扁管型
```

**图 4-2-14  散热器型号的表示方法**

例如,PGZ2-600-1.0 的钢制散热器是指某品牌(派捷)钢制柱式散热器、两柱扁管、中心距为 600 mm,最大工作压力为 1.0 MPa。

**表 4-2-1  山西某厂家的铸铁散热器型号参数**

| 铸铁暖气片四柱 760 | | | | | | |
|---|---|---|---|---|---|---|
| 型号 | 主要尺寸/mm | 重量 /(kg·片$^{-1}$) | 散热面积 /(m²·片$^{-1}$) | 散热量 /(W·片$^{-1}$) (水 $\Delta T$= 64.5 ℃) | 工作压力 (水)/MPa 常压/高压 | 试验压力 (水)/MPa 常压/高压 |
| | 高×宽×长/同侧进出口中心距 | | | | | |
| TZ4-600-0.8 (四柱 760 型)标 | 中片: 682×143×60/600 | 5.8 | 0.235 | 130 | 0.5/ 0.8 | 0.75/1.2 |
| | 足片: 760×143×60/600 | 6.1 | | | | |
| TZ4-600-0.8 (四柱 760 型)A | 中片: 680×142×59/600 | 5.3 | 0.232 | 129 | 0.5/0.8 | 0.75/1.2 |
| | 足片: 760×142×59/600 | 5.6 | | | | |
| | 足片: 760×142×54/600 | 4.4 | | | | |
| M132 铸铁暖气片 | | | | | | |
| 型号 | 主要尺寸/mm | 重量 /(kg·片$^{-1}$) | 散热面积 /(m²·片$^{-1}$) | 散热量 /(W·片$^{-1}$) (水 $\Delta T$= 64.5 ℃) | 工作压力 (水)/MPa 常压/高压 | 试验压力 (水)/MPa 常压/高压 |
| | 高×宽×长/同侧进出口中心距 | | | | | |
| TZ2-500-0.8 (M132)标 | 中片: 582×132×80/500 | 6.0 | 0.24 | 130 | 0.5/0.8 | 0.75/1.2 |
| | 足片: 660×132×80/500 | 6.3 | | | | |

# 4.3　建筑采暖施工技术

建筑采暖系统的室外管道一般有直埋和在暖地沟内敷设两种形式,室内管道明敷时非采暖房间的管道需要做防腐保温,管路敷设的坡度和管道支架间距应符合规范要求,管道支架应有防腐蚀措施,管路和散热器安装后应按照规范要求做水压试验。

## 4.3.1　与土建结构的施工配合

在土建施工中需要配合热水采暖系统施工安装:采暖管道穿过基础、墙壁和楼板等处,需要土建配合预留孔洞,柱型散热器、钢串片散热器、板式散热器等安装在钢筋混凝土墙上时,需先在钢筋混凝土墙上预埋铁件,然后将托钩和卡件焊在预埋件上。建筑入口处预留管沟,方便热力入口装置等热水采暖设施的安装。在砌筑墙体时预留箱体位置或砌筑管道井,方便户用热力表箱等热水采暖设施的安装,在浇筑楼板时预留管槽,方便垫层内管道的安装。

### 1. 室外管道的敷设

室外供热管道宜采用直埋敷设,直埋敷设的管道应采用预制直埋保温管,**保温层厚度应符合设计规定,并应保证运行时外护管表面温度小于 50 ℃。**蒸汽管道直埋敷设时,**直埋保温管的最小覆土深度非车行道 0.8 m 左右,车行道 1.0 m 左右,**直埋敷设管道的阀门、补偿器、保温结构、热补偿疏水装置等宜布置在检查室内,直埋管道的阀门应采用钢质阀门。

当地下敷设困难时,可采用地上敷设。当地上敷设管道跨越人行通道时,保温结构下表面距地面不应小于 2.0 m;跨越车行道时,保温结构下表面距地面不宜小于 4.5 m;采用低支架时,管道保温结构下表面距地面不应小于 0.3 m。**室外供热管道 $DN\leqslant40$ mm 时,使用焊接钢管,管径为 $50\sim200$ mm 时,应使用焊接钢管或无缝钢管,$DN\geqslant200$ mm 时,应使用螺旋焊接钢管,室外供热管道连接均应采用焊接连接。**

### 2. 热力入口热计量装置的安装

建筑热力入口热计量装置可设于室外管沟内,也可设于地下室,还可设于底层楼梯间处;土建施工人员须在主体工程施工时注意与安装工程的配合,核对采暖施工图和建筑施工图,确定管沟、预埋套管的位置及尺寸,预埋套管的尺寸要考虑管道保温层的厚度。

### 3. 分户入口热计量装置的安装

分户入口热计量装置可设于管道井中,如图 4 - 3 - 1 所示,管道井内的共用立管、用户干管均应采取保温措施,管道井每层均应设置检修门。土建施工人员须在砌筑管道井时注意与安装工程的配合,一般做法是:管道井处的楼层隔板绑扎钢筋-安装工在立管穿楼板处的预埋钢套管,将其固定在层楼板处的钢筋上-混凝土浇筑,另外入户管穿管道井隔墙时也要预埋套管。

### 4. 分、集水器的安装

分、集水器可明装或嵌墙安装。一般分水器在上,集水器在下,集水器中心距地面不小于 300 mm。当采用嵌墙安装时,**土建施工应预留分、集水器箱和托架的位置;当采用明装**

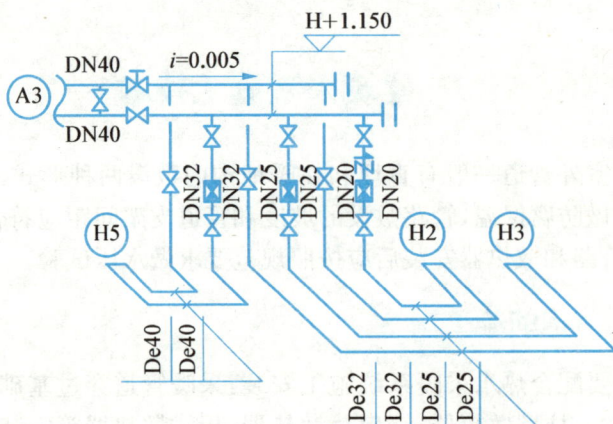

**图 4-3-1　管道井中分集水器与入户采暖管道的连接**

时,也需预留托架的位置,以方便分、集水器箱的安装。普通的分集水器不带混水泵,适用于采用暖气片的采暖系统,与暖气管道的连接如图4-3-2所示。

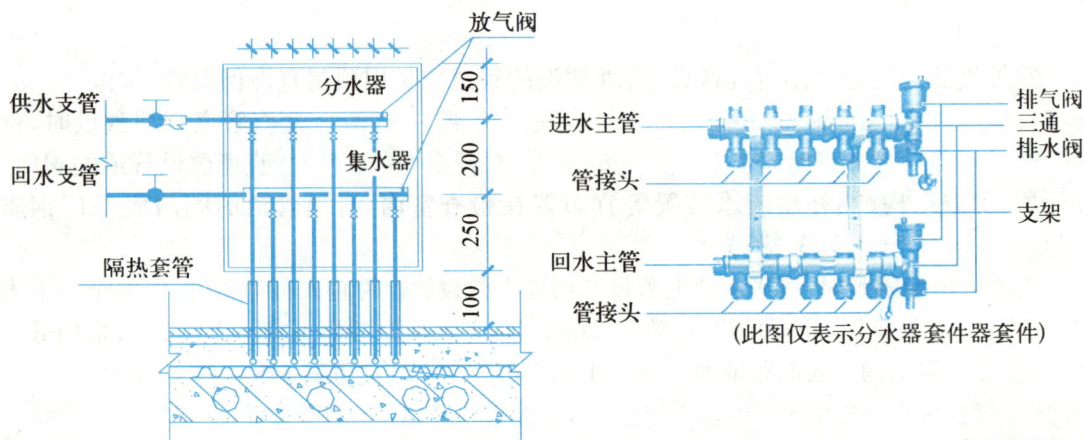

**图 4-3-2　分集水器与采暖管道的连接示意图**

**图 4-3-3　主干管与分支干管连接(羊角弯)**

### 4.3.2　室内采暖管道的安装

室内水暖管道明敷,采用焊接钢管,管径小于或等于 32 mm,采用螺纹连接;管径大于 32 mm,采用焊接。水暖干管变径应顶平偏心连接,汽暖干管变径应底平偏心连接。主立管主干管分支,应做成方形补偿器(羊角弯)以水平干管的补偿热胀冷缩,如图 4-3-2 所示;立管与暖地沟内的干管连接,应采用适当的措施,如图 4-3-4 所示。

采暖系统的水平管道支(吊)架和间距、坡度、坡向应符合规范要求,当设计未注明时应符合下列规定。

(1)气、水同向流动的热水采暖管道和气、水同向流动的蒸汽管道及凝结水管道,坡度应为3‰,不得小于2‰。

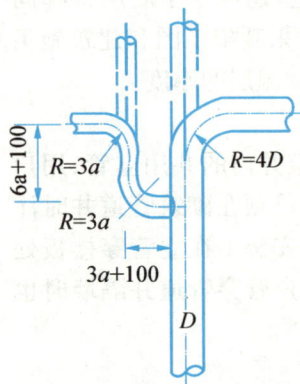

（2）气、水逆向流动的热水采暖管道的和气、水逆向流动的蒸汽管道，坡度不应小于 5‰。

（3）散热器支管的坡度应为 1‰，坡向应利于排气和泄水；当散热器支管长度超过 1.5 m 时，应在支管上安装管卡，如图 4-3-5 所示。

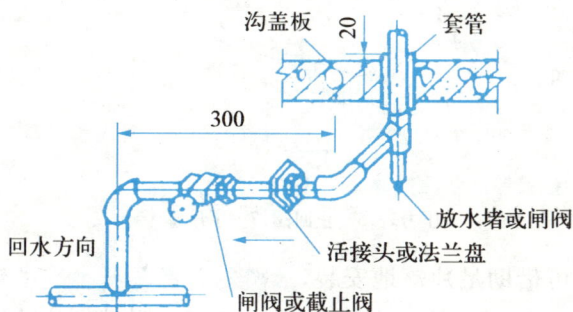

图 4-3-4　地沟内干管与立管连接

图 4-3-5　散热器支管（超过 1.5 m）安装管卡

### 4.3.3　散热器的布置与安装

#### 1. 散热器的布置

散热器的布置应考虑有利于室内冷、暖空气的对流，能迅速加热室外侵入的冷空气，维持人们的停留区温暖舒适，以及尽量少占室内有效面积等因素。散热器一般明装，宜布置在外窗的窗台下。当室内有两个或两个以上朝向的外窗时，散热器应优先布置在热负荷较大的窗台下；托儿所、幼儿园、老年公寓等有防烫伤要求的场合，散热器必须暗装或加防护罩。当

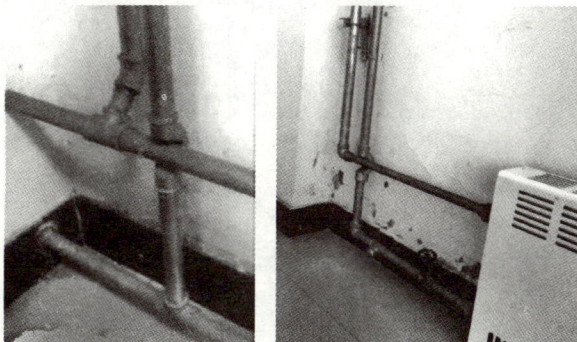

图 4-3-6　供、回水支管的安装（用元宝弯管件处理）

供、回水支管布置相互干扰时，可用元宝弯管件处理，如图 4-3-6 所示。

片式组对散热器的长度，底层每组不应超过 1 500 mm（约 25 片），上层不宜超过 1 200 mm（约 20 片）；当片数过多时，可分组串联连接（串接组数不宜超过两组），串连接管的管径应不小于 25 mm；供、回水支管应采用同侧连接方式。

散热器中心与墙表面距离见表 4-3-1。

表 4-3-1　散热器中心与墙表面距离

| 散热器型号 | 60 型 | M132 型、M150 型 | 四柱型 | 圆翼型 | 扁管、板式（外沿） | 串片型 | |
|---|---|---|---|---|---|---|---|
| 中心与墙表面距离/mm | 115 | 115 | 130 | 115 | 30 | 95 | 60 |

#### 2. 散热器的安装

一组散热器安装的内容包括散热器、阀门、活接头、短管、托钩（架）等。明装散热器靠窗下墙壁安装，暗装或半暗装散热器安装在壁龛内。散热器的安装程序是组对—试压—就

位一配管；对于组装完成后运到现场的散热器，可省略组对和试压的工作。

散热器组对后及整组出厂的散热器在安装之前应做水压试验，如图 4-3-7 所示。如设计无要求，试验压力应为工作压力的 1.5 倍，但不小于 0.6 MPa；试验时间为 2～3 min，压力不降且不渗不漏为合格。

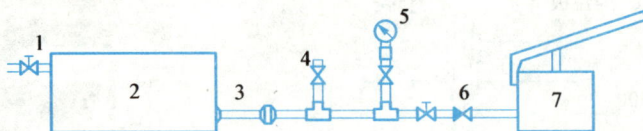

图 4-3-7 散热器的水压试验

1—放气阀；2—散热器；3—活接头；4—给水管；5—压力表；6—止回阀；7—手压泵

散热器可靠墙挂装（见图 4-3-8），也可借助足片落地安装，**散热器背面与装饰后的墙内表面安装距离应符合设计或产品说明书要求，如设计未注明，应为 30 mm。**散热器底边距地为 100～150 mm。散热器支架、托架的安装，位置应准确，埋设应牢固。另外，散热器也可暗装或半暗装散热器压壁龛内。

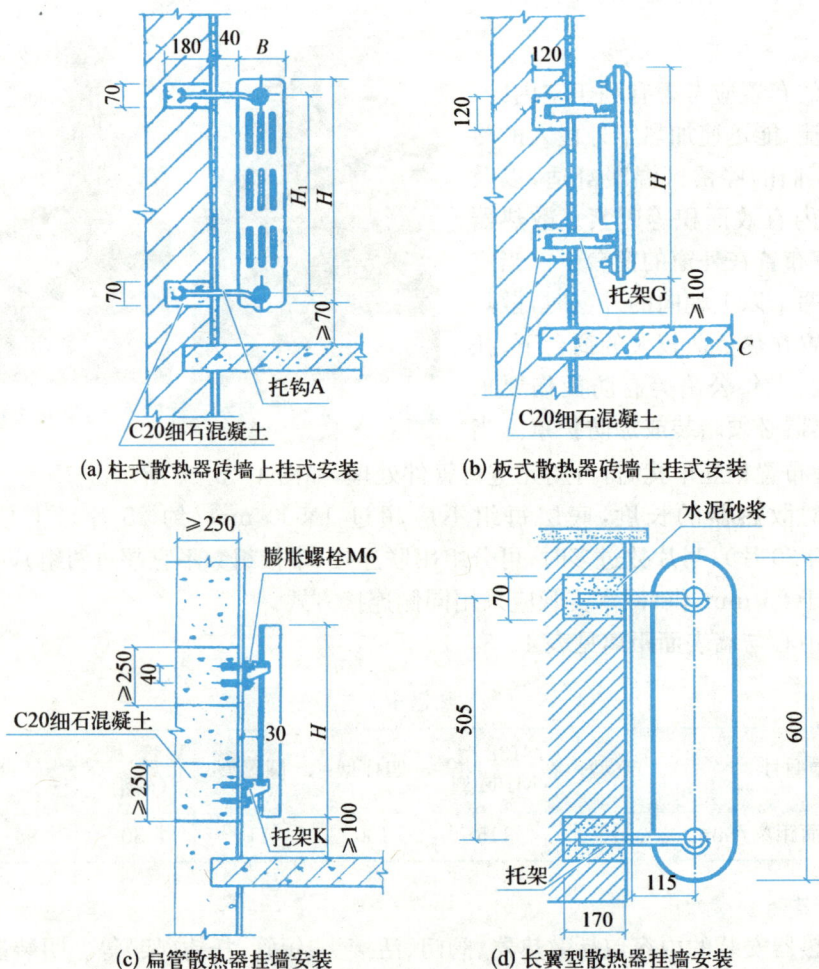

(a) 柱式散热器砖墙上挂式安装

(b) 板式散热器砖墙上挂式安装

(c) 扁管散热器挂墙安装

(d) 长翼型散热器挂墙安装

图 4-3-8 散热器靠墙挂装

### 4.3.4　系统水压试验及调试

（1）采暖系统安装完毕，管道保温之前应进行水压试验。试验压力应符合设计要求，当设计未注明时，应符合下列规定。

①蒸汽、热水采暖系统，应以系统顶点工作压力加 0.1 MPa 做水压试验，同时在系统顶点的试验压力不小于 0.3 MPa。

②高温热水采暖系统的试验压力应为系统顶点工作压力加 0.4 MPa。

③使用塑料管及复合管的热水采暖系统，应以系统顶点工作压力加 0.2 MPa 做水压试验，同时在系统顶点的试验压力不小于 0.4 MPa。

检验方法：使用钢管及复合管的采暖系统应在试验压力下 10 min 内压力降不大于 0.02 MPa，降至工作压力后检查，不渗、不漏；使用塑料管的采暖系统应在试验压力下 1 h 内压力降不大于 0.05 MPa，然后降压至工作压力的 1.15 倍，稳压 2 h，压力降不大于 0.03 MPa，同时各连接处不渗、不漏。

（2）系统试压合格后，应对系统进行冲洗并清扫过滤器及除污器。

（3）系统冲洗完毕应充水、加热，进行试运行和调试。

对于位于室外、非采暖房间及有冻结危险地方的管道，敷设于技术夹层、管沟、管井、阁楼及天棚内的管道，必须确保输送过程中热媒参数不变的管道，热媒温度等于或高于 80 ℃、有烫伤危险的部位，采暖总立管等采暖管道要进行保温处理，还要根据施工要求对管道、散热器及设备进行刷油。

# 单元实训

## 一、施工图识读实训

### 1. 实训目的

熟悉建筑采暖安装工程施工图的表达方法与表达内容，掌握建筑采暖安装工程施工图的识读方法，具有正确识读建筑采暖系统施工图的能力。了解建筑采暖系统的分类及其构成，具有正确判断各子系统类别的能力。

图纸

建筑采暖

### 2. 实训内容

识读普通民用建筑采暖系统施工图，了解图中采暖系统的组成、使用的管材、管道连接方式、设备及附件的类型、管径的表示方法、管道安装标高、管道长度的确定方法。

## 二、施工配合实训

### 1. 实训目的

在建筑采暖系统施工图的识读基础上，通过专业课程基础知识的综合运用，思考热水采暖管线、附属设备及附件的安装施工与建筑工程施工过程中的相互影响因素，协调各工种工程进度，为编制施工组织设计，合理安排施工程序及其他施工准备工作奠定基础。为建筑工程施工进行合理的事前、事中的质量控制而做好必要的准备。

**2. 实训内容**

根据普通民用建筑采暖系统施工图,分析建筑工程施工过程中与采暖设备和附件的安装、采暖管道安装配合环节,确定配合措施。

# 模块5 建筑通风与空调安装工程

## 学习目标

（1）了解送、排风系统，防排烟系统，舒适性中央空调的系统组成和常用设备。

（2）熟悉风管的材质、风管的制作安装方法。

（3）掌握常用的风阀、通风配件和通风部件、新风箱的安装工艺。

（4）熟悉风机的安装、室内外机组的安装工艺。

（5）掌握通风空调施工图的识读方法、通风空调系统的安装工艺等。

（6）熟悉通风系统安装过程中与土建施工相关的管道预留、预埋，管道支（吊）架预留、预埋等配合问题；能够处理相关的通风设备基础施工、预留、预埋的配合问题。

（7）熟悉通风系统安装质量控制问题。

## 5.1 建筑通风与空调工程概述

通风与空调工程是建筑工程的一个分部工程，包括送风系统、排风系统、防排烟系统、除尘系统、舒适性空调风系统、恒温恒湿空调风系统、净化空调风系统、地下人防通风系统等子分部工程，见表5-1-1。通风工程（ventilation works）是送风、排风、防排烟、除尘和气力输送系统工程的总称。空调工程（air conditioning works）是舒适性空调、恒温恒湿空调和洁净室空气净化及空气调节系统工程的总称，其作用主要是在一定区域内，维持设定温度、湿度、清洁度和气流速度，并考虑消声问题，以满足生产、生活的需要。

表5-1-1 通风与空调工程的子分部工程与分项工程划分

| 序号 | 子分部工程 | 分项工程 |
|---|---|---|
| 1 | 送风系统 | 风管与配件制作，部件制作，风管系统安装，风机与空气处理设备安装，风管与设备防腐，旋流风口、岗位送风口、织物（布）风管安装，系统调试 |
| 2 | 排风系统 | 风管与配件制作，部件制作，风管系统安装，风机与空气处理设备安装，风管与设备防腐，吸风罩及其他空气处理设备安装，厨房、卫生间排风系统安装，系统调试 |
| 3 | 防排烟系统 | 风管与配件制作，部件制作，风管系统安装，风机与空气处理设备安装，风管与设备防腐，排烟风阀（口）、常闭正压风口、防火风管安装，系统调试 |
| 4 | 除尘系统 | 风管与配件制作，部件制作，风管系统安装，风机与空气处理设备安装，风管与设备防腐，除尘器与排污设备安装，吸尘罩安装，高温风管绝热，系统调试 |

| 序号 | 子分部工程 | 分项工程 |
|------|-----------|----------|
| 5 | 舒适性空调风系统 | 风管与配件制作,部件制作,风管系统安装,风机与组合式空调机组安装,消声器、静电除尘器、换热器、紫外线灭菌器等设备安装,风机盘管、变风量与定风量送风装置、射流喷口等末端设备安装,风管与设备绝热,系统调试 |
| 6 | 恒温恒湿空调风系统 | 风管与配件制作,部件制作,风管系统安装,风机与组合式空调机组安装,电加热器、加湿器等设备安装,精密空调机组安装,风管与设备绝热,系统调试 |
| 7 | 净化空调风系统 | 风管与配件制作,部件制作,风管系统安装,风机与净化空调机组安装,消声器、换热器等设备安装,中、高效过滤器及风机过滤器单元器机组等末端设备安装,风管与设备绝热,洁净度测试,系统调试 |
| 8 | 地下人防通风系统 | 风管与配件制作,部件制作,风管系统安装,风机与空气处理设备安装,过滤吸收器、防爆波活门、防爆超压排气活门等专用设备安装,风管与设备防腐,系统调试 |

## 5.2　建筑通风和防排烟系统

### 5.2.1　建筑通风

通风方式按通风动力可分为自然通风和机械通风,自然通风依靠室内外空气的温度差所造成的热压或室外风力造成的风压使空气流动;机械通风配置通风机使空气通过风道输送。

通风、防排烟系统

### 5.2.2　建筑防排烟系统

建筑防排烟分为防烟和排烟两个系统。防烟是向防烟楼梯间及其前室、消防电梯间前室和避难走道的前室、避难层(间)等部位送风,使其保持一定的正压,以防止烟气侵入,确保疏散安全。排烟的目的是将火灾时产生的烟气及时排除,防止烟气向防烟分区以外扩散,民用建筑的下列场所或部位应设置排烟设施:

（1）设置在一、二、三层且房间建筑面积大于 100 m² 的歌舞娱乐放映游艺场所,设置在四层及以上楼层、地下或半地下的歌舞娱乐放映游艺场所;

（2）中庭;

（3）公共建筑内建筑面积大于 100 m² 且经常有人停留的地上房间;

（4）公共建筑内建筑面积大于 300 m² 且可燃物较多的地上房间;

（5）建筑内长度大于 20 m 的疏散走道;

（6）地下或半地下建筑(室)、地上建筑内的无窗房间,当总建筑面积大于 200 m² 或一个房间建筑面积大于 50 m²,且经常有人停留或可燃物较多时,应设置排烟设施。

#### 1. 建筑的防烟、排烟

建筑防烟系统的设计应根据建筑高度、使用性质等因素,采用自然通风系统或机械加压送风系统。

（1）自然防烟、排烟

建筑高度小于或等于 50 m 的公共建筑、工业建筑和建筑高度小于或等于 100 m 的住宅建筑，其防烟楼梯间、独立前室、共用前室、合用前室（剪刀楼梯间共用前室与消防电梯前室合用时，必须设机械加压送风）及消防电梯前室应设置面积、位置、间距、朝向、高度符合建筑设计防火规范（2018）要求的可开启外窗（如图 5-2-1 左所示），用于自然通风排烟、防烟。

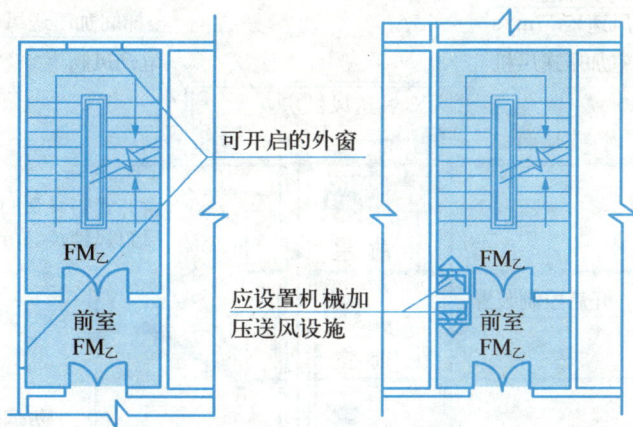

图 5-2-1　防烟楼梯间前室防烟措施

（2）机械防烟、排烟

**建筑高度大于 50 m 的公共建筑、工业建筑和建筑高度大于 100 m 的住宅建筑，其防烟楼梯间、独立前室、共用前室、合用前室及消防电梯前室应采用机械加压送风系统**，并应符合下列规定：

① 建筑高度小于或等于 50 m 的公共建筑、工业建筑和建筑高度小于或等于 100 m 的住宅建筑，当采用独立前室且其仅有一个门与走道或房间相通时，**可仅在楼梯间设置机械加压送风系统；当独立前室有多个门时，楼梯间、独立前室应分别独立设置机械加压送风系统；**

② 当采用合用前室时，**楼梯间、合用前室应分别独立**设置机械加压送风系统；

③ 当采用剪刀楼梯时，其两个楼梯间及其前室的机械加压送风系统应**分别独立设置；**

④ 设置机械加压送风系统的场所，**楼梯间应设置常开风口，前室应设置常闭风口。**

**（3）机械防烟系统组成**

机械防烟系统由加压送风机、烟感器、压差控制器等、防火阀（70 ℃、常开）、防烟送风口、排烟风道（竖井）和排烟口等组成，如图 5-2-2（a）所示。**利用加压送风机的风压使空气的流动方向为：防烟楼梯间（40～50Pa，设常开的加压送风口）-前室（25～30 Pa，设常闭的加压送风口）-疏散走道，再由走道流向室外或先流入房间再流向室外，使气流流向与人流疏散方向相反。**

**（4）机械排烟系统组成**

如图 5-2-2（b）所示：机械排烟系统由**排烟风机、排烟口、排烟防火阀（280 ℃常闭）和**

竖井内的排烟风道等组成，排烟系统的横向宜按防火分区设置，竖向穿越防火分区时，垂直排烟管道宜设置在管井内，穿越防火分区的排烟管道应在穿越处设置排烟防火阀。机械排烟系统与通风、空气调节系统宜分开独立设置，若合用，则必须采取可靠的防火安全措施，并应符合排烟系统的要求。

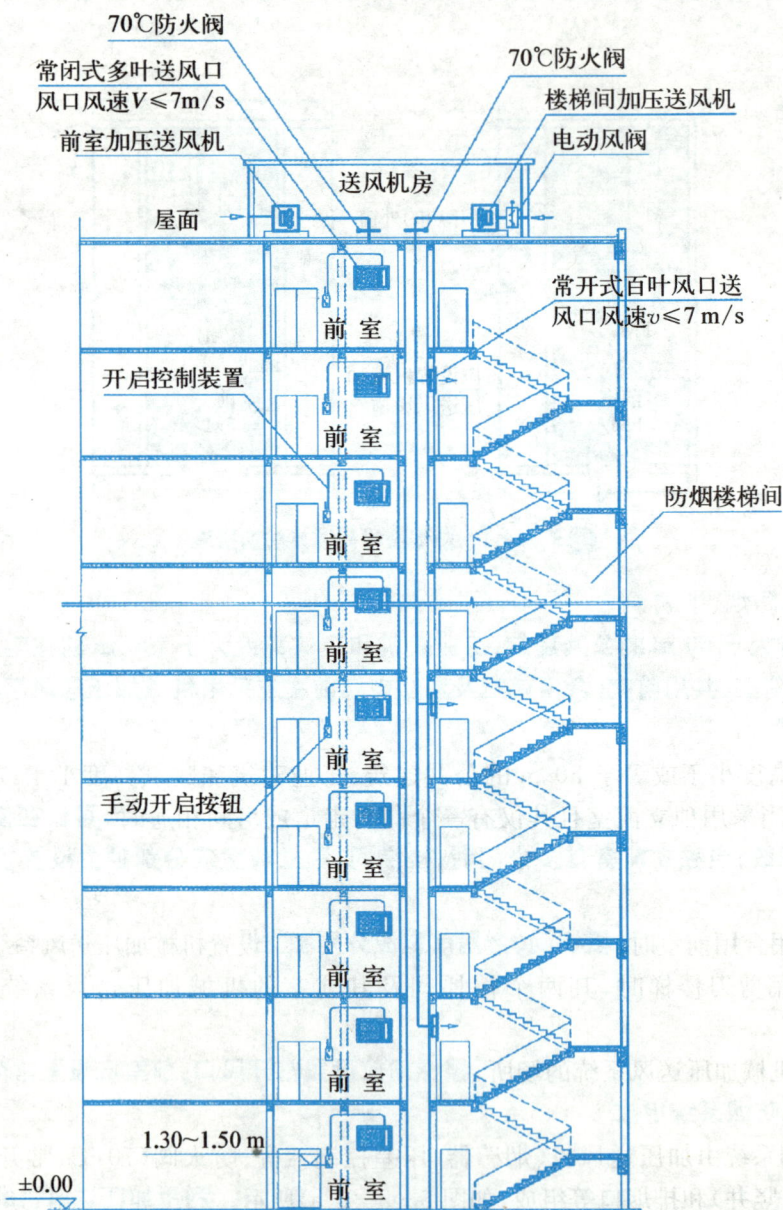

独立前室、共用前室、合用前室 加压送风口的设置

(a) 防烟系统

图 5-2-2 防烟、排烟系统

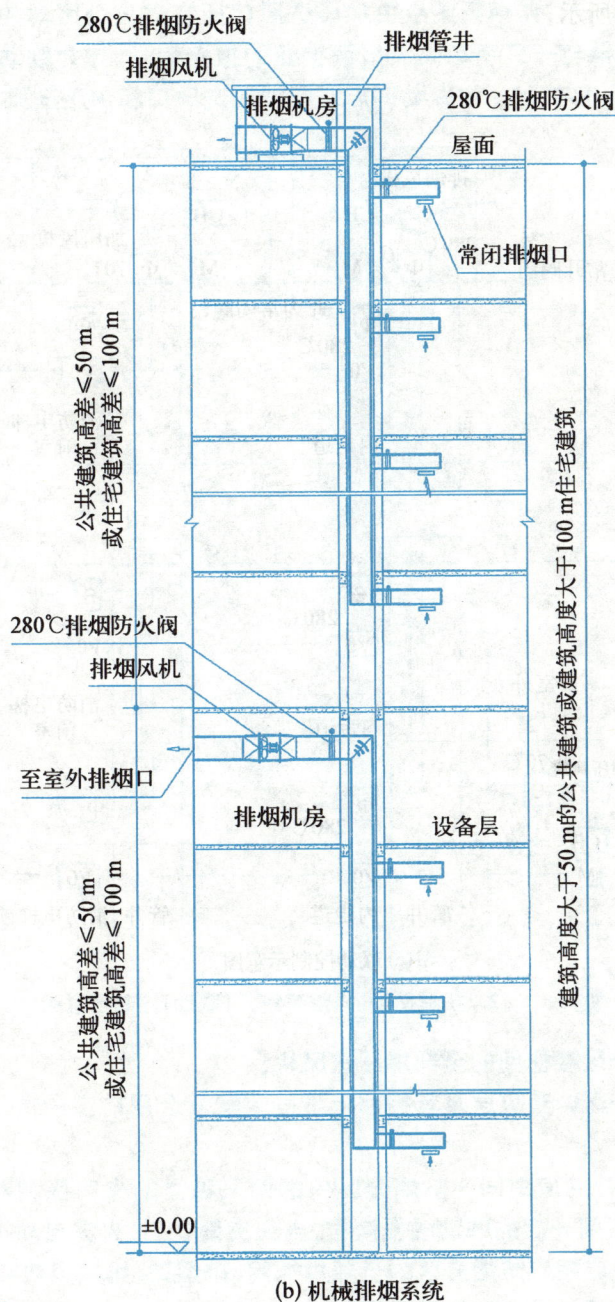

**图 5-2-2　机械排烟系统**

（5）机械防排烟系统联动控制

**防烟风机、排烟风机、补风机应具有下列控制方式：**

① 现场手动启动；

② 火灾自动报警系统自动启动；

③ 消防控制室手动启动；

④ 系统中任一排烟阀或排烟口开启时，连锁启动。

如图 5 - 2 - 2(c)所示，防烟系统应由加压送风口所在防火分区内的两只独立的火灾探测器或一只火灾探测器与一只手动火灾报警按钮的报警信号，作为联动触发信号。当防火分区内火灾确认后，应能在 15 s 内联动开启常闭加压送风口和加压送风机：

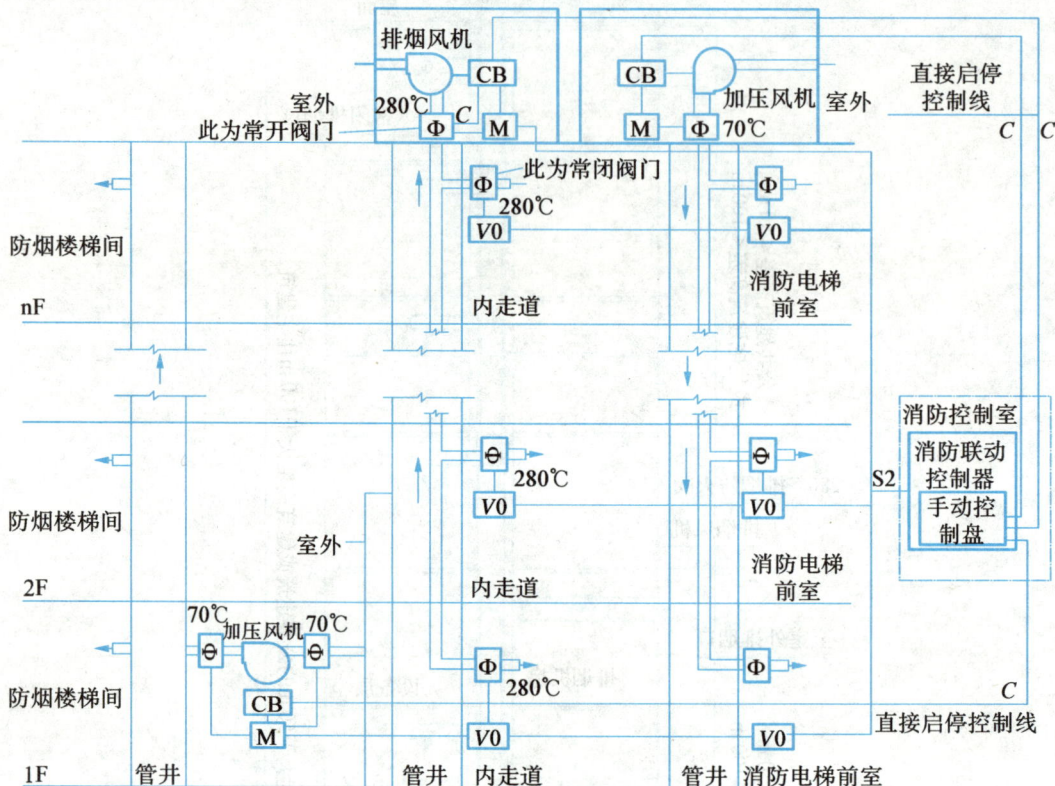

(c) 联动控制示意图

图 5 - 2 - 2　机械防烟、排烟系统及(联动)控制示意图

① 开启该防火分区楼梯间的全部加压送风机；

② 开启该防火分区内着火层及其相邻上下层前室及合用前室的常闭送风口，同时开启加压送风机。

排烟系统的联动控制应由同一防烟分区内的两只独立的火灾探测器的报警信号，作为排烟口、排烟窗或排烟阀开启的联动触发信号，当火灾确认后，火灾自动报警系统：

① 15 s 内联动开启相应防烟分区的全部排烟阀、排烟口、排烟风机和补风设施；

② 30 s 内自动关闭与排烟无关的通风、空调系统。

③ 15 s 内联动相应防烟分区的全部活动挡烟垂壁，60 s 内挡烟垂壁应开启到位。

④ 应由排烟口、排烟窗或排烟阀开启的动作信号，连锁启动排烟风机和补风机；

⑤ 排烟风机入口处的总管上的 280℃ 排烟防火阀关闭，连锁关闭排烟风机和补风机。

防烟系统、排烟系统的手动控制方式，应能在消防控制室内的消防联动控制器上手动控制送风口、电动挡烟垂壁、排烟口、排烟窗、排烟阀的开启或关闭及防烟风机、排烟风机等设备的启动或停止，防烟、排烟风机的启动、停止按钮应采用专用线路直接连接至设置在消防控制室内的消防联动控制器的手动控制盘，并应直接手动控制防烟、排烟风机的启动、停止。

送风口、排烟口、排烟窗或排烟阀开启和关闭的动作信号，防烟、排烟风机启动和停止及电动防火阀关闭的动作信号，均应反馈至消防联动控制器。

（6）排烟口的设置要求

排烟口应设在储烟仓内，**每个防烟分区分别设置**，并尽量设在防烟分区的中心，排烟口至该防烟分区最远点的水平不应超过 30 m；**走道内的排烟口设置在其净空高度 1/2 以上，设在侧墙上时，其最近边缘距离吊顶≤0.5 m，排烟口平时常闭**，并应设置有手动和自动开启装置，排烟口或排烟阀应与排烟风机锁，当任一排烟口或排烟阀开启时，排烟风机应自行启动。

（7）排烟风道的设置要求

机械排烟系统应采用管道排烟，**且不应采用土建风道**。排烟管道应采用不燃材料制作且内壁应光滑。**当排烟管道内壁为金属时，管道设计风速不应大于 20 m/s；当排烟管道内壁为非金属时，管道设计风速不应大于 15 m/s。排烟管道及其连接部件应能在 280 ℃时连续 30 min 保证其结构完整性。**竖向设置的排烟管道应设置在独立的管道井内，排烟管道的耐火极限不应低于 **0.50 h**，水平设置的排烟管道应设置在吊顶内，其耐火极限不应低于 **0.50 h**；当确有困难时，可直接设置在室内，但管道的耐火极限不应小于 **1.00 h**。设置在走道部位吊顶内的排烟管道，以及穿越防火分区的排烟管道，其管道的耐火极限不应小于 **1.00 h**，但设备用房和汽车库的排烟管道耐火极限可不低于 **0.50 h**。**当吊顶内有可燃物时，吊顶内的排烟管道应采用不燃材料进行隔热，并应与可燃物保持不小于 150 mm 的距离。**

（8）防排烟风机

排烟风机可采用中、低压、离心式风机或轴流风机，风量符合要求（例如人防工程，仅担负 2 个防烟分区的排烟风机最小排烟量≥7 200 m³/h）。**排烟风道与排烟风机采用不燃材料的软性连接，排烟风机及与其连接的软接头应能在 280 ℃的环境条件下连续工作不少于 30 min。排烟阀风机设置在专用机房内，宜设在排烟系统的最高处，两侧应有 600 mm 以上的空间，在排烟风机入口处的总管上应设置当烟气温度超过 280 ℃时能自行关闭的排烟防火阀，该阀关闭时，联关闭排烟风机停止运转。**

（9）补风系统

**除地上建筑的走道或建筑面积小于 500 m² 的房间外，设置排烟系统的场所应设置补风系统，补风系统应直接从室外引入空气，且补风量不应小于排烟量的 50%。**补风系统可采用疏散外门、手动或自动可开启外窗等自然进风方式以及机械送风方式。

补风口与排烟口设置在同一空间内相邻的防烟分区时，补风口位置不限；当补风口与排烟口设置在同一防烟分区时，补风口应设在储烟仓下沿以下，补风口与排烟口水平距离不应少于 5 m，防火门、窗不得用作补风设施。**机械补风口的风速不宜大于 10 m/s，人员密集场所补风口的风速不宜大于 5 m/s，自然补风口的风速不宜大于 3 m/s。**

风机应设置在专用机房内，补风系统应与排烟系统联动开启或关闭。补风管道耐火极限不应低于 0.50 h，当补风管道跨越防火分区时，管道的耐火极限不应小于 1.50 h。

## 5.2.3　通风系统的主要设备

### 1. 风机

排烟风机常用中低压离心式风机和轴流风机两种类型，如图 5-2-3 所示。

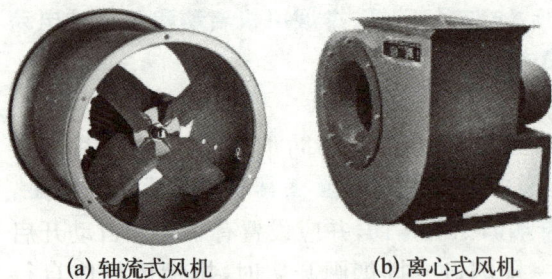

(a) 轴流式风机　　(b) 离心式风机

图 5-2-3　常用的风机

**风机的主要性能参数有以下几个：**

**(1) 风量 $L$。** 风量为风机在标准状态（大气压力 $P_a = 101\ 325$ Pa 和温度 $t = 20\ ℃$）下工作时，单位时间内输送的空气量，单位为 $m^3/h$。

**(2) 全压 $H$。** 全压为风机在标准状态下工作时，通过风机的每 $1\ m^3$ 空气所获得的能量（包括压能和动能），单位为 kPa。

**(3) 轴功率 $N$ 和有效功率 $N_x$。** 电动机加在风机轴上的功率称为风机的轴功率 $N$，而空气通过风机后实际得到的功率称为有效功率 $N_x$。

离心式风机风压高，轴流式风机气流的方向与机轴平行，流量大、动叶、导叶可调。风机的机号是用叶轮外径的分米数来表示的，例如，No6 风机的叶轮外径为 600 mm。

机械加压送风风机宜采用轴流风机或中、低压离心风机，其设置应符合下列规定：送风机的进风口应直通室外，且应采取防止烟气被吸入的措施。送风机的进风口宜设在机械加压送风系统的下部。送风机的进风口不应与排烟风机的出风口设在同一面上。当确有困难时，送风机的进风口与排烟风机的出风口应分开布置，且竖向布置时，送风机的进风口应设置在排烟出口的下方，**其两者边缘最小垂直距离不应小于 6.0 m；水平布置时，两者边缘最小水平距离不应小于 20.0 m。** 送风机宜设置在系统的下部，且应采取保证各层送风量均匀性的措施，送风机应设置在专用机房内，当送风机出风管或进风管上安装单向风阀或电动风阀时，应采取火灾时自动开启阀门的措施。

排烟风机应满足 280 ℃时连续工作 30 min 的要求，排烟风机应与风机入口处的排烟防火阀连锁，当该阀关闭时，排烟风机应能停止运转。排烟风机宜设置在排烟系统的最高处，烟气出口宜朝上，并应高于加压送风机和补风机的进风口，两者垂直距离或水平距离应符合规定。排烟风机应设置在专用机房内，风机两侧应有 600 mm 以上的空间。对于排烟系统与通风空气调节系统共用的系统，其排烟风机与排风风机的合用机房应符合下列规定：机房内应设置自动喷水灭火系统，机房内不得设置用于机械加压送风的风机与管道，排烟风机与排烟管道的连接部件应能在 280 ℃时连续 30 min 保证其结构完整性。

**2. 风管和通风配（管）件**

**(1) 风管**

风管按材质可分为金属风管、非金属风管及复合风管。金属风管一般采用镀锌钢板、普通钢板、铝板、不锈钢板等材质；非金属风管一般采用玻璃钢、聚氯乙烯、玻镁复合风管等非金属材料；复合风管采用不燃材料覆面与绝热材料内板（主要包括酚醛复合板材、聚氨酯复合板材、玻璃纤维复合板材、无机玻璃钢板材、硬聚氯乙烯板材）复合而成。风管按截面形状可分为圆形风管、矩形风管、扁圆风管等多种，其中，圆形风管的阻力最小，但高度尺寸最大，制作复杂，目前，主要以矩形风管应用为主。

① 镀锌钢板风管。如图 5-2-4 所示，镀锌钢板风管是以镀锌钢板为主要材料，经过咬口、机械加工而成，镀锌钢板风管广泛用于各种空调通风和排烟系统，**但在高湿度环境不适用。**

② 不锈钢板风管。如图 5-2-5 所示，不锈钢板风管是用不锈钢板制成的，主要应用于

多种气密性要求较高的工艺排气系统、废气排气系统及普通排气系统室外部分、湿热排气系统和排烟除尘系统等。

图5-2-4　镀锌钢板风管安装

图5-2-5　不锈钢板风管(共板法兰风管)安装

③ 酚醛复合风管。酚醛复合风管的中间层为酚醛泡沫,内、外层为压花铝箔。酚醛复合风管适用于低、中压空调系统及潮湿环境,不适用于高压及洁净空调、酸碱性环境和防排烟系统。

④ 复合玻纤板风管。复合玻纤板风管是以超细纤板为基础,经特殊加工复合而成的。其集保温、消声、防潮、防火、防腐、美观、外层强度高、内层表面防霉抗菌等多项功能于一体。复合玻纤板风管是低、中压空调通风系统中适用的一种通风管道,但在医院、食品加工厂、地下室等有防尘要求和高湿度场所不能使用。

⑤ 无机玻璃钢风管。无机玻璃钢风管是以改性氯氧镁水泥为胶结材料,以中碱或无碱玻璃纤维布为增强材料制成的风管,具有防火、使用寿命长、隔声性能好、导热系数小等特点。无机玻璃钢风管的防火等级为不燃A级,但其重量大,搬运困难,质脆易碎,且修补困难,耐水性差,会出现吸潮后返卤及泛霜现象,一般只应用于防排烟系统。

⑥ 聚氨酯复合风管。聚氨酯复合风管的板材一般是用压花(或光面)铝箔为表面,夹层为难燃性B1级的高密度硬质聚氨酯发泡材料所制成。采用这种材料制成的风管具有外表美观、内里光洁平滑、隔热和隔声性能良好、重量较轻、制作安装方便、维修简易和耐用性高等优点;但是硬质聚氨酯发泡材料易燃,且燃烧时会产生带火熔滴,放出有毒气体。聚氨酯复合风管适用于低、中、高压洁净空调系统及潮湿环境,但对酸碱性环境和防排烟系统不适用。

⑦ 玻镁复合风管。如图5-2-6所示,玻镁复合风管是用氧化镁、氯化镁、耐碱玻纤布及无机胶黏剂经现代工艺技术滚压而成的,具有重量轻、强度高、不燃烧、隔声、隔热、防潮、抗水、使用寿命长等特点。玻镁复合风管主要应用于建筑、装饰、消防等领域,尤其适合餐厅、宾馆、商场等人流密集场所的装修,以及地下室、人防和矿井等潮湿环境的工程。

**(2) 通风配(管)件**

通风配(管)件是指风管分支、转弯和变径时用到的接头零件,在风管的制作安装过程中包含风管

图5-2-6　玻镁复合风管(拼接连接)安装

管件的制作和安装,如图 5-2-7 所示的裤衩三通、图 5-2-8 所示的圆形风管(出风机的软接头)和矩形风管连接用到的天圆地方、图 5-2-9 所示的外同心弧弯头及 500 mm×320 mm～400 mm×320 mm 的变径接头等。如图 5-2-10 所示,矩形风管的弯管一般应采用曲率半径为一平面边长的内外同心弧形弯管,当采用其他形式的弯管时,若平面边长大于 500 mm,则必须设置弯管导流片。风管的弯头应尽量采用较大的弯曲半长,通常取曲率半径 $R$ 为风管宽度的 1.5～2.0 倍。

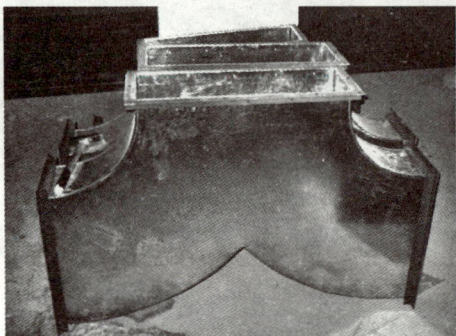

图 5-2-7　裤衩三通

图 5-2-8　天圆地方

图 5-2-9　外同心弧弯头

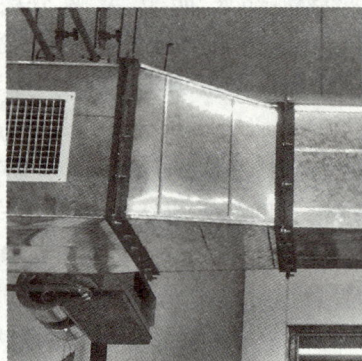

图 5-2-10　矩形风管变径接头

**3. 风口**

通风空调系统中用于送风、回风、排风的末端设备,属于空气分配设备,风口按形式分类有百叶风口、散流器、喷口、条缝风口和扩散孔板等。

**(1) 百叶风口**

百叶风口的百叶是活动可调的,既能调送风方向,又能调送风量大小。

① 单层百叶风口。单层百叶风口是单层活动百叶风口的简称,其叶片有横向(叶片平行于风口长边)和竖向(叶片垂直于风口长边)两种形式,如图 5-2-11 所示。

② 双层百叶风口。双层百叶风口(图 5-2-12)有两组相互垂直的活动可调叶片,每层叶片均可在 0°～90° 内任意调节。

③ 防水百叶风口。防水百叶风口与侧壁式格栅风口有相似的结构和相同的性能,其叶片的设计形状能防止雨水溅入风口内部。防水百叶风口一般用作外墙上的新风口,如图 5-2-13 所示。

图 5 - 2 - 11　单层百叶风口

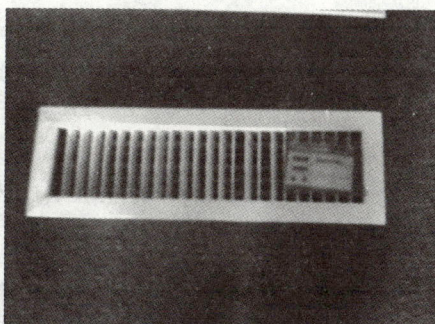

图 5 - 2 - 12　双层百叶风口

(a) 安装在外墙上的防水百叶风口

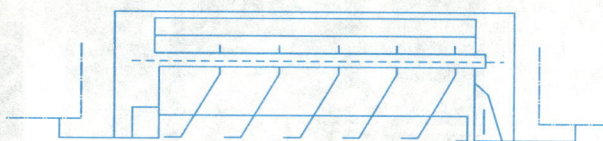

(b) 防水百叶风口的结构

图 5 - 2 - 13　防水百叶风口

**(2) 散流器**

散流器通常装在空调房间的顶棚或暴露风管的底部作为送风口使用,其造型美观,应用广泛。散流器按其外形可分为圆形散流器(见图 5 - 2 - 14)、方形散流器(见图 5 - 2 - 15)和矩形散流器,按叶片结构可分为流线形散流器、直(斜)片式散流器和圆环式散流器。

图 5 - 2 - 14　圆形散流器

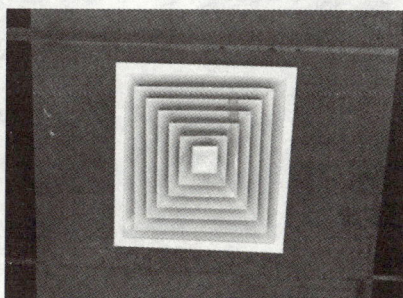

图 5 - 2 - 15　方形散流器

**(3) 喷口**

喷口是喷射式送风口的简称,如图 5 - 2 - 16 所示,喷口通常作为侧送风口使用,喷口送风的射程远、送风口数量少、相应系统简单、投资少,并且可保证大面积工作区中温度场和速度场的均匀性,空间较大的公共建筑(如体育馆、影剧院、候机厅等)和室温允许波动范围要求不太严格的高大厂房最为常用。

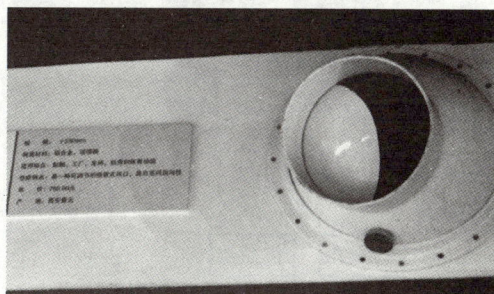

图 5 - 2 - 16　喷口

#### 4. 调节阀

##### (1) 方形密闭式多叶调节阀

方形密闭式多叶调节阀(见图5-2-17)的手动调节机构为涡轮蜗杆运动,叶片转轴设有简易轴承,故开启平稳、无冲击噪声、调节方便灵活,并设有开度显示机械装置,叶片构造简单,并采用对开搭接方式,阻力小,漏风量小。因此,方形密闭式多叶调节阀适用于既有调节要求又有密闭要求的系统。

图5-2-17　方形密闭式多叶调节阀

##### (2) 插板阀

如图5-2-18所示,拉动手柄,可以改变插板的位置,即可调节通过风管的风量。插板阀关闭严密,多设在风机出口或主干风道上。插板阀体积大,可上下移动(有槽道)。

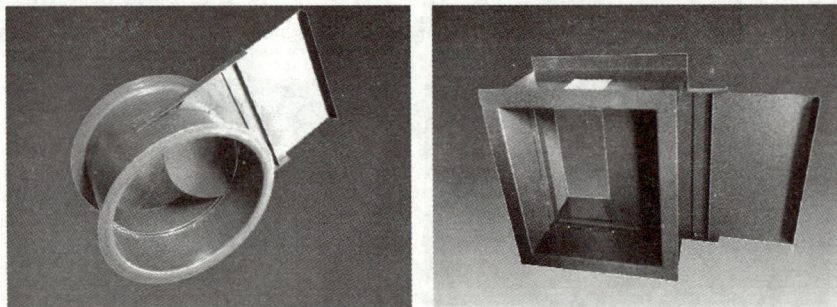

(a) 圆形插板阀　　　　　　　　　　(b) 矩形插板阀

图5-2-18　插板阀

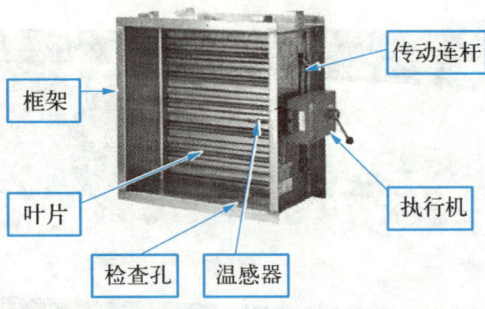

图5-2-19　矩形防火阀

##### (4) 防火阀

防火阀(见图5-2-19)主要用于通风空调系统的管道穿越防火分区处,平时处于常开状态,当空气温度达到70 ℃时,易熔片熔断,阀门叶片自动关闭从而起到防火作用。

**在下列情况之一的通风、空调系统的风管上应设置防火阀。**

① 管道穿越防火分区的隔墙处;

② 管道穿越通风、空气调节机房及重要的或

火灾危险性大的房间隔墙和楼板处；

③ 垂直风管与每层水平风管交接处的水平管道；

④ 管道穿越变形缝的两侧，如图 5-2-19。

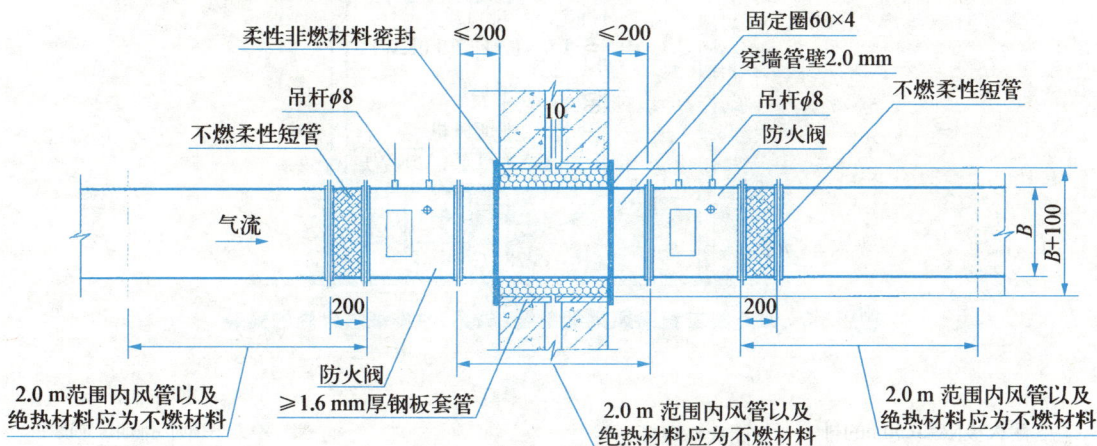

水平风管穿越防火分隔处变形缝墙体做法示意图

图 5-2-19

（5）排烟防火阀

排烟防火阀（见图 5-2-20）安装在排烟系统的管道上或排烟风机的吸入口处，平常处于常开状态；当烟气温度达到 280 ℃时，温度熔断器动作，阀门关闭，联锁排烟风机关闭、排烟防火阀及风机的动作信号应反馈至消防联动控制器。图 5-2-21 所示为某工程通风排烟系统（局部）中排烟防火阀的安装。

**排烟管道下列部位应设置排烟防火阀**，如图 5-2-22 所示。

① 垂直风管与每层水平风管交接处的水平管段上；

② 一个排烟系统负担多个防烟分区的排烟支管上；

③ 排烟风机入口处；

④ 穿越防火分区处。

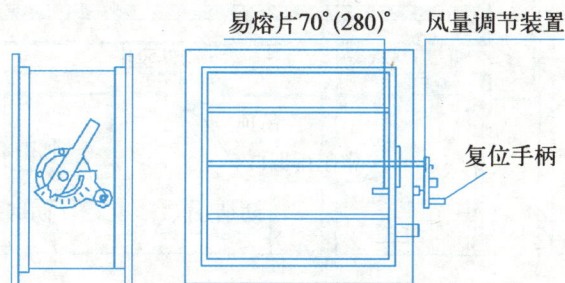

图 5-2-20　排烟防火阀原理图

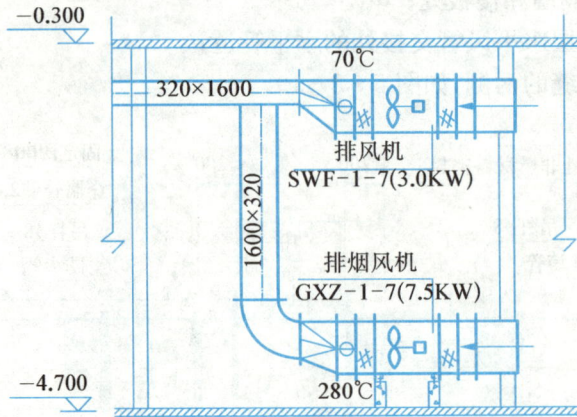

图5-2-21 某工程通风排烟系统(局部)中排烟防火阀的安装

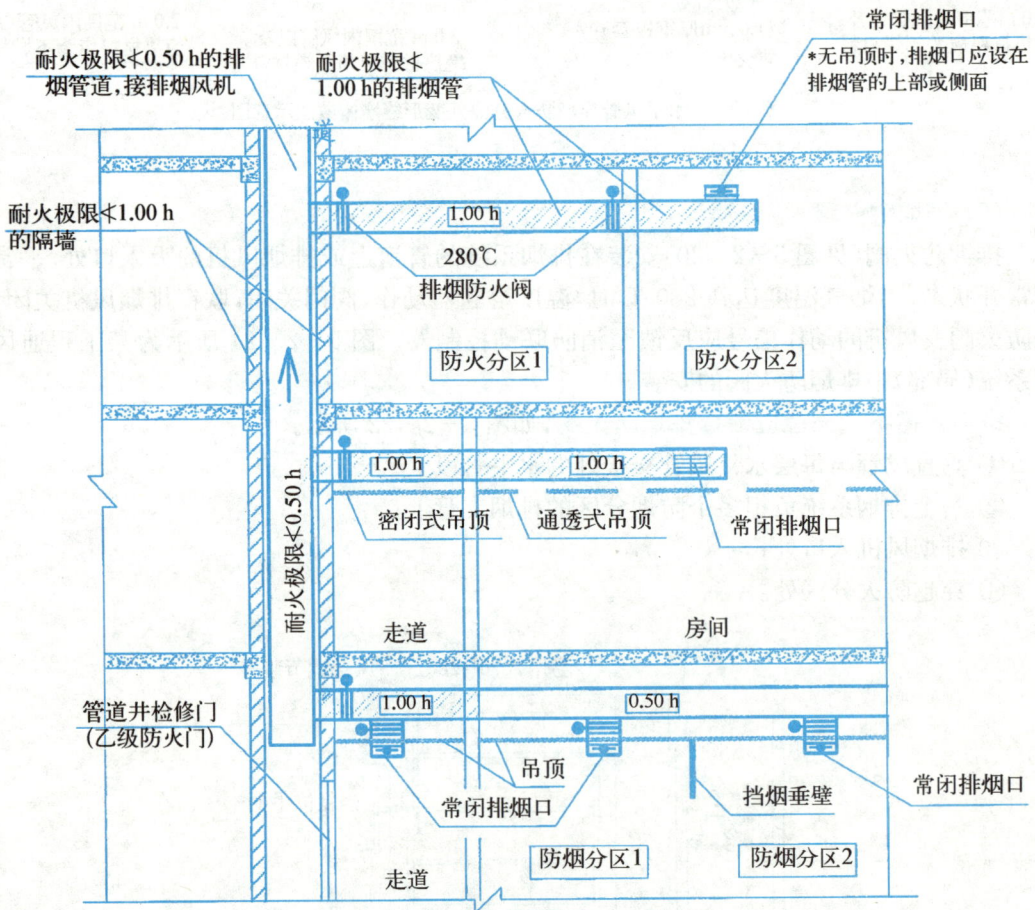

图5-2-22 排烟防火阀设置

5. 防火风口

防火风口用于有防火要求的通风空调系统的送、排风出入口。**防火风口由铝合金送、排风口与防火阀组合而成,**如图5-2-23所示。风口可调节送风气流方向,防火风口可在

0～90°内调节通过风口的气流量,当风温达到 70 ℃时,易熔片断开,使防火风口关闭,切断烟气沿风管蔓延。

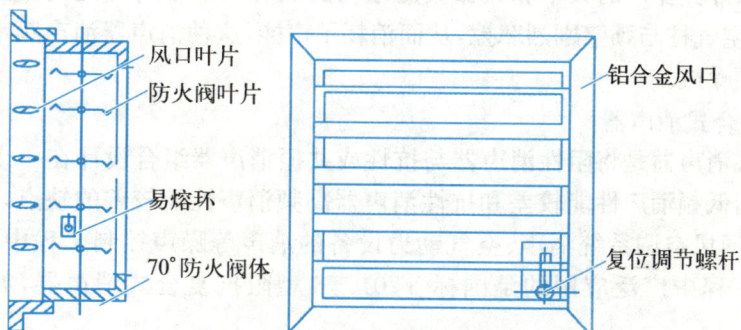

风口叶片
防火阀叶片
铝合金风口

易熔环
70°防火阀体
复位调节螺杆

图 5 - 2 - 23　防火风口(结构原理图)

### 6. 消声器

在通风空调系统中,当风机的噪声在经过各种自然衰减后仍然不能满足室内噪声标准时,就必须在管路上设置消声装置,如图 5 - 2 - 24 所示。

**(1)阻性消声器**

阻性消声器是利用敷设在气流通道内的多孔吸声材料(阻性材料)吸收声能,降低噪声,具有良好的中、高频消声性能,体积较小。

**(2)抗性消声器**

抗性消声器是利用声波通道截面的突变(扩张或收缩)使沿通道传播的声波反射回声源,从而起

图 5 - 2 - 24　安装在风系统上的消声器

到消声作用,它具有良好的中、低频消声性能。抗性消声器耐高温、耐腐蚀,但其消声频率较窄、阻力大且占用间。

如图 5 - 2 - 25 所示,微穿孔板消声器由孔径小于 1 mm 的微穿孔板和孔板背后的空腔构成,由于孔板的孔径小,可以利用自身孔板的声阻取消阻性消声器穿孔板后的多孔吸声材料,使消声器的结构简化。微穿孔板消声器兼具抗性、阻性的特点,其消声频率较宽,气流阻力较小,无吸声材料,不起尘,在通风空调系统降噪工程中广泛应用。

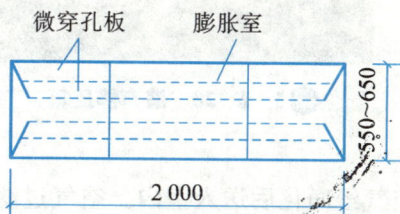

微穿孔板　膨胀室

550～650

2 000

(a)微穿孔板消声器的结构

(b)微穿孔板消声器的实物

图 5 - 2 - 25　微穿孔板消声器

**（3）共振性消声器**

共振性消声器是一段开有一定数量小孔的管道同管外一个密闭的空腔连通而构成的一个共振系统。当外界噪声的频率和共振吸声结构的固有频率相同时，会引起小孔孔颈处空气柱强烈共振，空气柱与颈壁剧烈摩擦，从而消耗了声能，这种消声器消声频率范围很窄，一般用来消除低频噪声。

**（4）阻抗复合式消声器**

阻抗复合式消声器是将阻性消声器与抗性或共振消声器组合设计在一个消声器中，克服了阻性消声器低频消声性能较差和抗性消声器高频消声性能较差的缺点，具有较宽的消声频率特性，在通风空调系统消声、空气动力设备的消声等噪声控制工程中得到广泛的应用。通风空调工程中广泛应用的是国标 T701-6 型阻抗复合式消声器，如图 5-2-26 所示。

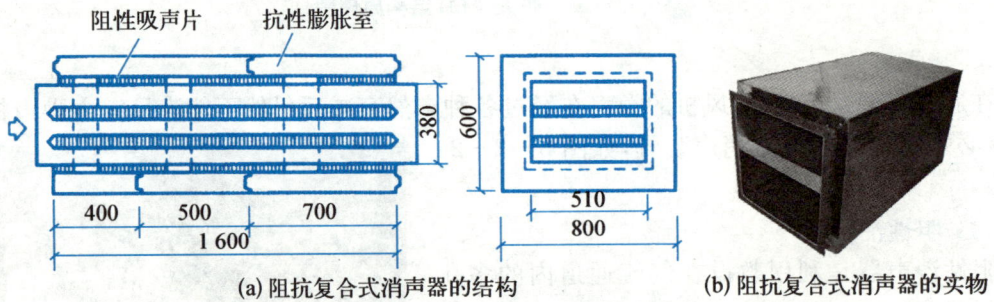

(a) 阻抗复合式消声器的结构　　(b) 阻抗复合式消声器的实物

**图 5-2-26　阻抗复合式消声器**

**（5）其他形式的消声器**

其他形式的消声器主要有消声弯头和消声静压箱两种。

当因空调机房面积窄小而难以设置消声器，或需对原有建筑改善消声效果时，可采用消声弯头，如图 5-2-27 所示。在风机出口处或在空气分布器前可设置消声静压箱（见图 5-2-28）并贴以吸声材料，既可起到稳定气流的作用，又可以起到消声器的作用。

**图 5-2-27　消声弯头**

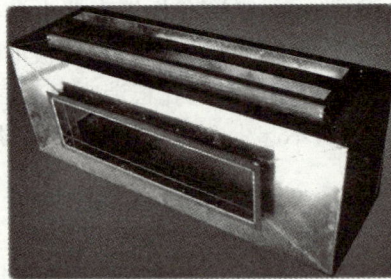

**图 5-2-28　消声静压箱**

**7. 空气过滤器**

空气过滤器的作用是把含尘量不大的空气经净化后送入室内。空气过滤器按作用原理可分为浸油金属网格过滤器、干式纤维过滤器和静电过滤器三种。

**8. 室外进排风装置**

室外进风装置的任务是采集室外新鲜空气供室内送风系统使用，风口的高度应高出地面 2.5 m,并应设在主导风向上风侧,设于屋顶上的进风口应高出屋面 1 m 以上,以免被风雪堵塞,进风口应远离排风口(水平距离不小于 20 m),进风口应设百叶格栅,以防止雨、雪、树叶、纸片等杂质被吸入。

室外排风装置的任务是将室内被污染的空气直接排到大气中去,一般情况下通风排气主管至少应高出屋面 0.5 m,若附近没有进风装置,则应比进风口至少高出 2 m。

# 5.3　空气调节系统

空气调节(简称空调)是用人工的方法使室内的空气湿度、相对湿度、洁净度和气流速度等达到一定要求,从而满足生产和生活需要的工程技术。

## 5.3.1　空气调节系统的分类

### 1. 按承担负荷的介质分类

空气调节系统按承担负荷的介质可分为**全空气空调系统、全水空调系统、空气-水空调系统和制冷剂系统**。

（1）**全空气空调系统**。空调房间的所有冷热负荷都由空气来负担。

（2）**全水空调系统**。所有冷热负荷都由水来负担。冬天供热水,夏天供冷水。

（3）**空气-水空调系统**。空调房间的冷热负荷由空气和水共同负担。

（4）**制冷剂系统**。空调房间的负荷由制冷剂来负担。

### 2. 按设备的集中程度分类

空气调节系统按设备的集中程度可分为集中式空调系统、半集中式空调系统和分散式空调器。

（1）**集中式空调系统**

集中式空调系统通常称作中央空调,由**冷(热)源、空气处理设备、输送设备及控制系统**四部分组成。

（2）**半集中式空调系统**

① 风机盘管空调系统。风机盘管空调系统是另一种半集中式空调系统,它在每个空调房区域内设置风机盘管局部调节。

② 诱导器空调系统。经过集中空调机处理的新风(一次风)经风管被送入各空调房间的诱导器中,由诱导器的高速(20～30 m/s)喷嘴喷出,在气流的引射作用下,诱导器内形成负压,室内的空气(二次风)被吸入诱导器,如图 5-3-1 所示。诱导器是用于空调房间送风的一种特殊设备,它由静压箱、喷嘴和二次盘管组成。

③ 分散式空调器

窗式空调机、壁挂式空调机、立柜式空调机及恒温恒湿机组等都属于分散式空调器,安装方便,使用简单。

### 3. 按送风管中风速大小分类

（1）低速空气调节系统,风管中流速一般较小,工业建筑空调系统的风管中流速小于 15 m/s,民用建筑空调系统的风管中流速一般小于 10 m/s;低速空调主要是为了防止风速

中央空调的
分类组成

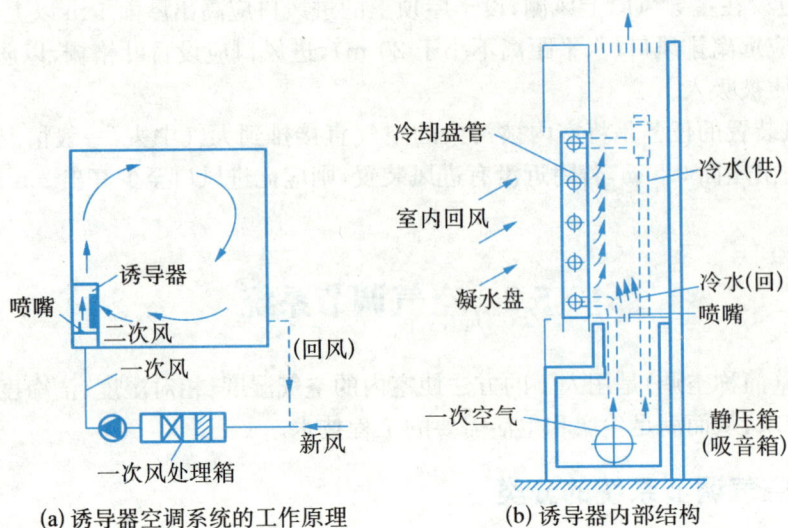

(a) 诱导器空调系统的工作原理          (b) 诱导器内部结构

图 5-3-1  诱导器空调系统

太大,气流噪声太大。

(2) 空调系统,在工业建筑中风管内的流速可以达到 15 m/s 以上,在民用建筑中风管内的风速可以大于 12 m/s。

### 5.3.2  空气调节系统的组成

与通风防排烟系统相比,空调系统需要对空气进行空气温度、相对湿度和洁净度处理,因此除了要有风管系统和通风部件(风阀、消声器、风口)外,还要有冷(热源)源、空气处理设备(空调箱、组合式空调机组、室内机)和控制调节系统等,一个完整的空调系统应由**冷(热)源、空气处理设备、输送设备及控制系统**四部分组成,如图 5-3-2 所示。

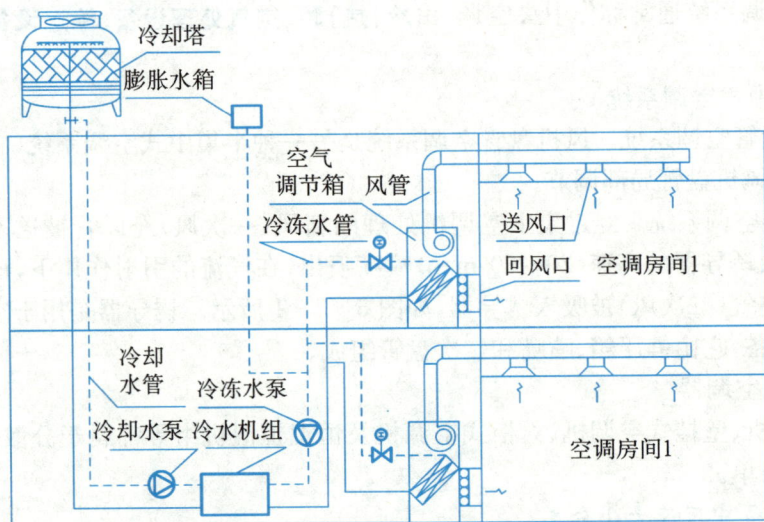

图 5-3-2  某空调系统的组成

### 1. 冷（热）源

空调系统需要用冷（热）源对空气进行加热、冷却、减湿等处理。常用的冷源有提供冷（热）媒水的主机（水机）和直接为室内机提供制冷剂的氟利昂多联机系统。冷源（室外主机）一般放置于室外或屋顶。某中央空调系统冷冻站（源）如图5-3-3所示,,某多联机空调系统如图5-3-4所示。

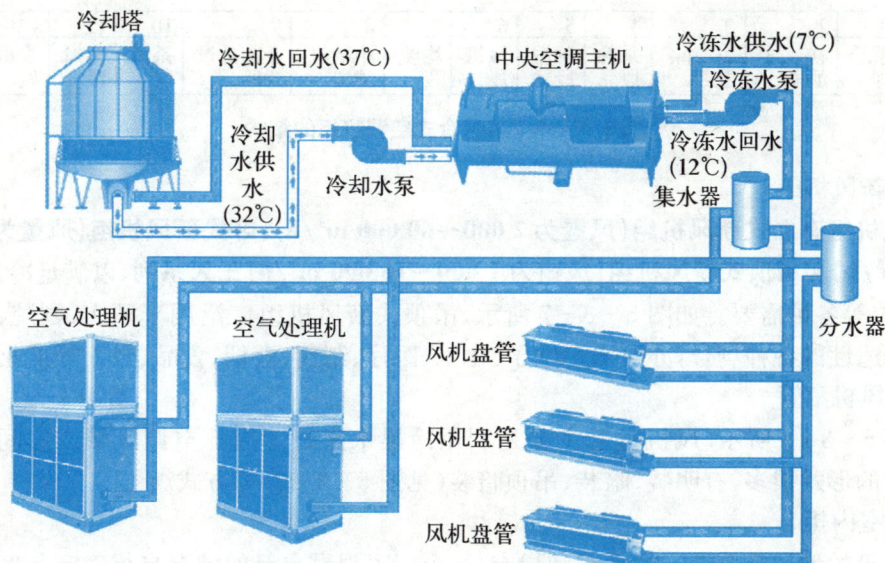

图5-3-3　水机空调系统原理图

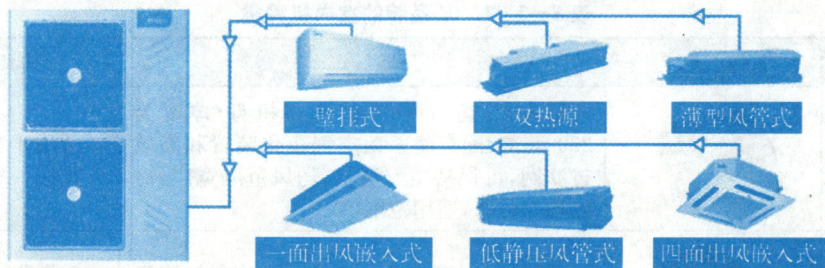

图5-3-4　某多联机空调系统

### 2. 空气处理设备

空气处理设备主要对空气进行加热、冷却、加湿、减湿、净化、消声等处理。常用的空气处理设备有组合式空调机组、新风机组、风机盘管和室内机等。

#### （1）组合式空调机组

组合式空调机组也称为空调箱,是集中式水冷空调系统中的主要设备,具有空气循环、净化、加热、冷却、加湿、除湿、消声、混合等多种功能。**组合式空调机组由各种空气处理功能段组装而成,机组功能段可包括空气混合、均流、初效过滤、中效过滤、高中效或亚高效过滤、冷却、一次和二次加热、加湿、送风机、回风机、中间、喷水、消声等,如图5-3-5所示。**组合式空调机组**如图5-3-6**结构紧凑,可以满足多种功能的使用要求,可现场直接安装、简便、使用灵活,广泛应用于空调系统中。

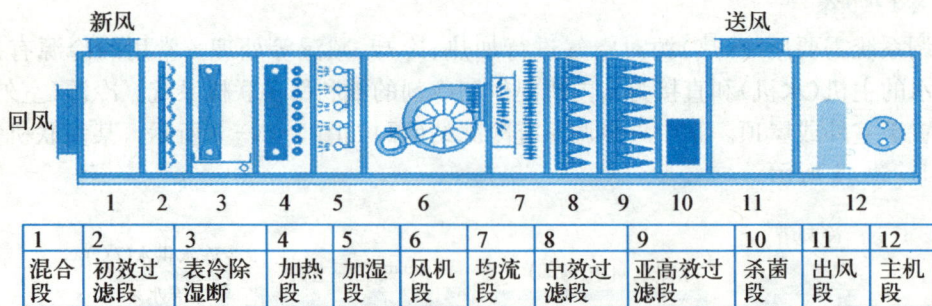

| 1 | 2 | 3 | 4 | 5 | 6 | 7 | 8 | 9 | 10 | 11 | 12 |
|---|---|---|---|---|---|---|---|---|---|---|---|
| 混合段 | 初效过滤段 | 表冷除湿断 | 加热段 | 加湿段 | 风机段 | 均流段 | 中效过滤段 | 亚高效过滤段 | 杀菌段 | 出风段 | 主机段 |

图5-3-5 某组合式空调机组的结构

（2）新风机组

新风机组有立式新风机组(风量为2 000~60 000 m³/h)、卧式新风机组(风量为2 000~60 000 m³/h)和吊顶式新风机组(风量为1 000~16 000 m³/h)三大系列,以满足冷却、加热、加湿、除湿等各种需要。如图5-3-7所示,吊顶式新风机组广泛用于酒店、剧院、商场、办公楼等舒适性的各种场合,亦可满足电子、化工、医疗、制药、卷烟、食品、轻工等工业的需求。

（3）风机盘管

如图5-3-8所示,风机盘管主要是利用冷媒水来处理局部空调区域或房间的空气。风机盘管的形式很多,有明装、暗装、吊顶暗装(见图5-3-9)等方式。

（4）室内机

室内机的型号没有统一的形式和规定,每个厂家根据自己的情况自行确定。表5-3-1为某品牌室内机的特点和应用场所。

表5-3-1 某品牌的室内机种类

| 名称 | 外形 | 特点 | 应用场所 |
|---|---|---|---|
| 四面出风嵌入式 | | 寿命长,运行噪声低;超薄机身(厚度为230 mm),配有酶杀菌空气净化装置和高效过滤网,可保持空气清洁;送风范围宽广,冷热均匀分布,适用范围广 | 适用于狭小空间的天花板 |
| 一面出风嵌入式 | | 超薄机身(厚度为198 mm),单向气流送风,超低噪声运行 | 适合狭小空间安装,适合角落送风 |
| 标准风管天井式 | | 送、回风口自由配置,配有做工精良的回风箱和高效过滤网,出风静压为40 Pa;可引入新风;机身轻巧,安装方便 | 可配合不同室内的吊顶安装。送、回风管总长不能超7 m |

3. 输送设备

主要指风机、风管、风口、风阀组成的通风管道系统。

4. 控制、调节系统

控制、调节系统的作用是可以保持温度、湿度、压力和风速等参数在所要求的预定范围内,并防止这些参数超出设定值;同时,还能够按照需要提供经济运行模式,即在预定的程序内停止或启动设备,并按负荷的变化和需要提供相应的系统输出量。

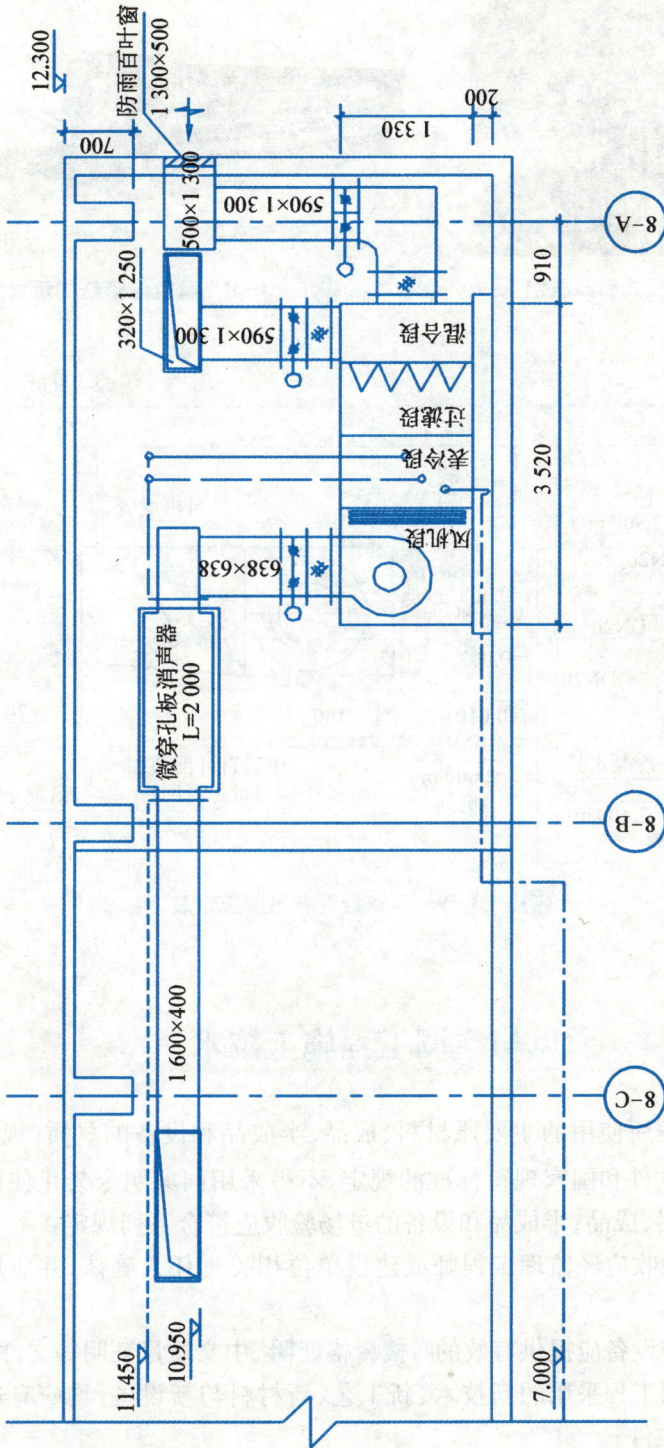

图 5-3-6　某组合式空调机组的施工图

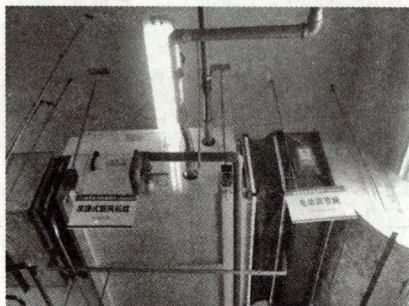

**图5-3-7 吊顶式新风机组**

进出水口

表冷器

凝水盘

凝水管接口

**图5-3-8 风机盘管结构示意图**

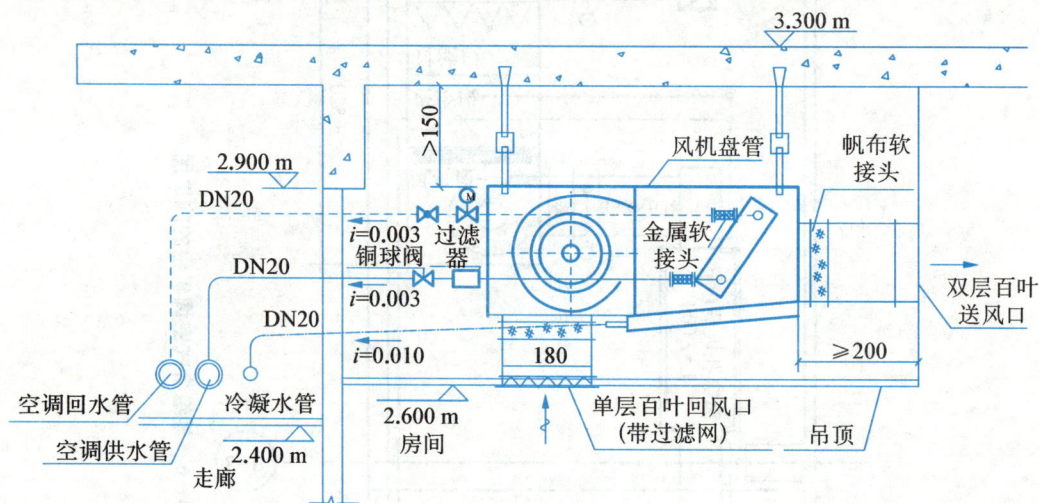

3.300 m

2.900 m
DN20

>150

i=0.003
铜球阀

过滤器

i=0.003

DN20

DN20

i=0.010

180

空调回水管

冷凝水管

空调供水管
走廊

2.400 m

2.600 m
房间

单层百叶回风口
（带过滤网）

风机盘管

金属软接头

帆布软接头

双层百叶送风口

≥200

吊顶

**图5-3-9 风机盘管在吊顶里暗装**

通风空调
施工技术

# 5.4 通风与空调工程施工技术

通风与空调工程所使用的主要原材料、成品、半成品和设备的材质、规格及性能应符合设计文件和国家现行标准的规定，不得采用国家明令禁止使用或淘汰的材料与设备。主要原材料、成品、半成品和设备的进场验收应符合下列规定：

（1）进场质量验收应经监理工程师或建设单位相关责任人确认，并应形成相应的书面记录；

（2）进口材料与设备应提供有效的**商检合格证明**、中文质量证明等文件；

（3）通风与空调工程采用的新技术、新工艺、新材料与新设备，均应有通过专项技术鉴定验收合格的证明文件。

**通风与空调工程安装的一般施工程序为：**施工前的准备工作→风管、部件、法兰的预制和组装→风管、部件、法兰的预制和组装的中间质量验收→风管系统的安装→通风空调设备的安装→空调水系统管道的安装→管道的检验与试验→风管、水管、部件及空调设备绝热施工→通风空调设备试运转、单机调试→通风与空调系统的调试→通风与空调工程的竣工验收→通风与空调工程综合效能的测定与调整。

下面主要就施工前的准备工作，风管、部件的加工制作，风管系统的安装，通风与空调系统的调试和通风与空调工程的竣工验收进行说明。

### 5.4.1　施工前的准备工作

施工前的准备工作有以下几项。

（1）制定工程施工的工艺文件和技术措施，按规范要求规定所需验证的工序交接点和相应的质量记录，以保证施工过程质量的可追溯性。

（2）根据施工现场的实际条件，综合考虑土建、装饰、机电等专业对公用空间的要求，核对相关施工图，从满足使用功能和感观质量的要求上进行管线空间管理、支架综合设置和系统优化路径的深化设计，以免施工中造成不必要的材料浪费和返工损失。深化设计如有重大设计变更，应征得原设计人员的确认。

（3）与设备和阀部件的供应商及时沟通，确定接口形式、尺寸、风管与设备连接端部的做法。进口设备及连接件的采购周期较长，必须提前了解其接口方式，以免影响工程进度。

（4）对进入施工现场的主要原材料、成品、半成品和设备进行验收，一般应由供货商、监理、施工单位的代表共同参加，验收必须得到监理工程师的认可，并形成文件。

（5）认真复核预留孔、洞的形状尺寸及位置，预埋支（吊）件的位置和尺寸，以及梁柱的结构形式等，确定风管支（吊）架的固定形式，配合土建工程进行留槽留洞，避免施工中过多的剔凿。

### 5.4.2　风管、部件的加工制作

风管制作的主要工作内容是放样、下料、卷圆、折方、轧口、咬口，制作直管、管件、法兰、吊托支架，钻孔、铆焊、上法兰、组对，镀锌钢板风管的制作工艺流程如 5 - 4 - 1 所示。

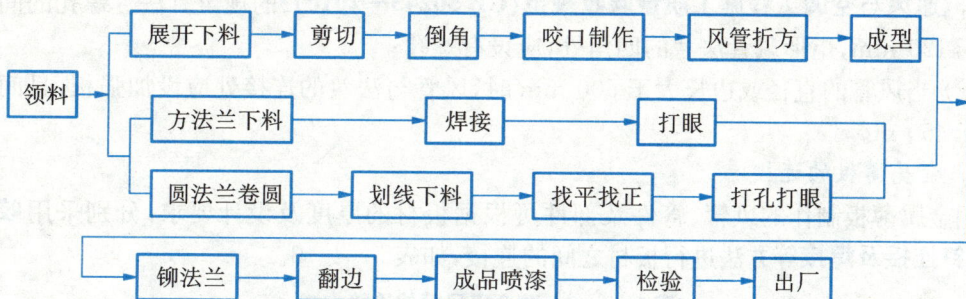

图 5 - 4 - 1　镀锌钢板风管的制作工艺流程

#### 1. 风管的板材厚度

风管系统按其工作压力应划分为**微压、低压、中压与高压四**个类别，并应采用相应类别的风管，按表 5 - 4 - 1 划分。

**表 5 - 4 - 1　风管系统按其工作压力分类**

| 类别 | 风管系统工作压力 P(Pa) | | 密封要求 |
|---|---|---|---|
| | 管内正压 | 管内负压 | |
| 微压 | $P \leqslant 125$ | $P \geqslant -125$ | 接缝及接管连接处应严密 |
| 低压 | $125 < P \leqslant 500$ | $-500 \leqslant P < -125$ | 接缝及接管连接处应严密,密封面宜设在风管的正压侧 |
| 中压 | $500 < P \leqslant 1\ 500$ | $-1\ 000 \leqslant P < -500$ | 接缝及接管连接处应加设密封措施 |
| 高压 | $1\ 500 < P \leqslant 2\ 500$ | $-2\ 000 \leqslant P < -1\ 000$ | 所有的拼接缝及接管连接处均应采取密封措施 |

钢板风管的板材厚度应符合表 5 - 4 - 2 的规定。

**表 5 - 4 - 2　钢板风管的板材厚度**　　　　　单位:mm

| 风管直径或长边尺寸 $b$ | 微压、低压系统风管 | 中压系统风管 | | 高压系统风管 | 除尘系统风管 |
|---|---|---|---|---|---|
| | | 圆形 | 矩形 | | |
| $b \leqslant 320$ | 0.5 | 0.5 | 0.5 | 0.75 | 2.0 |
| $320 < b \leqslant 450$ | 0.5 | 0.6 | 0.6 | 0.75 | 2.0 |
| $450 < b \leqslant 630$ | 0.6 | 0.75 | 0.75 | 1.0 | 3.0 |
| $630 < b \leqslant 1\ 000$ | 0.75 | 0.75 | 0.75 | 1.0 | 4.0 |
| $1\ 000 < b \leqslant 1\ 500$ | 1.0 | 1.0 | 1.0 | 1.2 | 5.0 |
| $1\ 500 < b \leqslant 2\ 000$ | 1.0 | 1.2 | 1.2 | 1.5 | 按设计要求 |
| $2\ 000 < b \leqslant 4\ 000$ | 1.2 | 按设计要求 | 1.2 | 按设计要求 | 按设计要求 |

注1:螺旋风管的钢板厚度可按圆形风管减少10%～15%,风管的规格尺寸以外径或外边长为准,建筑风道以内径或内边长为准;排烟系统风管钢板厚度可按高压系统。

注2:不适用于地下人防与防火隔墙的预埋管。

非金属风管的制作应符合下列规定:

(1) 硬聚氯乙烯圆形、矩形风管板材厚度应、圆形风管法兰规格以及矩形风管法兰规格应符合**《通风与空调工程施工质量验收规范(GB 50243—2016)》**的规定。法兰螺孔的间距不得大于 120 mm,矩形风管法兰的四角处,应设有螺孔;

(2) 当风管的直径或边长大于 500 mm 时,风管与法兰的连接处应设加强板,且间距不得大于 450 m。

### 2. 金属薄板的连接

用金属薄板制作的风管、管件及部件可根据板材的厚度及设计要求,分别采用**咬口连接、铆钉连接及焊接**等方法进行板材之间的连接,如表 5 - 4 - 3。

**表 5 - 4 - 3　薄金属风管的连接方式**

| 板厚 $\delta$/mm | 材　　质 | | |
|---|---|---|---|
| | 钢板和镀锌钢板 | 不锈钢板 | 铝材 |
| $\delta \leqslant 1.0$ | 咬口连接 | 咬口连接 | 咬口连接 |
| $1.0 < \delta \leqslant 1.2$ | 咬口连接 | 焊接(氩弧焊及电弧焊) | 咬口连接 |

续　表

| 板厚 δ/mm | 材　质 | | |
| --- | --- | --- | --- |
| | 钢板和镀锌钢板 | 不锈钢板 | 铝材 |
| 1.2<δ≤1.5 | 焊接（电弧焊） | 焊接（氩弧焊及电弧焊） | 焊接（氩弧焊及电弧焊） |
| δ>1.5 | 焊接（电弧焊） | 焊接（氩弧焊及电弧焊） | 焊接（氩弧焊及电弧焊） |

咬口连接的种类如图 5-4-2 所示，图 5-4-3 所示的**镀锌薄钢板风管的连接采用的是转角咬口的方式，风管与法兰的连接采用的是铆接。**

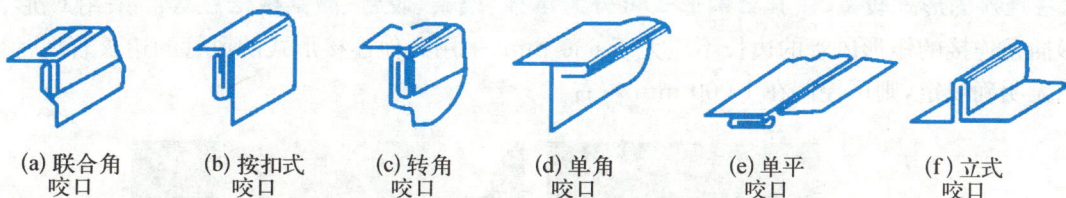

(a) 联合角咬口　(b) 按扣式咬口　(c) 转角咬口　(d) 单角咬口　(e) 单平咬口　(f) 立式咬口

图 5-4-2　咬口连接的种类

图 5-4-3　镀锌薄钢板风管的连接

焊接的风管，其焊缝不应有气孔、砂眼及裂纹等缺陷，对焊接后的变形应进行校正。镀锌钢板的镀锌层厚度应符合设计或合同的规定，当设计无规定时，不应采用低 80 g/m² 板材。风管板材拼接的接缝应错开，不得有十字形拼接缝。微压、低压与中压系统风管法兰的螺栓及铆钉孔的孔距不得大于 150 mm；高压系统风管不得大于 100 mm。矩形风管法兰的四角部位应设有螺孔。

**3. 风管的加固**

风管的加固可采用**楞筋、立筋、角钢加固、加固筋和管内支撑**等形式，金属风管的加固应符合下列规定：

（1）直咬缝圆形风管的直径大于或等于 800 mm，且管段长度大于 1 250 mm 或总表面积大于 4 m² 时，均应采取加固措施。用于高压系统的螺旋风管，直径大于 2 000 mm 时应采取加固措施。

（2）**矩形风管的边长大于 630 mm，或矩形保温风管的边长大于 800 mm，管段长度大于 1 250 mm 或低压风管单边平面面积大于 1.2 m²，中、高压风管大于 1.0 m²，均应采取加固措施。边长小于或等于 800 mm 的风管宜采用楞筋加固，边长大于 800 mm 的风管宜采用角钢加固**，如图 5-4-4 所示。

（3）非金属风管的加固除应符合金属风管的加固措施外还应符合额外规定：聚氯乙烯风管的直径或边长大于 500 mm 时，其风管与法兰的连接处应设加强板，且间距不得大于 450 mm；有机及无机玻璃钢风

图 5-4-4　矩形风管加固（角钢）

管的加固,应为本体材料或防腐性能相同的材料,并与风管成一整体。

**风管的配件包括弯头、三通、四通、变径管、异型管、导流叶片、三通拉杆阀等,通风空调系统的部件包括风阀、消声装置、风口、风罩和风帽、过滤器等,**一般为厂家提供产品,产品制作材料应符合设计及相关产品的标准要求,并提供的质量合格证明文件。产品进场时应进行进场检验,质量检查应符合相关标准要求,并做好相关记录。

### 4. 风管的连接

**镀锌钢板及含有各类复合保护层的钢板应采用咬口连接或铆接,不得采用焊接连接。**

**金属风管的连接采用法兰连接(见图5-4-5)和无法兰连接(见图5-4-6)等形式。无法兰连接的形式较多,按其结构形式可分为承插、插条、咬合、薄钢板法兰等。**采用C形、S形插条连接的矩形风管的边长不应大于630 mm,采用其他连接形式的风管的边长若现行规范无明确规定,则可控制在1 000 mm左右。

**图5-4-5　矩形风管法兰(组对)连接　　图5-4-6　矩形风管无法兰连接**

风管连接的密封材料应根据输送介质的温度选用,当输送温度低于70 ℃的空气时,可采用橡胶板、闭孔海绵橡胶板、密封胶带或其他闭孔弹性材料;当输送温度高于70 ℃的空气时,应采用耐高温材料。防排烟系统采用不燃材料,输送含有腐蚀性介质的气体时,应采用耐酸橡胶板或软聚乙烯板,**法兰垫料的厚度宜为3～5 mm。**

### 5. 柔性短管的制作

为了防止风机的振动通过风管传到室内引起噪声,一般常在风机的入口处和出口处装设柔性短管,如图5-4-7所示。**柔性短管的长度一般为150～300 mm。设于结构变**

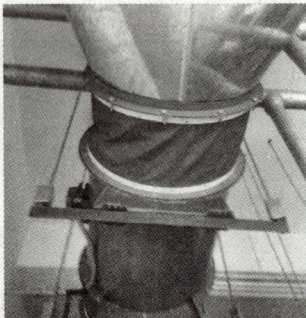

(a) 在风机的入口处装设　　　(b) 在风机的出口处装设
　　　柔性短管　　　　　　　　　柔性短管

**图5-4-7　在风机的入口处和出口处装设柔性短管**

形缝处的柔性短管，其长度应为变形缝宽度加 100 mm。一般通风、空调系统的柔性短管用帆布制作，空气洁净系统用挂胶帆布制作，腐蚀性气体的通风系统用耐酸橡胶板或厚度为 0.8～1 mm 的聚氯乙烯布制作，高层建筑空调系统的柔性短管的材质应采用不燃材料。

### 5.4.3　风管系统的安装

#### 1. 风管安装

风管通常明装，风管支架沿墙壁及柱子敷设，或者用吊架吊在楼板或桁架的下面（风道距墙较远时）。敷设在地下的风道，不但应避免与工艺设备及建筑的基础相冲突，而且应与其他各种地下管道和电缆的敷设相配合，镀锌钢板风管的安装工艺流程如图 5-4-8 所示。

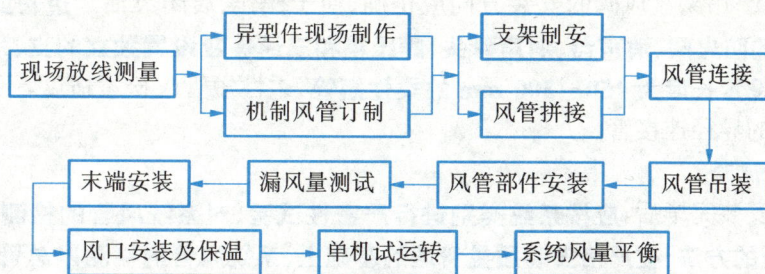

**图 5-4-8　镀锌钢板风管的安装工艺流程**

当设计无要求时，镀锌钢板厚度不得小于表 5-4-1 的规定，镀锌钢板的表面要求光滑洁净，并具有热镀锌特有的镀锌层花纹，镀锌层的厚度不大于 0.02 mm。

风管支、吊架的安装应符合下列规定。

（1）如图 5-4-9 所示，金属风管水平安装，直径或边长小于或等于 400 mm 时，支、吊架的间距不应大于 4 m；大于 400 mm 时，支、吊架的间距不应大于 3 m。螺旋风管的支、吊架的间距可为 5 m 和 3.75 m；薄钢板法兰的风管的支、吊架间距不应大于 3 m。

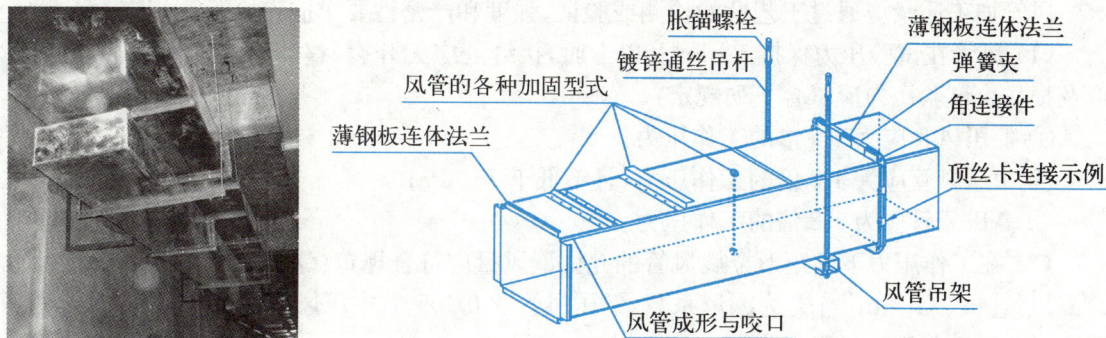

**图 5-4-9　水平风管的支吊架安装**

**（2）风管垂直安装时，应设置至少 2 个固定点，支架间距不应大于 4 m。**

（3）对于直径或边长大于 2 500 mm 的超宽、超重等特殊风管的支、吊架应按设计规定采用。

（4）支、吊架的设置不应影响阀门、自控机构的正常动作，且不应设置在风口、检查门处，离风口和分支管的距离不宜小于 200 mm。

**（5）当悬吊的水平主、干风管直线长度大于 20 m 时，应设置防晃支架或防止摆动的固定点。**

**当风管穿过需要封闭的防火、防爆的墙体或楼板时，必须设置厚度不小于 1.6 mm 的钢制防护套管，风管与防护套管之间应采用不燃柔性材料封堵严密**。风管穿越建筑变形缝空间时，应设置柔性短管，设于结构变形缝处的柔性短管，其长度宜为变形缝的宽度加 100 mm 及以上。

每个风口上应装调节阀，为防止火灾，在各房间的分支管上应装防火阀和防火调节阀。**防火分区隔墙两侧的防火阀距墙表面不应大于 200 mm。**风口、风阀、检查门及自动控制机构处不宜设置支、吊架。风阀的安装方向应正确、便于操作、启闭灵活。**边长或直径大于活等于 630 mm 的防火阀、消声器、消声弯头、静压箱和三通等应设置独立的支、吊架。风管与设备连接处应设置长度为 150～300 mm 的柔性短管**，柔性短管应松紧适度，不扭曲，并不宜作为找平找正的异径连接管。

**2. 严密性试验**

风管系统安装完毕后，**应按系统类别进行严密性试验，对系统风管的检测，宜采用分段检测、汇总分析的方法；在严格安装质量管理的基础上，系统风管的检测以总管和干管为主**，严密性试验应符合设计和施工质量验收规范的规定。

根据原规范多年实施的经验，**不再允许以漏光来决定漏风量的达标与否。125 Pa 及以下的微压风管，以目测检验工艺质量为主，不进行严密性能的测试；125 Pa 以上的风管按规定进行严密性的测试，其漏风量不应大于该类别风管的规定。**做这样规定的理由如下：一是漏风量测试仪器已经得到解决，采用测试方法有可能；二是随着国家加强环境保护，大力推行节能、减排的方针深入，通风与空调设备工程作为建筑能耗的大户，严格控制风管的漏风，提高能源的利用率具有较大的实际意义。从工程量的角度来分析，低压风管可占整个风管数量的 50% 左右，因此提高对低压风管漏风量的控制是一个较好的举措。

风管加工质量应通过工艺性的检测或验证，强度和严密性要求应符合下列规定：

（1）风管在试验压力保持 5 min 及以上时，接缝处应无开裂，整体结构应无永久性的变形及损伤。试验压力应符合下列规定：

① 低压风管应为 1.5 倍的工作压力；

② 中压风管应为 1.2 倍的工作压力，且不低于 750 Pa；

③ 高压风管应为 1.2 倍的工作压力。

（2）在工作压力下的矩形金属风管的允许漏风量应符合规定：$Q \leqslant \lambda P^{0.65}$。其中，$Q$ 为允许漏风量 $[m^3/(h \cdot m^2)]$；$\lambda$ 为漏风系数，低压风管取 0.105 6，中压风管取 0.035 2，高压风管取 0.011 7；$P$ 为系统风管工作压力（Pa）。

净化空调系统进行风管严密性检验时，N1 级～N5 级的系统按高压系统风管的规定执行；N6 级～N9 级的系统风管其强度和严密性要求应符合设计要求。

## 5.4.4　通风与空调系统的调试

通风与空调工程安装完毕后，必须进行系统的测定和调整（简称调试）。系统调试包括设备单机试运转、通风与空调系统无生产负荷的联合试运转及调试。通风与空调工程竣工验收的系统调试,应由施工单位负责,监理单位监督,设计单位与建设单位参与和配合。系统调试也可由施工企业或委托具有调试能力的其他单位进行。系统调试前应编制调试方案,并应报送专业监理工程师审核批准。

**1. 设备单机试运转**

调试的设备包括冷冻水泵、热水泵、冷却水泵、轴流式风机、离心式风机、空气处理机组、冷却塔、风机盘管、电制冷(热泵)机组、吸收式制冷机组、水环热泵机组、风量调节阀、电动防火阀、电动排烟阀、电动阀等。设备单机试运转要安全,保证措施要可靠,并有书面的安全技术交底。

设备单机试运转及调试应符合下列规定。

(1) 通风机、空气处理机组中的风机,叶轮旋转方向应正确、运转应平稳、无异常振动与声响,电机运行功率应符合设备技术文件要求。**在额定转速下连续运转 2 h 后,滑动轴承外壳最高温度不得超过 70 ℃;滚动轴承不得超过 80 ℃。**

(2) 水泵叶轮旋转方向应正确,应无异常振动和声响,紧固连接部位应无松动,电机运行功率应符合设备技术文件要求。**水泵连续运转 2 h 后,滑动轴承外壳最高温度不得超过 70 ℃,滚动轴承不得超过 75 ℃。**

(3) 冷却塔风机与冷却水系统循环试运行不少于 2 h,运行应无异常情况。冷却塔本体应稳固、无异常振动。冷却塔中风机的试运转尚应符合第(1)款的规定。

(4) 制冷机组的试运转应符合设备技术文件和现行国家标准《制冷设备、空气分离设备安装工程施工及验收规范》(GB 50274—2010)的有关规定,正常运转不应少于 8 h。

(5) 电动调节阀、电动防火阀、防排烟风阀(口)的手动、电动操作应灵活可靠,信号输出正确。

**2. 通风与空调系统无生产负荷的联合试运转及调试**

系统调试主要考核室内的空气温度、相对湿度、气流速度、噪声或空气的洁净度能否达到设计要求,是否满足生产工艺或建筑环境的要求,防排烟系统的风量与正压是否符合设计和消防的规定。空调系统带冷(热)源的正常联合试运转不应少于 8 h;当竣工季节与设计条件相差较大时,仅做不带冷(热)源试运转,例如,夏季可仅做带冷源的试运转,冬期可仅做带热源的试运转。通风、除尘系统的连续试运转不应少于 2 h。净化空调系统运行前应在回风、新风的吸入口处和粗、中效过滤器前设置临时用过滤器(如无纺布等),实行对系统的保护。净化空调系统的检测和调整,应在系统完成全面清扫且已运行 24 h 及以上达到稳定后进行。通风与空调系统无生产负荷的联合试运转及调试应包括监测与控制系统的检验、调整与联动运行。

(1) 通风与空调系统经平衡调整后,各风口的系统风量平衡后应达到以下规定。

① 系统总风量实测值与设计风量的偏差应为 $-5\%\sim+10\%$。

② 系统经平衡调整,各风口或吸风罩的风量与设计风量的允许偏差为 $0\sim+15\%$。

(2) 空调水系统的测定和调整应符合下列测定。

① 空调冷热水、冷却水总流量测试结果与设计流量的偏差不应大于 $10\%$。

② 各空调机组盘管的水温和流量符合设计要求。

(3) 舒适空调的温度、相对湿度应符合设计的要求。

(4) 防排烟系统测定风量、风压及疏散楼梯间等处的静压差,并调整至符合设计与消防的规定。

### 5.4.5 通风与空调工程的竣工验收

施工单位通过无生产负荷的系统试运转与调试及观感质量检查合格后，将工程移交建设单位，由建设单位负责组织，施工、设计、监理等单位共同参与验收，合格后办理竣工验收手续。通风与空调工程交工前，在已具备生产试运行的条件下，由建设单位负责，设计、施工单位配合，进行系统生产负荷的综合效能试验的测定与调整，使其达到室内环境的要求。综合效能试验测定与调整的项目，由建设单位根据生产试运行的条件、工程性质、生产工艺等要求进行综合衡量确定，一般以适用为准则，不宜提出过高要求。

## 5.5　通风空调工程施工图识读

通风空调工程施工图包括文字说明部分、图例材料表、系统图、平面图、剖面图、详图等组成。识图时按照：文字部分-图例（见表 5-5-1）-系统图-平面图的顺序读图。

通风空调
工程施工图

**表 5-5-1　通风空调工程常用图例**

| 名称 | 图例 | 名称 | 图例 |
|---|---|---|---|
| 轴流式风机 | | 标准型风管天井式空调室内机 | |
| 常开排烟防火阀（70 ℃）熔断 | 70℃ | 电动对开多叶调节阀 | M |
| 微穿孔板消声器 | | 方形散流器 | |
| 氟利昂分配器 | | 风管软接头 | |
| 管道式排风扇（带止回装置） | | 常开排烟防火阀（280 ℃） | 280℃ |
| 过滤器 | | 风管蝶阀 | |
| 双层百叶风口 | | 风管止回阀 | |

### 1. 通风空调识图案例一

（1）所有风管管道底部标高和设备、部件底部标高均为 4.0 m，风管采用镀锌钢板、咬口连接。

（2）风机 PF‐1 采用轴流式风机，型号为 SWF‐I‐No16，22 kW，吊顶安装。吊装支架采用 10 号槽钢和圆钢吊筋组合，吊架总重量为 60 kg。风机的进、出风口断面均为 $\Phi700$，与风管之间采用帆布接口。

（3）对开多叶调节阀要求采用单独支架，每个风阀吊装支架的重量为 10 kg。

（4）成品静压箱的尺寸为 1 000 mm×320 mm×1 200 mm，吊装支架的重量为 40 kg。

（5）型钢支架要求除锈后，刷红丹防锈漆两道，调和漆两道。

（6）单层百叶风口（500 mm×300 mm）的安装高度为 2.6 m，风口与水平风管之间的连接管为 500 mm×300 mm 的 镀锌铁皮风管。

（7）平面图如图 5‐5‐1 所示，图中标注尺寸未注明单位者均为 mm，图纸比例为1∶100。

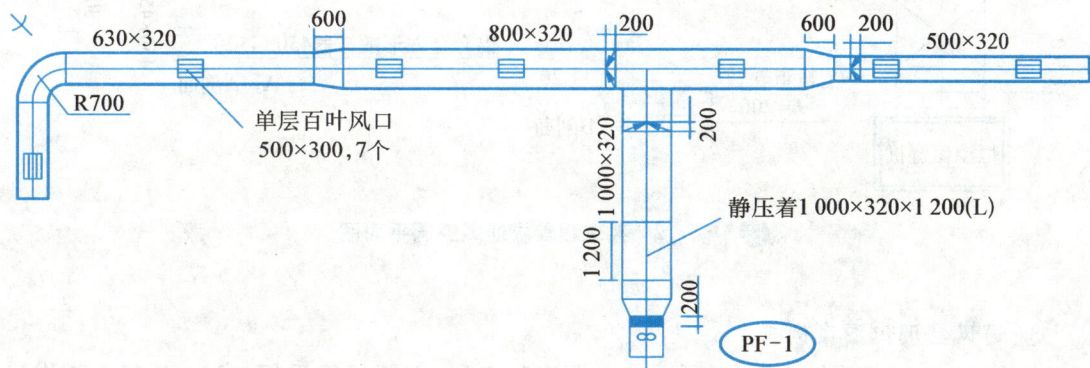

**图5‐5‐1　某工程通风平面图**

（8）镀锌钢板风管板材厚度见表 5‐5‐2。

**表 5‐5‐2　镀锌钢板风管板材厚度**　　　　单位：mm

| 风管最长边尺寸 $b$ 或直径 $D$ | $b(D)\leqslant320$ | $320<b(D)\leqslant630$ | $630<b(D)\leqslant1\,000$ | $1\,000<b(D)\leqslant2\,000$ |
|---|---|---|---|---|
| 普通风管板材厚度 | 0.5 | 0.6 | 0.75 | 1.0 |

### 2. 通风空调识图案例二

（1）本加工车间采用 1 台恒温恒湿机进行室内空气调节，并配合土建砌筑混凝土基础和预埋地脚螺栓安装，其型号为 YSl‐DHS‐225，外形尺寸为 1 200 mm×1 100 mm×1 900 mm，平面图如图 5‐5‐2 所示。

（2）风管采用镀锌薄钢板矩形风管，法兰咬口连接；风管规格为 1 000 mm×300 mm，板厚为 1.20 mm；风管规格为 800 mm×300 mm，板厚为 1.00 mm；风管规格为 630 mm×300 mm，板厚为 1.00 mm；风管规格为 450 mm×450 mm，板厚为 0.75 mm。

（3）对开多叶调节阀为成品购买，铝合金方形散流器的规格为 450 mm×450 mm。

（4）风管采用橡塑玻璃棉保温，保温厚度为 25 mm。

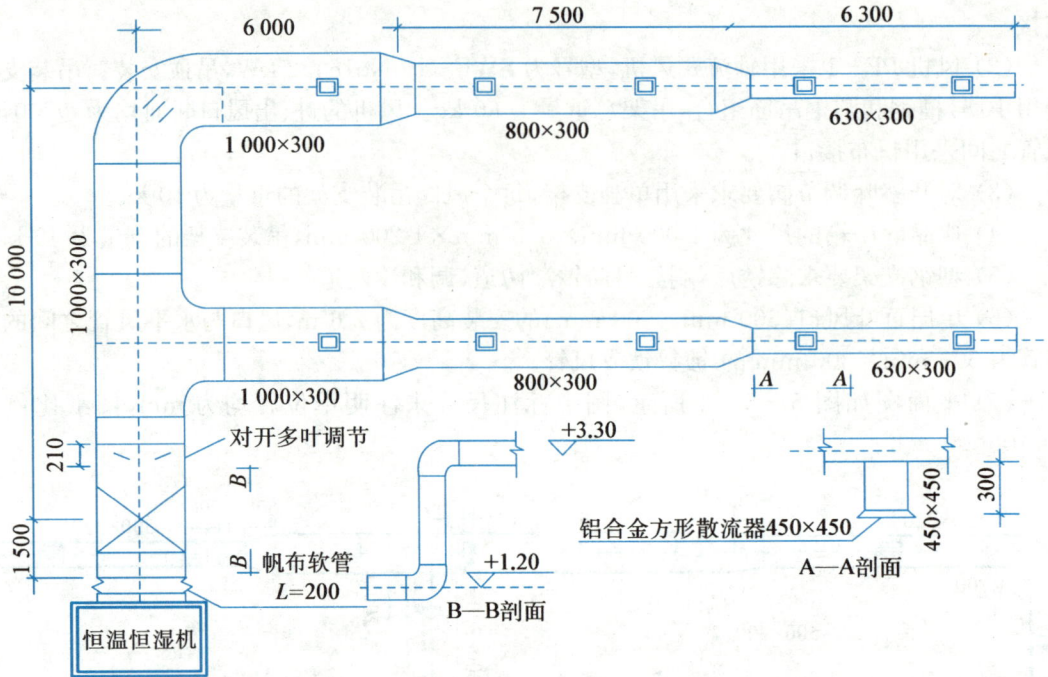

**图5-5-2 某工程首层通风空调平面图**

### 3. 通风空调识图案例三

如图5-5-3和图5-5-4所示的空调安装工程,空调风管采用GM-Ⅱ复合不燃风管制作(厚度为25 mm,外表面为防火阻燃铝箔贴面,内表面涂抗菌涂层);本工程所有风口均为铝合金风口,颜色按装修要求选用。制作风管时,不得有横向拼接并尽量减少纵向拼接缝;其钢板的拼接咬口和风管的闭合咬口可采用单咬口,但咬口缝处应严密,并涂密封胶或密封胶带。风管与送风口相连处应设置长度为200~300 mm的人造革软接,接口应严密,软接头处严禁变径。风管支、吊架或托架应设置于保温层的外部,并在支、吊、托架与风管间镶以垫木,同时应避免在法兰、测量孔、调节阀等零部件处设支(吊)架,水平风管支

(吊)架的间距为3 m,防火、防烟、排烟阀、消声器和通风机必须单独设支(吊)架。敷设在非空调空间的送、回风管道均以保温板(厚度为30 mm)进行保温;吊挂空调机组采用弹簧减振吊架安装,卧式空调机组采用弹簧减振台座,风机盘管采用橡胶减振吊架安装。消声静压箱用1.5 mm厚的镀锌钢板制作,内贴50 mm厚的超细玻璃棉保温板材。

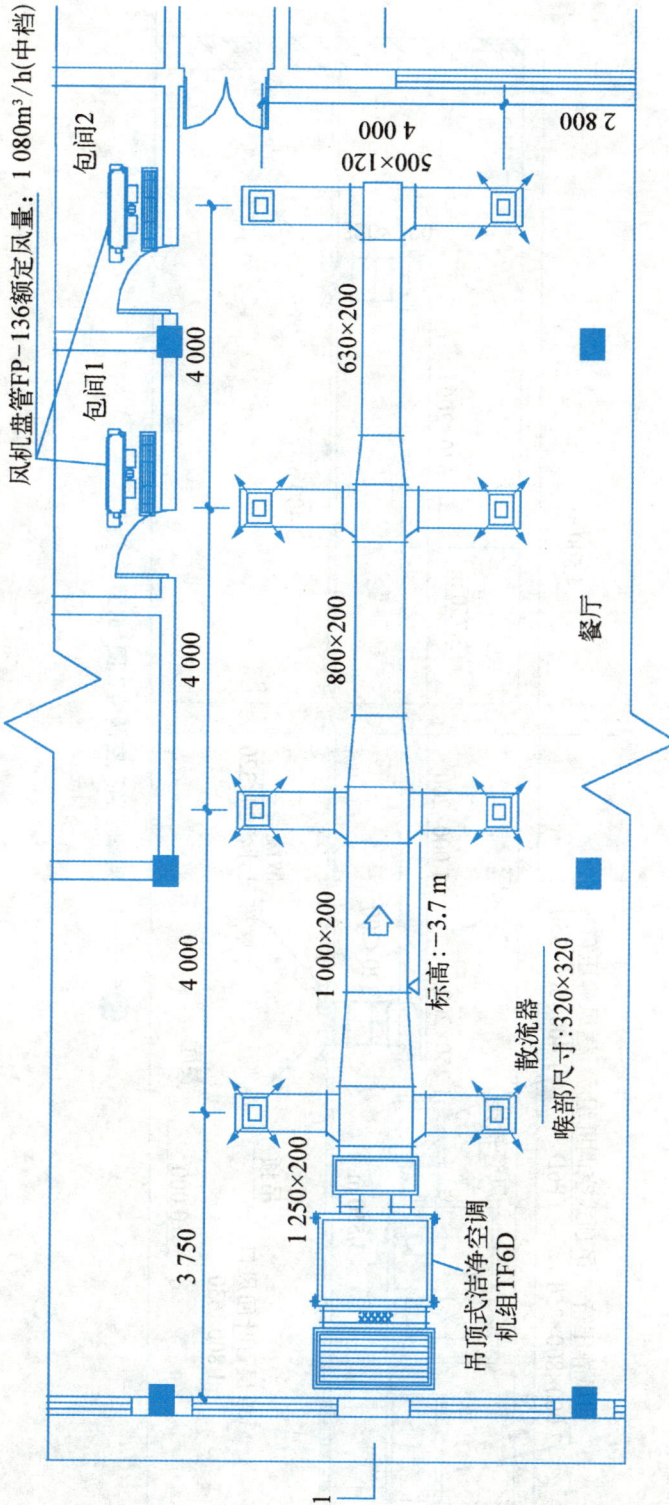

**图 5 – 5 – 3　某餐厅通风空调平面图（局部）**

包间2

风机盘管FP–136额定风量：1 080m³/h(中档)

包间1

4 000

4 000

4 000

3 750

500×120

4 000

2 800

630×200

800×200

1 000×200

1 250×200

餐厅

散流器
喉部尺寸：320×320

标高：−3.7 m

吊顶式洁净空调
机组TF6D

1

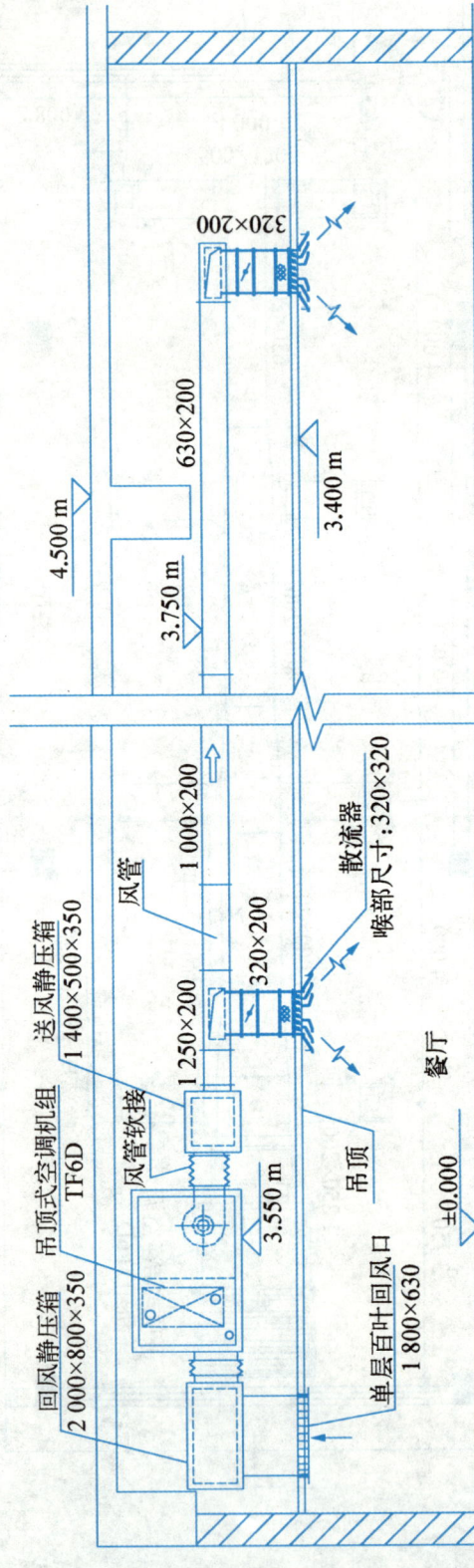

图5-5-4 某餐厅通风空调施工图（剖面）

# 单元实训

## 一、施工图识读实训

图纸

通风空调

### 1. 实训目的

熟悉建筑通风空调安装工程施工图的表达方法与内容,掌握建筑通风空调安装工程施工图的识读方法,具备建筑通风空调施工图的识读能力。了解通风空调系统的分类及其构成。

### 2. 实训内容

识读民用建筑通风空调安装施工图,了解图中通风空调系统的类别组成、风管规格、管道连接方式、通风部件、风机设备及附件的类型、管道安装标高和安装工艺方法。

## 二、施工建模实训

### 1. 实训目的

在建筑通风空调施工图的识读基础上,通过专业课程基础知识的综合运用,思考通风空调风管、通风部件、设备安装施工与建筑工程施工过程中的相互配合和影响因素,协调各工种工程进度,编制施工组织设计,合理安排施工程序及其他施工准备。

### 2. 实训内容

根据普通民用建筑通风空调安装工程施工图,利用 BIM 软件建立三维模型,导出材料计划,分析建筑通风空调施工过程中与土建专业安装配合环节,落实施工方案,确定配合措施。

# 模块6 建筑电气安装工程

## 学习目标

（1）了解户内普通照明、公共照明、应急疏散照明、电梯机房照明、电井照明、管道井照明、电表箱配电、消防电梯配电、普通电梯配电、正压风机配电、排烟风机控制箱配电、机房层正压风机控制箱配电、排水泵控制箱配电、屋面消防水泵控制箱配电、生活加压水泵控制箱配电，建筑防雷接地系统的组成。

（2）了解电信系统、有线电视、可视对讲系统和火灾自动报警系统等系统的组成。

（3）掌握建筑强电工程（照明、插座、动力、防雷接地）施工图的识读方法。

（4）掌握建筑弱电工程（电信系统、有线电视、可视对讲系统和火灾自动报警系统）施工图的识读方法。

（5）掌握各电气设备的安装工艺。

建筑电气概述

## 6.1 建筑电气概论

电气设备安装工程可以是整个电力系统，即从发电厂发出来的电能，经过高压变电所、输电线路、变电所、配电线路、用电设备（或器具），由一系列电气装置和输配电线路所构成的电力系统，也可以是其中的一部分。通常，电气设备安装工程是以接受电能，经变换、分配到用电设备或器具所形成的工程系统。按功能不同，电气设备安装工程可分变配电工程、动力工程、照明工程等。建筑红线内的电气系统一般包括 220/380 V 配电系统、照明系统、建筑防雷、接地系统及安全措施、弱电系统（包含有线电视系统、电话及网络综合布线系统、安防门禁对讲系统、水表抄表系统）。弱电系统一般仅预留进线和竖向金属桥架，水平及户内布线由装饰安装单位深化设计。

### 6.1.1 电力系统

#### 1. 电力系统的组成

由发电厂、电力网、变配电所及电力用户组成的统一整体，称为电力系统。

#### （1）发电厂

发电厂可分为水力发电厂、火电厂、核能发电厂、太阳能发电厂、风力发电厂、地热发电厂和潮汐发电厂等。

**（2）电力网**

分为输电网和配电网两类。35 kV 及以上的输电线路称为输电网，用作远距离输电；10 kV及以下的配电线路称为配电网，其作用是将电能分配给用户。

电力网的电压等级很多，在我国，电气设备、器具和材料的额定电压区段划分见表 6-1-1。

**表 6-1-1  电气设备、器具和材料的额定电压区段表**

| 额定电压区段 | 交流 | 直流 |
| --- | --- | --- |
| 特低压 | 50 V 及以下 | 120 V 及以下 |
| 低压 | 50 V～1.0 kV(含 1.0 kV) | 120 V～1.5 kV(含 1.5 kV) |
| 高压 | 1.0 kV 以上 | 1.5 kV 以上 |

**（3）变配电所**

变配电所是接受电能、变换电压和分配电能的场所，变配电工程是采用变压器把 10 kV 电压降为 380/220 V。

**2. 电力负荷的分类**

根据电力负荷的性质和供电可靠性要求，即是否允许停电或停电造成的人身伤亡、经济损失和政治影响程度，电力负荷等可分**为一、二、三级**，在一级负荷中，当中断供电将造成人员伤亡或重大设备损坏或发生中毒、爆炸和火灾等情况以及特别重要场所的不允许中断供电，应视为特别重要负荷。

**（1）一级负荷对供电的要求**

一类高层民用建筑的消防负荷，应按一级负荷供电：由两个相互独立的电源（两个不同发电厂、两个区域变电站或者一个区域变电站（35 kV 以上）＋自备发电机组）供电，并**在最末端互投**；对于特殊重要负荷，还要求增设应急电源：自备发电机组、干电池、蓄电池、专门供电线路等。

例如，某工程公共用电总配电箱为一级负荷，两路电源均在其配电线路的最末一级配电箱处设置自动切换装置，两路电源来自不同变电所不同 10 kV 母线段变压器下低压回路，满足一级负荷供电要求，如图 6-1-1 所示。

**（2）二级负荷对供电的要求**

二类民用高层建筑的消防供电应为二级负荷，尽可能采用两个回路供电，在适当位置互投，当其中一回路发生故障时，不致中断供电。如图 6-1-2 所示，某工程的消防用电设备、应急疏散照明、强弱电设备房用电、电梯、消防排污泵、前室及楼梯间照明用电等级为二级负荷。

**（3）三级负荷对供电的要求**

三级负荷属不重要负荷，采用单电源供电，尽量提高供电的可靠性、降低停电概率。

**3. 民用建筑供电方式**

民用建筑的电方式，有**放射式、树干式和混合式**三种，其中放射式供电可靠性最高、树干式最低。例如，某项目住宅用电在室外设置三座变电所，住宅用电从就近小区公变 380 V 电源，进线电缆引入电井内的电缆—母线槽转换箱，再由母线槽向各层电表箱供电，如图 6-1-3 所示。照明干线也可采用竖井内干线电缆穿刺线夹配出至分层表箱的配电方式，电表箱至每层住户配电箱采用放射式配出，垂直部分穿管沿墙暗敷设引上。

1AL1 主供,公共照明10KW　N1 WDZ-YJY-4X10+E10-MR

WAT1主供,普通电梯 15KW　N2 WDZN-YJY-4X16+E16-MR

备用

PW1 主供,排烟风机 8KW　N1 WDZN-YJY-4X10+E10-MR-GG40-WS

1,9AE1 主供,应急照明 6KW　N2 WDZN-YJY-4X6+E6-MR

WAT2 主供,消防电梯 15KW　N3 BTTZ-4X16-MR

配电间照明　WDZN-BYJ1-3X2.5+E2.5-KBG25-WC.CC

充电线　N4

L1,L2,L3HUM8—100S/3　40A

L1,L2,L3 HUM8—100S/3 63A

L1,L2,L3 HUM8—100S/3 40A

HUM8—100S/3 50A

L1,L2,L3　HUM8-100S/3　32A

L1,L2,L3 HUM8—100S/332A

L1,L2,L3 HUM8—100S/363A

L1　HUM18—63/1-C16

L1　RL18-16A-1P

10/350复试验 SPD 3P

Imax≥12.5 KA
Up≤2.5 KV

31#—BAA1

HUM8-100S/3 100A

L1,L2,L3 RL18-63A-3P

公共用电(主供)配电箱系统图 31#—BAA2

注:与31#BAA2箱进线为不同10KV进线的箱变低压侧出线

非消防负荷

防火隔板分隔

Ⓐ Ⓐ Ⓥ
0~150A 0~450A
DT864-4
1.5(6)

150:5

kwh

HUH1-150A/3P

Pe=55 KW
Kx=0.8
Pjs=44 KW
cosφ=0.85
Ijs=78.7A

N

PE

消防负荷

电源电专变配电所引入

WDZN-YJY-4X50-MR

MEB

PE重复接地

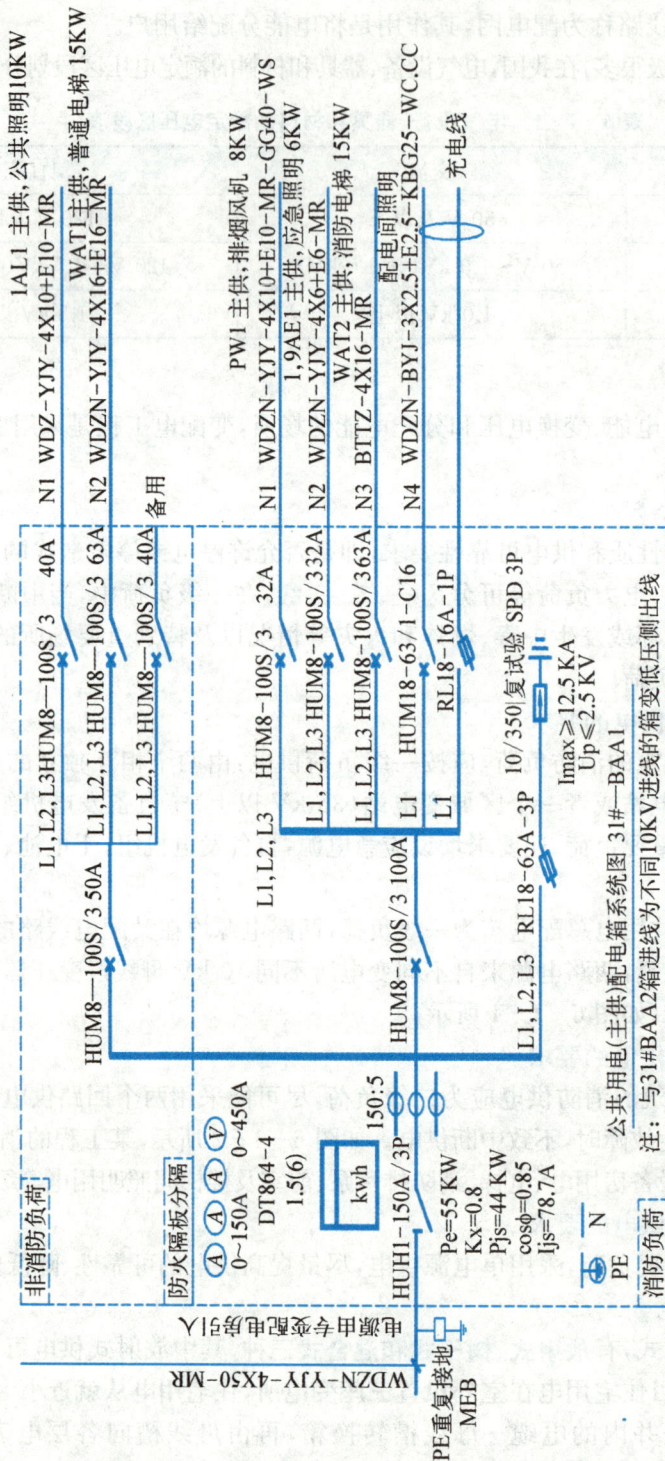

**图6-1-1 某住宅工程公共用电总配电箱(一级负荷)**

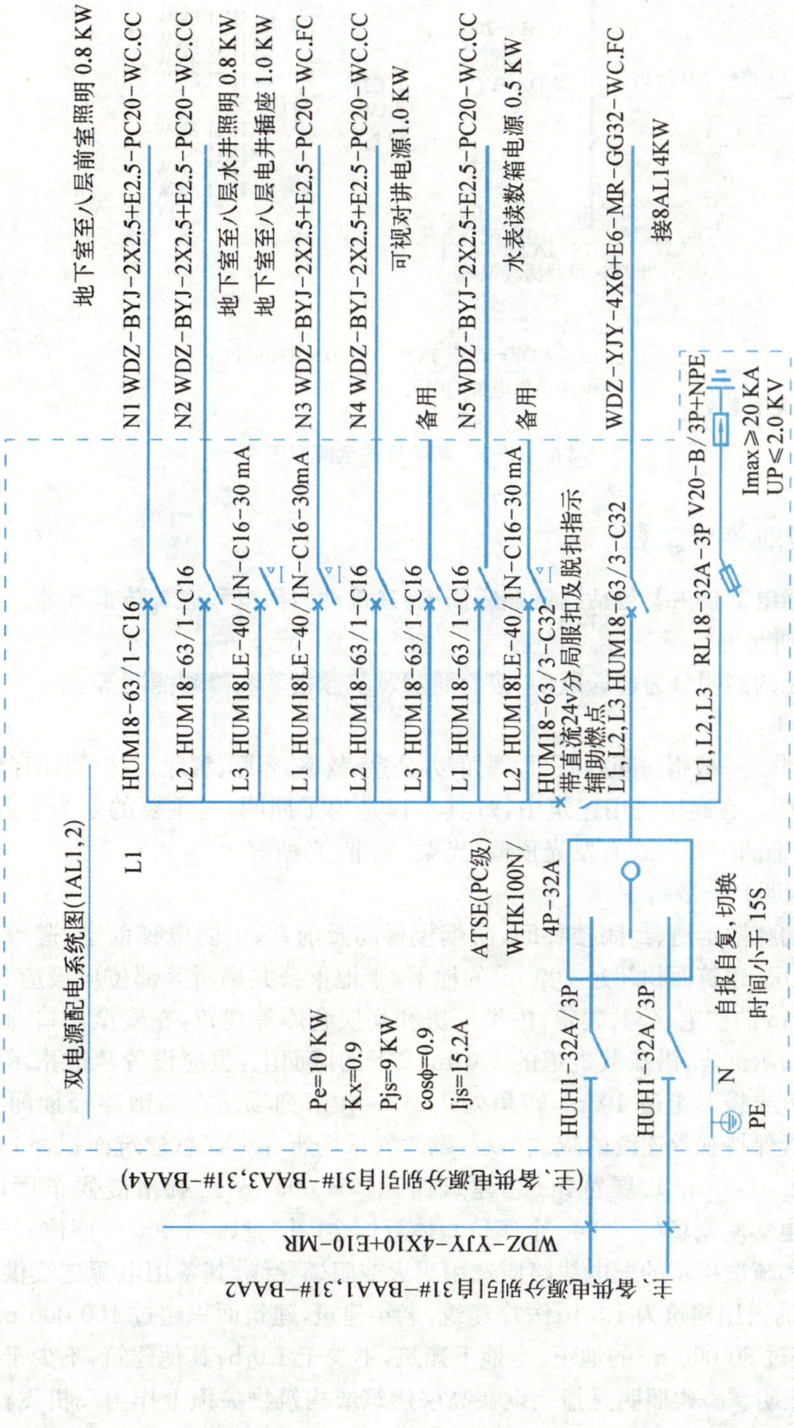

双电源配电系统图(1AL1,2)

Pe=10 KW
Kx=0.9
Pjs=9 KW
cosφ=0.9
Ijs=15.2A

ATSE(PC级)
WHK100N/
4P−32A

自报自复，切换
时间小于 15S

HUH1−32A/3P
HUH1−32A/3P

L1　HUM18−63/1−C16　　HUM18−63/1−C16　　N1 WDZ−BYJ−2X2.5+E2.5−PC20−WC.CC　地下室至八层前室照明 0.8 KW

L2 HUM18−63/1−C16　　HUM18LE−40/1N−C16−30 mA　　N2 WDZ−BYJ−2X2.5+E2.5−PC20−WC.CC　地下室至八层水井照明 0.8 KW

L3 HUM18LE−40/1N−C16−30mA　　L1 HUM18LE−40/1N−C16−30mA　　N3 WDZ−BYJ−2X2.5+E2.5−PC20−WC.FC　地下室至八层电井插座 1.0 KW

L2 HUM18−63/1−C16　　N4 WDZ−BYJ−2X2.5+E2.5−PC20−WC.CC　可视对讲电源 1.0 KW

L3 HUM18−63/1−C16　　备用

L1 HUM18−63/1−C16　　N5 WDZ−BYJ−2X2.5+E2.5−PC20−WC.CC　水表读数箱电源 0.5 KW

L2 HUM18LE−40/1N−C16−30 mA　　备用

HUM18−63/3−C32　带直流24v分局服和及脱扣指示
辅助触点
L1,L2,L3 HUM18−63/3−C32

L1,L2,L3　RL18−32A−3P V20−B/3P+NPE　WDZ−YJY−4X6+E6−MR−GG32−WC.FC　接8AL14KW

Imax≥20 KA
UP≤2.0 KV

WDZ−YJY−4X10+E10−MR
主，备用电源分别引自31#−BAA1,31#−BAA2
主，备用电源分别引自31#−BAA3,31#−BAA4

N
PE

图 6−1−2　某住宅工程公共用电分配电箱（二级负荷）

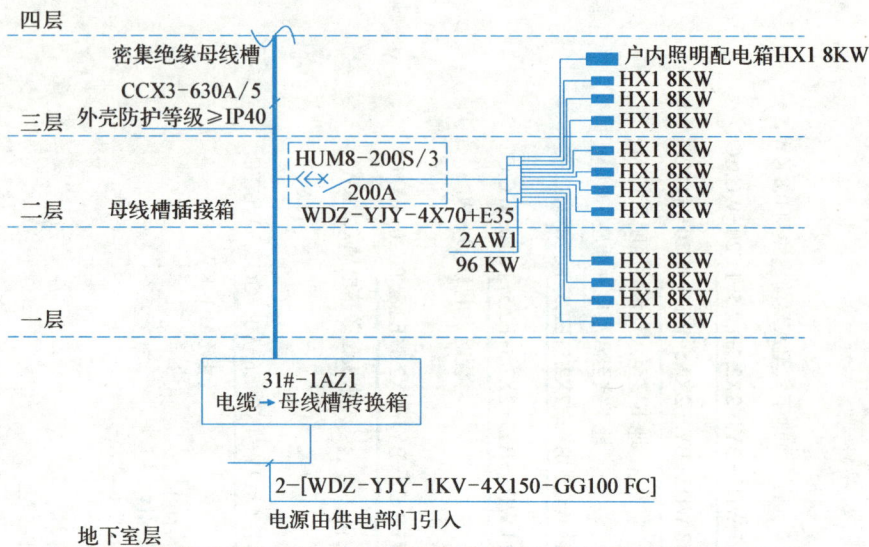

图 6-1-3　某项目住宅配电图

## 6.1.2　建筑强电工程

建筑电气强电工程主要包括建筑照明用电、建筑动力用电和建筑防雷系统。

### 1. 建筑照明用电

建筑内常见的照明分为普通照明、应急照明及疏散指示和障碍照明等。

**（1）普通照明**

① 工作照明。一般指房间内照明，例如：办公室、教室、客厅、餐厅、卫生间、阳台等部位。

② 装饰照明。在高层民用建筑中，灯具不仅是为了照明，更主要的是为了起到装饰作用，即灯饰。灯饰的主要形式有发光顶棚、光梁、光带、光檐等。

**（2）应急照明和疏散指示**

公共建筑的疏散走道、封闭楼梯间、防烟楼梯间及前室、消防电梯前室、避难层、消防控制室、消防水泵房、建筑面积超过 100 m² 的地下、半地下公共场所等部位应设应急照明。建筑高度超过 54 m 的住宅、公共建筑、丙类厂房和高层仓库等建筑，在安全出口、疏散门的正上方设置疏散指示标志；沿疏散走道的 1.0 m 以下的墙面上，也应设置疏散指示标志，其间距≤20 m（人防或袋形走道 10 m，转角处 1 m）。在下列场所在疏散路径地面上（高出地面≤3 mm）布置保持视觉连续的疏散指示：歌舞娱乐场所、商店（总建筑面积＞5 000 m²，地下：总建筑面积＞500 m²）、展览馆（总建筑面积＞8 000 m²）、航站楼候车厅（建筑面积＞3 000 m²）、电影院剧场（＞1 500 个座位）、体育馆会（礼）堂（＞3 000 个座位）。

应急照明和疏散指示的配电线路应选用耐火或阻燃导线，其备用电源连续供电时间，高度超过 100 m 的民用建筑为 1.5 h；医疗建筑，老年建筑，建筑面积超过 100 000 m² 的公共建筑，建筑面积超过 20 000 m² 的地下、半地下建筑，不少于 1.0 h；其他建筑，不少于 0.5 h。

**（3）障碍照明。** 障碍照明是指装设在高层建筑或构筑物尖顶上作为飞机飞行障碍标志的照明，航空障碍灯属一级负荷。障碍照明应用能透雾的红光灯具，每盏障碍灯的功率不应小于 100 W，最高端的障碍灯不得少于 2 盏，通常装设成等边三角形的三盏障碍灯。

### 2. 建筑动力用电

建筑动力配电系统是向电动机配电,以及对电动机进行控制的系统,包括空调制冷机组,空调水泵,冷却塔,热水循环泵、生活给水泵、污水提升泵、客用电梯、货梯、开水器、消防水泵,消防卷帘、水幕水泵、消防电梯、喷淋水泵、排烟风机、正压送风机等。

## 6.1.3　建筑电气弱电工程

目前,建筑电气弱电工程通常包括三网(网络、有线电视、电话)(见图 6-1-4)、水表抄表系统(见图 6-1-5)、火灾自动报警系统和安防系统。

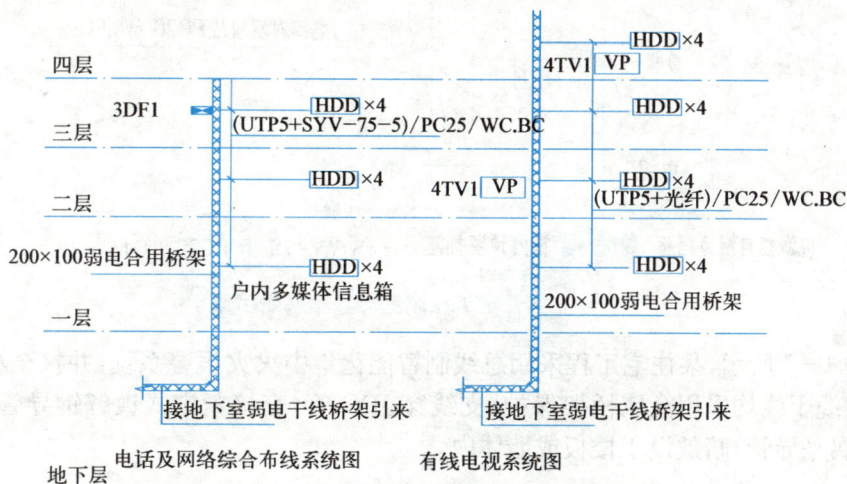

**图 6-1-4　某工程的电信系统和有线电视系统(局部)**

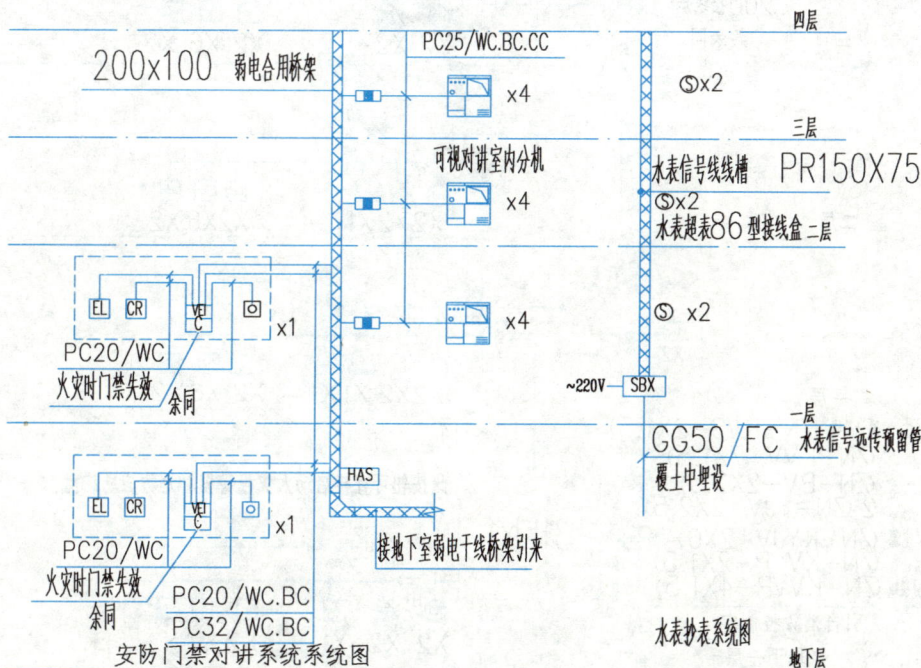

**图 6-1-5　某工程的可视对讲系统和水表抄表系统(局部)**

例如,某住宅工程电信系统的语音、数据线路由小区电信中心机房经地库弱电桥架引至配线设备,再经弱电桥架引至楼层电信分线箱,并由分线箱按每户引一根二芯光缆入各户信息配线箱,如图6-1-6所示。

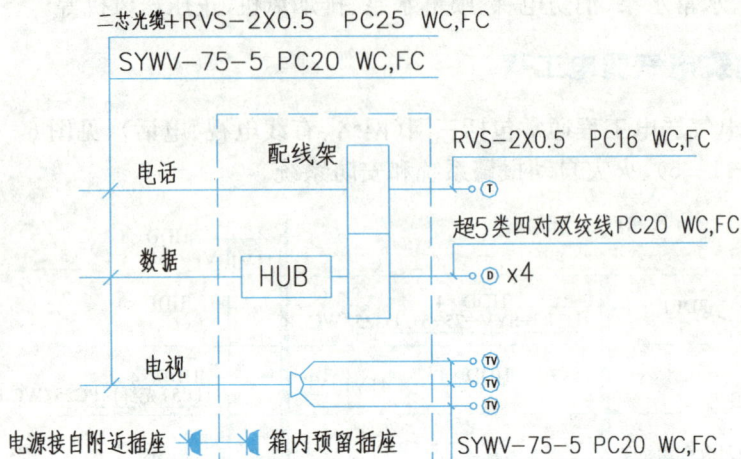

**图6-1-6 某住宅工程家庭信息箱接线示意**

如图6-1-7所示,某住宅工程采用总线制智能化集中火灾报警系统,并接至小区消防中心;各类线缆干线均采用金属桥架保护,支线穿JDG管(套接紧定式镀锌钢导管、电气安装用钢性金属平导管)暗敷设于楼板或墙体内。

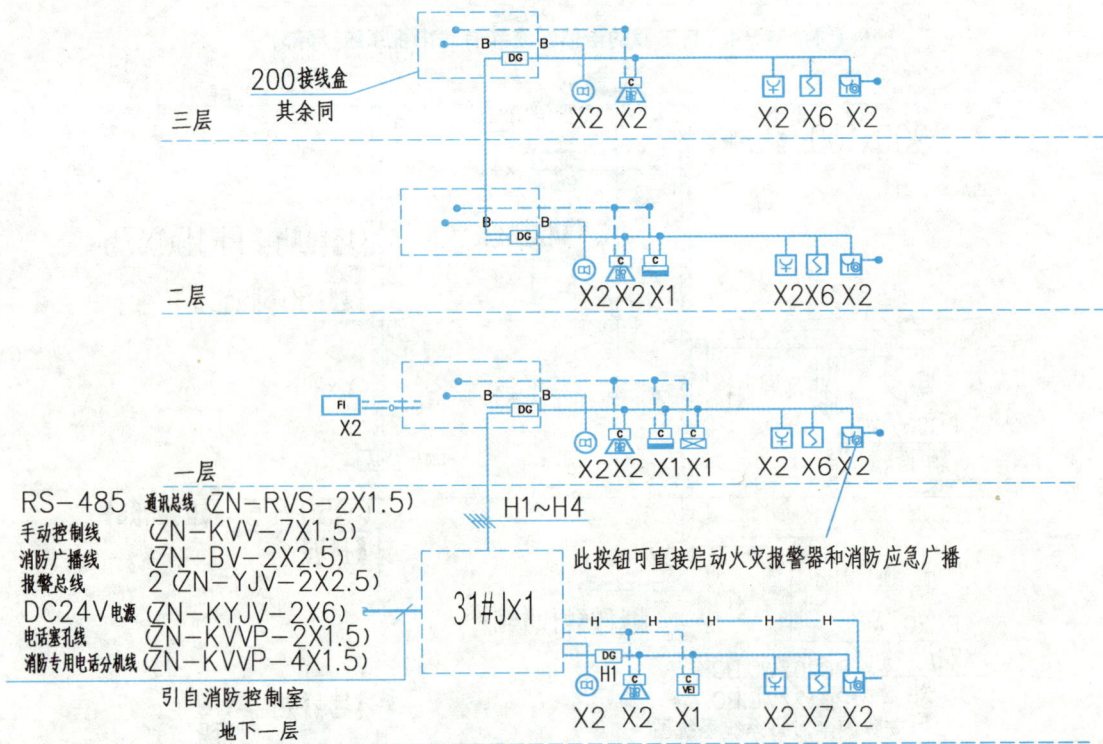

**图6-1-7 某住宅工程火灾自动报警系统(局部)**

安防系统应用广泛,监控系统、门禁识别系统、可视对讲系统、巡更管理系统和家庭内综合安防系统(如图 6-1-8 所示)。

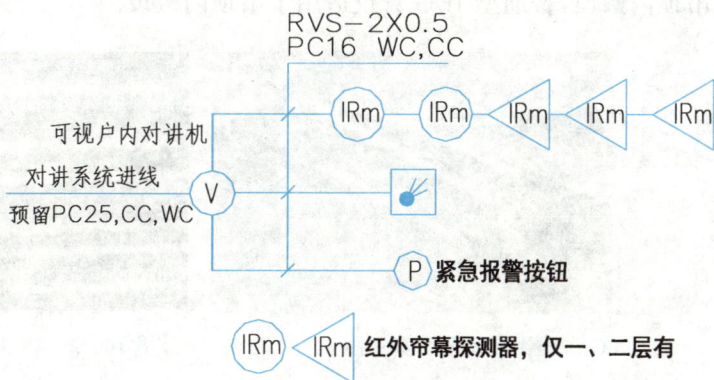

RVS-2X0.5
PC16　WC,CC

可视户内对讲机
对讲系统进线
预留PC25,CC,WC

P 紧急报警按钮

红外帘幕探测器, 仅一、二层有

图 6-1-8　某住宅工程可视对讲系统

# 6.2　建筑电气常用材料

### 6.2.1　常用电气配管和型钢

#### 1. 电气配管

电气配管又称为导管,主要作用是保护绝缘电线(缆),常用的配管焊接钢管(如图 6-2-1),如 SC80(2 mm 厚)、GG80 等;电线管(薄壁钢管 1 mm 厚),如 KBG20 和 JDG20 等;塑料管[刚性阻燃塑料管(聚氯乙烯硬质电线导管、PC25 或 UPVC25)和半硬阻燃塑料管(聚氯乙烯半硬电线导管、FPC25 或 PVC25),见图6-2-2]。另外敷设线缆还常用金属线槽(MR)、塑料线槽(PR)、金属软管(如 CP25),电缆桥架(CT,如图 6-2-5 所示)等。

建筑电气

配管、配线

图 6-2-1　镀锌钢管和铁皮接线盒

图 6-2-2　PC 管和塑料接线盒

(1) KBG 管。套接扣压式薄壁钢导管,简称 KBG 管(见图 6-2-3)。KBG 系列钢导管采用优质管材加工而成,双面镀锌。

（2）JDG 管。紧定式薄壁钢导管，简称 JDG 管，连接套管及其金属附件采用螺钉紧定连接（见图 6-2-4），无须做跨接地。JDG 管分为标准型和普通型两种类型，标准型 JDG 管适用于预埋敷设和吊顶内敷设，普通型 JDG 管仅适用于吊顶内敷设。

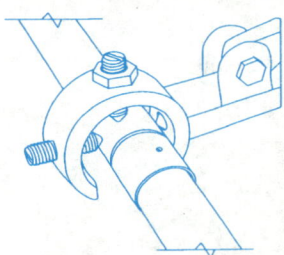

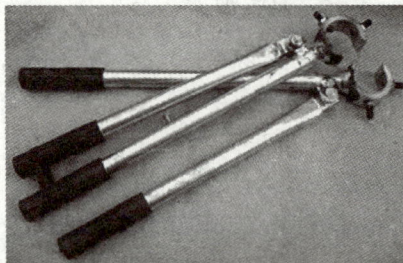

图 6-2-3　KBG 卡压钳示意图和实物图　　　　图 6-2-4　JDG 管及其接头

（3）KBG 管和 JDG 管尽管同属镀锌薄壁钢导管，但尚有区别。

① 连接方式不同。KBG 管为扣压式，JDG 管为紧定式。

② 管路转弯的处理方法不同。KBG 管利用弯管接头，JDG 管使用弯管器煨弯。

(a) 水平电缆桥架　　　　　　　(b) 强电井内的竖向桥架

图 6-2-5　电缆桥架（CT）安装实物图

2. 接线盒

接线盒主要有三种：灯头（位）盒（又称为转线盒）、开关盒、插座盒。常用的接线盒如图 6-2-6 所示。接线盒之间用线管贯通，应注意的是：塑料管用塑料盒、金属管用金属盒，不得混用。

(a) 塑料灯头盒　　　　(b) 镀锌铁皮灯位盒　　　　(c) 塑料开关盒插座盒

图 6-2-6　常用的接线盒

### 3. 型钢

型钢通常可以分为角钢、扁钢、圆钢、槽钢、工字钢等，它们在电气安装工程中的用途非常广泛，角钢常用作支吊架或者接地极，避雷网（避雷带）常使用镀锌扁钢或圆钢，避雷引下线一般使用圆钢。接地母线常使用扁钢，另外在配电箱柜的基础常使用 10♯槽钢。

## 6.2.2　常用电线(缆)

建筑电气工程中，常用**绝缘导线、电力电缆、控制电缆、封闭母线槽**等供配电；架空线路**一般采用裸电缆(铝包钢绞线)**输送电能、配电室内常采用裸母线传输电能。

### 1. 绝缘导线

按线芯材质分为，铜芯和铝芯线，一般首选铜芯导线，只有在不宜使用铜芯线的场所（比如氨压缩机房，氨气对铜有腐蚀性），才使用铝芯导线。按绝缘层和保护层分为塑料绝缘和橡胶绝缘线，塑料绝缘导线、耐压 1 KV、易老化，橡胶绝缘导线耐压 6 KV、柔软、怕酸碱，适宜做经常移动机电设备的电源线缆。塑料绝缘导线价格便宜，应用最广泛，其绝缘层主要是氯化聚氯乙烯，例如：铜塑线（BV）、铜塑软线（BVR）、铜芯塑料护套线（BVV）、铜芯耐火铜塑线（NHBV）、阻燃铜塑线（ZRBV）和铝塑线（BLV）等。绝缘导线字母代号的含义见表 6-2-1。

**表 6-2-1　绝缘导线字母代号的意义**

| 字母代号 | 表示意义 |
| --- | --- |
| B | 在第一位表示布线，在第最后一位表示扁线 |
| L 和 T | L 表示铝芯、T 表示为铜芯，T 可以省略 |
| V | 塑料绝缘，第一位表示塑料绝缘，第二位表示塑料保护层（护套线，如图 6-2-9 所示） |
| R | 软线 |
| X | 天然橡胶绝缘 |
| NH | 耐火线缆，在火灾发生 750～800 ℃的火焰燃烧中维持 180 分钟正常运行，用于消防供电线路 |
| ZR | 阻燃线缆，在空气中燃烧氧指数小于 27，具有自熄性，用于消防控制线路 |

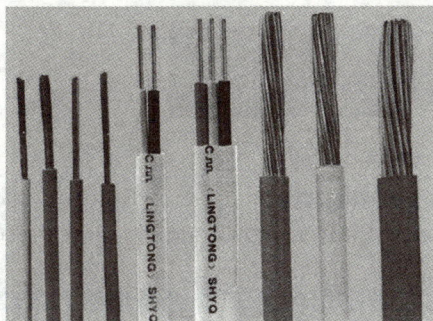

(a) BV与BVV实物图　　　　　(b) 绝缘导线颜色

**图 6-2-7　绝缘导线及配电箱里的绝缘导线**

线芯截面积称为标称截面积,其单位是平方毫米,用符号 mm² 表示。例如:BV 3×2.5,表示:3 根线芯截面积为 2.5 mm² 的铜塑线(导线规格为 BV 2.5);BVV 3×4,表示:一根三芯截面积为 4 mm² 的铜塑护套线(导线规格为 BVV 3×4)。

2. 电缆

电缆根据其不同作用可分为电力电缆、控制电缆、综合布线电缆、通信电缆;按绝缘类型可分为塑料绝缘电缆、橡胶绝缘电缆、矿物绝缘电缆。

**(1) 电力电缆**

电力电缆主要作为输电线路使用。电力电缆有单芯、双芯、三芯及多芯。电力电缆根据线芯的不同,分为有铝芯电缆(VLV)和铜芯电缆[VV、YJV、YJV22(脚标数字 22 表示钢带铠,能承受机械外力,通常用于埋地)、YJV32(脚标数字 32 表示钢丝铠,能承受机械外力和拉力,可用于竖井)]。电缆的字母代号含义为:VV 的第一个 V 表示绝缘材料(塑料),第二个 V 表示内护层材料(塑料);YJV 表示交联聚氯乙烯绝缘、聚氯乙烯保护层电缆。

图6-2-8 YJV 电力电缆

例如,如图 6-2-8 所示,YJV-3×35+2×16-QA 表示交联聚氯乙烯绝缘、聚氯乙烯保护层、铜芯电缆-五芯(三芯截面积为 35 mm²、双芯截面积为 16 mm²)。

① 塑料绝缘电缆

塑料绝缘电缆结构简单、制造加工方便、重量轻、敷设安装方便,**在实际工程中,一般首选交联聚氯乙烯电缆,直埋电缆必须选用铠装电缆。**

② 橡胶绝缘电缆

橡胶绝缘电缆柔软、富有弹性,适合于移动频繁、敷设弯曲半径小的场合,经常作为矿用电缆、船用电缆及采掘机械、X 光机上用电缆,如 BXF(BLXF)-铜(铝)芯氯丁橡胶绝缘线、BXR-铜芯橡胶绝缘软线。

③ 矿物绝缘电缆

**矿物绝缘电缆(mineral insulated cable,MI 电缆)又称防火电缆**,它是由矿物材料氧化镁粉(无机绝缘材料)作为绝缘材料的铜芯铜护套电缆,其结构如图 6-2-9 所示。

图6-2-9 矿物绝缘电缆的结构

1—绞合铜导体;2—无机绝缘材料(如:矿物材料氧化镁粉);3—无机纤维填充物;4—铜护套;5—外护套(可选)

**例如:某高层住宅工程消防用设备供电干线电缆采用的是矿物绝缘电缆(BTTZ);消防设备供电支线采用的是阻燃耐火交联聚乙烯绝缘无卤低烟电力电缆(WDZN-YJY),电线采用的是阻燃耐火交联聚乙烯绝缘无卤低烟电线(WDZN-BYJ);非消防公用设备供电采用的是交联聚乙烯绝缘无卤电缆(WDZ-YJY),电线采用的是交联聚乙烯绝缘无卤电线(WDZ-**

BYJ);非消防公用设备供电电缆采用的是交联聚乙烯绝缘电缆(YJV),电线采用的是交联聚乙烯绝缘电线(BV);电缆的绝缘水平为 0.6/1 kV;导线的绝缘水平为 0.45/0.75 kV。

④ 预分支电缆

电缆使用场合中,主、干线电缆分支和电缆接头处理是供、配电网路施工中的难题。传统的施工方法难度大、技术要求高、周期时间长、现场施工费用高、绝缘强度难以保证、可靠性差。预分支电缆是工厂按用户要求的主、分支电缆型号、规格、截面、长度及分支位置等指标,利用一系列专用生产设备在流水生产线上制作完成的带分支电缆,极大地提高了分直接头可靠性。预分支电缆型号及分支接头如图 6-2-10 所示。

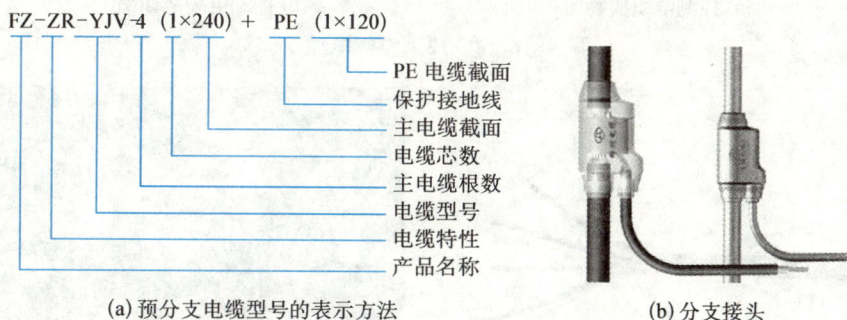

(a) 预分支电缆型号的表示方法
- PE 电缆截面
- 保护接地线
- 主电缆截面
- 电缆芯数
- 主电缆根数
- 电缆型号
- 电缆特性
- 产品名称

FZ-ZR-YJV-4 (1×240) + PE (1×120)

(b) 分支接头

**图 6-2-10　预分支电缆型号的表示方法及分支接头**

例如,交联聚乙烯绝缘聚氯乙烯护套分支电缆:单芯表示为 FZ-YJV,3 芯拧绞式表示为 FZ-YJV-3,4 芯拧绞式表示为 FZ-YJV-4。

又如,聚氯乙烯绝缘聚氯乙烯护套耐火型分支电缆:单芯表示为 FZ-NHVV,3 芯拧绞式表示为 Z-NHVV-3,4 芯拧绞式表示为 FZ-NHVV-4。

预分支电缆的敷设如图 6-2-11 所示。

(2) 控制电缆

控制电缆是主要用于传送控制信号的电缆,芯数为 2～40 芯,截面如图 6-2-12 所示。常见的有 KVLV、KVV-塑料控制电缆(铝芯、铜芯)和 KXV-橡皮绝缘控制电缆(铜芯)。其中,符号 K 表示控制电缆。

(3) 综合布线电缆

综合布线电缆用于传输语言、数据、影像和其他信息的结构化布线系统。综合布线系统使用的线缆主要有大对数铜缆(见图 6-2-13)、各类非屏蔽双绞线和屏蔽双绞线。

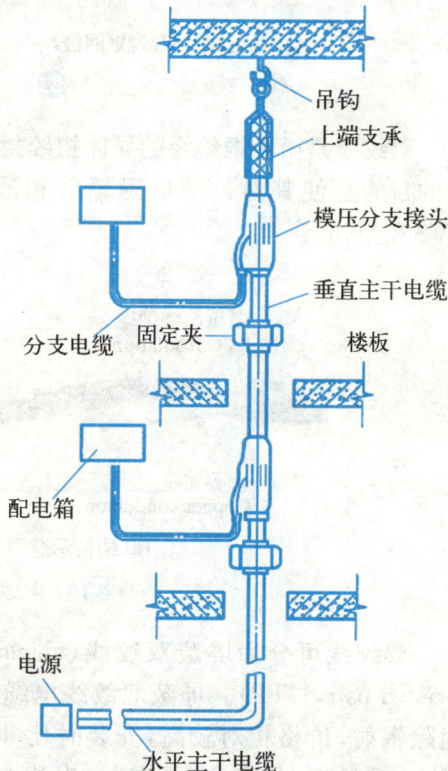

- 吊钩
- 上端支承
- 模压分支接头
- 垂直主干电缆
- 楼板
- 分支电缆
- 固定夹
- 配电箱
- 电源
- 水平主干电缆

**图 6-2-11　预分支电缆的敷设**

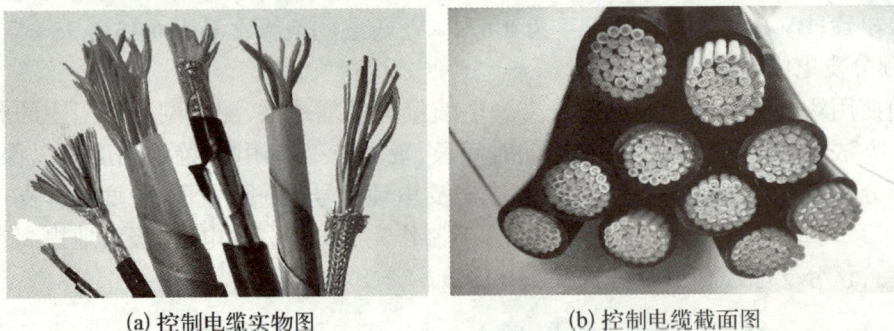

(a) 控制电缆实物图  (b) 控制电缆截面图

图 6-2-12　控制电缆

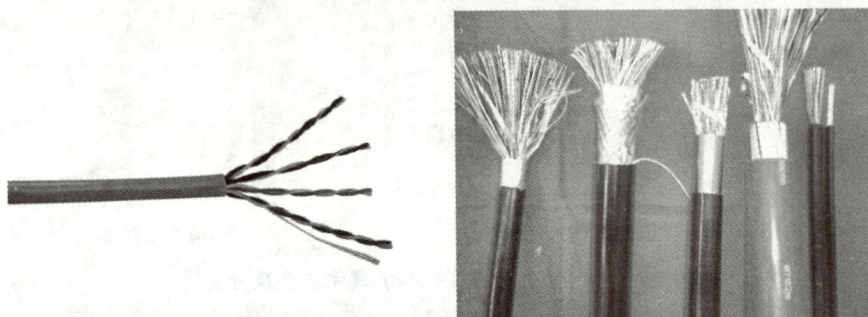

(a) 八芯四对双绞线(网线)  (b) 大对数对双绞线

图 6-2-13　大对数铜缆

　　双绞线是由两根绝缘的导体扭绞封装在一起传输信号的线缆,如图 6-2-14 所示。扭绞的目的是使其对外的电磁辐射和遭外部的电磁干扰最小,例如,某工程的电话线为 RVS 2×0.6。

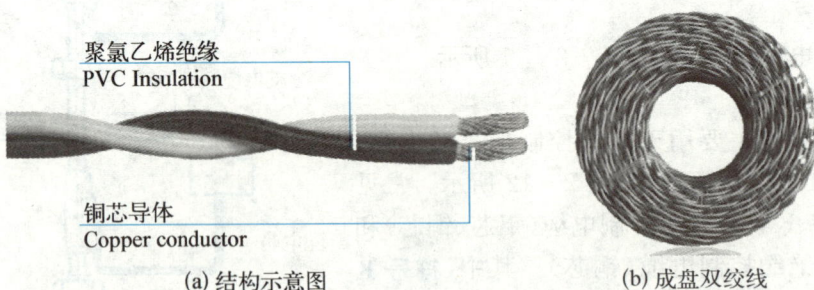

聚氯乙烯绝缘
PVC Insulation

铜芯导体
Copper conductor

(a) 结构示意图  (b) 成盘双绞线

图 6-2-14　双绞线的结构和实物

　　双绞线可分为屏蔽双绞线(shielded twisted pair,STP)和非屏蔽双绞线(unshielded twisted pair,UTP)。屏蔽双绞线电缆的外层由铝铂包裹,可以减小辐射,但并不能完全消除辐射,价格相对较高,安装时比非屏蔽双绞线电缆复杂;非屏蔽双绞线电缆具有直径小、重量轻、易弯曲,易安装、串扰少等优点,得到广泛应用,**例如,网线一般采用超 5 类大对数铜缆 UTPCA51.025～100(25～100 对)**,表 6-2-2 列举了双绞线的类型和应用。

表 6 - 2 - 2　双绞线的类型和应用

| 类　型 | 最高传输速率 | 主要应用 |
|---|---|---|
| 5 类双绞线 | 100 Mbps | 语音 100 BASE- T 以太网 |
| 超 5 类双绞线 | 1 000 Mbps | 千兆位以太网(1 000 Mbps) |
| 6 类双绞线 | 1 Gbps | 传输速率高于 1 Gbps |

光纤是比人的头发丝稍粗的玻璃纤维,通信用光纤的外径一般为 125～140 μm。光纤由纤芯和包层(塑料保护套管和塑料外皮)组成,如图 6 - 2 - 15 所示。光纤按传输模式可分为单模光纤(single mode fiber)和多模光纤(multi mode fiber)。多模光纤较粗(50 μm),传输频带较单模窄,传输距离较近(几千米);单模光纤特别细(10 μm),适用于远程通信。

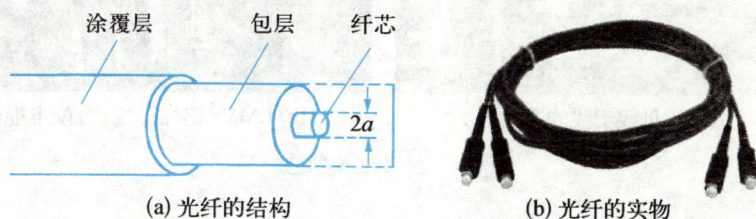

(a) 光纤的结构　　　　　(b) 光纤的实物

图 6 - 2 - 15　光纤的结构及实物

### (4) 同轴线缆

有线通信(有线电视)电缆常采用同轴线缆,同轴线缆的结构如图 6 - 2 - 16 所示。电缆线芯越粗,耗损越小,常用同轴电缆的主要技术性能指标见表 6 - 2 - 3。

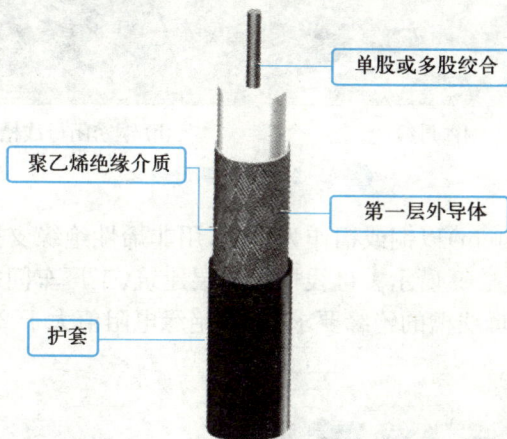

图 6 - 2 - 16　同轴线缆的结构

表 6 - 2 - 3　常用同轴电缆的主要技术性能指标

| 电缆型号 | 绝缘形式 | 芯线外经/mm | 绝缘外经/mm | 电缆外经/mm | 特性阻抗/Ω | 衰减常数/(dB·100 m$^{-1}$) | | |
|---|---|---|---|---|---|---|---|---|
| | | | | | | 30/MHz | 200/MHz | 800/MHz |
| SYKV - 75 - 5 | 藕芯式 | 1.10 | 4.7 | 7.3 | 75±3 | 4.1 | 11 | 22 |
| SYKV - 75 - 9 | 藕芯式 | 1.90 | 9.0 | 12.4 | 75±2.5 | 2.4 | 6 | 12 |
| SYKV - 75 - 12 | 藕芯式 | 2.60 | 11.5 | 15.0 | 75±2.5 | 1.6 | 4.5 | 10 |

### 3. 母线

母线的作用是汇集、分配和传送电能,常用于配电干线,如图 6 - 2 - 17、图 6 - 2 - 18 所示。母线分为裸母线和密闭母线槽(母线槽)。裸母线主要有 TMY - 铜母线(铜排)、LMY - 铝母线(铝排)和铜铝复合母线(价格与电力电缆相当)。

(a) 铝母线干线的敷设　　　　(b) LMY-铝裸母线-分配电能

图 6 - 2 - 17　铝母线

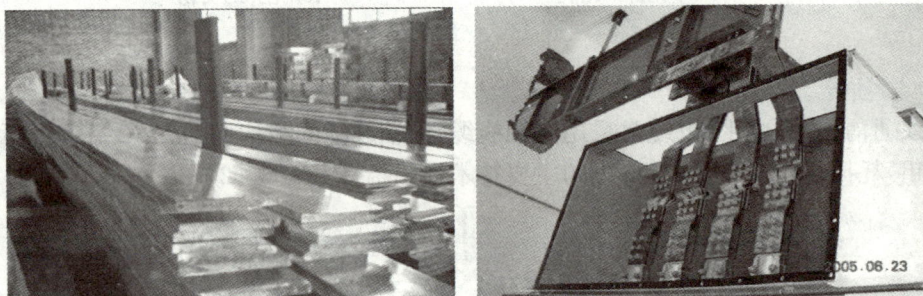

(a) TMY-铜裸母线　　　　(b) 铜密闭母线槽-分配电能

图 6 - 2 - 18　铜母线

母线槽(bus-way-system)以铜或铝作为导体,用非烯性绝缘支撑,封装到金属槽中而形成的绝缘母线,如图 6 - 2 - 19 所示。母线槽在高层建筑、工厂车间等电气设备、电力系统上应用广泛,封闭(插接)式母线槽的绝缘要求极高,绝缘电阻值大于 20 MΩ。

图 6 - 2 - 19　铝母线槽接头和(铜)密闭母线槽

### 6.2.3　配电箱(柜)

#### 1. 配电箱的分类

配电箱主要用来接受电能和分配电能,具有通断、保护、控制和调节 四大功能,配电箱按其功能可分为动力配电箱(AP)、照明配电箱(AL)、应急照明配电箱(ALE)、电表箱(见图 6-2-20,其内部接线如图 6-2-21 所示)和控制箱。

图 6-2-20　电表箱内部构造

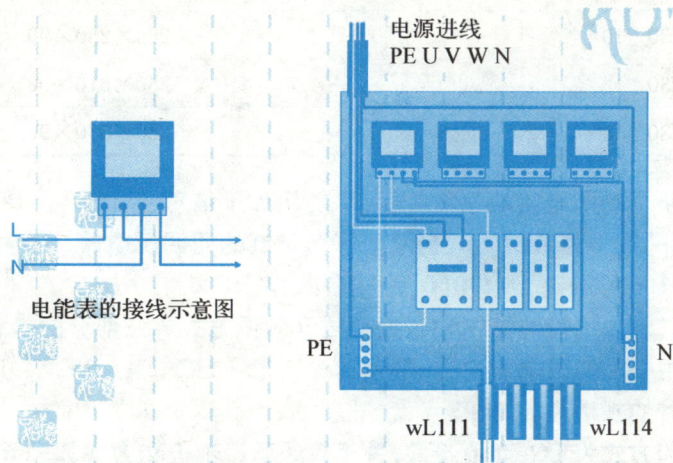

电源进线
PE U V W N

PE　　　　　　　　　　　N

wL111　　　　wL114

电能表的接线示意图

图 6-2-21　电表箱的内部接线示意图

配电箱系统图

#### 2. 配电箱的结构

配电箱主要由箱体和其内部的电气元件组成,电气施工图一般描述箱体的外形尺寸:例如某工程配电箱的外形尺寸为:600 mm(宽)×1 000(高)×400(厚)。配电箱内部由导轨、汇零排、接地母排和电器元件(空气开关、SPD)组成,如照明配电箱内主要装有控制各回路的空气开关、熔断器,有的还装有电度表、漏电保护开关等电气元件。

塑料封装自动开关又称为自动空气断路器或空气开关,是配电箱柜内的主要电气元件,一般有过载保护、漏电保护、欠电压保护等功能,如图 6-2-22 所示。

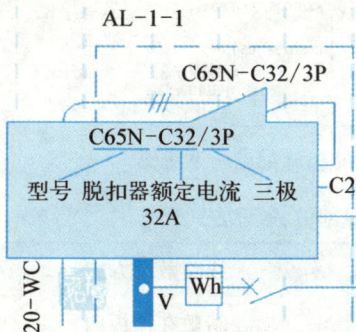

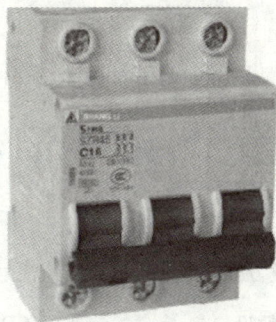

AL-1-1

C65N-C32/3P

C65N-C32/3P

型号 脱扣器额定电流 三极
32A

20-WC　　　　　　V　Wh　　　C2

图 6-2-22　配电箱自动空气开关的型号及实物图

### 3. 国标箱和非标箱

国内生产的配电箱还分为国标箱和非标箱两种：国标箱是国家统一设计的产品，其结构和内部元件、接线都是统一的，表 6-2-4 为 PZ30 型标准配电箱的箱体尺寸。非标箱是根据实际工程而单独设计、制作的产品，也有的是在标准产品的基础上作部分改动的产品。

表 6-2-4　PZ30 型国标配电箱的箱体尺寸

| 型号 | 箱体尺寸(mm)高×宽×深 |
| --- | --- |
| PZ30-8 | 230×240×90 |
| PZ30-10 | 280×280×90 |
| PZ30-12 | 280×310×90 |
| PZ30-15 | 280×370×90 |

图 6-2-23 所示的配电箱柜系统图，可以看出如下信息：

（1）该配电箱的编号为 AL1-0，是需要非标定制的照明配电箱，配电箱的外形尺寸为：600 mm(W，宽)×1000(H，高)×400(D，深或者厚)。

（2）电源进线(缆)、配管的规格和敷设部位及敷设方式等三部分的信息如下：

① 电源进线规格为一根电力电缆，型号为 YJV22-1KV-4*95；

② 电缆保护管的规格为 SC100；

③ 敷设部位和方式为 FC，埋地暗敷，关于管线敷设部位和方式如表 6-2-5 所示。

如表 6-2-5，线路敷设方式分为明敷(exposed laying，大写字母 E 表示)和暗敷(concealed laying，大写字母 C 表示)；敷设部位主要有沿墙(wall)、地板(floor)、顶板(ceiling)、梁(bridge)和柱(column)等部位敷设，一般用大写首字母表示。

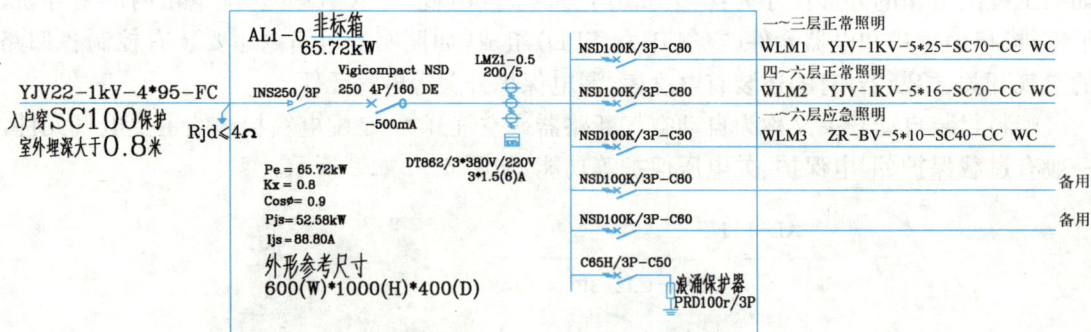

图 6-2-23　某工程非标准配电箱系统图

表 6-2-5　管线敷设部位、敷设方式代号

| 线路敷设方式 | 代号 | 线路敷设方式 | 代号 |
| --- | --- | --- | --- |
| 沿钢索敷设 | SR | 暗敷在顶板内 | CC |
| 沿柱明敷 | CLE | 暗敷在柱内 | CLC |

| 线路敷设方式 | 代号 | 线路敷设方式 | 代号 |
|---|---|---|---|
| 沿墙明敷 | WS | 暗敷在墙内 | WC |
| 暗敷在梁内 | BC | 暗敷地板内 | FC |
| 吊顶内敷设 | SCE | 沿顶板或吊顶敷设 | CE |

**(3)** 配电箱总共有 3 个二次回路,回路编号分别为 WLM1、WLM2、WLM3 和两个备用回路。

**(4)** WLM1 回路的线、管规格及敷设部位方式为:电缆(YJV－1KV－5＊25)穿管(SC70)沿顶板、沿墙暗敷(CC、WC);WLM3 回路的线、管规格及敷设部位方式为:绝缘导线(5 根 ZR－BV10)穿管(SC40)沿顶板、沿墙暗敷(CC、WC)。

### 6.2.4　开关、插座和灯具

#### 1. 开关插座

在照明工程中,常用的开关和插座如图 6－2－24 所示。开关型号的表示示例如图 6－2－25所示,插座型号的表示示例如图 6－2－26 所示。

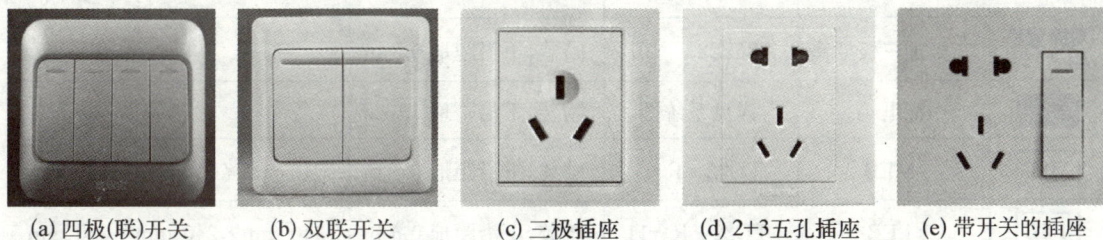

| (a) 四极(联)开关 | (b) 双联开关 | (c) 三极插座 | (d) 2+3五孔插座 | (e) 带开关的插座 |

图 6－2－24　常用的开关和插座

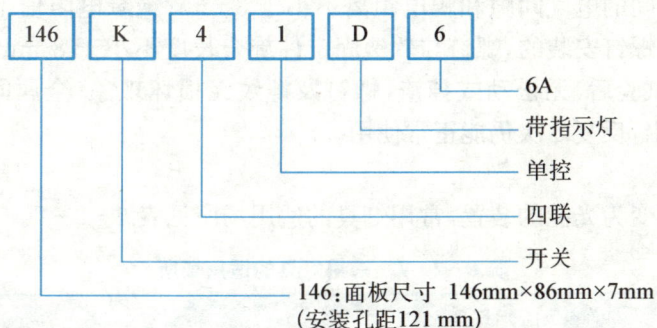

146　K　4　1　D　6

6A
带指示灯
单控
四联
开关
146:面板尺寸 146mm×86mm×7mm
(安装孔距121 mm)

图 6－2－25　四联带指示灯单控开关型号的表示方法

| 86 | Z | 2 | 23 | A | T | 10 |
|----|---|---|----|----|----|----|

- 10A
- 扁圆两用
- 安全型
- 单相两极加三极
- 双联
- 插座
- 面板尺寸：86 mm×86 mm×7 mm

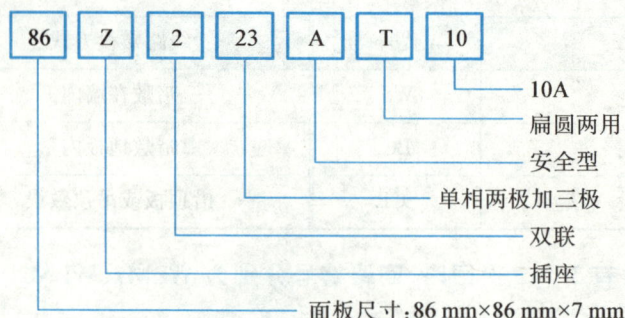

**图6-2-26　安全型双联扁圆两用二极、三极暗插座型号的表示方法**

例如，某工程使用的开关、插座型号（部分）示例见表6-2-6。

**表6-2-6　某工程使用的开关、插座图例**

| 符号 | 名　称 | 型　号 | 安装方式 | 备　注 |
|------|--------|--------|----------|--------|
| | 单联单控开关 | A86K11-10 | 暗装，下沿距地 1.4 m | |
| | 双联单控开关 | A86K21-10 | 暗装，下沿距地 1.4 m | |
| | 三联单控开关 | A86K31-10 | 暗装，下沿距地 1.4 m | |
| | 二极加三极插座 | A86Z223-10A | 暗装，下沿距地 0.3 m | |
| | 配电箱 | 详见系统图 | 暗装，下沿距地 1.6 m | |
| MEG | MEB | TD22-R-1 | 暗装，下沿距地 0.5 m | 340 mm×240 mm×120 mm |
| LEB | LEB | TD22-R-11 | 暗装，下沿距地 0.5 m | 340 mm×240 mm×120 mm |

在电气安装工程中，开关、插座的电气和机械性能要进行现场抽样检测。检测规定是：不同极性带电部件间的电气间隙和爬电距离不小于 3 mm；绝缘电阻值不小于 5 MΩ；用自攻锁紧螺钉或自切螺钉安装的，螺钉与软塑固定件旋合长度不小于 8 mm，软塑固定件在经受 10 次拧紧退出试验后，无松动或掉渣，螺钉及螺纹无损坏现象；金属间相旋合的螺钉螺母，拧紧后完全退出，反复 5 次仍能正常使用。

### 2. 灯具

灯具是将电能变为光能的装置，常用灯具的适用场所见表6-2-7。

**表6-2-7　常用灯具的适用场所**

| 灯具 | 适用场所 | 举　例 |
|------|----------|--------|
| LED灯 | 节能、安装位置应有较好的散热条件，不宜安装在潮湿场所 | 民用建筑、厂房、仓库等 |
| 荧光灯 | 悬挂高度低、能正确识别色彩，人们需长期停留的场所 | 民用建筑 |

| 灯具 | 适用场所 | 举　例 |
| --- | --- | --- |
| 卤钨灯 | 照度要求高、显色性较好、无振动的场所，需要调光的场所 | 剧场、体育馆、展览馆、礼堂、装配车间、精密机械加工车间等 |
| 高压汞灯 | 照度要求高，对光色无特殊要求的场所，有振动的场所 | 厂房、仓库、露天作业场地、厂区道路、城市一般道路等 |
| 高压钠灯 | 照度要求高、对光色无要求、多烟尘、有振动的场所 | 冶金车间、露天作业场地、厂区或城市主要道路、广场、港口等 |

建筑电气工程常用灯具的图例和型号示例如表 6-2-8 所示。

表 6-2-8　某工程使用的照明灯具

| 符号 | 名称 | 型号 | 安装方式 | 备注 |
| --- | --- | --- | --- | --- |
| ○ | 吸顶灯 | 1×18 W | 吸顶安装 | 节能型 |
| ⊡ | 双管日光灯 | YG2-2,2×32 W | 吸顶安装 | 节能型 |
| ▭E | 安全出口灯 | 二线制,甲方自选 | 门上口嵌装 | 持续供电时间大于 90 min |
| ◁▷ | 疏散指示标志 | 二线制,甲方自选 | 暗装,下沿距地 0.5 m | 持续供电时间大于 90 min |
| ▷ | 疏散指示标志 | 二线制,甲方自选 | 暗装,下沿距地 0.5 m | 持续供电时间大于 90 min |
| ▣ | 应急灯 | 二线制,甲方自选 | 暗装,下沿距地 2.4 m | 持续供电时间大于 90 min |
| Ⓢ | 声光控吸顶灯 | 甲方自选 | 吸顶安装 | |
| ⊘ | 调速开关 | 甲方自选 | 暗装,下沿距地 1.4 m | |
| ⓘy | 排气扇 | 甲方自选 | 吸顶安装 | |

灯具的质量应符合要求：**灯具的绝缘电阻值不小于 2 MΩ，内部接线为铜芯绝缘电线，芯线截面积不小于 0.5 mm²，橡胶或聚氯乙烯（PVC）绝缘电线的绝缘层厚度不小于 0.6 mm。**

在电气安装工程中主要设备，材料，成品和半成品应进场验收合格，并应做好验收记录和验收资料归档。当设计有技术参数要求时，应核对其技术参数，并应符合设计要求。实行生产许可证或强制性认证 CCC 认证的产品，应有许可证编号或 CCC 认证标志，并应抽查生产许可证或 CCC 认证证书的认证范围，有效性及真实性。新型电气设备，器具和材料进场验收时应提供安装，使用，维修和试验要求等技术文件。进口电气设备，器具和材料进场验收时应提供质量合格证明文件，性能检测报告以及安装，使用，维修，试验要求和说明等技术文件；**对有商检规定要求的进口电气设备，尚提供商检证明。** 当主要设备，材料，成品和半成品的进场验收需进行现场抽样检测或因有异议送有资质试验室抽样检测，应符合下列规定：

（1）现场抽样检测：对于母线槽、导管、绝缘导线、电缆等，同厂家、同批次、同型号、同规格的,每批至少应抽取 1 个样本;对于灯具、插座、开关等电器设备,同厂家、同材质、同类型的,应各抽检 3%,自带蓄电池的灯具应按 5%抽检,且均不应少于 1(套)。

(2) 因有异议送有资质的试验室而抽样检测:对于母线槽、绝缘导线、电缆、梯架、托盘、槽盒、导管、型钢、镀锌制品等,同厂家、同批次、不同种规格的,应抽检 10%,且不应少于 2 个规格;对于灯具、插座、开关等电器设备,同厂家、同材质、同类型的,数量 500 个(套)及以下时应抽检 2 个(套),但应各不少于 1 个(套),500 个(套)以上时应抽检 3 个(套)。

(3) 由同一施工单位施工的同一建设项目的多个单位工程,当使用同一生产厂家、同材质、同批次、同类型的主要设备、材料、成品和半成品时,其抽检比例宜合并计算。

(4) 当抽样检测结果出现不合格,可加倍抽样检测,仍不合格时,则该批设备、材料、成品或半成品应判定为不合格品,不得使用。

# 6.3 建筑电气施工技术

## 6.3.1 室外电缆敷设

建筑室外电缆敷设多采用电缆直埋、在电缆沟内敷设和电缆保护管敷设等方式。

### 1. 电缆直埋

直埋电缆的施工流程如图 6-3-1 所示。准备工作主要有符合性检查:详细检查电缆型号、电压、规格等与设计相符;外观检查:外观无扭曲、坏损及漏油、渗油现象;电缆在敷设前还应进行绝缘电阻检测或耐压试验,对于 1 kV 及以下电缆,用 1 000 V 兆欧表测其线间及对地的绝缘电阻应不低于 10 MΩ;对于 6~10 kV 电缆应经检测绝缘电阻、直流耐压和泄漏试验。

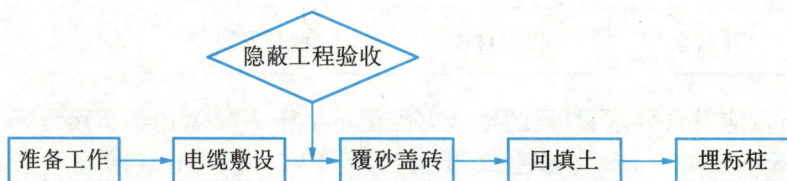

```
                    ┌──────────┐
                    │ 隐蔽工程验收 │
                    └─────◇────┘
                          │
┌────────┐   ┌────────┐   ▼   ┌────────┐   ┌────────┐   ┌────────┐
│ 准备工作 │──▶│ 电缆敷设 │──▶│ 覆砂盖砖 │──▶│ 回填土 │──▶│ 埋标桩 │
└────────┘   └────────┘   └────────┘   └────────┘   └────────┘
```

图 6-3-1 直埋电缆的施工流程

直埋电缆的详细施工做法如图 6-3-2 所示,**一般采用钢带铠装电缆,如 YJV22 型,设计无标明时,挖沟沟底宽度为 400 mm,沟上口宽度为 600 mm,沟深为 900 mm。电缆敷设完毕,应在电缆上下各均匀铺设细砂层,厚度为 100 mm,在细砂层上应覆盖混凝土保护板或红砖,保护层的宽度应超出电缆两侧各 50 mm。**直埋电缆一般在市区应沿人行便道敷设,跨越铁路、公路或街道时应尽量与道路中心线垂直,且应敷设在坚固的保护管或隧道内,电缆管的两端宜伸出道路路基两边各为 2 m,伸出排水沟 500 mm。

**电缆埋深必须大于当地冻土深度,电缆表面距地面不应小于 0.7 m,穿越农田时不应小于 1 m,电缆每 250 m 应考虑一个接头,**电缆接头一般采用图6-3-3所示的做法加以保护。

电缆在拐弯、接头、交叉，进出建筑等地段应设明显的方位埋标桩，电缆直线段每隔50～100 m 应加路径标桩，标桩应牢固、清晰，露出地面 150 mm 为宜。

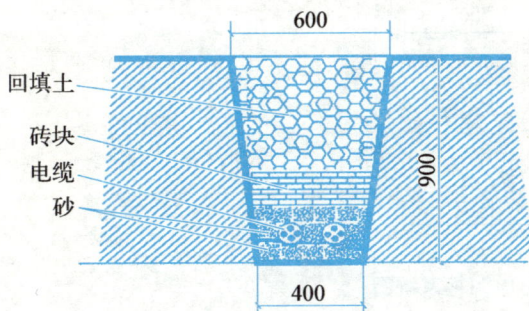

图 6-3-2 直埋电缆的详细施工做法

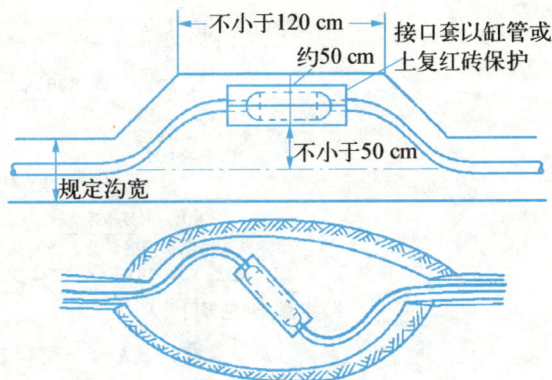

图 6-3-3 埋地电缆接头的做法

### 2. 在电缆沟内敷设

在电缆沟内敷设电缆如图 6-3-4 所示。电缆沟底的坡度为 1%，每 50 m 设置积水井，电缆的敷设顺序是：高压电力电缆敷设在上层，控制电缆在中间层，通信电缆在最下层。电缆支架最上层至板的距离、电力电缆支架间不小于 150～200 mm；控制电缆支架间不小于 120 mm，最下层至沟底的距离不小 50～100 mm。垂直敷设或大于 45°倾斜敷设的电缆在每个支架上固定，水平电缆支持点间距符合规范要求。电缆与支架之间应用衬垫橡胶垫隔开，交流单芯电缆或分相后的每相电缆固定用的夹具和支架，不形成闭合铁磁回路。

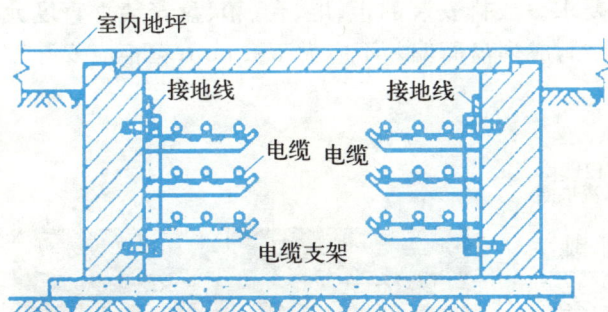

(a) 电缆沟内敷设电缆示意图

(b) 电缆沟内敷设电缆实物图

图 6-3-4 在缆沟内敷设电缆

### 3. 电缆保护管敷设

电缆入户一般采用电缆保护管保护，穿管埋地敷设进入建筑，通过终端电力电缆头与配电箱柜连接（16 mm² 以下按接线端子考虑）。如图 6-3-5 所示，建筑总配电箱电缆规格为 2 根 WDZ-YJY-1KV-4×240 电力电缆，穿 GG150 钢管埋地引入。

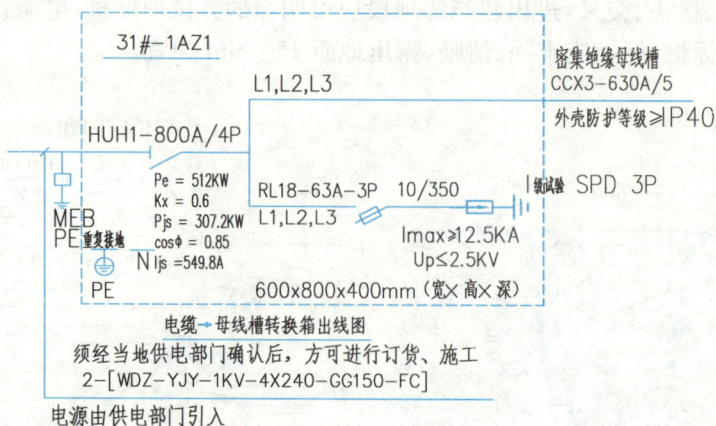

**图 6-3-5 某建筑总电源箱系统图**

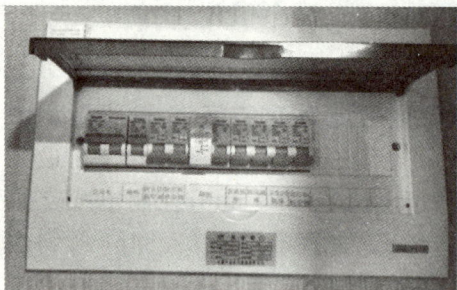

**图 6-3-6 配电箱嵌墙暗装**

## 6.3.2 配电箱的安装

配电箱的安装方式有三种：**嵌墙安装、挂墙安装（底边距地 1.6 m）和落地安装（底边距地 0.1 m，一般用 10♯槽钢做基础）**。建筑工程室内的配电箱一般采用嵌墙暗装，图 6-3-6 所示，照明配电板底边距地面高度不宜小于 1.8 m。

当配电箱（柜）的高度超过 1.2 米时，宜落地安装，安装时，柜下宜垫高 100 mm，常采用 10 号槽钢做基础，型钢的固定点间距不大于 1 000 mm，如图 6-3-7 所示。如有电缆进出线时，还需在柜地预留基坑，以满足电缆的弯曲半径要求。成排安装的柜、屏、台、箱、盘安装垂直度允许偏差为 1.5‰，相互间接缝不应大于 2 mm，成列盘面偏差不应大于 5 mm；箱柜应安装牢固，垂直度允许偏差为 3 mm。

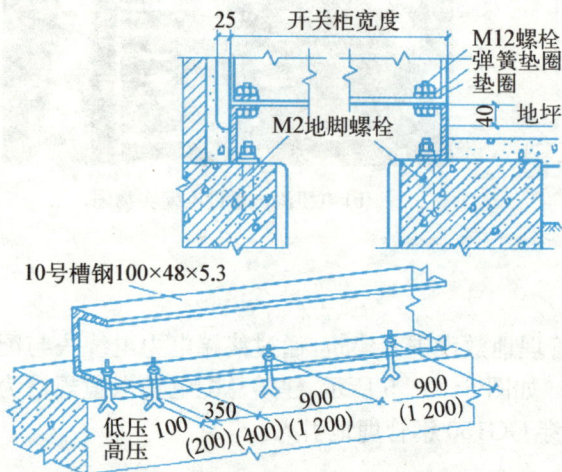

(a) 配电箱(柜)落地安装槽钢基础

(b) 成排安装的电气箱柜(落地)

**图 6-3-7 配电箱(柜)落地安装时基础的做法**

照明配电箱(盘)内部接线应注意以下问题:

(1) 箱(盘)内接线整齐,回路编号齐全,标识正确,照明箱(盘)内分别设置零线(N)和保护地线(PE 线)汇流排,零线和保护地线经汇流排配出。

(2) 垫圈下螺丝两侧压的导线截面积相同,同一端子上导线连接不多于 2 根,防松垫圈等零件齐全。

(3) 箱(盘)内开关动作灵活可靠,带有漏电保护的回路,漏电保护装置动作电流不大于 30 mA,动作时间不大于 0.1 s。

(4) 柜、屏、台、箱、盘间线路的线间和线对地间绝缘电阻值,馈电线路必须大于 0.5 MΩ;二次回路必须大于 1 MΩ。柜、屏、台、箱、盘间二次回路交流工频耐压试验,当绝缘电阻值大于 10 MΩ 时,用 2 500 V 兆欧表摇测 1 min,应无闪络击穿现象;当绝缘电阻值在 1~10 MΩ 时,做 1 000 V 交流工频耐压试验,时间 1 min,应无闪络击穿现象。

(5) 柜、屏、台、箱、盘间配线,电流回路应采用额定电压不低于 750 V、芯线截面积不小于 2.5 mm² 的铜芯绝缘电线或电缆;除电子元件回路或类似回路外,其他回路的电线应采用额定电压不低于 750 V、芯线截面不小于 1.5 mm² 的铜芯绝缘电线或电缆。

### 6.3.3　封闭(插接)式母线槽的安装

母线槽的额定使用电压在 660 V 以下,频率为 50~60 Hz,适用于干燥、无腐蚀性气体的场所。母线槽不宜安装在腐蚀性气体和热力管道上方及腐蚀性液体管道的下方。母线槽安装的工艺流程为:

母线槽安装

母线槽检查—测量定位—支(吊)架制作安装—绝缘测试—母线槽拼接—相位校验。

封闭(插接)式母线槽安装应符合下列规定:

(1) 母线应与外壳同心,允许偏差应为 ±5 mm。母线槽直线段安装应平直,水平度与垂直度偏差不宜大于 1.5‰,全长最大偏差不宜 20 mm;照明用母线槽水平偏差全长不应大于 5 mm,垂直偏差不应大于 10 mm。当母线槽段与段连接时,两相邻段母线及外壳宜对准,连接后不应使母线及外壳受额外应力。

(2) 安装前绝缘电阻值应大于 20 MΩ,低压母线绝缘电阻值不应小于 0.5 MΩ;裸母线转弯曲率半径不得小于 2.5~5 倍。

(3) 水平或垂直敷设的母线槽固定点应每段设置一个,且每层不得少于一个支架,其间距应符合产品技术文件的要求,距拐弯 0.4 m~0.6 m 处应设置支架,固定点位置不应在母线槽的连接处或分接单元处。水平安装时,距地高度不应小于 2.2 m,固定距离不得大于 2 m;垂直安装时,当距地高度在 1.8 m 以下时,应采取防机械损伤措施,支架间距不大于 2 m。支架应安装牢固、无明显扭曲,采用金属吊架固定时应有防晃支架,配电母线槽的圆钢吊架直径不得小于 8 mm;照明母线槽的圆钢吊架直径不得小于 6 mm。

(4) 母线槽跨越建筑物变形缝处时,应设置补偿装置;母线槽直线敷设长度超过 80 m,每 50 m~60 m 宜设置伸缩节。母线槽段与段的连接口不应设置在穿越楼板或墙体处,垂直穿越楼板处应设置与建(构)筑物固定的专用部件支座,其孔洞四周应设置高度为 50 mm 及以上的防水台,并应采取防火封堵措施。

(5) 母线支架和封闭母线槽的外壳必须做保护接地(PE)或接(PEN)地线,全长不少于 2 处与接地导体相连。

### 6.3.4 电气配管

电气配管主要有明敷和暗敷两种方式，两种施工流程比较相似，暗敷配管配合结构、土建施工安插进行，而明敷配管一般配合装饰施工进行。

**1. 配管管径选择**

导线穿管应符合规定：不同回路、电压等级的导线不得穿在同一管内；电压为 50 V 及以下的回路中可穿同一根管；同一台设备的电机回路和无干扰要求的控制回路，可穿同一根管；同类照明的回路，可穿同一根管，但管内导线总数≤8 根。同一交流回路的导线必须穿同一根钢管内，交流单芯电缆不得单独穿于钢管内。

配管管径选择原则：当多根导线穿同一管时，管内导线包括绝缘层在内的总截面积，不应大于管内空截面积的 40%；当单根导线穿管时，线管内径不小于导线直径的 1.4～1.5 倍，常用绝缘电线与线管的配合见表 6-3-1。电缆穿管时，线管内径不小于电缆外径的 1.5 倍。例如，某工程电气配管为 SC，照明开关后导线 BV-2.5 mm²，2～3 根时穿 Φ16 管、SC 管、4～5 根时穿 Φ20 管、6～8 根时穿 Φ25 管。

**表 6-3-1 常用绝缘电线与线管的配合**

| 导线截面积 /mm² | 最小管径/mm | | | | | | | | |
|---|---|---|---|---|---|---|---|---|---|
| | JDG/KBG | SC | PC | JDG/KBG | SC | PC | JDG/KBG | SC | PC |
| | 2 根 | | | 3 根 | | | 4 根 | | |
| 1.5 | 15 | 15 | 15 | 20 | 15 | 20 | 25 | 20 | 20 |
| 2.5 | 15 | 15 | 15 | 20 | 15 | 20 | 25 | 20 | 25 |
| 4.0 | 20 | 15 | 20 | 25 | 20 | 20 | 25 | 20 | 25 |
| 6.0 | 20 | 15 | 20 | 25 | 20 | 25 | 25 | 25 | 25 |
| 10 | 25 | 20 | 25 | 32 | 25 | 32 | 40 | 32 | 40 |
| 16 | 32 | 25 | 32 | 40 | 32 | 40 | 40 | 32 | 40 |
| 25 | 40 | 32 | 32 | 50 | 32 | 40 | 50 | 40 | 50 |
| 35 | 40 | 32 | 40 | 50 | 40 | 50 | 50 | 50 | 50 |
| 50 | 50 | 40 | 50 | 50 | 40 | 50 | 70 | 50 | 70 |
| 70 | 70 | 50 | 70 | 80 | 70 | 70 | 80 | 80 | 80 |

**2. 电气配管的施工流程**

暗敷工艺流程：施工准备—预制加工—测定盒、箱位置—固定盒、箱—管路连接—变形缝处理—接地处理。

明敷工艺流程：施工准备—预制加工管煨弯、支架、吊架—确定盒、箱及固定点的位置—支架、吊架固定—盒、箱固定—管线敷设与连接—变形缝处理—接地处理。

在新建安装工程中，砖混凝土结构暗配管应用普遍，在此主要介绍暗配管施工要求。

### 3. 砖混凝土结构暗配管的主要施工方法和技术措施

（1）预制加工

钢管用钢锯、割管器、砂轮锯进行切管，切管前量好尺寸，切割断口处应平齐，管口刮锉光滑、无毛刺，管内铁屑除净；塑料管采用配套管钳或钢锯切管。镀锌钢管的管径为 20 mm及以下时，用拗棒弯管；当管径为 25 mm 及以上时，使用液压煨弯器弯管，塑料管弯制应采用配套弹簧进行操作。钢管套丝不得有乱扣现象，管口锉平光滑平整。

（2）测定盒、箱位置、配合结构、土建施工固定好盒箱

模板支好后，钢筋工布置钢筋之前，上工作面，以土建弹出的水平线为基准，根据设计要求挂线找正，标出盒、箱实际尺寸位置。电气配管通常是为了贯通灯位盒、开关盒、插座盒等接线盒，如图 6-3-8 所示，为了便于穿线，当管路过长或弯数过多时，应适当应加装接线盒（拉线盒）。

（1）水平敷设管路如遇下列情况之一时，加装接拉线盒，且接线盒的安装位置应便于穿线（不含管子入盒处的 90°曲弯或鸭脖弯）：

① 管子长度每超过 30 m，无弯曲；

② 管子长度每超过 20 m，有 1 个弯曲；

③ 管子长度每超过 15 m，有 2 个弯曲；

④ 管子长度每超过 8 m，有 3 个弯曲。

（2）垂直敷设的管路如遇下列情况之一时，加装接拉线盒：

① 导线截面为 50 mm² 及以下，长度每超过 30 m；

② 导线截面为 70~95 mm²，长度每超过 20 m；

③ 导线截面为 120~240 mm²，长度每超过 18 m。

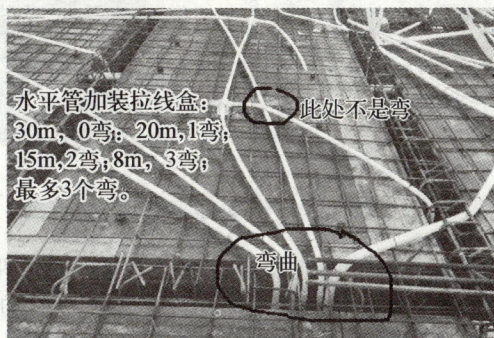

水平管加装拉线盒：30m，0弯；20m，1弯；15m，2弯；8m，3弯；最多3个弯。

此处不是弯

弯曲

图 6-3-8　暗敷在现浇板内的线管和线盒

（3）敷设配管

电线管路应沿最近的路线敷设并尽量减少弯曲，**预埋在混凝土内的管子外径不能超过混凝土厚度的 1/3，可交叉一层，并列敷设的管子间距不应小于 25 mm，电气配管的保护层厚度不得小于 15 mm，线管每隔 1 m 左右应用铅丝绑扎固定。**埋入地下的电线管路不宜穿过设备基础。消防配电线路暗敷时可采用刚性阻燃塑料管，应敷设在非燃烧结构体内，其保护层厚度不小于 30 mm；明敷时必须在金属管或线槽上采取防火措施，当采用矿物绝缘电缆时，可不穿管敷设在电缆井内。

（4）配管与盒箱连接

盒、箱上的开孔用开孔器开孔，要求一管一孔，铁制盒、箱严禁用电焊、气焊开孔。配管进入盒、箱时，加气浇混凝土砌块隔墙应在墙体砌筑后剔槽配管，剔槽宽度不宜大于管外径加 15 mm，槽深不应小于管外径加 15 mm，用不小于 M10 的水泥砂浆抹面保护。当多根管线进箱时，管口应平齐，入箱长度小于 5 mm，进入落地式柜、台、箱、盘内的导管管口，应高出基础面 50~80 mm。镀锌钢管与盒（箱）连接用锁紧螺母锁紧，露出 2~3 丝，如图 6-3-9所示。塑料管用专用胶水粘接，JDG 管与盒箱紧定连接。

（5）配管与配管连接

塑料管连接应使用配套的管件和黏结剂，JDG 和 KBG 管都用专用接头连接。SC 管严

禁对口焊接,可以采取螺纹箍连接和套管焊接。混凝土中暗敷的钢管外表面不做防腐,内表面做防腐,砖墙暗敷的钢管内外表面都要做防腐。

① 取螺纹箍连接将两根分别已套好丝的管用通丝管箍连接起来,如图 6-3-10 所示。丝接的两根管应分别拧进管箍长度的 1/2,并在管箍内吻合好,连接好的管子外露丝扣应为 2～3 扣,不应过长。

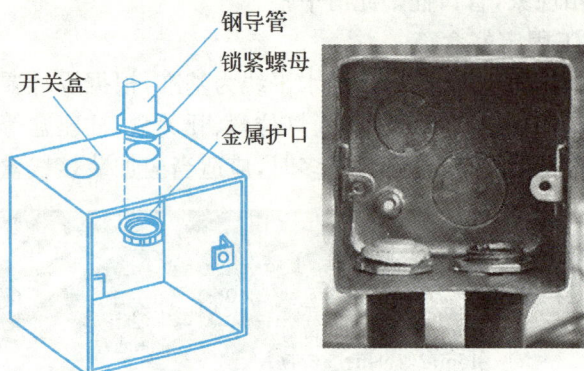

图 6-3-9　钢管与盒(箱)的连接

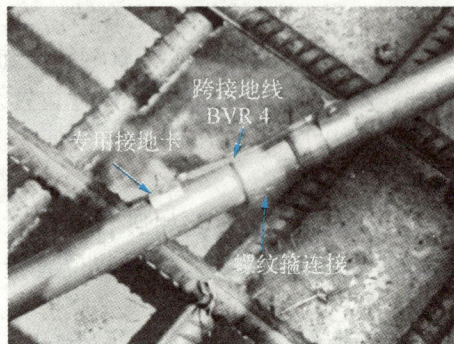

图 6-3-10　SC 管螺纹套管连接

② 套管的内径应与连接管的外径相吻合,其配合间隙以 1～2 mm 为宜,套管的长度应为连接管外径的 1.5～3 倍,如图 6-3-11(a)所示。连接时应把连接管的对口处放在套管的中心处,应注意两连接管的管口应光滑、平齐,两根管对口应吻合,套管的管口也应平齐、焊接牢固、没有缝隙。

(6) 接地处理

金属管除 JDG 不需跨接地线外,KBG、SC 在连接处应做接地跨接。SC 管采用螺纹套管连接时,用 BVR4 接地线跨接,如图 6-3-10 所示,用专用接地卡连接,严禁焊接。KBG 接头处采用 BVR4 专用接地线跨接,两端采用专用接地卡。SC 管与接线盒连接处需要用 $\phi6$ 以上钢筋焊接接地跨接,如图 6-3-11(b)所示。

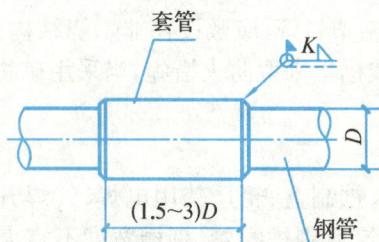

(a) SC 管套管焊接

(b) SC 管连接接线盒时接地跨接

图 6-3-11　SC 管套管焊接及连接接线盒时接地跨接

(7) 实际工程线管暗敷工艺举例

① 在现浇板里预埋线管的施工工艺流程如图 6-3-12 所示。

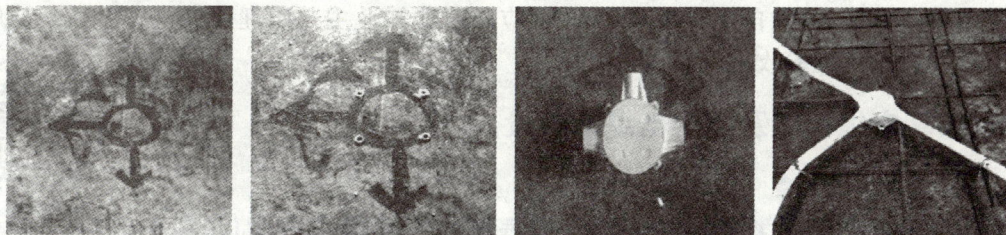

| (a) 在模板上画盒的标记 | (b) 在模板上打眼 | (c) 用自攻螺丝固定线盒 | (d) 线管连接固定 |

图6-3-12　在现浇板里预埋线管的施工工艺流程

② 在剪力墙上预埋线管的施工工艺流程如图6-3-13所示。

| (a) 用红外线水平仪测标高盒、箱 | (b) 绑扎、穿筋、线盒配管 | (c) 自检、监理报验 | (d) 拆除模板后的 |

图6-3-13　在剪力墙上预埋线管的施工工艺流程

③ 在填充墙上切槽配管的施工工艺流程如图6-3-14所示。

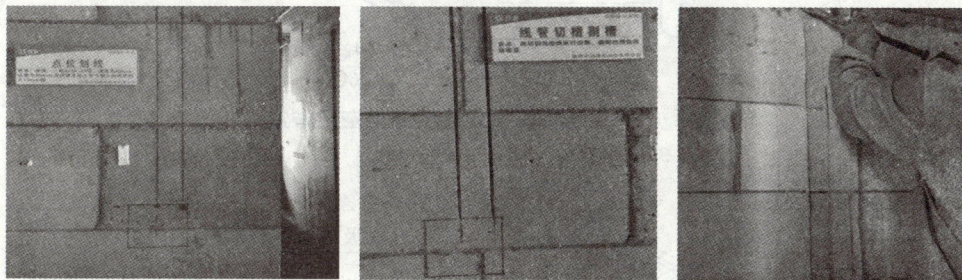

| (a) 在墙面上弹切槽墨线宽度约为40 mm | (b) 沿墨线切槽,深度=直径+15 mm | (c) 人工开槽 |
| (d) 二次配管,用钩钉固定 | (e) C20细石混凝土填充,1:2.5水泥砂浆抹平 | (f) 拆模板时无空鼓、开裂 |

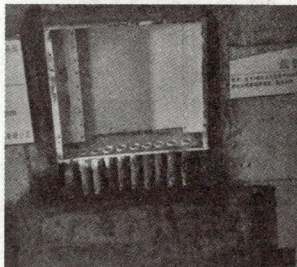

图6-3-14　在填充墙上切槽配管的施工工艺流程

暗管敷设完毕后,在自检合格的基础上,应及时通知业主及监理代表检查验收,并认真如实地填写隐蔽工程验收记录。

### 6.3.5　电缆桥架及室内电缆的敷设

#### 1. 电缆桥架的类型

**电缆桥架按结构类型可分为槽式(C、有底板和盖板)电缆桥架(见图6-3-15)、梯式(T)电缆桥架(见图6-3-16)、托盘式(P、没有盖板)电缆桥架和组合式(ZH)电缆桥架;按材质可分为钢制电缆桥架、铝合金电缆桥架、玻璃钢电缆桥架和防火电缆桥架。**

槽式电缆桥架封闭性能好,梯架不积灰;托盘式电缆桥架底部有孔,钢板较厚,散热性能好,组合式电缆桥架一般又称为开放式桥架,安装极为方便,目前应用广泛。

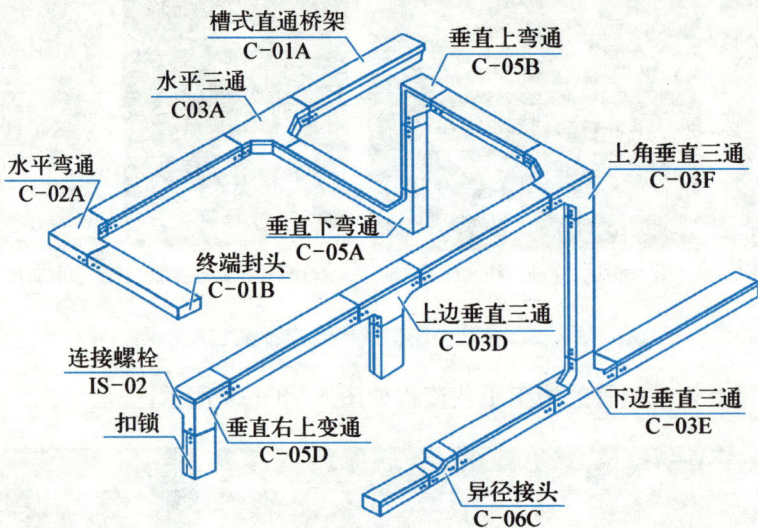

**图6-3-15　槽式(C)电缆桥架的空间布置**

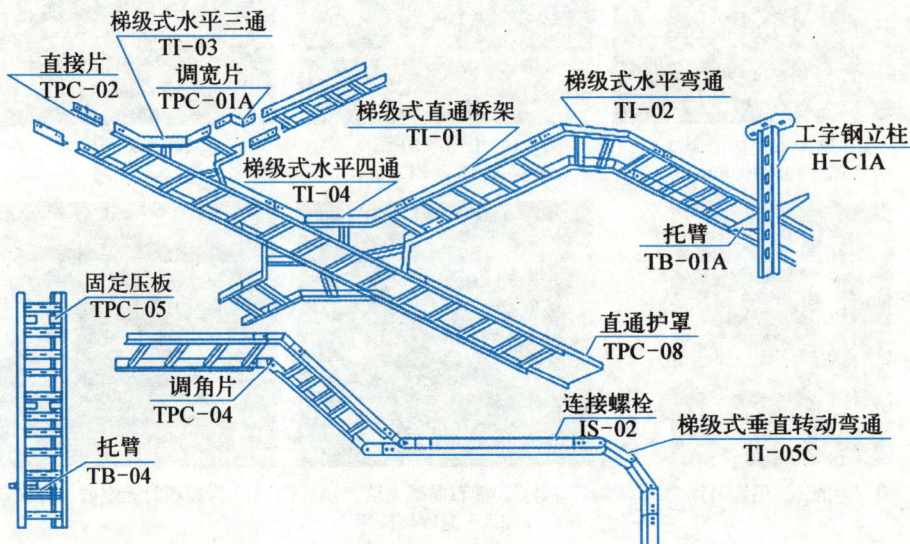

**图6-3-16　梯级式(T)电缆桥架的空间布置**

## 2. 电缆桥架的敷设

电缆桥架的敷设工艺为:定位放线—预埋铁件或膨胀螺栓—支(吊)架的安装—桥架敷设—保护接地安装—桥架穿墙或楼板。

(1) 定位放线。根据施工图确定始端到终端的位置,沿图纸标定走向,找好水平、垂直、弯通,用粉线袋或画线笔沿桥架走向在墙壁、顶棚、地面、梁、板、柱等处弹线或画线,并按均匀挡距画出支、吊、托架的位置。

(2) 预埋铁件或膨胀螺栓。**预埋铁件的自制加工不应小于 120 mm×80 mm×6 mm,其锚固圆钢的直径不小于 10 mm。**紧密配合土建结构的施工,将预埋铁件平面紧贴模板,将锚固圆钢用绑扎或焊接的方法固定在结构内的钢筋上;待混凝土模板拆除后,预埋铁件平面外露,将支架、吊架或托架焊接在上面进行固定。

(3) 支、吊架的安装。支架与吊架由横担和吊杆组成。横担用的角钢不应小于 2.5 号。当桥架宽度不大于 400 mm 时,常用 4 号角钢(∟ 40 mm×40 mm×4 mm);当桥架宽度超过 400 mm 时,用 5 号角钢;当桥架宽度超过 600 mm 时,用 5 号槽钢。角钢应刷两道防锈漆,其长度要比桥架宽度大 100 mm。

吊杆一般用 $\phi 10$(横担为 4 号角钢)、$\phi 12$(横担为 5 号角钢)的镀锌通丝,如图 6-3-17 所示。吊杆的一端用膨胀螺钉固定在顶板结构层上,严禁用木砖固定;另一端用螺母与横担组合,遇到梁时要用图 6-3-18 所示的桥架固定吊架,吊杆和横担均由角钢焊接在一起,吊臂用膨胀螺钉固定在梁上。桥架支(吊)架用钢材应平直、无显著扭曲,下料后长短偏差应±3 mm,切口处应无卷边、毛刺。

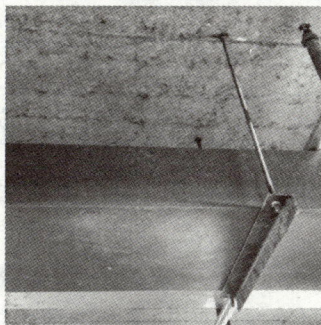

图 6-3-17  桥架吊架
(吊杆为通丝)

图 6-3-18  桥架固定吊架(吊杆为角钢)

(4) 桥架敷设。电缆桥架水平敷设时,支撑跨距一般为 1.5～3 m;电缆桥架竖直敷设时,固定点间距宜不大于 2 m。电缆桥架在进出接线盒、箱、柜、转角、转弯和变形缝两端及丁字接头的三端 300～500 mm 以内应设固定点。当桥架三通弯曲半径不大于 300 mm 时,应在距弯曲段与直线段结合处 300～600 mm 的直线段侧设置一个支(吊)架;当弯曲半径大于 300 mm 时,还应在弯通中部增设一个支(吊)架。

如图 6-3-19 所示,**电缆桥架多层敷设时,电力电缆敷设在最上层,电压等级高的电缆敷设在最上层,层间距离一般为:电力电缆之间不应小于 300 mm;电力电缆与通信电缆之间不应小于 500 mm,如有屏蔽盖板可减少到 300 mm;控制电缆之间不应小于 200 mm;桥架上部距顶棚或其他障碍物不应小于 300 mm。**

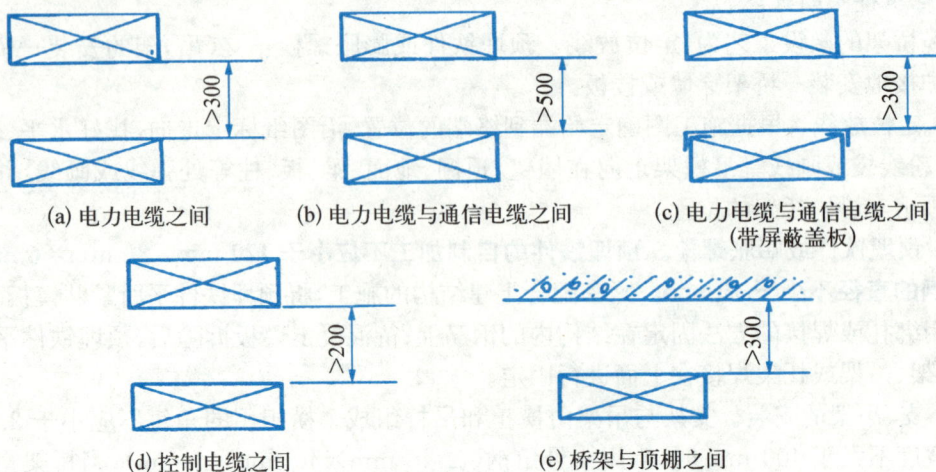

(a) 电力电缆之间　　(b) 电力电缆与通信电缆之间　　(c) 电力电缆与通信电缆之间（带屏蔽盖板）

(d) 控制电缆之间　　　　　　(e) 桥架与顶棚之间

**图 6-3-19　电缆桥架多层敷设时的间距要求**

电缆桥架应敷设在易燃易爆气体管和热力管道的下方，当设计无要求时，与管道的最小净距应符合表 6-3-2 的规定。

**表 6-3-2　电缆桥架与管道的最小净距**　　　　　　　　　　　　　单位：m

| 管道类别 | | 平行净距 | 交叉净距 |
| --- | --- | --- | --- |
| 一般工艺管道 | | 0.4 | 0.3 |
| 易燃易爆气体管道 | | 0.5 | 0.5 |
| 热力管道 | 有保温层 | 0.5 | 0.3 |
| | 无保温层 | 1.0 | 0.5 |

当直线段钢制电缆桥架长度超过 30 m，铝合金或玻璃钢制电缆桥架长度超过 15 m 时，应设置伸缩节；当电缆桥架跨越建筑物伸缩缝处时，应设置补偿装置，可用带伸缩节的桥架，如图 6-3-20 所示。电缆桥架与支架间及与连接板的固定螺栓应紧固无遗漏，螺母应位于桥架的外侧；当铝合金桥架与钢支架固定时，应有相互间绝缘的防电化腐蚀措施，一般可垫石棉垫。

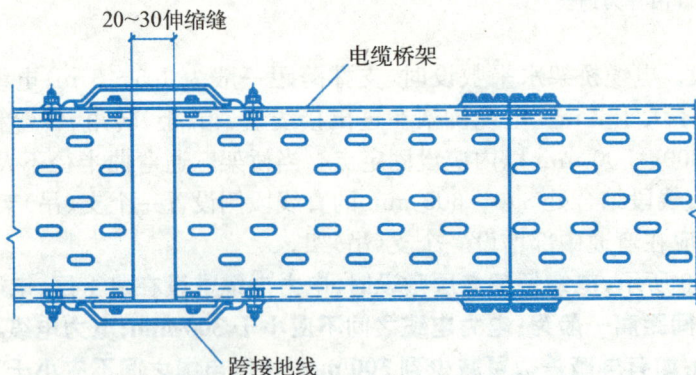

**图 6-3-20　桥架伸缩缝做法**

**(5) 保护接地安装。** 金属电缆桥架及其支架和引入或引出的金属电缆导管必须接地 (PE) 或接零 (PEN) 可靠，且必须符合下列规定。

① 梯架、托盘和槽盒全长不大于 30 m 时，不应少于 2 处与保护导体可靠连接；全长大于 30 m 时，每隔 20～30 m 应增加一个连接点，起始端和终点端均应可靠接地；

② 非镀锌梯架、托盘和槽盒本体之间连接板的两端应跨接保护联结导体、保护联结导体的截面积应符合设计要求；

③ 镀锌梯架、托盘和槽盒本体之间不跨接保护联结导体时，连接板每端不应少于 2 个有防松螺帽或防松垫圈的连接固定螺栓。

**(6) 防火封堵。** 如图 6-3-21 所示，**电缆桥架在穿过防火墙及防火楼板时，**应采取防火封堵措施，土建施工时预留洞口，在洞口处预埋好护边角钢，根据电缆敷设的根数和层数，将用角钢 (50 mm×50 mm×5 mm) 制作的固定框焊在护边角钢上。**电缆过防火墙处**应尽量保持水平，每放一层电缆，垫一层厚度为 60 mm 的阻火包（枕），用泡沫石棉毡把洞堵平，小洞用阻火泥封堵。在防火墙两侧 1 m 以内，对塑料、橡胶电缆直接涂防火涂料 3～5 次，每遍相隔 24 h，达到 0.5～1 mm 的厚度。对铠装油浸纸绝缘电缆，包一层玻璃丝布后，再刷防火涂料 0.5～1 mm 或直接刷防火涂料 1～1.5 mm。

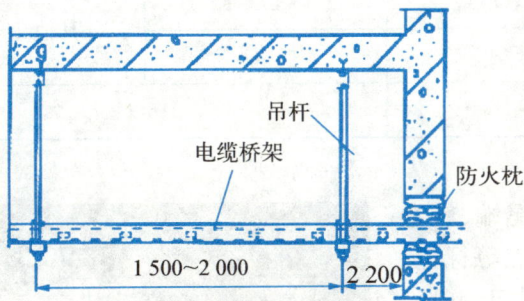

(a) 电缆桥架穿防火墙

(b) 电缆桥架穿防火墙实物图

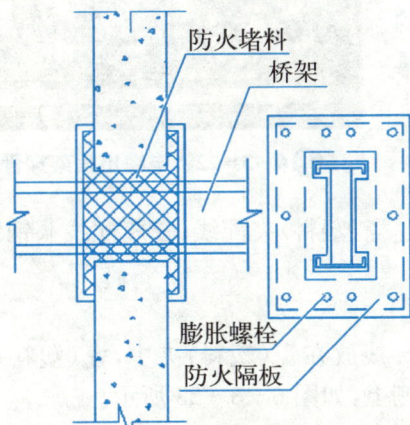

(c) 防火隔板做法示意图

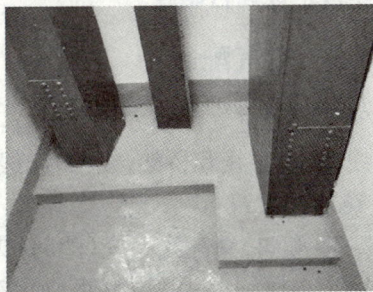

(d) 电缆桥架穿过楼板防火封堵

**图 6-3-21　电缆桥架的防火封堵**

### 5. 桥架（金属线槽）配线

电缆在桥架内应排列整齐、不应交叉，每根电缆敷设后及时卡固；1 kV 以下的电力电缆和控制电缆可以同层敷设,但1 kV以上和1 kV以下的电缆、同一路径向一级负荷供电的双路电源电缆、应急照明和其他照明的电缆、强电和弱电电缆等不宜敷设在同一层桥架上,如果受条件限制需要安装在同一层桥架上,则应用隔板隔开。

电缆水平敷设时,**应在首尾两端、转弯及每隔5~10 m处进行固定**;垂直敷设时,应在电缆的上端及每隔**1.5~2 m**处进行固定;大于45°倾斜敷设的电缆,应每隔**2 m**设一固定点。电缆桥架内敷设的电缆,在拐弯处电缆在拐弯处电缆的弯曲半径符合要求(应以最大截面电缆允许弯曲半径为准),见表6-3-3。

**表6-3-3　电缆最小允许弯曲半径**

| 电缆形式 | | 最小允许弯曲半径 | |
| --- | --- | --- | --- |
| | | 多芯电缆 | 单芯电缆 |
| 塑料绝缘电缆 | 无铠装 | 15D | 20D |
| | 有铠装 | 12D | 15D |
| 橡皮绝缘电缆 | | 10D | |
| 控制电缆 | 非铠装型、屏蔽型软电缆 | 6D | 其他10 D |
| | 铠装型、铜屏蔽型 | 12D | |
| 矿物绝缘电缆 | | 15D | |

注:D为电缆外径。

电缆桥架内敷设的电缆应在首端、尾端、转弯及每隔50 m处,设有编号、型号及起止点等标记。电缆在桥架内的填充率,电力电缆不应大于40%,控制电缆不应大于50%。电缆出桥架时应穿管保护,如图6-3-22所示。**交流单芯电缆或分相后的每相电缆不得单根独穿于钢导管内,固定用的夹具和支架不应形成闭合磁路。**

**图6-3-22　电缆出桥架穿管保护**

### 6.3.6　电气配线

建安工程的电气配线方式主要有:绝缘子配线[瓷(塑料)夹配线、瓷瓶配线]、钢索配线、槽板配线、管内穿线和桥架(线槽)配线等。

**1. 绝缘子配线**

**(1) 瓷(塑料)夹配线。** 瓷(塑料)夹配线是将导线放在瓷(塑料)夹中,瓷(塑料)夹用木螺钉固定在木槻子上或用黏结剂固定在墙上或天棚上,如图6-3-23所示。

**(2) 瓷瓶配线。** 瓷瓶配线是将导线绑扎在瓷瓶上,再用木螺钉或黏结剂将瓷瓶固定在墙壁上或天棚上。当导线截面为1~4 mm²时,瓷瓶的间距不大于2 000 mm;当导线截面为6~10 mm²时,瓷夹的间距不大于2 500 mm,图6-3-24所示。

**2. 钢索配线**

采用钢绞线作为钢索,其截面积应根据实际跨距、荷重及机械强度选择,最小截面积不

(a) 转角          (b) T 形分支          (c) 十字交叉

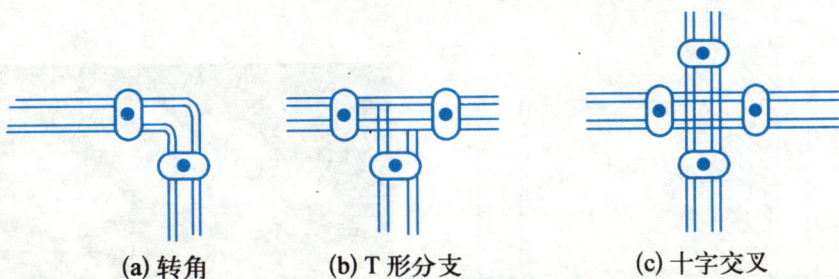

图 6-3-23  瓷夹板配线

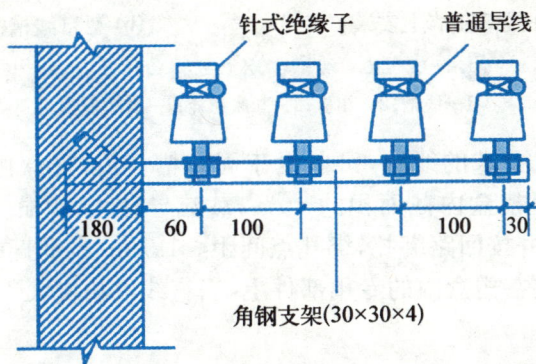

图 6-3-24  瓷瓶配线

小于 10 mm²，如采用镀锌圆钢作为钢索，其直径不应小 10 mm。钢索配线如图 6-3-25 所示。钢索的固定件应刷防锈漆或采用镀锌件，钢索的两端应拉紧，当跨距较大时应在中间增加支持点，中间支持点的间距不应大于 12 m。

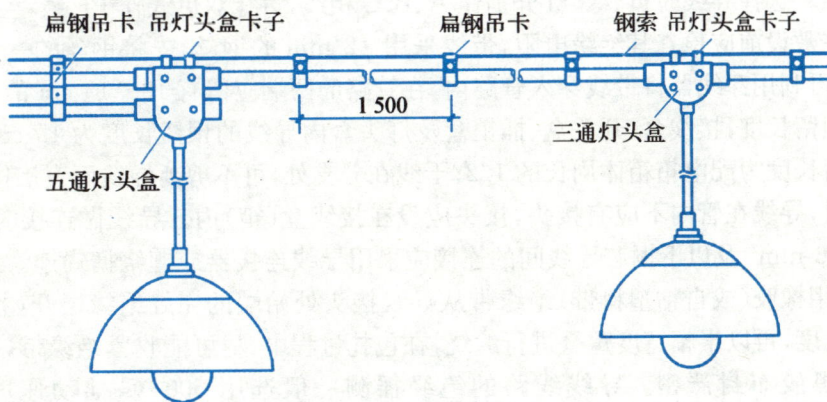

图 6-3-25  钢索配线(SR)

### 3. 槽盒配线

除塑料护套线外，绝缘导线应采取导管或槽盒保护，不可外露明。敷槽板（线槽）配线适用于办公、住宅建筑的明装线路，如图 6-3-26 所示。

PVC 线槽施工

(a) 线槽在墙上安装　　　　　　　(b) 塑料线槽(PR)

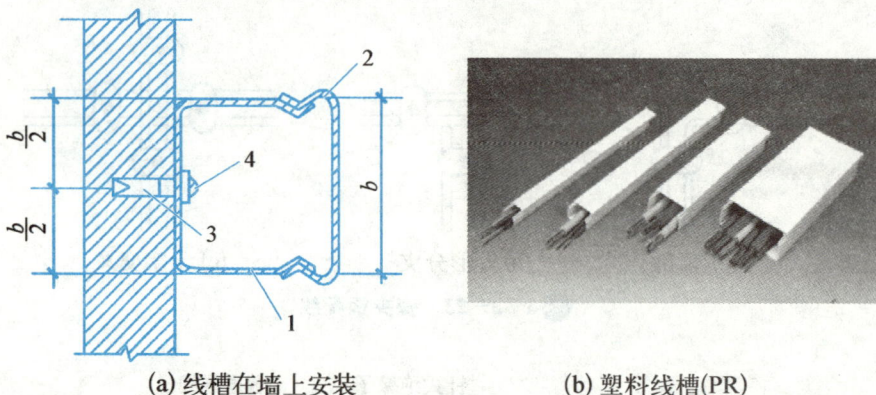

**图6－3－26　线槽在墙上安装和线槽实物**

1—线槽；2—扣板；3—膨胀螺栓；4—自攻螺丝

同一路径无防干扰要求的线路,可敷设于同一槽盒内;槽盒内的绝缘导线总截面积(包括外护套)不应超过槽盒内截面积的 40%,载流导体≤30 根。槽盒内导线排列应整齐、有序、有一定余量,并按回路绑扎,绑扎点间距≤1.5 m;当垂直或大于45°倾斜敷设时,应将绝缘导线分段固定在槽盒内的专用部件上,当直线段长度大于 3.2 m 时,其固定点间距≤1.6 m。

### 4. 管内穿线

管内穿线施工流程为:施工准备—选择导线—穿带线—清扫管路—放线及断线—导线与带线的绑扎—管内穿线—导线连接—导线焊接—导线包扎—线路检查及绝缘摇测。

管内穿线

暗敷的施工工艺是先将线管预埋在墙、柱、梁、楼板或地板内,等墙面抹灰完成后再将电线穿入管中。选择导线时黄、绿、红分别作 A、B、C 相线,黄绿双色线作 PE 线,兰线作 N 线。导线电缆在敷设前应检查其绝缘电阻,带线采用 $\phi2$ mm 的钢丝,先将钢丝的一端弯成不封口的圆圈,再利用穿线器将带线穿入管路内,在管路的两端应留有 10～15 cm 的余量。断线时导线的预留长度:接线盒、开关盒、插销盒及灯头盒内导线的预留长度为 15 cm;配电箱内导线的预留长度为配电箱箱体周长的 1/2;干线在分支处,可不剪断导线而直接作分支接头。穿管配线时,导线在管内不应有接头,接头应设在接线盒(箱)内。导线做连接时,先削掉绝缘,截面积 6 mm² 及以下铜芯导线间的连接应采用导线连接器或缠绕搪锡连。接导线接头包扎时,先用橡胶(或自粘塑料带)绝缘带从导线接头处始端的完好绝缘层开始,缠绕 1～2个绝缘带宽度,再以半幅宽度重叠进行缠绕,在包扎过程中,尽可能收紧绝缘带,导线接头处两端应用黑胶布封严密。导线线路的绝缘摇测一般选用 500 V,摇动速度应保持在120 r/min 左右,读数应采用一分钟后的读数为宜,并填写"绝缘电阻测试记录"。

### 5. 导线与配电箱柜连接

截面积在 10 mm² 及以下的单股铜芯线和单股铝/铝合金芯线可直接与设备或器具的端子连接。多芯铝线应接续端子后与端子连接。截面积在 2.5 mm² 及以下的多芯铜芯线应接续端子或拧紧搪锡后再与设备或器具的端子连接,截面积大于 2.5 mm² 的多芯铜芯线,除设备自带插接式端子外,应接续端子后与设备或器具的端子连接,如图 6－3－27 所示,多芯铜芯线与插接式端子连接前,端部应拧紧搪锡。每个设备或器具的端子接线不多于 2 个。

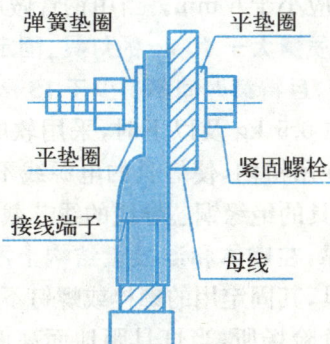

(a) 端子接线实物　　　　　(b) 端子与母排接线　　　　　(c) 接线端子(线鼻子)实物

**图 6-3-27　导线压接接线端子**

### 6.3.7　常用灯具、开关、插座和风扇的安装

#### 1. 灯具安装

灯具常采用的安装方式有吸顶安装(将照明灯具直接安装在天棚上)、嵌入安装(将照明灯具嵌入天棚内)、悬挂安装(用软导线、链子等将灯具悬吊在天棚上)和壁装式(将照明灯具直接安装在墙壁上)。照明灯具安装方式标注的文字代号见表 6-3-4。

**表 6-3-4　照明灯具安装方式标注的文字符号**

| 表达内容 | 标注代号 | | |
|---|---|---|---|
| 链吊式 | CS 或 L | 嵌入式 | R |
| 管吊式 | DS | 线吊式 | SW |
| 吸顶式或直附式 | C 或 D | 座装 | HM |
| 壁装式 | W | 吊顶内安装 | CR |
| 柱上安装 | CL | 墙壁内安装 | WR |

例如,某住宅楼灯具标注为 $6-YG2-1\dfrac{1\times20}{2.5}L$,表示 6 个 YG2-1 日光灯、20 W、链装、高度为 2.5 m;$3-ZD99362\dfrac{1\times60}{-}D$ 表示 3 个吸顶灯、60 W、厂家灯具编号为 ZD99362。某教学楼灯具标注我 $72-WE057C\dfrac{2\times40}{2.5}L$,表示 72 套 40 W 双管日光灯、链装、高度为 2.5 m,厂家灯具编号为 WE057C;$7-WMB329\dfrac{60}{2.5}W$ 表示 7 组 329 型 60 W 壁灯、墙上安装、高度为 2.5 m。

灯具安装的工艺流程为:

灯具检查　→　灯具组装　→　灯具安装　→　通电试运行

灯具固定应符合下列规定:

（1）当悬吊灯具的质量大于 3 kg 时，应固定在螺栓或预埋吊钩上。花灯吊钩圆钢直径不应小于灯具挂销直径，且不应小于 6 mm。当用钢管做灯杆时，钢管内径不应小于10 mm，钢管厚度不应小于 1.5 mm。**质量大于 10 kg 的灯具，固定装置及悬吊装置应按灯具重量的5 倍恒定均布载荷做强度试验，且持续时间不得少于 15 min。**

（2）当软线吊灯的质量在 0.5 kg 及以下时，采用软电线自身吊装；当质量大于 0.5 kg 时，采用吊链，且软电线编叉在吊链内，使灯具的电源线不受力。灯具导线线芯最小截面积为铜芯 0.5 mm²，引向单个灯具的绝缘铜芯导线的线芯截面积不应小于 1 mm²。

（4）灯具固定应牢固可靠，**在砌体和混凝土结构上严禁使用木楔、尼龙塞或塑料塞固定。**吸顶或墙面上安装的灯具，其固定用的螺栓或螺钉不应少于 2 个，灯具应紧贴饰面。

（5）危险性较大及特殊危险场所，当灯具距地面高度小于 2.4 m 时，使用额定电压为36 V 及以下的照明灯具，或采取专用保护措施。当灯具距地面高度小于 2.4 m 时，灯具的可接近裸露导体必须接地（PE）或接零（PEN）可靠，并应有专用接地螺栓，且有标识。

（6）安装在安全出口顶部的出口标志灯底边距门框 0.2 m，安装在疏散通道墙体上的指示灯底边口距地 0.5 m，集中控制型疏散标志灯底边距地 2.5 m。当设计无要求时，一般敞开式灯具的灯头对地面的距离为：室外 2.5 m（室外墙上安装），厂房 2.5 m，室内 2 m。

**2. 开关安装**

灯具的开关一般有以下两种：

（1）**单联单控**。一只开关控制一盏（路）灯，零线进入灯头，火线经开关控制后再进入灯头，开关处的两根线实质上是一根火线经开关折回后变为两根。

（2）**单联双控**。如图 6-3-28 所示，两只开关控制一盏（路）灯，零线进入灯头，火线经开关控制后再进入灯头，两个开关互联。

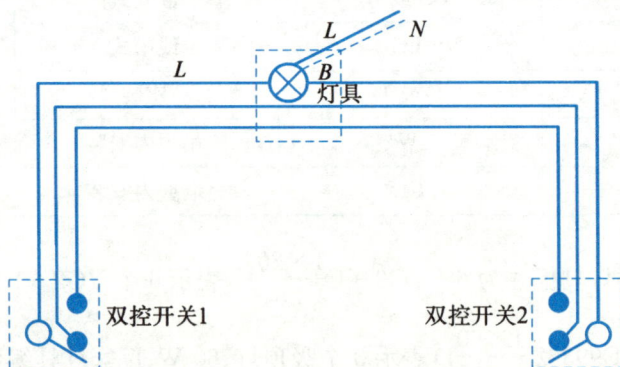

**图 6-3-28　单联双控制开关线路图**

照明开关安装位置应便于操作，开关边缘距门框边缘的距离宜为 0.15～0.20 m，开关距地面高度 1.3 m。相同型号并列安装高度宜一致，并列安装的拉线开关的相邻间距不宜小于20 mm。

**3. 插座安装**

如图 6-3-29 所示，单相插座接线面对插座时，**应左零（N）右火（L）上接地（PE）**，三相五孔插座的保护接地导体应接在上孔，如图 6-3-30 所示。**插座的接地（PE）或接零（PEN）线在插座间不串联连接。**

暗装开关安装

图6-3-29　二孔、三孔插座接线　　　图6-3-30　三相四孔插座接线

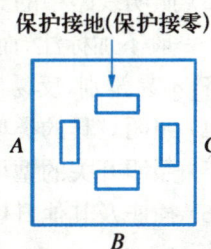

车间及试(实)验室的插座安装高度距地面不小于 0.3 m,特殊场所安装的插座不小于 0.15 m,同一室内插座安装高度一致。托儿所、幼儿园及小学等儿童活动场所宜采用安全型插座,当采用普通插座时,其安装高度不小于 1.8 m。

### 4. 风扇安装

吊扇扇叶距地高度不小于 2.5 m,吊扇挂钩安装牢固,吊扇挂钩的直径不小于吊扇挂销直径,且不小于 8 mm。壁扇下侧边缘距地面高度不小于 1.8 m,固定壁扇底座的膨胀螺栓数量不少于 2 个,且直径不小于 8 mm。

# 6.4　建筑电气施工图识图

## 6.4.1　建筑电气施工图的组成

### 1. 首页图(文字部分)

首页图包括电气工程图纸目录、图例、电气规格说明表和施工说明。首先,核对施工图纸与图纸目录是否相符,若缺少图纸,则应该找有关部门联系补齐。其次,熟悉图例符号,了解设计人员的意图,看懂施工图纸,了解设计说明,通过主要材料设备表了解该工程所需的各种主要设备、管材,以及导线管器材的名称、型号、材质和数量。

### 2. 配电干线图和配电箱电气系统图

配电干线图主要标明,总配电箱到分配电箱的线路称为干线,干线的布置方式有放射式、树干式和混合式。配电箱系统图中主要标明配电箱柜电源及各回路编号、管线规格型号及管线的敷设方式和敷设部位。例如,BX - 500V - (3×25 + 1×16) - SC25 - WC 表示导线为 BX 型铜芯橡胶绝缘线,共 4 根,其中 3 根的截面积为 25 mm²,1 根的截面积为 16 mm²;穿管敷设,管径为 25 mm,管材为焊接钢管 SC25,敷设部位、方式是沿墙暗装。

### 3. 平面图

照明平面图、插座平面图和表明电气设备的防雷或接地装置布置及构造的防雷接地平面图常分开绘制。通过电气平面图的识读,可以了解以下内容。

(1) 建筑的平面布置、各轴线分布、尺寸及图纸比例。

(2) 电源进线和电源配电箱的形式、安装位置,以及电源配电箱内的电气系统。

建筑电气施工图

（3）照明线路中的导线根数、线路走向。支线导线的规格、型号、截面积、敷设方式在平面图上一般不加标注，而是在设计说明中加以说明。这是因为，支线条数多，如一一标注，图面拥挤，不易辨别，反易出错。

（4）照明灯具的类型、灯泡及灯管功率、灯具的安装方式和安装位置等。

（5）照明开关的型号、安装位置及接线等。

（6）插座及其他日用电器的类型、容量、安装位置及接线。

**4. 标准图集**

标准图集视为某项工程施工图的组成部分在电气施工图中，标准设备或部件只标注型号和标准图集标号和页码。

### 6.4.2 建筑电气施工图识读案例

**1. 电气设计总说明**

**（1）设计范围**

本工程为住宅项目、6 层、砖混结构、层高 2.9 m。强电系统，从电源引入线起至室内用电设备（装置）处止，包括建筑内部配电线路及动力、照明、配电控制装置。弱电包括有线电视和电话系统。

**（2）供电设计**

本工程属于三级负荷，电源由室外电缆埋深 0.7 m 引入，本工程采用 TN‑C‑S 系统。总进线开关及电器插座回路的空气开关均带漏电开关，总进线漏电开关动作时间为 0.3 s，插座回路漏电开关动作时间为 0.03 s。

**（3）电缆、导线的选择及敷设**

低压进线电缆选用 VV‑0.6/1 KV 电缆，导线选用 BV‑500 V 普通导线。BV2.5：2 根穿 $PC16$ 管，3～4 根穿 $PC20$ 管，5～6 根穿 $PC25$ 管。由室外引入室内的电气管线应预埋好穿墙套管，并做好建筑的防水处理。

**2. 图例、设备、主要材料表**

图例、设备、主要材料见表 6‑4‑1。

表 6‑4‑1　图例、设备、主要材料表

| 序号 | 图例 | 名称 | 规格 | 单位 | 备注 |
|---|---|---|---|---|---|
| 1 |  | 电表箱 | 按系统图配装 | 台 | 下口距地 1.3 m |
| 2 |  | 配电箱 | 按系统图配装 | 台 | 下口距地 1.6 m |
| 3 |  | 壁龛交接箱 | XF6‑10‑30 | | 下口距地 1.6 m |
| 4 |  | 座灯头 | S‑1×40W | 盏 | 吸顶安装 |
| 5 |  | 壁灯头 | S‑1×40W | 盏 | 安装高度为 2.2 m |

续　表

| 序号 | 图例 | 名称 | 规格 | 单位 | 备注 |
|---|---|---|---|---|---|
| 6 | 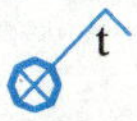 | 带指示灯的延时开关 | C31 10 A 250 V | 个 | 安装高度为 1.5 m |
| 7 |  | 暗装单极开关 | C31 10A 250 V | 个 | 安装高度为 1.5 m |
| 8 |  | 暗装双极开关 | C32 10A 250 V | 个 | 安装高度为 1.5 m |
| 9 | 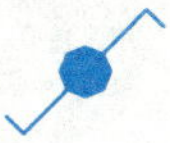 | 双控开关(单极三线) | 10A 250 V | 个 | 安装高度为 1.5 m |
| 10 |  | 双联二三极暗装插座 | L426/10ULS | 个 | 安装高度为 0.3 m |
| 11 |  | 厨卫单相双联二极及三极插座 带防溅面板 | L426/10ULS | 个 | 安装高度为 1.4 m |
| 12 |  | 厨房抽油烟机插座,卫生间换气扇插座 | L426/10ULS | 个 | 安装高度为 2.3 m |
| 13 |  K1 | 客厅柜式空调插座 | L426/10ULS | 个 | 安装高度为 0.3 m |
| 14 |  K2 | 空调插座 | L426/10ULS | 个 | 安装高度为 2.0 m |
| 15 |  | 洗衣机插座 带开关及防溅面板 | L426/10ULS | 个 | 安装高度为 1.4 m |
| 16 |  VP | 分支分配器箱 | 按系统图配装 | 个 | 下口距地 1.6 m |
| 17 |  TV | 电视插座 | | 个 | 安装高度为 0.3 m |
| 18 |  TP | 电话插座 | | 个 | 安装高度为 0.3 m |
| 19 |  MEB | 等电位接地连接箱 | | 个 | 安装高度为 0.3 m |

**3. 电气干线图和配电系统图**

电气干线图如图 6 - 4 - 1 所示,配电系统图如图 6 - 4 - 2 所示。

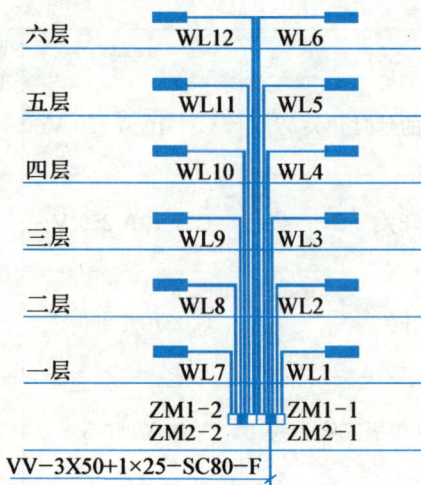

图6-4-1　配电干线系统图

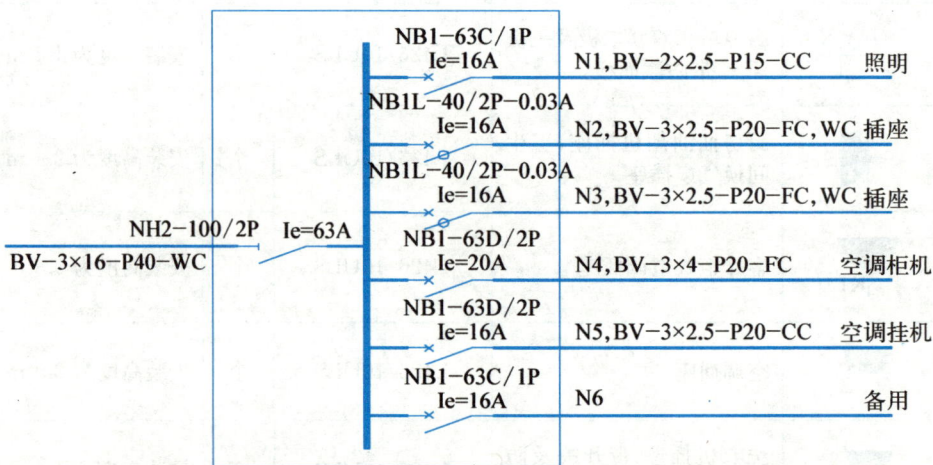

图6-4-2　户内配电箱系统图

从图6-4-1中可以看出,电源进户线为 VV-3×50+1×25 电缆穿 SC80 钢管沿埋地敷设,电源进入 ZM 箱后,向上分别送入 WL1～WL12 用户配电箱,给各住户供电。

从图6-4-2中可以看出,送入各住户配电箱的电源线为 BV-3×16 塑料绝缘导线穿 P40 塑料管,沿墙暗敷;每个住户内有一路照明线路 N1(BV-2×2.5 线穿 P15 塑料管暗敷);N2 和 N3 两路均为插座回路,均为 BV-3×2.5 穿 P20 塑料管暗敷;N4 和 N5 两路均为插座回路,N4 为 BV-3×4 穿 P20 塑料管暗敷;N4 为 BV-3×2.5 穿 P20 塑料管暗敷;N6 为备用回路。

### 4. 平面图

### (1) 户内照明平面图

如图6-44-3所示,WL 户配电箱位于 1/4 轴的墙上,从 WL 户配电箱中进入室内有 N1、N2、N3 三路,这三路分别为灯具和普通插座供电。

① N1 回路。此回路专门负责住户内灯具照明的供电,从 WL 户配电箱的顶部出管,线

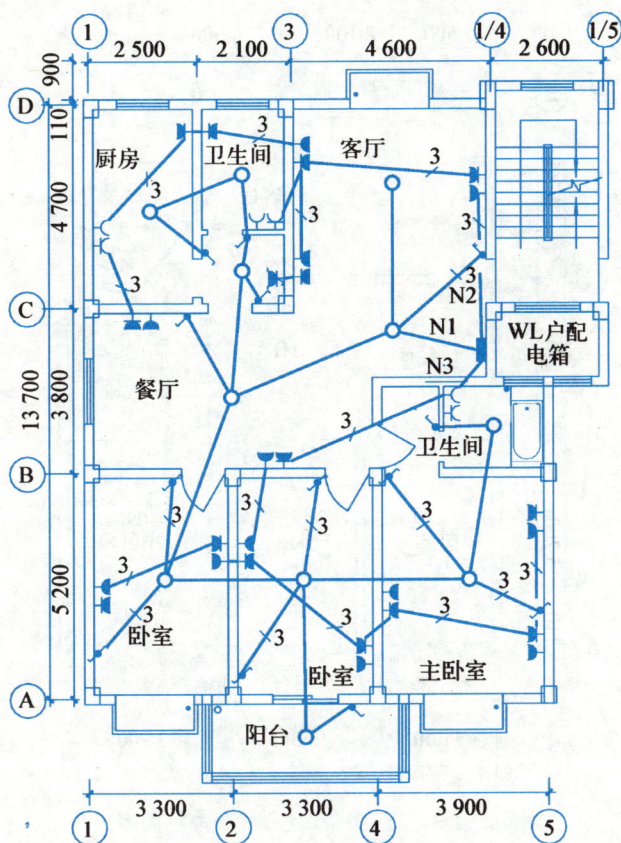

**图 6 - 4 - 3　户内照明平面图**

至顶棚内送至客厅下方的灯具,然后为客厅、大卫生间、厨房、餐厅、卧室 1、卧室 2、阳台、主卧室等处的插座供电。各卧室的灯具为双控开关(单极三线)控制,客厅的灯具为单控双联开关控制,其余的灯具全部为单联单控开关控制。

②N2 回路。此回路从 WL 户配电箱的底部出管,为客厅、大卫生间、厨房、餐厅 C 轴处的插座供电。

③N3 回路。此回路从 WL 户配电箱的底部出管,为餐厅 B 轴处的插座、卧室 1、卧室 2 和主卧室等处的插座供电。

**(2) 户内空调线路、弱电平面图**

户内空调线路、弱电平面图如图 6 - 4 - 4 所示。

①N4 回路。此回路从 WL 户配电箱的底部出管,专为客厅的空调插座 K1 供电。

②N5 回路。此回路从 WL 户配电箱的顶部出管,专为主卧室的空调插座 K2 供电。

③电视线路。此线路由每层 AV 箱进入室内后为客厅、主卧室的电视插座送去电视信号。

④电话线路。此线路由 XF6 箱从底层直接送到各家各户,进入室内后为客厅、主卧室的电话插座送去电话信号。

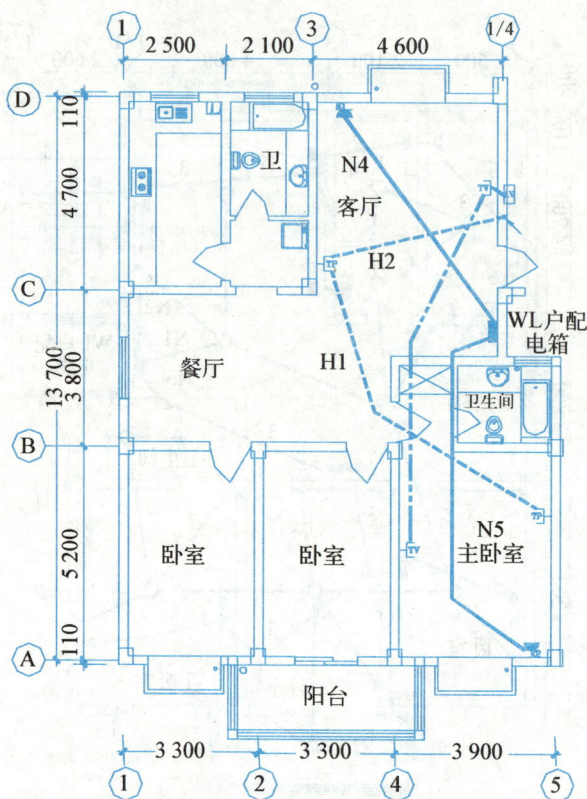

图6-4-4 户内空调线路、弱电平面图

# 6.5 建筑防雷与安全用电

防雷与接地

建筑防雷的系统主要由接闪器、引下线和接地装置三部分组成,如图 6-5-1所示,接闪器为 $\Phi10$ 热镀锌圆钢(避雷带)沿女儿墙明敷;引下线为柱内的 $2\Phi16$ 对角主筋(通长电气导通),接地装置为基础圈梁钢筋($2\Phi16$ 对角主筋)。引下线上部与避雷带焊接(或者专用卡接器连接),距室外地坪 0.5 m 设接地电阻测试点(-25×4 热镀锌扁钢,设 146 盒),据地-1.0 m 焊接-40×4 热镀锌扁钢,外甩 1.5 m 作为户外接地母线,下部与基础圈梁钢筋焊接为一体。

## 6.5.1 接闪器

接闪器是收集雷电的装置,其基本形式有避雷针、避雷带(网)、均压环。

### 1. 避雷针

避雷针是安装在建筑突出部位或独立安装的针型金属导体。避雷针通常采用镀锌圆钢或镀锌钢管制成,所用圆钢及钢管直径依针长的不同而不同。当针长小于 1 m 时,圆钢和钢管的直径分别不得小于 12 mm、20 mm;当针长为 1~2 m 时,圆钢和钢管的直径分别不得小于 16 mm、25 mm;烟囱顶上的避雷针,圆钢的直径为 20 mm。当避雷针的长度超过 2 m

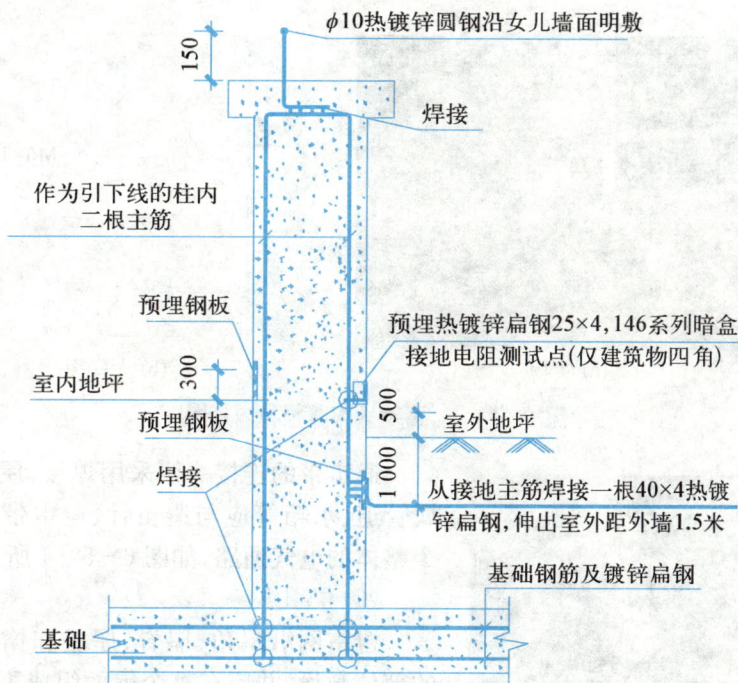

**图 6-5-1　建筑防雷击接地示意图**

时,针体将由针尖和不同管径的管道组合而成。

### 2. 避雷带(网)

#### (1) 避雷带

避雷带一般敷设在楼顶,采用镀锌圆钢($\phi$10 或 $\phi$12)或镀锌扁钢制成(一25×4)。避雷带一般要高出建筑屋面 0.2 m 左右,两根平行的避雷带之间的距离小于 10 m。

明敷避雷带的有两种(如图 6-5-2 所示),一是沿女儿墙敷设,另一种是在屋面上用混凝土支墩支起。安装避雷带时,每隔 1 m(转角处间距为 0.5 m)用支持卡将避雷带固定在墙上或专设的混凝土支座上。支持卡的实物及大样图如图 6-5-3 所示。为了增强防护作用,有时还在避雷带上增装短针,短针的长度一般为 0.4~0.5 m。可上人屋面的避雷带宜暗敷,埋设深度为屋面或女儿墙下 50 mm。

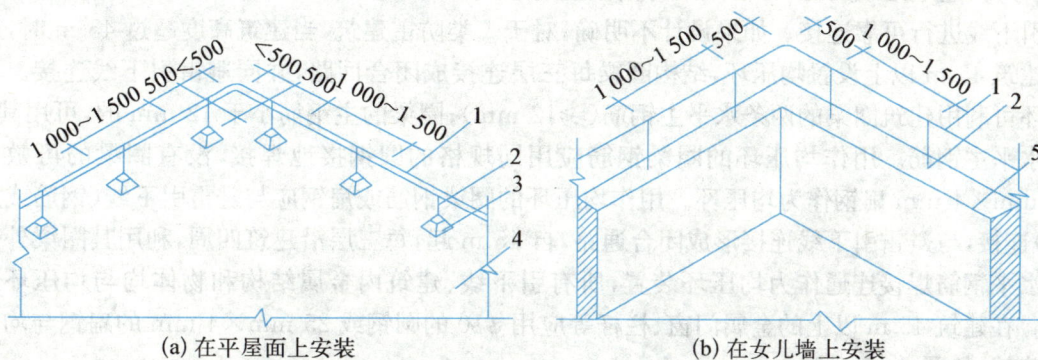

(a) 在平屋面上安装　　　　　(b) 在女儿墙上安装

**图 6-5-2　避雷带(网)的安装**

1—避雷带;2—支持卡;3—混凝土支座;4—平屋面;5—女儿墙

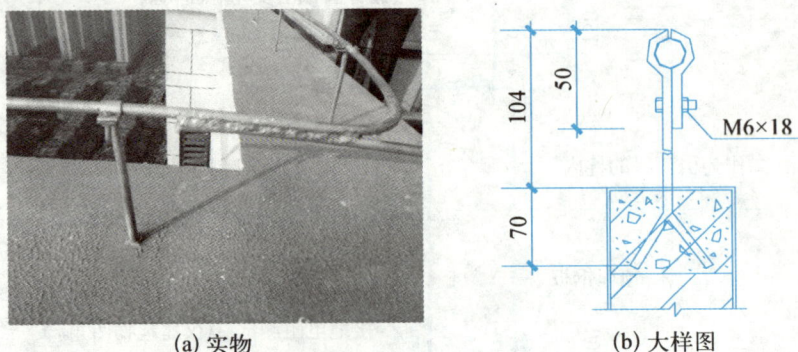

(a) 实物　　　　　　　　(b) 大样图

图 6-5-3　支持卡的实物及大样图

图 6-5-4　屋面的金属管道与避雷带连接

避雷带的连接一律采用焊接,屋顶的外露的金属管道、水箱等应与避雷针、避雷带等物体连成一个整体的电气通路,如图 6-5-4 所示。

**(2) 避雷网**

避雷网沿屋角、屋脊、屋檐和檐角等易受雷击的部位敷设,并应在整个屋面组成不大于一定间距的网格。建避雷网格的间距:一类防雷建筑的屋顶避雷网格间距为 5 m×5 m,二类防雷建筑的屋顶避雷网格间距为 10 m×10 m 或 12 m×8 m,三类防雷建筑的屋顶避雷网格间距为 20 m×20 m 或 24 m×16 m。第三类防雷建筑,当平屋面宽度不大于 20 m 时,可仅沿周边敷设一圈避雷带。

**3. 均压环**

均压环是高层建筑为防侧击雷而设计的环绕建筑周边的水平避雷带。高层建筑结构圈梁中的钢筋应每三层连成闭合回路,并应同防雷装置引下线连接,以防止侧击雷,如图 6-5-5 所示。

建筑的均压环应由设计确定。例如,某工程将利用楼层梁板钢筋两根水平主筋或暗埋钢筋焊接连通形成均压环,框架梁与楼板主筋形成不大于 18 m×18 m 的网格,每层均压环与引下线进行可靠连接。如果设计不明确,对于二类防雷建筑,当建筑高度超过 45 m 时,应在建筑 45 m 以上设置均压环,结构圈梁每三层连接成闭合回路,并同避雷引下线连接。均压环可利用建筑圈梁的两条水平主钢筋($\geqslant$12 mm);圈梁的主钢筋小于 12 mm 的,可用其 4 根水平主钢筋。用作均压环的圈梁钢筋应用同规格的圆钢接地焊接,没有圈梁的可敷设 40 mm×4 mm 扁钢作为均压环。用作均压环的圈梁钢筋或扁钢应与避雷引下线(钢筋或扁钢)连接,与避雷引下线连接形成闭合通路,自 45 m 起,每三层沿建筑四周,利用其圈梁外侧的水平钢筋焊接连通作为均压环装置,所有引下线、建筑内金属结构和物体均与均压环连接。在建筑 45 m 以上的金属门窗、栏杆等应用 $\phi$10 的圆钢或 25 mm×4 mm 的扁钢与均压环连接,如图 6-5-6。

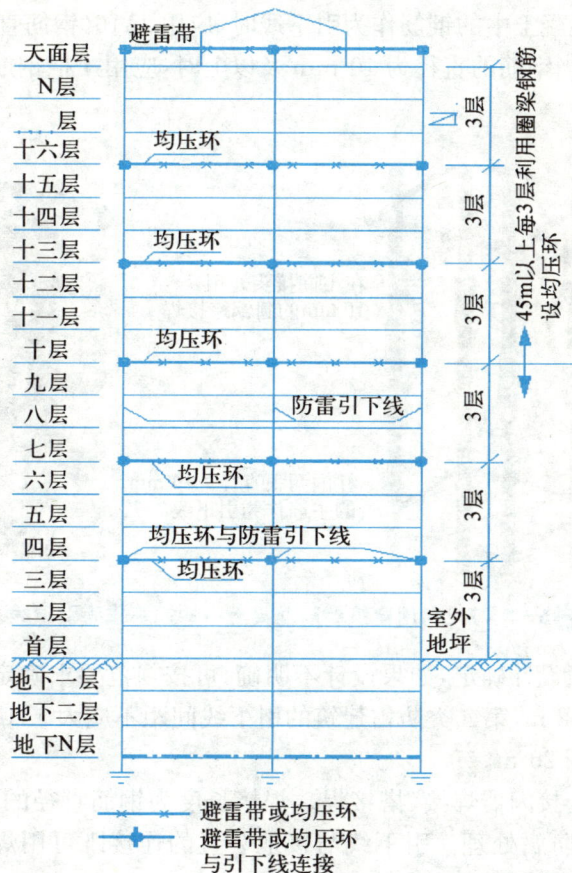

天面层

N层

层

十六层　均压环

十五层

十四层

十三层　均压环

十二层

十一层

十层　均压环

九层

八层　防雷引下线

七层

六层　均压环

五层

四层　均压环与防雷引下线

三层　均压环

二层

首层

地下一层

地下二层

地下N层

避雷带

均压环

钢筋

3层

3层

3层

3层

3层

3层

45m以上每3层利用圈梁钢筋设均压环

室外地坪

×——× 避雷带或均压环

■——■ 避雷带或均压环与引下线连接

**图 6－5－5　建筑避雷带、均压环与防雷装置引下线连接**

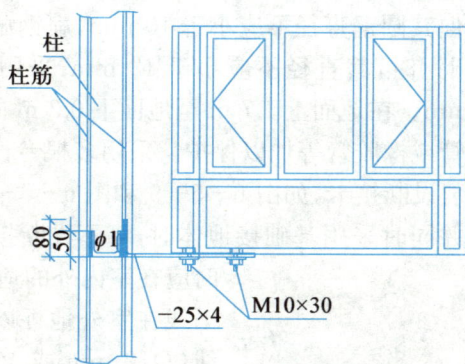

柱

柱筋

80
50

φI

—25×4　M10×30

**图 6－5－6　门窗接地做法**

**4. 避雷笼**

　　避雷笼即用垂直和水平的导体(铜带或钢筋)密集地将建筑包围起来,形成一个保护笼。一般利用建筑混凝土内部的结构钢筋作为笼式避雷网。

## 6.5.2　引下线

　　引下线是连接接闪器和接地装置的导体,其作用是将接闪器接到的雷电流引入接地装置。当利用建筑钢筋混凝土中的钢筋作为引下线时,应用2φ16(钢筋直径为16 mm及以上)钢筋作为一组引下线;当钢筋的直径为10 mm及以上时,应用4根钢筋作为一组引下线,如图6-5-7所示。

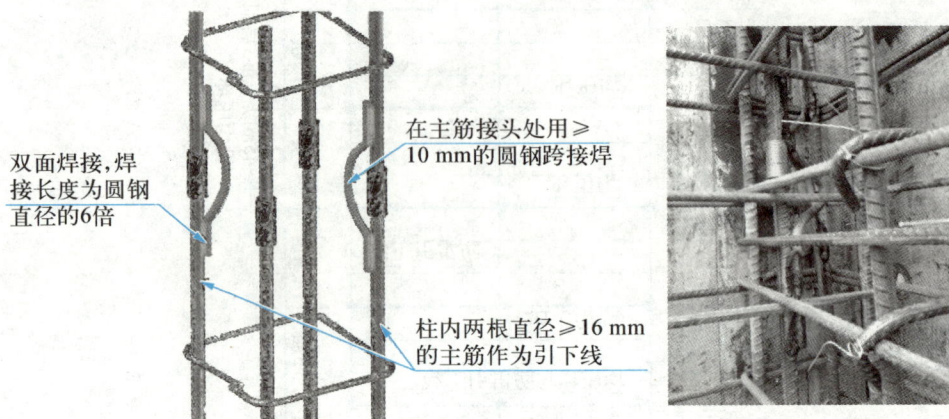

双面焊接,焊接长度为圆钢直径的6倍

在主筋接头处用≥10 mm的圆钢跨接焊

柱内两根直径≥16 mm的主筋作为引下线

**图6-5-7 利用建筑钢筋混凝土中的钢筋作为引下线**

引下线的间距应由设计确定,如果设计不明确,可按规范要求确定,第一类防雷建筑的引下线间距不应大于12 m,第二类防雷建筑的引下线间距不应大于18 m,第三类防雷建筑的引下线间距不应大于25 m。

引下线的上部应与接闪器焊接(搭接焊),焊接长度为钢筋直径的6倍以上且要求必须双面焊,焊接处要进行防腐处理。引下线与接地装置的连接既可用焊接,也可用螺栓连接(只能用于有2根以上的引下线)。

如图6-5-8所示,专设引下线应沿建筑物外墙外表面明敷,并应经最短路径接地,建筑外观要求较高时可暗敷,但其圆钢直径不应小于10 mm,扁钢截面不应小于80 mm²。当独立烟囱上的引下线采用圆钢时,其直径不应小于12 mm;采用扁钢时,其截面不应小于100 mm²,厚度不应小于4 mm。在地面上1.7 m至地面下0.3 m的一段接地线,应采用暗敷或采用镀锌角钢、改性塑料管或橡胶管等加以保护。采用多根专设引下线时,应在各引下线上距地面0.3 m~1.8 m处装设断接卡,如图6-5-9和图6-5-10所示;当利用混凝土内钢筋、钢柱作为自然引下线并同时采用基础接地体时,可不设断接卡,但利用钢筋作引下线时应在室内外的适当地点设若干连接板。引下线在室外地坪以下0.8~1 m处焊接地母线(D12 mm或40 mm×4 mm),甩出外墙皮不小于1 m。

例如,某工程的接闪器采用屋顶明装避雷小针。避雷小针采用Φ12热镀锌圆钢沿女儿墙、屋脊、檐口等处敷设,并在整个屋面组成**不大于10 m×10 m或12 m×8 m的避雷网格**。引下线及测试点利用**钢筋混凝土柱内、外侧的主筋(当直径为16 mm及以上时,**

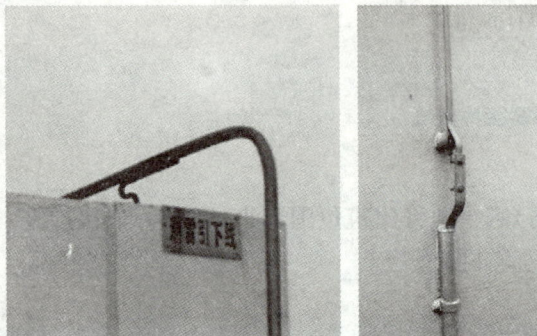

**图6-5-8 引下线明装**

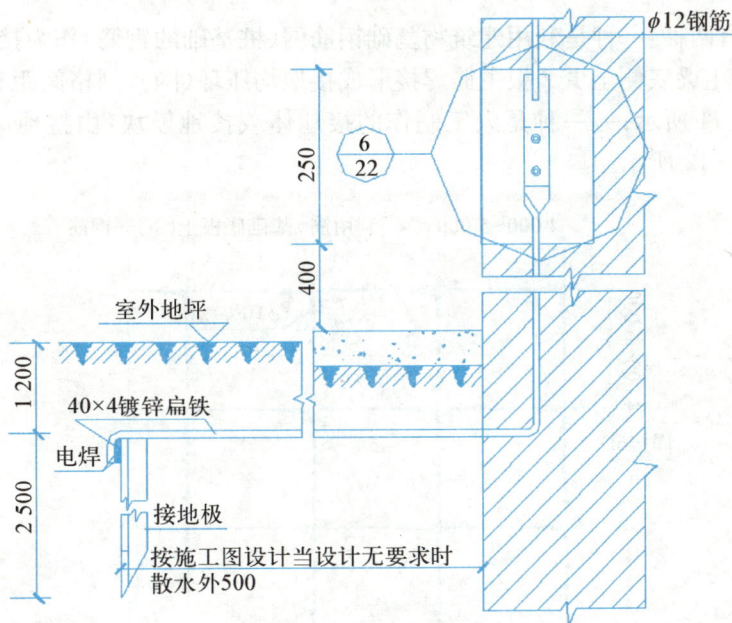

图 6 – 5 – 9　断接卡大样图

图 6 – 5 – 10　接地电阻测试点（断接卡）

用 2 根；当直径为 10～16 mm 时，用 4 根）通长焊接作为避雷带引下线，间距沿周长计算不大于 18 m，其上端与屋顶避雷网焊接，下端插入基础与作为接地装置的基础钢筋网可靠焊接并与四周桩基采用 Φ10 热镀锌圆钢焊接。引下线在室外地面下 0.8 m 处用 40 mm×4 mm 的热镀锌扁钢甩出 1.5 m。钢筋混凝土柱靠室外距地面 0.5 m 处设置墙外接地检测点（暗设 86 接线盒）。接地体利用基础钢筋网（包括桩基内钢筋）作为接地装置，基础各主梁间底侧至少有 2 根主筋进行焊接以形成接地整体。本工程从 45 m 起每隔一层利用建筑外周边框架梁外侧的 2 根水平钢筋焊接连通成闭合回路，并与防雷装置引下线连接，同时将建筑外墙上的栏杆、门窗等较大的金属构件直接或用预埋件与防雷装置相连。

### 6.5.3　接地装置

接地装置即散流装置，其作用是将接收到的雷电流扩散到大地。

### 1. 接地装置的类型

接地装置有两种：一种是利用建筑物基础钢筋网（桩基础的钢筋）作为接地体，如地梁的钢筋网，把基础主梁底侧至少2根主筋焊接形成接地均压环（网），网格间距和避雷网要求相同，如图6-5-11所示；另一种是人工制作的接地体或接地模块（由接地母线和接地体组成），如图6-5-12所示。

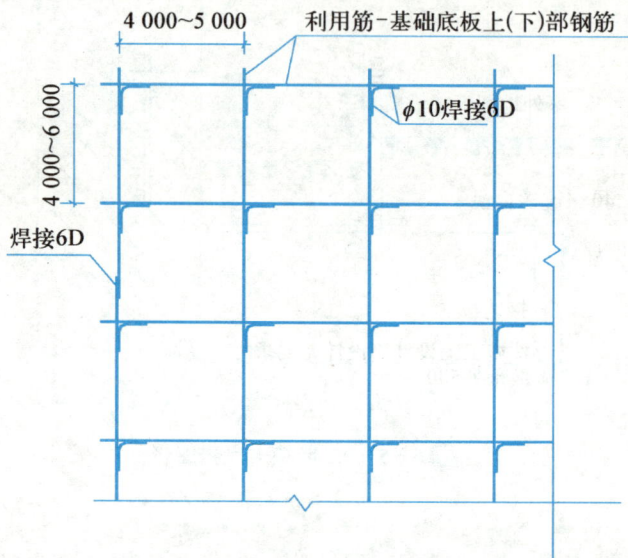

**图6-5-11　基础底板钢筋平面连接**

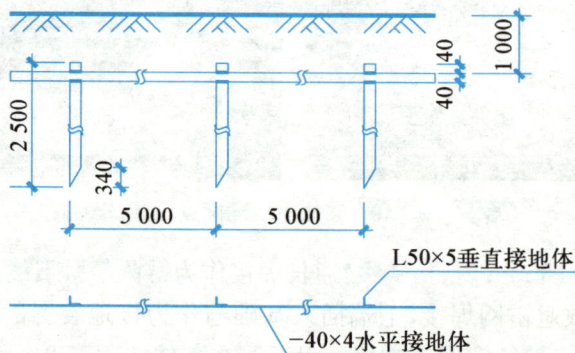

**图6-5-12　人工接地体**

人工接地体可用镀锌扁钢、角钢和钢管制成，可分为水平接地体和垂直接地体两种。垂直接地体常用钢管或角钢，用人工或机械将接地体垂直打入地下或先钻孔再打入，接地体必须在接地母线敷设前敷设、焊接连接并对焊接部位进行防腐处理，埋入土壤中的热浸镀锌钢材应检测其镀锌层厚度不应小于63 $\mu$m。

### 2. 人工接地装置的施工要求

（1）垂直接地体的长度宜为2.5 m。垂直接地体间的距离及水平接地体间的距离宜为5 m，当受地方限制时可减小。

（2）接地体埋设深度不宜小于 0.6 m，接地体应远离由于高温影响使土壤电阻率升高的地方。

（3）为降低跨步电压，防直击雷的人工接地装置距建筑物入口处及人行道不宜小于 3 m，当小于 3 m 时，应采取下列措施之一：

① 设防护围栏，做好雷电危险警告标志；

② 采用沥青碎石地面或在接地装置上面敷设 50～80 mm 厚的沥青层，其宽度不小于接地装置两侧各 2 m。

（4）接地装置的焊接应采用搭接焊，搭接长度应符合下列规定。

① 扁钢与扁钢搭接，搭接长度为扁钢宽度的 2 倍，不少于三面施焊。

② 圆钢与圆钢搭接，搭接长度为圆钢直径的 6 倍，双面施焊，如图 6-5-13 所示。

③ 圆钢与扁钢搭接，搭接长度为圆钢直径的 6 倍，双面施焊。

④ 扁钢与钢管、扁钢与角钢焊接，紧贴角钢外侧两面或紧贴 3/4 钢管表面、上下两侧施焊。

图 6-5-13　女儿墙上镀锌圆钢避雷带搭接焊

（5）除埋设在混凝土中的焊接接头外，其他接头应有防腐措施。

### 3. 跨越变形缝处理

避雷带过伸缩缝或沉降缝的做法如图 6-5-14 和图 6-5-15 所示，钢结构的跨接线一般采用扁钢或编织铜线，跨接线应有 150 mm 的伸缩余量。

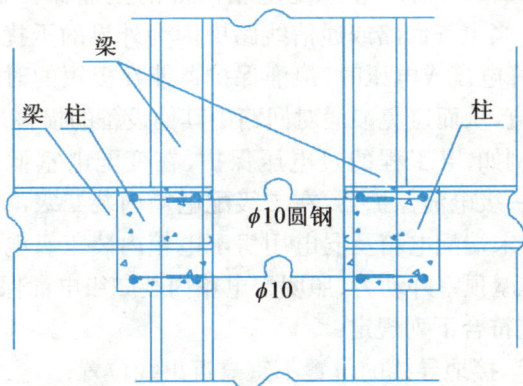

图 6-5-14　接地跨接线过伸缩缝的做法

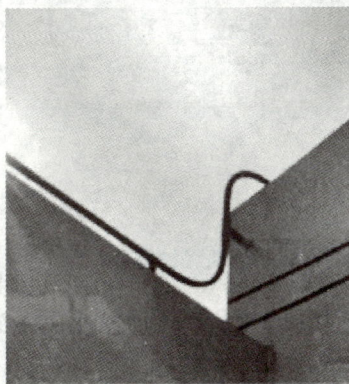

图 6-5-15　接地跨接线过沉降缝的做法

## 6.5.4　防雷电波侵入的装置

### 1. 阀型避雷器

为防止雷电波从侧面侵入建筑，常用阀型避雷器，如图 6-5-16 所示。阀型避雷器是由空气间隙和一个非线性电阻串联并装在密封的瓷瓶中构成的。在正常电压下，非线性电阻的阻值很大,而在过电压时,其阻值又很小,避雷器正是利用非线性电阻这一特性而防雷的:雷电波侵入时电压很高(发生过电压),空气间隙被击穿,而非线性电阻的阻值很小,雷电流便迅速进入大地,从而防止雷电波的侵入。当过电压消失后,非线性电阻的阻值很大,空气间隙又恢复为断路状态,随时准备阻止雷电波的侵入。

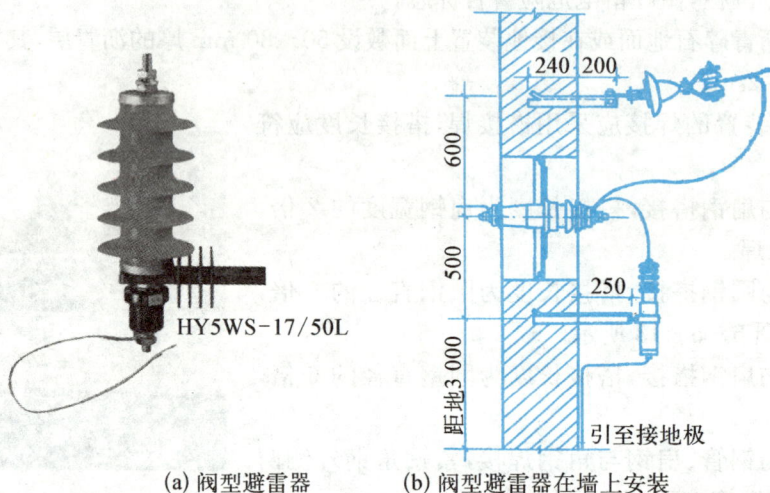

HY5WS-17/50L

(a) 阀型避雷器

240  200

600

500

250

距地3 000

引至接地极

(b) 阀型避雷器在墙上安装

**图 6-5-16  阀型避雷器及其安装**

### 2. 浪涌保护器

如图 6-5-17 所示,浪涌保护器(防雷器)是一种为各种电子设备、仪器仪表、通信线路提供安全防护的电子装置,一般装在配电箱内。分配电箱内部的浪涌保护器(PRD100r/3P)和总配电箱内部的浪涌保护器(SPD 3P)。当电气回路或通信线路中因为外界的干扰突然产生尖峰电流或电压时,浪涌保护器能在极短的时间内导通分流,从而避免浪涌对回路中其他设备的损害。

例如,某工程的过电压保护,在变配电室低压母线上装一级电涌保护器,在二级配电箱内装二级电涌保护器,在末端配电箱及弱电用房配电箱内装三级电涌保护器,在屋顶室外动力、照明配电箱内装二级电涌保护器。

**图 6-5-17  浪涌保护器(SPD)**

柜、箱、盘内电涌保护器(SPD)安装应符合下列规定:

(1) SPD 的接线形式应符合设计要求,接地导线的位置不宜靠近出线位置;

(2) SPD 的连接导线应平直、足够短,且不宜大于 0.5 m。

## 6.5.5  建筑电气接地与安全

### 1. 低压配电系统的配电线制

在低压 380/220 V 的配电系统中,变压器的中性点有两种接法:

(1) 变压器中性点接地的配电系统,又称为 TN 系统,如图 6-5-18(a)所示。

(2) 变压器中性点不接地的系统,称为 IT 系统(三相三线制),如图 6-5-18(b)所示。

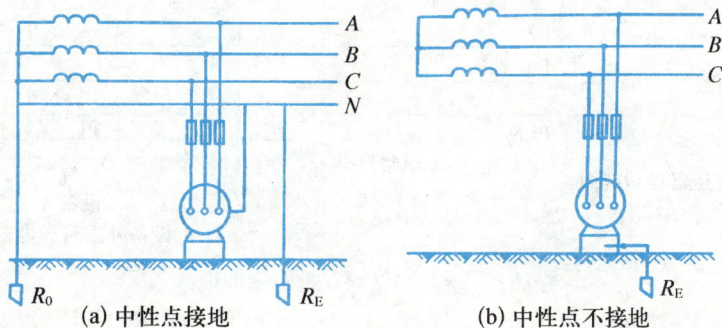

(a) 中性点接地　　　　　(b) 中性点不接地

图 6-5-18　中性点接地和中性点不接地

　　TN 系统为电源系统中性点直接接地,设备外露可导电部分通过保护导体连接到电源接地点的系统上,根据中性线和保护线的布置,TN 系统有以下三种形式:

　　① TN-S 系统(三相五线制)。TN-S 系统为三相五线制,系统中的保护线和中性线从电源端开始完全分开,如图 6-5-19 所示。

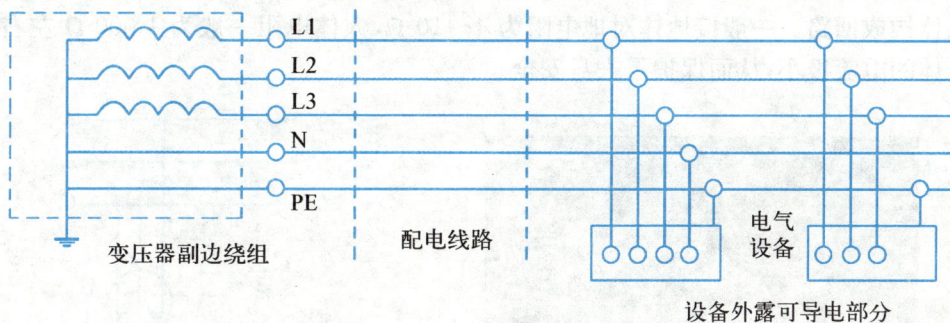

图 6-5-19　TN-S 系统的构成

　　② TN-C 系统(三相四线制)。TN-C 系统是中性线与保护线合一的三相四线制系统,如图 6-5-20 所示。

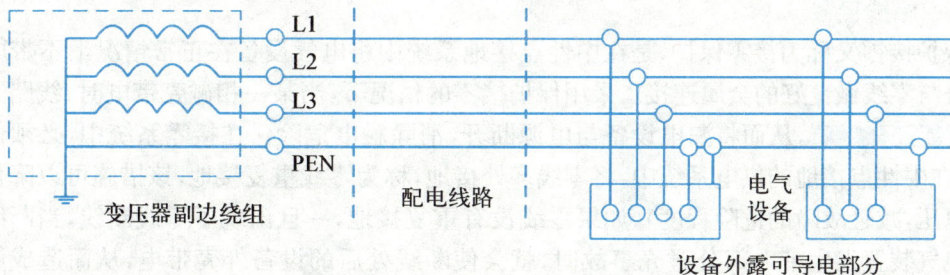

图 6-5-20　TN-C 系统的构成

　　③ TN-C-S 系统(四线半系统)。TN-C-S 系统的特点是一部分中性线与保护线合一,另一部分中性线与保护线分开,如图 6-5-21 所示。

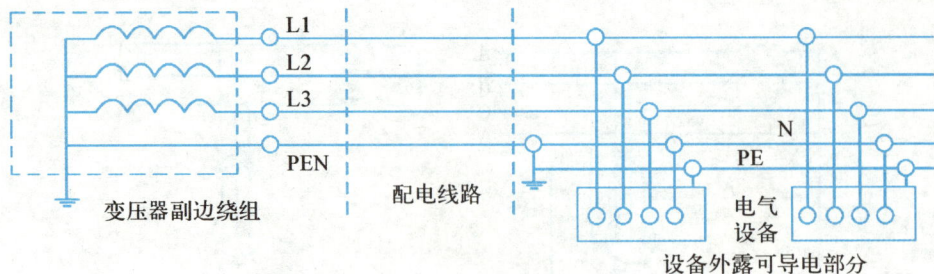

图6-5-21　TN-C-S系统的构成

**2. 接地保护和接零保护**

如果电气装置绝缘损坏,会导致金属外壳带电,人体经与用电设备的外壳接触会发生触电事故,为保证用电安全,常用采用接地保护和接零保护措施。

**(1) 保护接地**

保护接地是在中性点不接地的低压系统中,如图6-5-22所示,将电气设备外壳与接地体之间做良好的电气连接。接地保护后,一旦人员接触带电的设备外壳,即形成人体电阻与接地电阻并联电路,如图6-5-23所示:一路是$I_E$经过保护接地装置构成回路;一路$I_m$经过人体构成回路。一般接地体对地电阻为4~10 Ω,人体电阻一般为1 000 Ω左右,显然流经人体的电流极小,从而保护了人身安全。

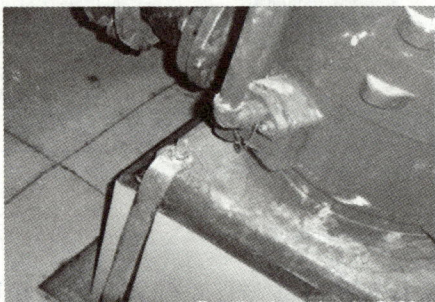

图6-5-22　设备基础接地

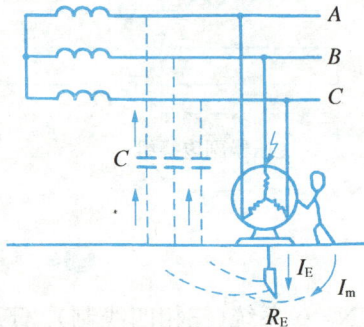

图6-5-23　接地保护示漏电示意图

**(2) 保护接零**

保护接零又称为接零保护,是在中性点接地系统中将电气设备在正常情况下不带电的金属部分与零线做良好的金属连接。采用保护接零的情况下,当某一相碰壳带电时,线路上的保护装置断开(跳闸),从而将漏电设备与电源断开,消除触电危险。在接零系统中,必须做重复接地(在中性点接地的供电系统中,将零线多处接地,称为零线重复接地,该措施可以降低零线对地电压,减轻故障的危险程度),如果零线没有重复接地,一旦出现了零线断线,当断线处后面的电气装置发生带电部分碰壳事故时,就会使断线处后的设备外壳带电,从而造成触电事故。例如,某工程接地形式采用TN-C-S系统,电源总进线处应进行重复接地(自接地网引出—40×4热镀锌扁钢与PE线可靠连接),接地后中性线N与保护线PE应严格分开。

应注意的是在三相四线制或三相三线制线路上中性线绝对不可安装熔断器。由同一台配电变压器供电或同一回路中,不准同时存在接地和接零两种保护方式。公用低压网中,一般不允许用接零保护方式,只准用接地保护的方式。

### 2. 建筑等电位联结

#### (1) 总等电位联结(MEB 端子箱)

总等电位联结(main equipotential bonding,MEB)箱应设在电源进线或进线配电盘处。如某工程 MEB 箱(长×高×深为 300 mm×230 mm×120 mm),距地 0.5 m 嵌墙暗装,其端子板用两根-40×4 的热镀锌扁钢与接地网可靠连接,MEB 端子板引出的 MEB 线分别与总配电箱中的接地母排、强弱电金属线槽、电子信息设备、给排水管道、煤气管等金属管道可靠连接,如图 6-5-24 所示。

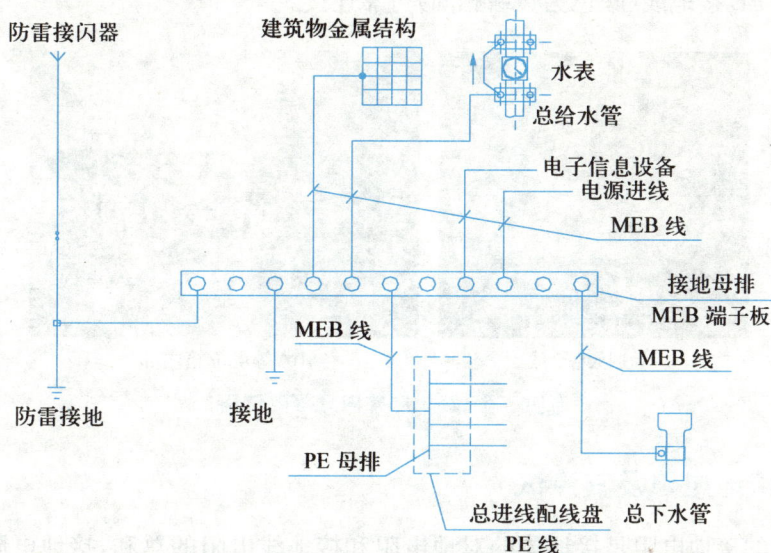

**图 6-5-24　总等电位联结示意图**

#### (2) 局部等电位连接(LEB 端子箱)

在局部场所范围内(卫浴间、配电室、机房等)将导电部分接通,成为局部等电位连接(LEB)。例如:某工程带淋浴功能的卫生间采用局部等电位联结,如图 6-5-25 所示,卫生

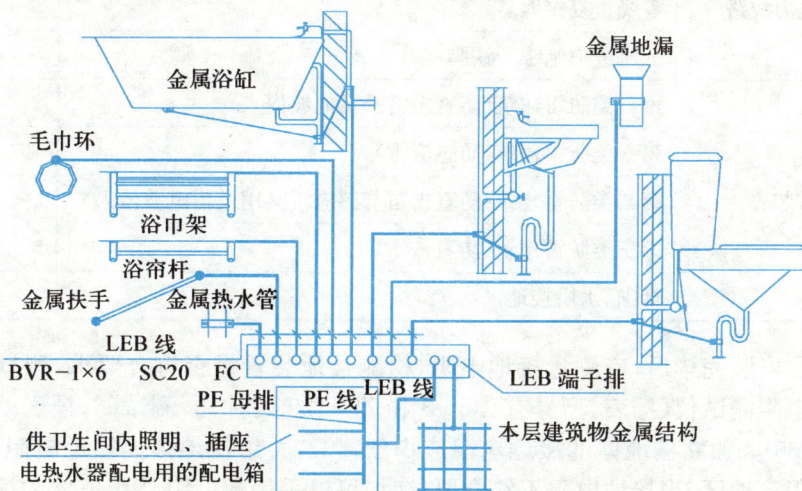

**图 6-5-25　局部等电位联结**

间底板钢筋网焊接后,从适当位置引-25×4的热镀锌扁钢至局部等电位箱,并利用等电位联结线 BVR-1×6-SC20 将卫生间内所有的金属给排水管、金属浴盆、热水器插座的 PE 端子与 LEB 可靠连接;LEB 端子箱距地 0.3 m。

（3）接地干线在电井内敷设

在强、弱电竖井内通长敷设一根-40×4的热镀锌扁钢作为接地干线,下端与接地体相连,且不大于 20 m 与相近楼板内钢筋做等电位联结。各单元的等电位箱通过-25×4的热镀锌扁钢与其连接,如图 6-5-26 所示,凡因绝缘损坏而可能带有危险电压的电气设备金属外壳均应与 PE 接地线(颜色为黄绿相间)可靠连接。

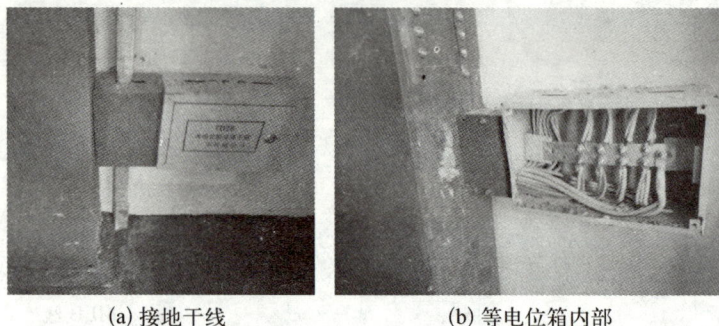

(a) 接地干线　　　　　　　(b) 等电位箱内部

图 6-5-26　电井内分等电位箱

## 6.5.6　接地电阻及其测试

接地装置的接地电阻是接地体的对地电阻和接地线电阻的总和,接地电阻值应符合规定要求,见表 6-5-1。

表 6-5-1　部分电气设备接地电阻的规定数值

| 电气装置名称 | 接地的电气装置特点 | 接地电阻/$\Omega$ |
| --- | --- | --- |
| 低压架空电力线路 | 低压线路水泥杆、金属杆 | $R \leqslant 30$ |
| | 零线重复接地 | $R \leqslant 10$ |
| | 低压进户绝缘子铁脚 | $R \leqslant 30$ |
| 建筑防雷装置 | 第一类防雷建筑(防直击雷及雷电波侵入) | $R \leqslant 10$ |
| | 第一类防雷建筑(防感应雷) | $R \leqslant 10$ |
| | 第二类防雷建筑(防直击雷与感应雷共用及雷电波侵入) | $R \leqslant 10$ |
| | 第三类防雷建筑(防直击雷) | $R \leqslant 30$ |
| | 烟囱、水塔接地 | $R \leqslant 30$ |

接地装置安装完毕后,应测量接地电阻,检测接地装置是否符合要求,测量接地电阻主要采用接地电阻测试仪(摇表,型号有 ZC-8 和 ZC-29 两种)。测试时,摇表的转速应保持约为 120 r/min。独立接地体的接地电阻应小于 4 Ω,共用接地体的接地电阻应小于 1 Ω。在高土壤电阻率地区,当接地电阻不符合要求时,可以采用敷设引外接地体和填充电降阻剂等措施来降低接地电阻。

# 6.6　建筑防雷施工图的识读

建筑防雷设施主要有避雷针和避雷带，表示这些防雷设施平面布置的图称为建筑防雷施工图。建筑防雷施工图常用图形符号和文字符号见表6-6-1。

**表 6-6-1　建筑防雷施工图常用图形符号和文字符号**

| 序号 | 名称 | 图形符号 | 文字符号 | 说明 |
|---|---|---|---|---|
| 1 | 接地 | ⏚ | E | 一般符号，用于电气接地系统图 |
| 2 | 保护接地 | ⏚ | PE | 表示具有保护作用，例如在故障情况下防止触电的接地 |
| 3 | 接地装置 | —○─○— | | 上图：有接地体，○表示接地体 下图：无接地体，用于平面布置图 |

**防雷识图案例一**

### 1. 建筑防雷施工图的设计施工说明

（1）工程防雷等级为三类；层高为3.3 m，共5层，室内外高差为0.5 m。

（2）引下线做法。采用两根直径为16 mm的柱内主筋作为一组引下线；当柱内主筋在两根以上时应通长焊接，其上部与避雷带焊接，下部与基础内的两根主筋焊接。

（3）接地体为建筑基础底梁上的上下两层钢筋中的两根主筋通长焊接形成的基础接地网。基础位于室外地坪以下1 m。

（4）室外地面进出建筑的金属管道在进出处用—40×4的镀锌扁铁与防雷接地装置连接。

（5）所有外墙引下线在室外地面下1 m处引出一根—40×4的镀锌扁铁并伸出室外，距外墙皮的距离不小于1 m。在外墙引下线距室外地坪0.5 m处设测试端子，断接卡子安装在专用金属接线盒中并加盖板防护。

（6）屋顶突出建筑的金属构件、金属管道均与避雷带焊接；在屋面上敷设避雷带时用混凝土块支撑，支撑高度距屋面10 cm。

（7）避雷带（直径为12 mm的镀锌钢筋）沿女儿墙敷设一周。Ⓔ轴处沿屋面敷设的避雷带用混凝土块支撑，支撑高度距屋面10 cm，女儿墙的高度为900 mm。

### 2. 建筑防雷施工图的识读

从某工程改造部分屋顶防雷平面图（见图6-6-1）中可以看出，避雷带采用直径为12 mm的镀锌钢筋沿女儿墙敷设一周，Ⓔ轴处沿屋面敷设的避雷带将①轴与⑤轴之间的避雷带连接起来。避雷引下线共有6处。结合设计说明可知有5处需要设置断接卡子；外墙引下线在室外地坪下需要外甩备用接地母线；基础底梁内的上、下两层的两根主筋需要焊接成基础接地网。

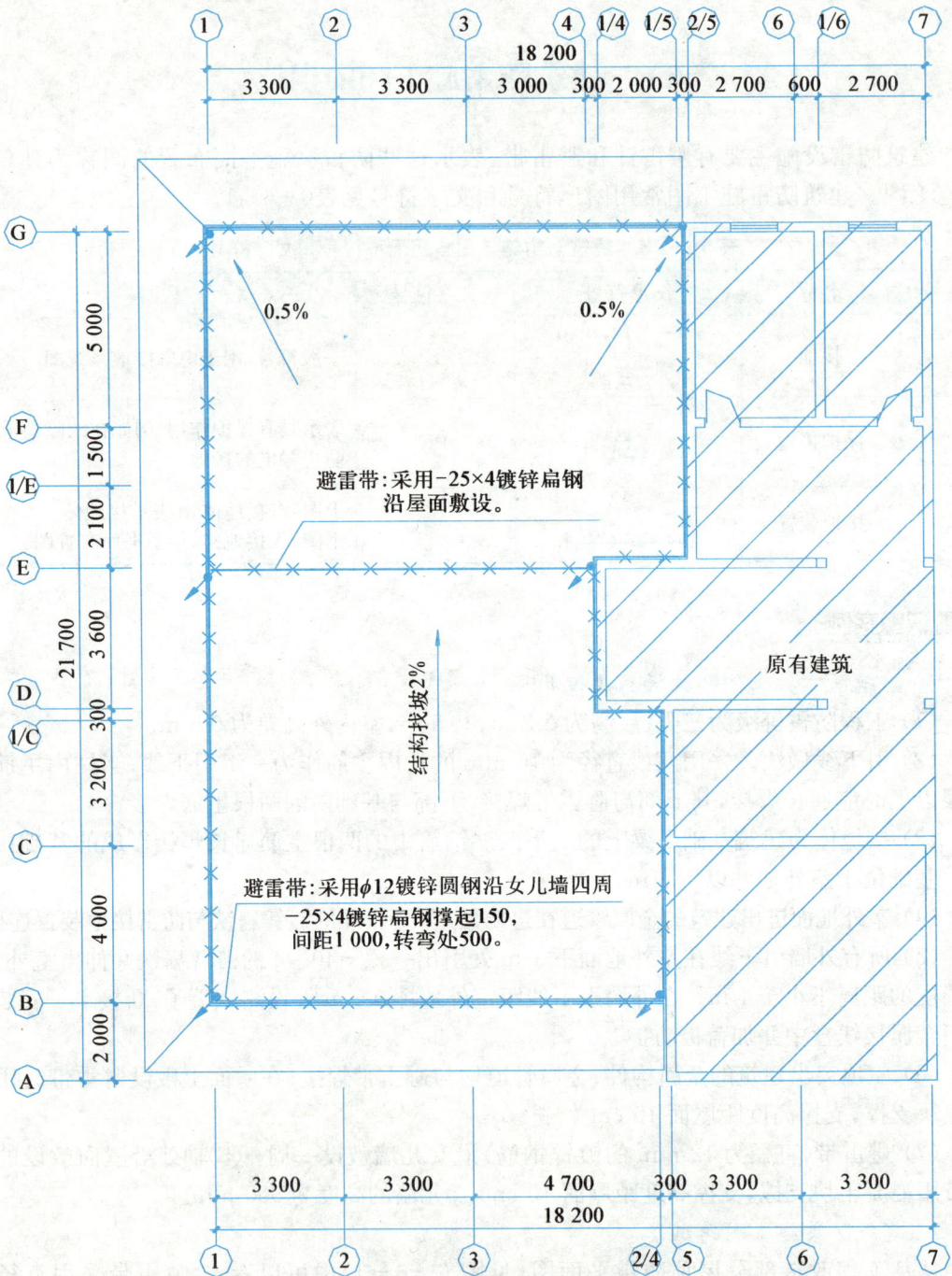

避雷带：采用-25×4镀锌扁钢沿屋面敷设。

原有建筑

避雷带：采用φ12镀锌圆钢沿女儿墙四周
-25×4镀锌扁钢撑起150，
间距1 000,转弯处500。

**图6-6-1　某工程改造部分屋顶防雷平面图**

## 防雷识图案例二

　　某工程屋顶防雷平面图，如图6-6-2，屋顶避雷带有两种，一种为D10的镀锌圆钢沿女儿墙敷设，并高出女儿墙100 mm，其标高为8.65 m，支持卡撑间距为1 m；另一种避雷带规

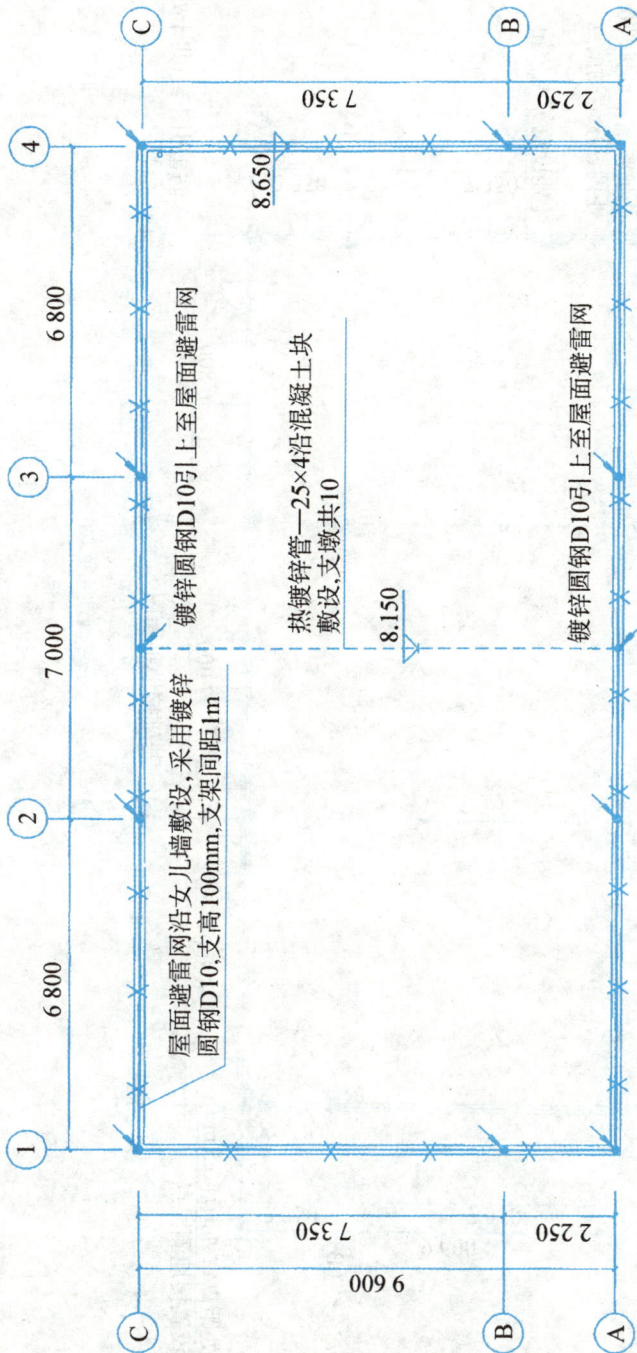

屋顶防雷平面图

**图 6-6-2　屋顶防雷平面图**

注:
1. ─┬─┬─ 基础接地母线(利用地梁内 2 根 φ16 主筋相互联结成电气通路),地梁高度一2.0 m。
2. 接地引下点(利用柱内 2 根 φ16 主筋上下焊牢),引至基础地梁钢筋,距地 0.5 m 处做好测试点,将横向钢与柱中的竖向钢筋可靠焊接。
3. 总等电位箱距地 0.5 米,采用 40×4 镀锌扁钢与基础接地体可靠连接,连接 2 处。
4. 接地电阻不大于 1 欧姆。

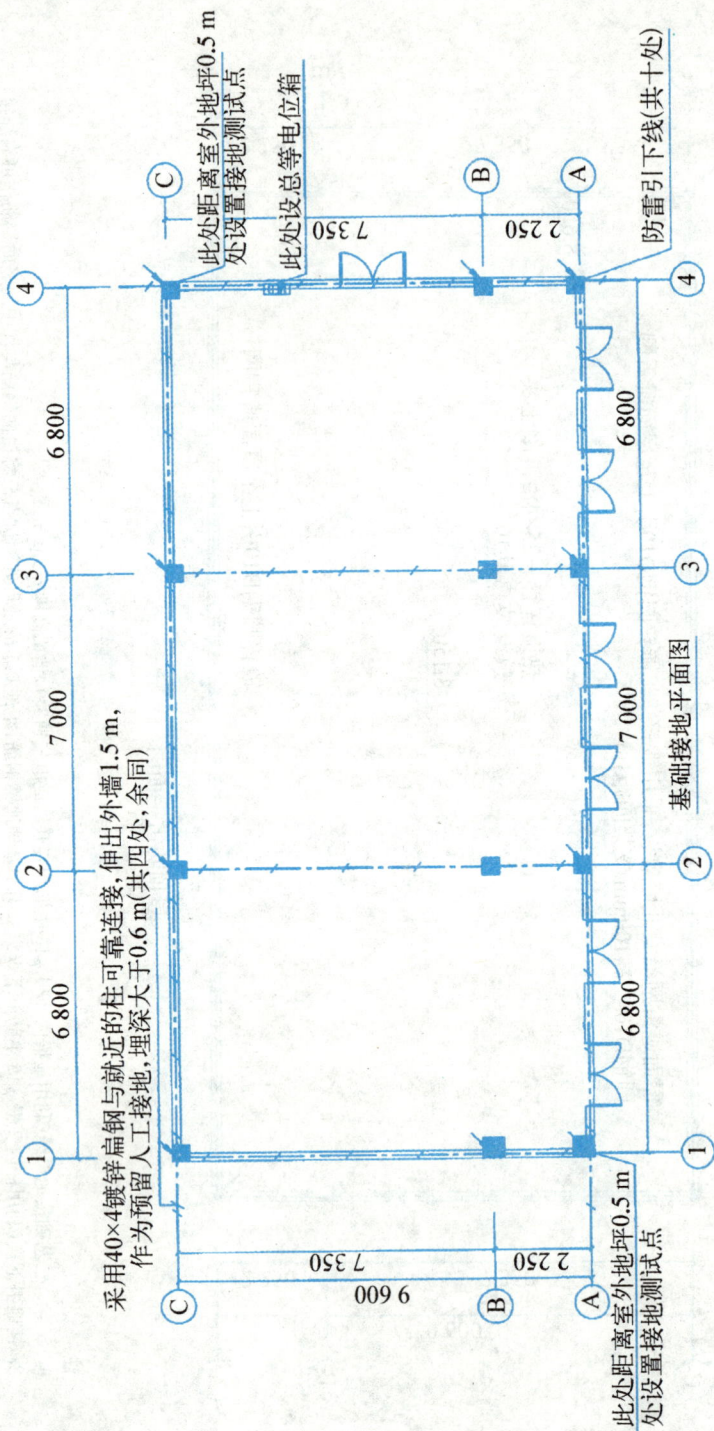

图6-6-3 基础接地平面图

格为－25×4 的镀锌扁铁,用 10 个混凝土块支撑,其标高为 8.15 m,与女儿墙避雷带在用 D10 的镀锌圆钢引上焊接为一体。引下线为 10 组 2φ16 的柱子主筋,距地 0.5 m 处设接地电阻测试点,接地装置为基础梁均压环,2φ16 的基础梁主筋,距地－2.0 m;总该等电位连接箱(MEB),用 2 根－40×4 的镀锌扁铁与接地装置焊接。

　　某工程基础接地平面图,如图 6-6-3,轴线①与Ⓐ,轴线④与Ⓒ交点处的 2 组引下线距地 0.5 m 处设接地电阻测试点;如同轴线①与Ⓒ交点处所示,建筑物四角的引下线焊接－40×4 的镀锌扁铁作为户外接地母线伸出外墙皮外 1.5 m;在轴线④上,设总该等电位连接箱(MEB)距地 0.5 m。

# 单元实训

## 一、施工图识读实训

### 1. 实训目的

　　熟悉建筑电气安装工程施工图的表达方法与表达内容,掌握建筑电气安装工程施工图的识读方法,具备建筑电气施工图飞识读能力。了解电力系统、建筑电气强电工程和建筑电气弱电工程的构成。

图纸

电气

### 2. 实训内容

　　识读民用建筑电气安装施工图,了解系统组成,配管、配线的规格及敷设方式,安装标高和安装工艺。

## 二、施工建模实训

### 1. 实训目的

　　在建筑电气施工图的识读基础上,通过专业课程基础知识的综合运用,思考电气管线、附属设备及附件的安装施工与建筑工程施工过程中的相互配合和影响因素,协调各工种工程进度,编制施工组织设计,合理安排施工程序。

### 2. 实训内容

　　根据普通民用建筑电气安装工程施工图,利用 BIM 软件建立三维模型,导出材料计划,分析建筑电气施工过程与土建专业安装的配合环节,落实好施工方案,确定配合措施。

# 模块 7  火灾自动报警系统

## 学习目标

（1）熟悉火灾自动报警系统的基本形式及组成。

（2）熟悉火灾探测器、手动火灾报警按钮、消火栓报警按钮、现场模块、中继器等、总线隔离器、火灾报警控制器等的工作原理及接线要求等。

（3）掌握火灾自动报警系统施工图的识读方法。

（4）掌握火灾自动报警系统的施工安装要求。

火灾自动报警系统是火灾探测系统和消防联动系统的简称，在火灾早期探测和报警-向各类消防设备发出控制信号，并接受反馈信号；以实现预定消防功能的一种自动消防设施，其基本形式有三种，即**区域报警系统、集中报警系统和控制中心报警系统。**

### 1. 区域报警系统

区域报警系统如图 7-1 所示，只有报警功能，无联动功能，由火灾探测器（感温、感烟）、手动火灾报警按钮（Ⓨ）、火灾声光警报器（🔔）及火灾报警控制器（Ⓩ）等组成，系统中可包括消防控制室图形显示装置和楼层的区域显示器（Ⓓ）。系统总线上应设置总线短路隔离器（SI），总线穿越防火分区时，应在穿越处设置总线短路隔离器。

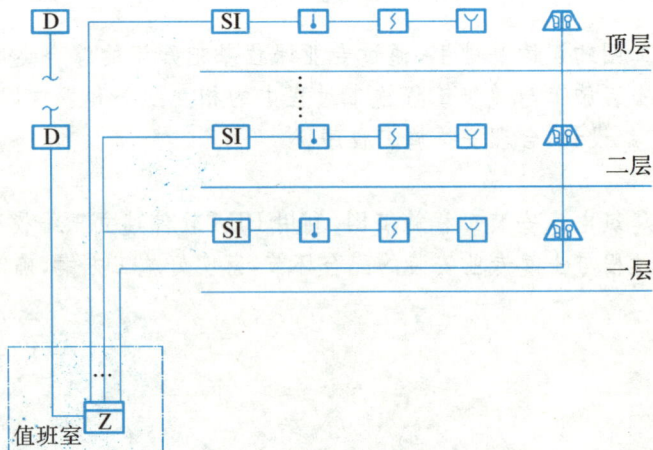

图 7-1  区域报警系统示意图

### 2. 集中报警系统

由火灾探测器、手动火灾报警按钮、火灾声光警报器、消防应急广播、消防专用电话、消防控制室图形显示装置、火灾报警控制器和消防联动控制器等组成。集中报警系统具备报警和消防联动功能,如图 7-2 所示。

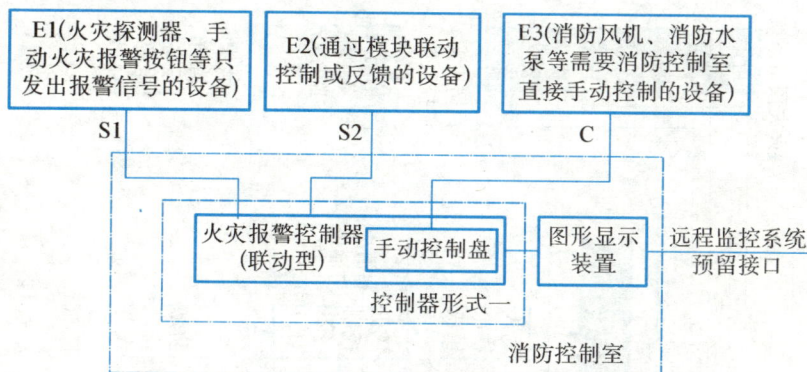

图7-2　集中报警系统示意图

### 3. 控制中心报警系统

控制中心报警系统由两个以上的集中报警系统组成,其适用于建筑群或者体量大的保护对象。

火灾报警区域的划分应符合下列规定:

(1)报警区域应根据防火分区或楼层划分,可将一个防火分区或一个楼层划分为一个报警区域,也可将发生火灾时需要同时联动消防设备的相邻几个防火分区或楼层划分为一个报警区域;

(2)电缆隧道的一个报警区域宜由一个封闭长度区间组成,一个报警区域不应超过相连的 3 个封闭长度区间,道路隧道的报警区域应根据排烟系统或灭火系统的联动需要确定,且不宜超过 150 m;

(3)甲、乙、丙类液体储罐区的报警区域应由一个储罐区组成,每个 50 000 m³ 及以上的外浮顶储罐应单独划分为一个报警区域。

## 7.1　火灾自动报警系统的组成

火灾自动报警系统是探测火灾早期特征(感温、感烟、感光及气体探测器),把火灾信号传输到火灾报警控制器,发出火灾报警信号,为人员疏散、防止火灾蔓延和启动自动灭火设备提供控制与指示的消防系统,如图 7-1-1 所示。

火灾自动报警系统由触发装置、火灾报警装置、火灾警报装置、电源以及具有其他辅助控制功能的联动装置所组成,如图 7-1-2 所示。

### (1)触发器件

在火灾自动报警系统中,自动或手动产生火灾报警信号的器件称为触发件,主要包括火灾探测器和手动火灾报警按钮。火灾探测器分成感温、感烟、感光、可燃气体探测器和复合火灾探测器五种基本类型。

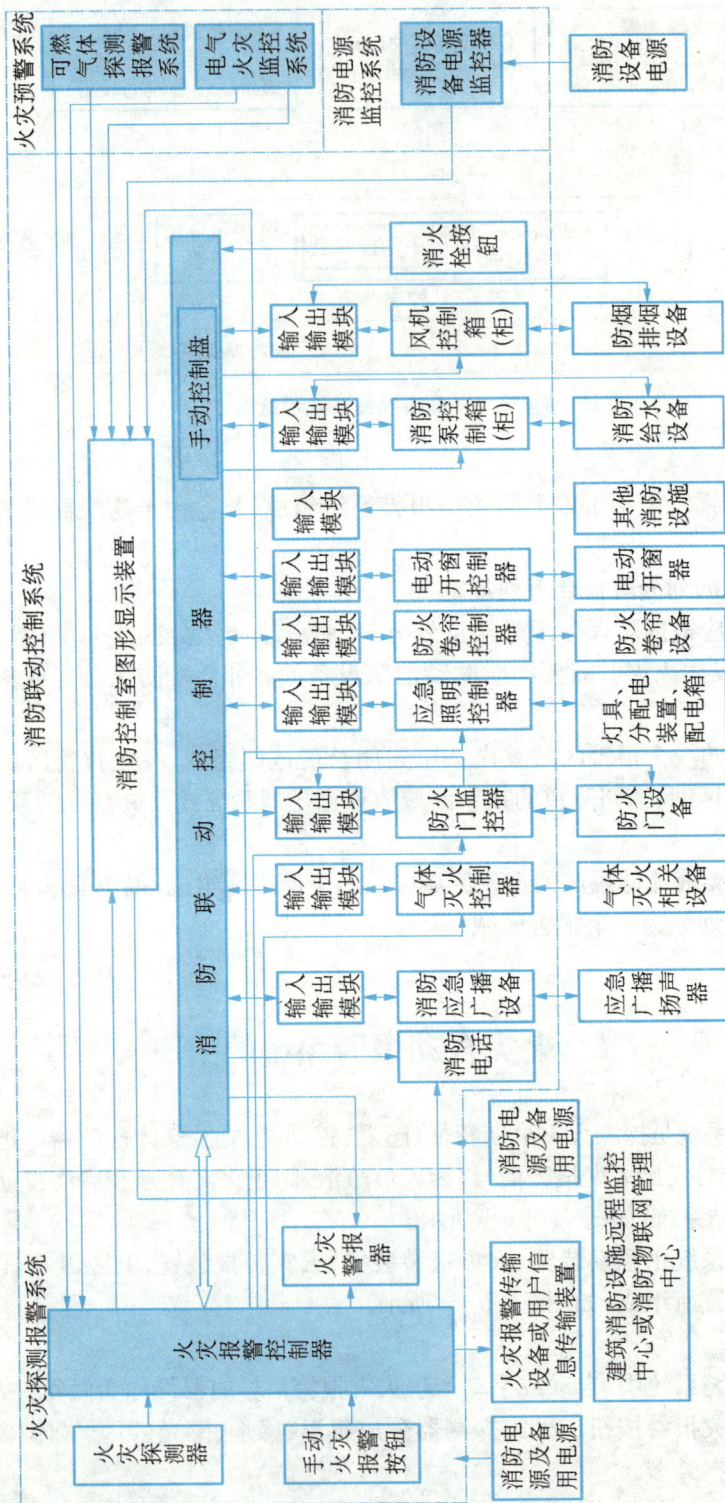

图7-1-1 火灾自动报警系统示意图

火灾报警系统

- 触发装置
  - 手动报警按钮
  - 火灾探测器
- 报警装置
  - 中继器
  - 探测器报警控制装置
  - 火灾报警控制器
  - 火灾显示盘
- 警报装置
  - 火灾显示灯
  - 火灾警报器
  - 声光报警器
- 联运装置
  - 总线控制装置
  - 多线控制装置
- 电源
  - 主电源
  - 备用电源

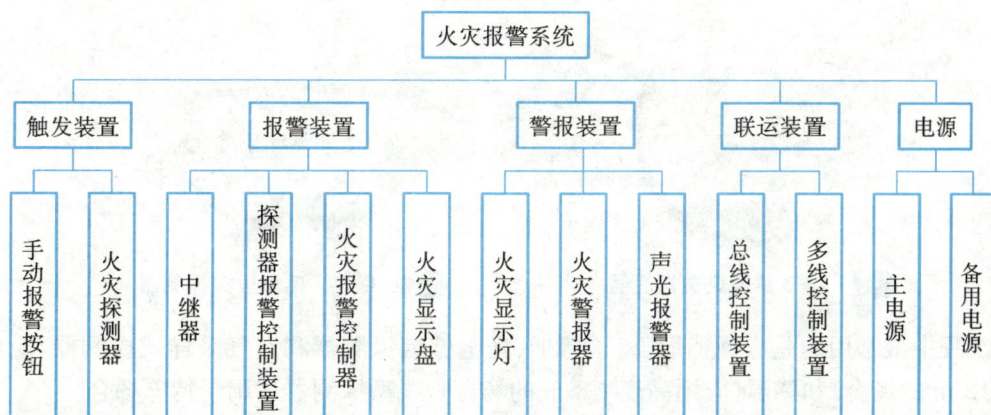

**图 7 - 1 - 2　火灾报警系统组成**

### （2）火灾报警装置

火灾报警装置是火灾报警系统中的核心组成部分，用以接收、显示和传递火灾报警信号，并能发出控制信号并显示。例如火灾报警控制器为火灾探测器提供稳定的工作电源，监视探测器及系统自身的工作状态，接收、转换、处理火灾探测器输出的报警信号，进行声光报警，指示报警的具体部位及时间，同时执行相应辅助控制等诸多任务。在火灾报警装置中，还有一些如中断器、区域显示器、火灾显示盘等功能能不完整的报警装置，它们可视为火灾报警控制器的演变或补充，与火灾报警控制器同属火灾报警装置。

### （3）火灾警报装置

在火灾自动报警系统中，用以发出区别于环境声、光的火灾警报信号的装置称为火灾警报装置。它以声、光音响方式向报警区域发出火灾警报信号，以警示人们采取安全疏散、灭火救灾措施，例如声光报警器。

### （4）消防联动控制器

火灾自动报警系统中的消防控制设备主要是对自动灭火系统、室内消火栓给水系统、防烟排烟系统及空调通风系统、常开防火门、防火卷帘门、电梯回降，以及火灾应急广播、火灾报警装置和火灾应急照明与疏散指示等装置进行控制。

### （5）电源

火灾自动报警系统属于消防用电设备，其主电源应当采用消防电源，备用电采用蓄电池。系统电源除为火灾报警控制器供电外，还为与系统相关的消防控制设备等供电。

## 7.1.1　火灾触发器

在火灾自动报警系统中，自动或手动产生火灾报警信号的器件称为触发件，主要包括火灾探测器和手动火灾报警按钮。

### 1. 火灾探测器

火灾自动报警系统中常用的火灾探测器有五类：感温火灾探测器（响应异常温度和温差变化，见图 7 - 1 - 3）、感烟火灾探测器（响应燃烧或热分解产生的固体或液体颗粒的探测器，见图 7 - 1 - 4）、感光（火焰探测器，响应火焰发出特定波段的电磁辐射的探测器，例如紫外、红外及复合感光）、（可燃）气体探测器和复合火灾探测器。

图 7 - 1 - 3 感温火灾探测器　　　图 7 - 1 - 4　感烟火灾探测器

工程中最常用的是点型感烟(离子感烟、光电感烟探测器和空气采样式探测器,应用高度≤12 m 的场合)和感温(应用高度≤8 m 的场合),线型探测器适用于特殊场合。

(1)当在宽度小于 3 m 的内走道顶棚上布置点型探测器时,宜居中布置。点型感温火灾探测器的安装间距不应超过 10 m,感烟火灾探测器的安装间距不应超过 15 m;探测器宜水平安装,当必须倾斜安装时,倾斜角不大于 45°。火灾探测器至墙壁、梁边的水平距离不应小于 0.5 m,探测器周围 0.5 m 内不应有遮挡物。点型探测器至空调送风口边的水平距离不应小于 1.5 m,至多孔送风顶棚孔口的水平距离不应小于 0.5 m。探测器底座的连接导线应留有不小于 150 mm 的余量,且在其端部应有明显标志。

(2)在有梁的顶棚上设置点型感烟火灾探测器、感温火灾探测器时,应符合下列规定:

① 当梁突出顶棚的高度小于 200 mm 时,可不计梁对探测器保护面积的影响。

② 当梁突出顶棚的高度为 200 mm～600 mm 时,应按本规范附录 F、附录 G 确定梁对探测器保护面积的影响和一只探测器能够保护的梁间区域的数量。

③ 当梁突出顶棚的高度超过 600 mm 时,被梁隔断的每个梁间区域应至少设置一只探测器。

④ 当被梁隔断的区域面积超过一只探测器的保护面积时,被隔断的区域应按本规范第的规定计算探测器的设置数量。

⑤当梁间净距小于 1 m 时,可不计梁对探测器保护面积的影响。

(3)感烟火灾探测器在格栅吊顶场所的设置,应符合下列规定:

① 镂空面积与总面积的比例不大于 15％时,探测器应设置在吊顶下方。

② 镂空面积与总面积的比例大于 30％时,探测器应设置在吊顶上方,探测器设置在吊顶上方且火警确认灯无法观察时,应在吊顶下方设置火警确认灯。

③ 镂空面积与总面积的比例为 15％～30％时,探测器的设置部位应根据实际试验结果确定。

④ 地铁站台等有活塞风影响的场所,镂空面积与总面积的比例为 30％～70％时,探测器宜同时设置在吊顶上方和下方。

**2. 手动火灾报警按钮**

手动火灾报警按钮安装在公共场合,当人工确认火灾发生时,按下按钮上的有机玻璃片,可向控制器发出火灾报警信号,控制器接收到报警信号后,显示报警按钮的编码或位置,并发出报警音响。手动火灾报警按钮分为两种:一种为不带电话插孔(见图 7 - 1 - 5),另一种为带电话插孔(见图 7 - 1 - 6)。

图 7 - 1 - 5　不带电话插孔的手动火灾报警器　　　图 7 - 1 - 6　带电话插孔的手动报警器

　　每个防火分区应至少设置一个手动火灾报警按钮。从一个防火分区内的任何位置到最邻近的手动火灾报警按钮的步行距离不应大于 30 m。手动火灾报警按钮宜设置在疏散通道或出入口处,当安装在墙上时,其底边距地高度宜为 1.3～1.5 m,安装要牢固,不倾斜,外接导线应留有不小于 150 mm 的余量。

　　手动火灾报警按钮(带消防电话插孔)的接线端子,如图 7 - 1 - 7 所示。其中,Z1、Z2 为无极性信号二总线端子;K1、K2 为 DC24V 进线端子及控制线输出端子,用于提供直流 24 V 开关信号;TL1、TL2 为与总线制编码电话插孔或多线制电话主机连接的音频接线端子;AL、G 采用 BV 线,截面积不小于 1.0 mm²。

### 3. 消火栓按钮

　　消火栓按钮(见图 7 - 1 - 8)的动作信号与该按钮所在报警区域的任一火灾探测器或手动报警按钮的报警信号作为联动触发信号启动消火栓泵。消火栓报警按钮有总线和多线形两种,可直接接入控制器总线,占一个地址编码。消火栓报警按钮表面装有一个有机玻璃片,当启用消火栓时,可直接按下玻璃片,此时按钮的红色指示灯亮,向消防控制室发出报警信息;控制器在确认消防水泵启动运行后,向消火栓报警按钮发出命令信号,点亮泵运行指示灯。编码型消防栓报警开关占用一个编码地址,直接接入报警二总线,另须接入 DC24 V 电源(二线)供指示灯使用。

| Z1 | Z2 | K1 | K2 | TL1 | TL2 | AL | G |

图 7 - 1 - 7　手动火灾报警按钮(带消防电话插孔)的接线端子　　图 7 - 1 - 8　消火栓按钮

　　TX3153 消火栓按钮接线,如图 7 - 1 - 9 所示。其中,Z1、Z2 为与控制器信号二总线连接的端子,不分极性;布线要求是:信号总线 Z1、Z2 采用 RVS 型双绞线,截面积不小于 1.0 m²。

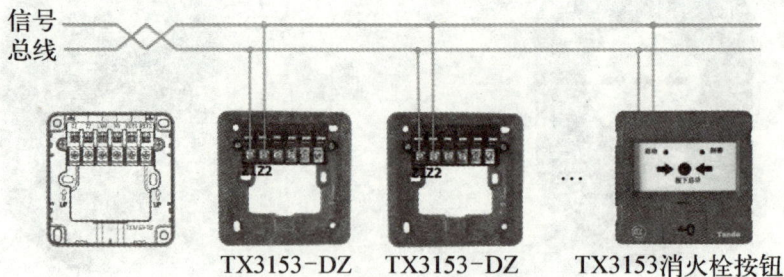

**图 7-1-9　TX3153 消火栓按钮接线图**

### 7.1.2　现场模块(接口)

#### 1. 单输入模块(监视模块 M)

单输入模块的作用是接收现场装置的报警信号,用电子编码器完成编码设置。单输入模块直接接入报警二总线,实现信号的传输。单输入模块适用于消火栓按钮、水流指示器、压力开关、70 ℃防火阀或者 280 ℃防火阀等。

单输入模块的外形和接线端子如图 7-1-11 所示。其中,Z1、Z2 为与控制器信号二总线连接的端子;I1、G 为与设备的无源常开触头(设备动作闭合报警器)连接的端子,也可以通过电子编码器设置常闭输入。

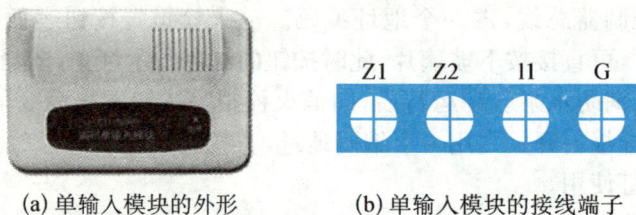

(a) 单输入模块的外形　　　　　(b) 单输入模块的接线端子

**图 7-1-11　单输入模块的外形和接线端子**

单输入模块的布线要求是:信号总线 Z1、Z2 采用 RVS 型双绞线,截面积不小于 1.0 mm$^2$;I1、G 采用 RV 软线,截面积不小于 1.5 mm$^2$。

明装模块一般安装在墙上,当预埋进线管时,可将底盒安在 86H50 型预装盒上,底盒与盖间采用插拔式结构安装,拆卸简单、方便,便于调试、维修,具体安装如图 7-1-12 所示,单输入模块与现场设备的连接如图 7-1-13 所示。

#### 2. 单输入/输出模块(控制模块 C)

单输入/输出模块用于将现场各种一次动作并没有动作信号输出的被动型设备(如排烟口、送风口、防火阀等)接入控制总线。

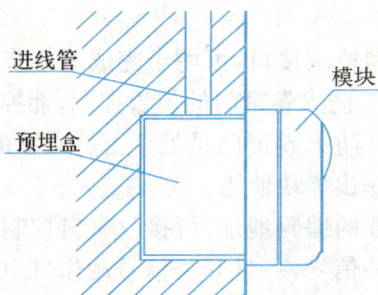

图 7-1-12　单输入模块的安装

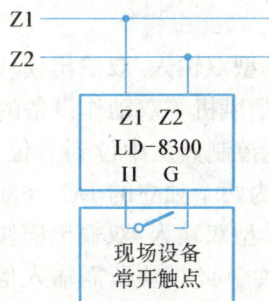

图 7-1-13　单输入模块与现场设备的连接

单输入/输出模块采用电子编码器,模块内有一对常开、常闭触头,容量为 DC24V、5V。模块具有直流 24 V 电压输出,用继电器触头接成有源输出,满足现场的不同需求。另外,单输入/输出模块还设有开关信号输入端,用来和现场设备的开、关触头连接,以便对现场设备是否动作进行确认。应当注意的是,不应将模块触头直接接入交流控制回路,以防强交流干扰信号损坏模块或控制设备。

LD-8301 型单输入/输出模块的外形、尺寸及结构、安装方法均与 LD-8300 型单输入模块相同。如图 7-1-14 所示,Z1、Z2 为与无极性信号二总线连接的端子;D1、D2 为与控制器的 DC24 V 电源连接的端子,不分极性;V+、G 为 DC24 V 输出端子,用于向触头提供 +24 V 信号,以便实现有源 24 V 输出,输出触头容量为 5 A、DC24 V;I1、G 为与被控制设备常开触头连接的端子,用于实现设备动作回答确认(可通过电子编码器设为常闭输入);NO1、COM1、NC1 为模块的常开、常闭输出端子。

图 7-1-14　LD-8301 型单输入/输出模块的接线端子

单输入/输出模块的布线要求是:信号总线 Z1、Z2 采用 RVS 型双绞线,截面积不小于 1.0 mm²;电源线 D1、D2 采用 BV 线,截面积不小于 1.5 mm²;V+、I1、G、NO1、COM1、NC1 采用 RV 线,截面积不小于 1.0 mm²。

TX3207 型单输入/输出模块控制电动脱扣式设备的接线如图 7-1-15 所示。

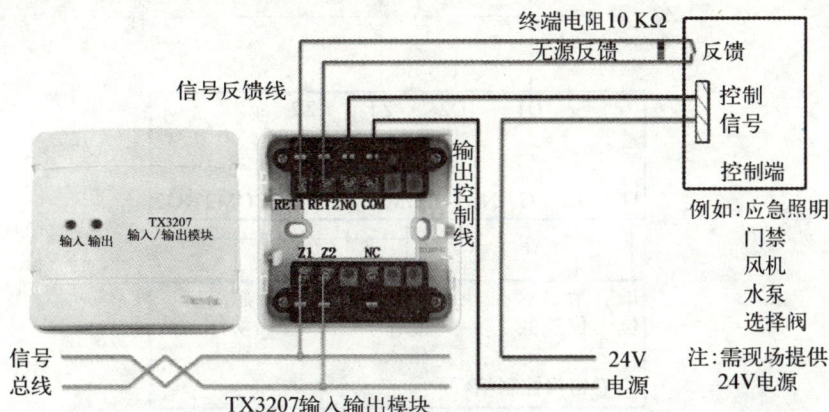

图 7-1-15　LD-8301 型单输入/输出模块控制电动脱扣式设备的接线

### 3. 双输入/双输出模块

LD-8303型双输入/双输出模块是一种总线制控制接口,可用于完成对二步降防火卷帘门、水泵、排烟风机等双动作设备的控制;主要用于防火卷帘门的位置控制,能控制其从上位到中位,也能控制其从中位到下位,同时也能确认防火卷帘门是处于上、中、下的哪一位。该模块也可作为两个独立的LD-8301型单输入/输出模块使用。

LD-8303型双输入/双输出模块具有两个连续的编码地址,可接收来自控制器的二次不同动作的命令。此模块所需输入信号为常开开关信号,一旦开关信号动作,LD-8303型模块将此开关信号通过联动总线送入控制器,联动控制器产生报警并显示出动作设备的地址号。当模块本身出现故障时,控制器也将产生报警并将模块编号显示出来。该模块具有两对常开、常闭触头,容量为5 A、DC24 V,有源输出时可输出1 A、DC24 V。

LD-8303型双输入/双输出模块的编码方式为电子编码,在编入一编码地址后,另一个编码地址自动生成为:编入地址+1。该模块的外形、尺寸、结构及安装方法与LD-8300型单输入模块相同。LD-8303型双输入/双输出模块的接线端子如图7-1-16所示。其中,Z1、Z2为控制器来的信号总路线,无极性;D1、D2为DC24 V电源,无极性;I1、G为第一路无源输入端;I2、G为第二路无源输入端;V+、G为DC24V输出端子,用于向输出控制触头提供+24信号,以便实现有DC24V输出,有源输出时可输出1 A、DC24 V;NC1、COM1、NO1为第一路常开常闭无源输出端子;NC2、COM2、NO2为第二路常开、常闭无源输出端子。

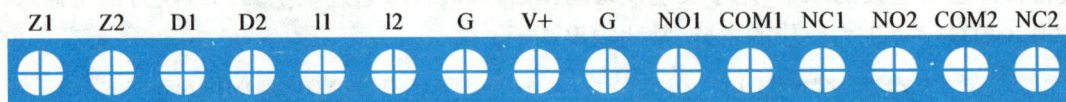

**图7-1-16  LD-8303型双输入/双输出模块的接线端子**

双输入/双输出模块的布线要求是:信号总线 Z1、Z2 采用 RVS 双绞线,截面积为1.0 mm²;电源线 D1、D2 采用 BV 线,截面积为1.5 mm²。该模块与防火卷帘门电气控制箱(标准型)的接线如图7-1-17所示。

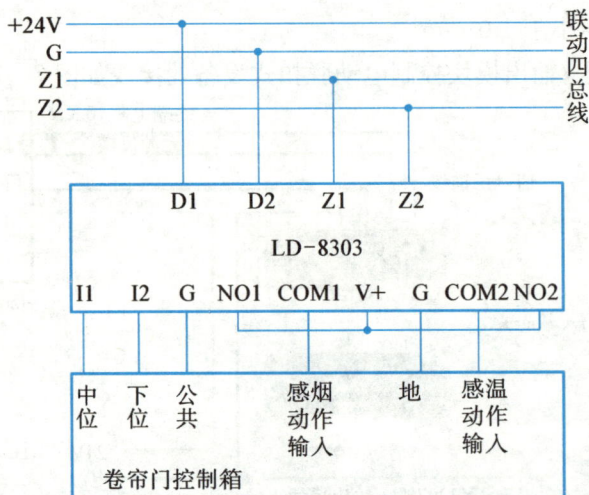

**图7-1-17  LD-8303型双输入/双输出模块与防火卷帘门电气控制箱(标准型)的接线**

#### 4. 切换模块

LD‑8320A 双动作切换模块是一种专门设计用于与 LD‑8303 型双输入/双输出模块连接的模块，它是在控制器与被控设备之间做交流直流隔离及启动、停止双动作控制的接口部件。该模块为一种非编码模块，不可与控制器的总线连接。该模块有一对常开、常闭输出触头，可分别独立控制，容量为 DC24 V、5 A 和 AC220 V、5 A。

### 7.1.3　火灾报警控制器

#### 1. 火灾报警控制器

火灾报警控制器是火灾自动报警系统的心脏，是消防系统的指挥中心，可为火灾探测器供电，接收、处理和传递探测点的火警信号和故障信号，并能发出声、光报警信号，显示和记录火灾发生的部位和时间。火灾自动报警系统和自动喷水灭火系统、室内消火栓系统、防排烟系统、通风系统、空调系统、防火门、防火卷帘门、挡烟垂壁等组成系统联动，通过自动或手动方式发出指令，控制联动设备的启停并接收其反馈信号，如图 7‑1‑18 所示。

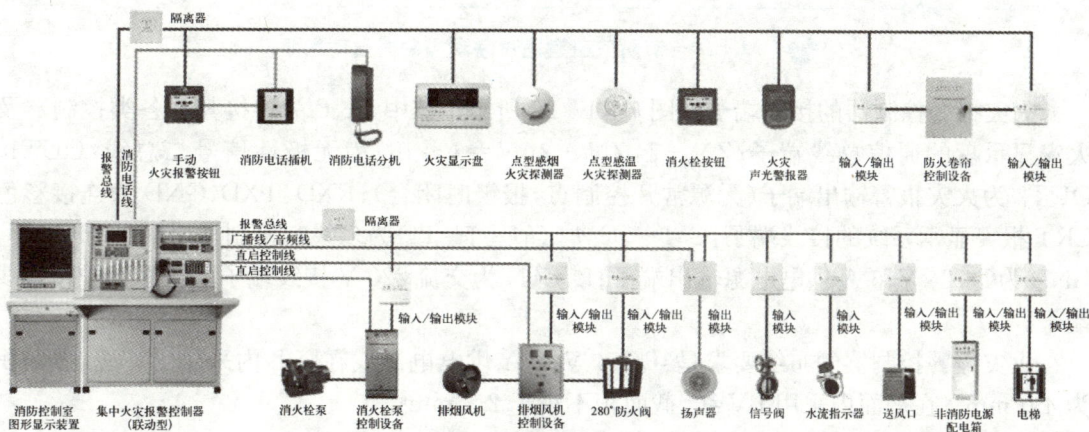

**图 7‑1‑18　火灾报警控制器示意图**

火灾报警控制器和消防联动控制器，应设置在消防控制室或有人值班的房间和场所。安装在墙上时，其主显示屏高度宜为 1.5～1.8 m，其靠近门轴的侧面强距离不应小于 0.5 m，正面操作距离不应小于 1.2 m。

消防联动控制器应具有启动消防水泵（如图 7‑1‑19 所示）、切断火灾区域及相关区域的非消防电源的功能、打开疏散通道上由门禁系统控制的门和庭院电动大门的、打开停车场出入口挡杆等联动控制功能。自带电源非集中控制型消防应急照明和疏散指示系统，应由消防联动控制器联动消防应急照明配电箱实现。当确认火灾后，由发生火灾的报警区域开始，顺序启动全楼疏散通道的消防应急照明和疏散指示系统，系统全部投入应急状态的启动时间不应大于 5 s。

注：
1. 湿式和干式系统喷淋泵有三种远程启泵方式：压力开关直接连锁启泵①、消防联动控制器联动控制启泵②、手动控制盘直接启泵③，其中第二种启泵方式是作为第一种启泵方式的后备，在压力开关动作信号反馈给消防联动控制器之后，消防联动控制器在"与"逻辑判断后通过输出模块控制启泵（具体要求见本图集第25页提示3）。启泵电路图见本图集第27页。

2. 压力开关应有两副触点，一副用于直接连锁启泵，另一副用于通过输出模块向消防联动控制器反馈动作信号。

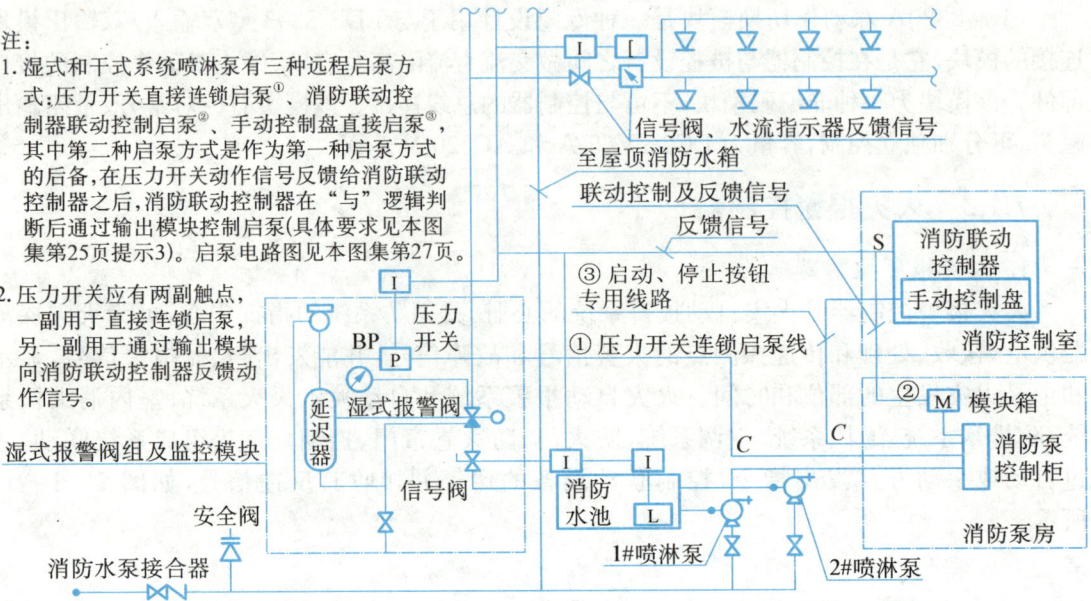

湿式报警阀组及监控模块

图 7-1-19　消防值班室通过联动控制器启动水泵

火灾报警控制器的接线端子如图 7-1-20 所示。其中，A、B 为连接其他各类控制器及火灾显示盘的通信总线端子；ZN-1，ZN-2（N=1～18）为无极性信号二总线：OUT1、OUT2 为火灾报警输出端子（无源常开控制点，报警时闭合）；RXD、TXD、GND 为连接彩色 CRT 报警显示系统的接线端子；CM+、CM-（M=1～14）为多线制控制输出端子；+24 V、GND 为 DC24 V、6 A 供电电源输出端子；L、G、N 为交流 220 V 接线端子及机柜保护接地线端子。

火灾报警控制器的布线要求是：DC24 V、6 A 供电电源线在竖井内采用 BV 线，截面积为 4.0 mm²；在平面内采用 BV 线，截面积不小于 2.5 mm²。

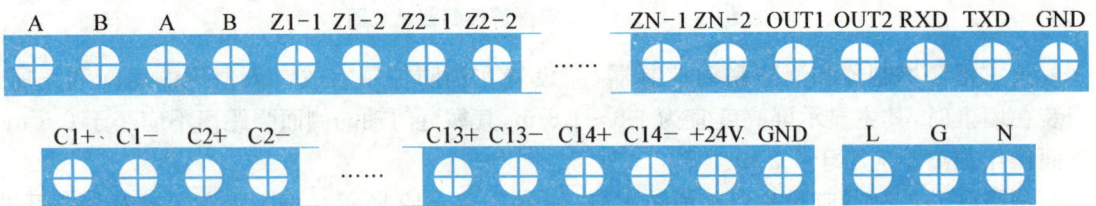

图 7-1-20　火灾报警控制器的接线端子

## 2. 区域显示器（盘）

每个报警区域宜设置一台区域显示器（火灾显示盘），宾馆、饭店等场所应在每个报警区域设置一台区域显示器。当用一台报警器同时监控数多个楼层时，宜在每个楼层设置一台仅显示本楼层的区域显示器。区域显示器应设置在出入口等明显和便于操作的部位。当采用壁挂方式安装时，其底边距地高度宜为1.3 m～1.5 m。

图 7-1-21 所示的 ZF-500 型火灾显示盘，用来显示火警探测器部位编号及其汉字信

息并同时发出声光报警信号,它通过总线与火灾报警控制器相连,处理并显示控制器传送过来的数据。ZF‐500 型火灾显示盘的接线端子如图 7‐1‐22 所示。其中,A、B 为连接火灾报警控制器的通信总线端子;+24 V、GND 为 DC24 V 电源。

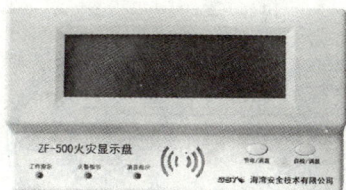

图 7‐1‐21　ZF‐500 型火灾显示盘

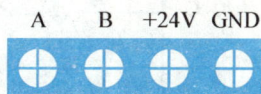

图 7‐1‐22　ZF‐500 型火灾
显示盘的接线端子

火灾显示盘的布线要求是:DC24 V 电源线采用 BV 线,截面积不小于 2.5 mm²;通信线 A、B 采用 RVVP 屏蔽线,截面积大于 1.0 mm²。

### 3. 中继器

#### (1) 总线中继器

总线中继器(见图 7‐1‐23)可作为总线信号输入与输出间的电气隔离,用以完成探测器总线的信号隔离传输,增强整个系统的抗干扰能力,并具有扩展探测器总线通信距离的功能。总线中继器在现场墙上安装,采用 M3 螺钉固定。LD‐8321 总线中继器的接线端子如图 7‐1‐24 所示。其中,24VIN 为 PC18 V～DC30 V 电压输入端子;Z1IN、Z2IN 为无极性信号二总线输入端子,与控制器无极性信号二总线输出连接,距离应小于 1 000 m;Z10、Z20 为隔离性总线输出端子。

图 7‐1‐23　总线中继器

图 7‐1‐24　LD‐8321 总线中继器的接线端子

总线中继器的布线要求是:无极性信号二总线采用 RVS 双绞线,截面积为 1.0 mm²;24 V 电源线采用 BV 线,截面积为 1.5 mm²。

#### (2) 编码中继器

在消防系统也会使用一些非编码设备,如非编码感烟探测器、非编码感温探测器等,但因为这些设备本身不带地址,无法直接与信号总线相连,所以需要加入编码中继器(编码中继器为编码设备)和终端,以便使非编码设备能正常接入信号总线。

例如,LD‐8319 编码中继器是一种编码模块,其地址编码采用电子编码方式。该模块用于连接非编码探测器等现场设备,当接入编码中继器输出回路中的任何一个现场非编码设备报警后,编码中继器都会将报警信息传给报警控制器,控制器产生报警信号并显示出编码中继器的地址编号。编码中继器和终端及非编码设备的接线如图7-1-25所示。

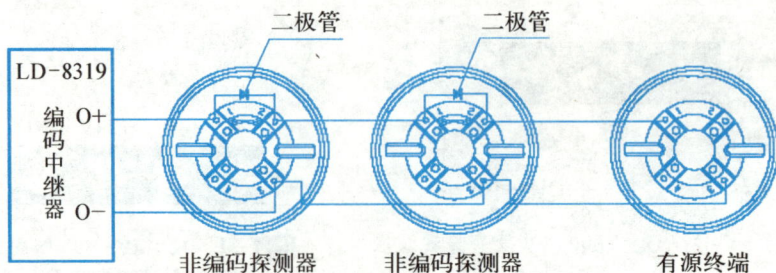

图7-1-25 编码中继器和终端及非编码设备的接线

### 4. 总线隔离器

总线隔离器又称为短路隔离器如图7-1-26(a)所示,它的作用是当总线发生故障时,将发生故障的总线部分与整个系统隔离开来,以保证系统的其他部分能够正常工作,同时便于确认发生故障的总线部位。当故障部分的总线修复后,总线隔离器可自动恢复工作,将被隔离的部分重新纳入系统。系统总线上应设置总线短路隔离器,每只总线短路隔离器保护的火灾探测器、手动火灾报警按钮和模块等消防设备的总数不应超过32点;总线穿越防火分区时,应在穿越处设置总线短路隔离器。

总线隔离器的接线端子如图7-1-26(b)所示,其中,Z1、Z2为无极性信号二总线输入端子;Z01、Z02为无极性信号二总线输出端子,最多可接入50个编码设备(含各类探测器或编码模块);A为动作电流选择端子,与Z01短接时,隔离器最多可接入100个编码设备(含各类探测器或编码模块)。

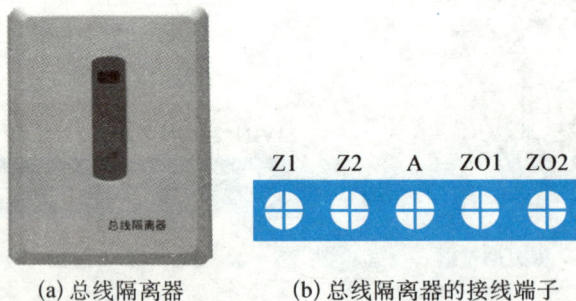

(a) 总线隔离器　(b) 总线隔离器的接线端子

图7-1-26 总线隔离器及其接线端子

总线隔离器的布线要求是:直接与信号二总线连接,无须其他布线;可选用截面积不小于1.0 mm² 的RVS双绞线。总线隔离器应接在各分支回路中以起到短路保护作用,如图7-1-27所示。

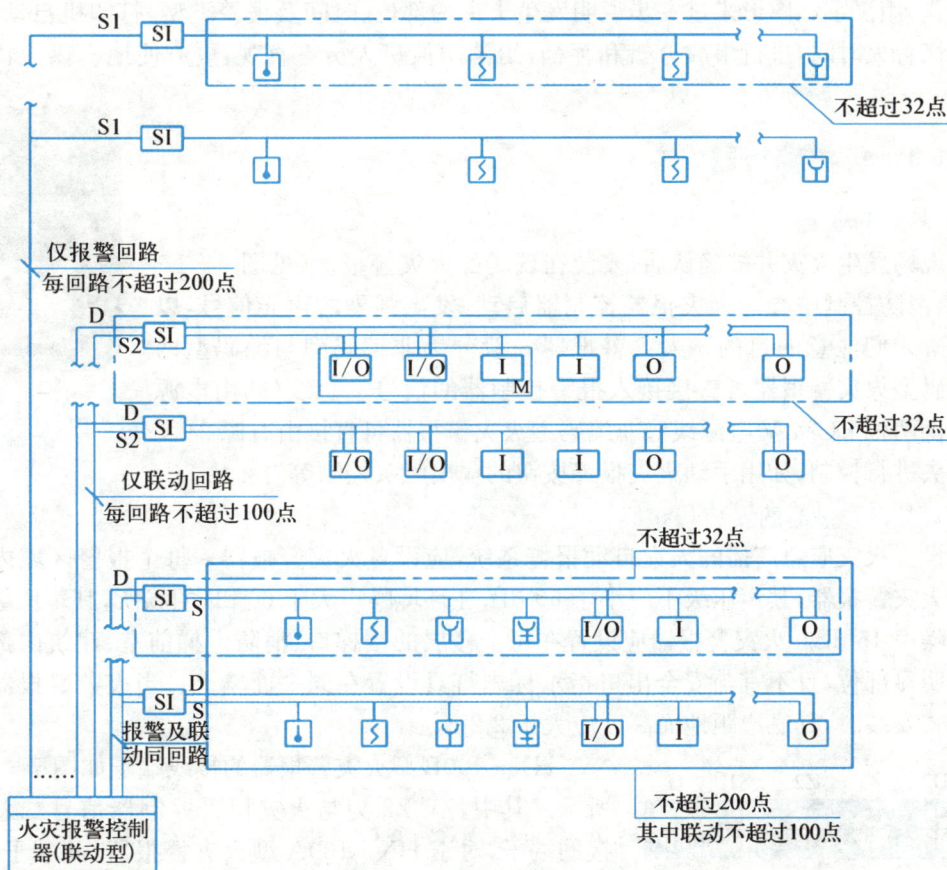

**图 7－1－27　总线隔离器的应用示意图**

### 5. 总线驱动器

总线驱动器(见图 7－1－28)的作用是增强线路的驱动能力。总线驱动器的使用场所如下。

(1) 当一台报警控制器监控的部件超过 200 个以上时,约每 200 个部件用 1 个总线驱动器。

(2) 如果所监控设备电流超过 200 mA,约每 200 mA 用 1 个总线驱动器。

(3) 如果总线传输距离太长、太密,超过 500 m 安装 1 个总线驱动器(也有超过 1 000 m 安装 1 个总线驱动器的情况,应结合厂家产品而定)。

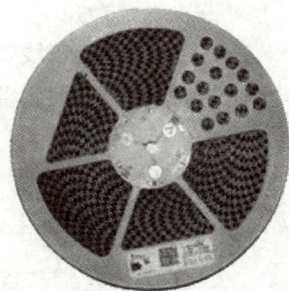

**图 7－1－28　总线驱动器**

### 6. CRT 报警显示系统

在大型的消防系统的控制中必须采用 CRT 报警显示系统,该系统包括系统的接口板、计算机、彩色监视器、打印机,是一种高智能化的显示系统。CRT 报警显示系统把所有与消防系统有关的建筑的平面图及报警区域和报警点存入计算机,发生火灾时,在 CRT 显示屏上能自动用声光显示部位,如黄色指示灯(预警)和红色指示灯(火警)不断闪动,同时用不同的声响来反映各种探测器、报警按钮、消火栓、水喷淋等各种灭火系统和送风口、排烟口等的具体位置,用汉字和图形来进一步说明发生火灾的部位、时间及报警类型,打印机自动打印,以便记忆着火时间,进行事故分析和存档,给消防值班人员更直观、更方便地提供火情和消防信息。

### 7.1.4 火灾警报器

#### 1. 火灾警报器

当现场发生火灾并被确认后,安装在现场的火灾警报器(见图7-1-29)可由消防控制中心的火灾报警控制器启动,发出强烈的声光信号,以达到提醒人们注意的目的。火灾警报器一般分为非编码型与编码型两种。编码型火灾警报器可直接接入报警控制器的信号二总线(须由电源系统提供两根DC24 V电源线);非编码型火灾警报器可直接由有源24 V常开触头进行控制,如用手动火灾报警按钮的输出触头控制等。

图7-1-29 火灾警报器

#### (1) 火灾警报器的安装与布线

未设置火灾应急广播的火灾自动报警系统,应设置火灾警报器。每个报警区域内应均匀设置火灾警报器,其声压级不应小于60 dB;在环境噪声大于60 dB的场所,其声压级应高于背景噪声15 dB。火灾警报器应设置在每个楼层的楼梯口、消防电梯前室、建筑内部拐角等处的明显部位,且不宜与安全出口指示标志灯具设置在同一面墙上。当火灾警报器采用壁挂方式安装时,其底边距地面高度应大于2.2 m。

| D1 | D2 | Z1 | Z2 | S1 | G |

图7-1-30 HX-100B型火灾警报器的接线端子

HX-100B型火灾警报器的接线端子如图7-1-30所示。其中,Z1、Z2为与火灾报警控制器信号二总线连接的端子,对于HX-100A型火灾警报器,此端子无效;D1、D2为与DC24 V电源线(HX-100B型)或DC24 V常开控制触头(HX-100A型)连接的端子,无极性;S1、G为外控输入端子。

火灾警报器的布线要求是:信号二总线Z1、Z2采用RVS型双绞线,截面积不小于1.0 m²;电源线为D1、D2。编码型火灾声光警报器接入报警总线和DC24 V电源线,共四线。

#### (2) 应用示例

火灾警报器在使用过程中可直接与手动火灾报警按钮的无源常开触头连接,如图7-1-31所示。当发生火灾时,手动火灾报警按钮可直接启动火灾警报器。

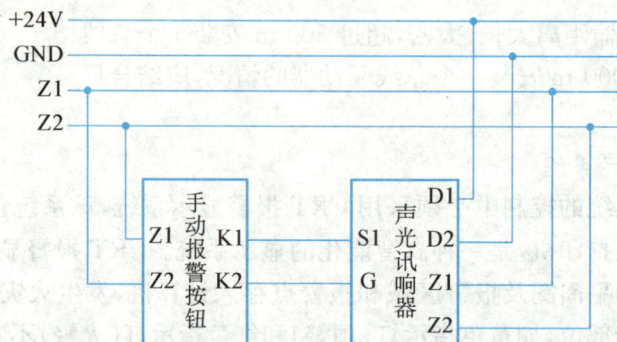

图7-1-31 手动火灾报警按钮直接控制火灾警报器

### 2. 声光警报器

火灾光警报器应设置在每个楼层的楼梯口、消防电梯前室、建筑内部拐角等处的明显部位，且不宜与安全出口指示标志灯具设置在同一面墙上。**每个报警区域内应均匀设置火灾警报器，其声压级不应小于 60 dB；当火灾警报器采用壁挂方式安装时，底边距地面高度应大于 2.2 m。**火灾自动报警系统应设置火灾声光警报器，并应在确认火灾后启动建筑内的所有火灾声光警报器，火灾声光警报器设置带有语音提示功能时，应同时设置语音同步器。当同一建筑内设置多个火灾声光警报器时，火灾自动报警系统应能同时启动和停止所有火灾声光警报器工作。

### 3. 消防应急广播

集中报警系统和控制中心报警系统应设置消防应急广播。消防应急广播系统的联动控制信号应由消防联动控制器发出。当确认火灾后，应同时向全楼进行广播，消防应急广播的单次语音播放时间宜为 10 s～30 s，应与火灾声警报器分时交替工作，可采取 1 次火灾声警报器播放、1 次或 2 次消防应急广播播放的交替工作方式循环播放。在消防控制室应能手动或按预设控制逻辑联动控制选择广播分区、启动或停止应急广播系统，并应能监听消防应急广播。在通过传声器进行应急广播时，应自动对广播内容进行录音。消防控制室内应能显示消防应急广播的广播分区的工作状态。消防应急广播与普通广播或背景音乐广播合用时，应具有强制切入消防应急广播的功能。民用建筑内扬声器应设置在走道和大厅等公共场所，每个扬声器的额定功率不应小于 3 W，其数量应能保证从一个防火分区内的任何部位到最近一个扬声器的直线距离不大于 25 m，走道末端距最近的扬声器距离不应大于 12.5 m。在环境噪声大于 60 dB 的场所设置的扬声器，在其播放范围内最远点的播放声压级应高于背景噪声 15 dB，客房设置专用扬声器时，其功率不宜小于 1 W；壁挂扬声器的底边距地面高度应大于 2.2 m。

## 7.2　火灾自动报警系统施工图的识读

本工程为某实训中心，地上四层，框架结构，建筑高度 15.45 m，总建筑面积 4 528 m²。

### 7.2.1　火灾报警控制器的设置及施工要求

（1）所有消防用电设备均采用双路电源供电并在末端设自动切换装置。

（2）火灾自动报警系统应设置交流电源和蓄电池备用电源。信号线缆引至实训基地的消防控制室内。消防控制室入口处应设置明显的标志，内设火灾报警控制器、消防联动控制器、消防控制室图形显示装置、消防专用电话总机、消防应急广播控制装置、消防电源监控器等设备或具有相应功能的组合设备及 119 直通电话。

（3）消防控制室内严禁穿过与消防设施无关的电气线路及管路。

（4）任一台火灾报警控制器所连接的火灾探测器、手动火灾报警按钮和模块等设备总数及地址总数，均不应超过 3 200 点，其中每一总线回路连接设备的总数不宜超过 200 点，且应留有不少于额定容量 10% 的余量；任一台消防联动控制器地址总数或火灾报警控制器（联动型）所控制的各类模块总数不应超过 1 600 点，每一联动总线回路连接设备的总数不宜超过 100 点,且应留有不少于容量 10% 的余量。

（5）系统总线上应设置总线短路隔离器,每只总线短路隔离器保护的火灾探测器、手动火灾报警按钮和模块等消防设备总数不应超过 32 点;总线穿越防火分区时,应在穿越处设置总线短路隔离器。

### 7.2.2　火灾探测器的设置及施工要求

走道、楼梯间等设置智能感烟探测器,在主要出入口设置手动报警器。探测器吸顶安装,手动报警器距地 1.4 m 明装,火灾警报器距地 2.0 m 明装。消防广播喇叭吸顶安装,火灾区域（楼层）显示器底边距地 1.5 m 明装。系统各相关的线缆均穿钢管 SC 保护,并敷设在不燃烧体的结构层内,且保护层厚度不小于 30 mm,当明敷时,应在管上做防火处理。探测器与灯具的水平净距应大于 0.2 m,与送风口边的水平净距应大于 1.5 m,与多孔送风顶棚水平净距应大于 0.5 m,与嵌入式扬声器的净距应大于 0.1 m,与自动喷头的净距应大于 0.3 m,与墙或其他遮挡物的距离应大于 0.5 m。

### 7.2.3　联动控制设计

#### 1. 自动喷水灭火系统的联动控制设计

（1）联动控制方式应将湿式报警阀压力开关的动作信号作为触发信号,直接控制启动喷淋消防泵。联动控制不应受消防联动控制器处于自动或手动状态的影响。

（2）手动控制方式应将喷淋消防泵控制箱（柜）的启动和停止按钮用专用线路直接连接至设置在消防控制室内的消防联动控制器的手动控制盘,直接手动控制喷淋消防泵的启动、停止。

（3）水流指示器、信号阀、压力开关、喷淋消防泵的启动和停止的动作信号应反馈至消防联动控制器。

#### 2. 消火栓系统的联动控制设计

（1）联动控制方式应由消火栓系统出水干管上设置的低压压力开关、高位消防水箱出水管上设置的流量开关或报警阀压力开关等信号作为触发信号,直接控制启动消火栓泵,联动控制不应受消防联动控制器处于自动或手动状态影响。当设置消火栓按钮时,消防栓按钮的动作信号应作为报警信号及启动消火栓泵的联动触发信号,由消防联动控制器联动控制消火栓泵的启动。

（2）手动控制方式应将消火栓泵控制箱（柜）的启动、停止按钮用专用线路直接连接至设置在消防控制室内的消防联动控制器的手动控制盘,并应直接手动控制消火栓泵的启动、停止。

（3）消火栓泵的动作信号应反馈至消防联动控制器。

#### 3. 防烟排烟系统的联动控制设计

（1）防烟系统的联动控制方式应符合下列规定。

① 应由加压送风口所在防火分区内的两只独立的火灾探测器或一只火灾探测器与一只手动火灾报警按钮的报警信号,作为送风口开启和加压送风机启动的联动触发信号,并应由消防联动控制器联动控制相关层前室等需要加压送风场所的加压送风口开启和加压送风机启动。

②应由同一防烟分区内且位于电动挡烟垂壁附近的两只独立的感烟火灾探测器的报警信号，作为电动挡烟垂壁降落的联动触发信号，并应由消防联动控制器联动控制电动挡烟垂壁的降落。

（2）排烟系统的联动控制方式应符合下列规定。

①应由同一防烟分区内的两只独立的火灾探测器的报警信号，作为排烟口、排烟窗或排烟阀开启的联动触发信号，并应由消防联动控制器联动控制排烟口、排烟窗或排烟阀的开启，同时停止该防烟分区的空气调节系统。

②应由排烟口、排烟窗或排烟阀开启的动作信号，作为排烟风机启动的联动触发信号，并应由消防联动控制器联动控制排烟风机的启动。

（3）防烟系统、排烟系统的手动控制方式应能在消防控制室内的消防联动控制器上手动控制送风口、电动挡烟垂壁、排烟口、排烟窗、排烟阀的开启或关闭及防烟风机、排烟风机等设备的启动或停止，防烟、排烟风机的启动、停止按钮应采用专用线路直接连接至设置在消防控制室内的消防联动控制器的手动控制盘，并应直接手动控制防烟、排烟风机的启动、停止。

（4）送风口、排烟口、排烟窗或排烟阀开启和关闭的动作信号，防烟、排烟风机启动和停止及电动防火阀关闭的动作信号，均应反馈至消防联动控制器。

（5）排烟风机入口处的总管上设置的 280 ℃排烟防火阀在关闭后应直接联动控制风机停止，排烟防火阀及风机的动作信号应反馈至消防联动控制器。

### 4. 防火卷帘系统的联动控制设计

（1）防火卷帘的升降应由防火卷帘控制器控制。

（2）疏散通道上设置的防火卷帘的联动控制设计，应符合下列规定。

①联动控制方式，防火分区内任两只独立的感烟火灾探测器或任一只专门用于联动防火卷帘的感烟火灾探测器的报警信号应联动控防火卷帘下降至距楼板面 1.8 m 处；任一只专门用于联动防火卷帘的感温火灾探测器的报警信号应联动控制防火卷帘下降到楼板面；在卷帘的任一侧距卷帘纵深 0.5～5 m 内应设置不少于 2 只专门用于联动防火卷帘的感温火灾探测器。

②手动控制方式，应由防火卷帘两侧设置的手动控制按钮控制防火卷帘的升降。

（3）非疏散通道上设置的防火卷帘的联动控制设计，应符合下列规定。

①联动控制方式，应由防火卷帘所在防火分区内任两只独立的火灾探测器的报警信号，作为防火卷帘下降的联动触发信号，并应联动控制防火卷帘直接下降到楼板面。

②手动控制方式，应由防火卷帘两侧设置的手动控制按钮控制防火卷帘的升降，并应能在消防控制室内的消防联动控制器上手动控制防火卷帘的降落。

（4）防火卷帘下降至距楼板面 1.8 m 处、下降到楼板面的动作信号和防火卷帘控制器直接连接的感烟、感温火灾探测器的报警信号，应反馈至消防联动控制器。

## 7.2.4　系统图的识读

常见的火灾自动报警系统图例见表 7-2-1。

表 7 - 2 - 1　常见的火灾自动报警系统图例

| 序号 | 符号 | 名称 | 型号与规格 | 序号 | 符号 | 名称 | 型号与规格 |
|---|---|---|---|---|---|---|---|
| 1 | Z | 区域报警控制器 | JB - 3208 | 11 |  | 消防广播 | BCY - 3 |
| 2 | FS | 火灾报警接线箱 | | 12 | ZG | 短路隔离器 | HJ - 1751 |
| 3 |  | 智能感烟探测器 | JB - YX - 252 | 13 |  L | 水流指示器 | |
| 4 |  | 智能感温探测器 | JTW - BCD - 3005A | 14 |  | 信号检修阀 | |
| 5 |  | 可燃气体探测器 | SFJ - 11A/T | 15 |  280 ℃ | 280 ℃排烟防火阀 | |
| 6 | M | 智能编码单输入模块 | HJ - 1750 | 16 |  70 ℃ | 70 ℃防火阀 | |
| 7 | C | 智能编码单输入/单输出模块 | HJ - 1825 | 17 | K | 防火门控制开关 | |
| | | 智能编码双输入/双输出模块 | HJ - 1825 | 18 | FJ | 防火卷帘门控制箱 | |
| | | 双动作切换模块 | HJ - 1825M | 19 | PY | 排烟风机控制箱 | |
| 8 |  | 编程消火栓按钮 | J - XAPD - 02A | 20 | | 排烟风口 | |
| 9 | | 火灾报警复式盘 | JB - YX - 252 | 21 |  | 手动火灾报警按钮(带消防电话插孔) | U - SAP - M - 03 |
| 10 |  | 消防专用电话(实装) | HY5716B | 22 |  | 火灾警报器 | YA9204 |

　　某工程火灾自动报警系统如图 7 - 2 - 1 所示,火灾报警控制器设在消防控制室内,火灾报警控制器连接一部消防专用电话($\times 1$ 表示连接数量为 1),火灾报警控制器通过 H(消防电话二总线,NH - RVS $2 \times 1.5$ SC15)、G(消防广播线路,NH - RVS $2 \times 1.5$ SC15)、D(电源线干线,NH - BVR $2 \times 4$ SC20)、S(信号总线,NH - RVS $2 \times 1.5$ SC15)和 X(火警显示器通信线,NH - RWP $2 \times 1.5$ SC15)分别与一层、二层的火灾报警接线箱(FS)连接。从火灾报警控制器引出两路 KZ2(控制线,NHKW $6 \times 1.5$ SC25)分别与两个排烟风机控制箱(PY)连接。

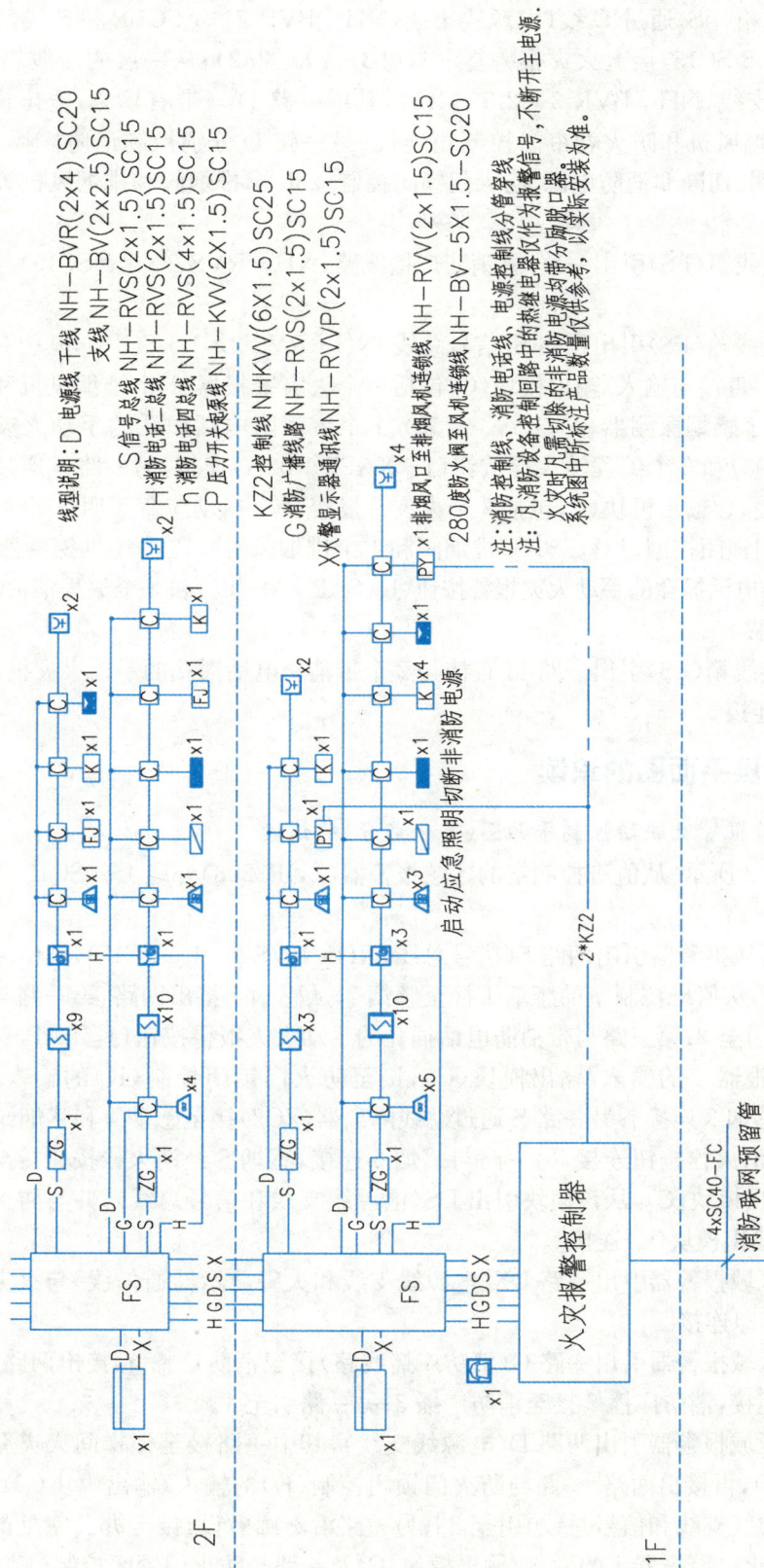

图7-2-1　某工程火灾自动报警系统(局部)

线型说明：D 电源线 干线 NH-BVR(2x4) SC20
支线 NH-BV(2x2.5)SC15
S信号总线 H消防电话一总线 NH-RVS(2x1.5) SC15
消防电话四总线 NH-RVS(2x1.5)SC15
h 消防电话四总线 NH-RVS(4x1.5)SC15
P 压力开关泵线 NH-KVV(2x1.5) SC15

KZ2控制线 NHKVV(6X1.5) SC25
G消防广播线路 NH-RVS(2x1.5)SC15
X火警显示器通讯线 NH-RVVP(2x1.5)SC15

X火警显示器通讯线仅作为管穿线
280度防火阀至风机连锁线 NH-RVV(2x1.5)SC15
排烟风口至排烟风机连锁线 NH-BV-5X1.5-SC20

注：消防控制线、消防电话线、电源控制线可作为管穿线。
注：凡消防设备控制回路中的热继电器仅作为报警信号，不断开主电源。
火灾时凡需切除的非消防电源均脱扣带口器，
系统图中所标注产品数量仅供参考，以实际安装为准。

2F

1F

火灾报警控制器

消防联网预留管
4xSC40-FC

启动应急照明切断非消防电源

一层的接线箱(FS)通过 D 线(电源线干线,NH－BVR 2×4 SC10)和 S 线(信号总线,NH－RVS 2×1.5 SC15)接上火灾报警复示盘(JB－YX－252);从一层的接线箱(FS)引出两路 D(电源线支线,NH－BVR 2×2.5 SC15),其中一路 D 与带有输入/输出模块(C)的火灾警报器、排烟风机和防火卷帘门控制箱连接;另一路 D 分别控制消防广播、火灾警报器、启动应急照明、切断非消防电源、防火门锁闭控制、280 ℃排烟阀和排烟风机等设备的控制模块(C)。

从一层的接线箱(FS)引出一路 G(消防广播线路,NH－RVS 2×1.5 SC15)与 5 个消防广播连接。

从一层的接线箱(FS)引出两路 S(信号总线,NH－RVS 2×1.5 SC15),其中一路 S 通过总线隔离器(ZG)直接与输入/输出模块(C,包括 1 个火灾警报器、1 个排烟风机和 1 个防火门锁闭控制)、3 个感烟探测器(JB－YX－252)、1 个带消防电话插孔的手动火灾报警按钮(J－SAP－M－03)和 2 个编程消火栓按钮(J－XAPD－02A)连接,另一路 S 通过总线隔离器(ZG)直接与输入/输出模块(C,包括 3 个火灾警报器、1 个启动应急照明、1 个切断非消防电源、4 个防火门锁闭控制、1 个 280 ℃排烟阀和 1 个排烟风机)、10 个感烟探测器(JB－YX－252)、3 个带消防电话插孔的手动火灾报警按钮(J－SAP－M－03)和 4 个编程消火栓按钮(J－XAPD－02A)连接。

从一层的接线箱(FS)引出一路 H 直接与 2 个带消防电话插孔的手动火灾报警按钮(J－SAP－M－03)连接。

### 7.2.5　一层平面图的识读

#### 1. 一层消防报警及联动控制平面图(第一部分)的识读

如图 7－2－2 所示,从值班控制室的区域报警器(Z,JB3208)外甩 4 根 SC40－FC 作为消防联网预留管。

从一层的区域报警器引出两路 S(信号总线,NH－RVS 2×1.5 SC15),其中一路 S 通过总线隔离器(ZG)从值班控制室的感烟 1 接至感烟 2,从感烟 2 接出四路[第一路与消火栓按钮连接;第二路引至 2;第三路与带消防电话插孔的手动火灾报警按钮(J－SAP－M－03)连接,接至火灾警报器 1 的输入/输出模块(C),接至防火门锁闭控制(K)的输入/输出模块(C);第四路与感烟 3 连接];另一路 S 通过总线隔离器(ZG2)接至感烟 4 和感烟 5,感烟 5 接出两路[一路与消火栓按钮连接;另一路与感烟 6 连接,感烟 6 经消火栓按钮接至火灾警报器 1 的输入/输出模块(C),从该模块引出 DS(电源线支线和信号总线),并与防火门锁闭控制(K)的输入/输出模块(C)连接]。

从一层的区域报警器引出一路 DX(电源线支线和火警显示器通信线)与火灾报警复示盘(JB－YX－252)连接。

从一层的区域报警器引出一路 G(消防广播线路)接至消防广播 1,接出两路,其中一路与消防广播 2 连接,消防广播 2 接至消防广播 3;另一路引至 1。

从一层的区域报警器引出两路 D(电源线支线),其中一路接至楼梯间火灾警报器的输入/输出模块(C),再接出两路[一路与防火门锁闭控制(K)的输入/输出模块(C)连接,另一路通过 DS(电源线支线和信号总线)引至 3];另一路沿走廊敷设,接至办公室处的排烟风机(PYK)模块 C、火灾警报器 1 的输入/输出模块(C)及一路与防火门锁闭控制(K)的输入/输

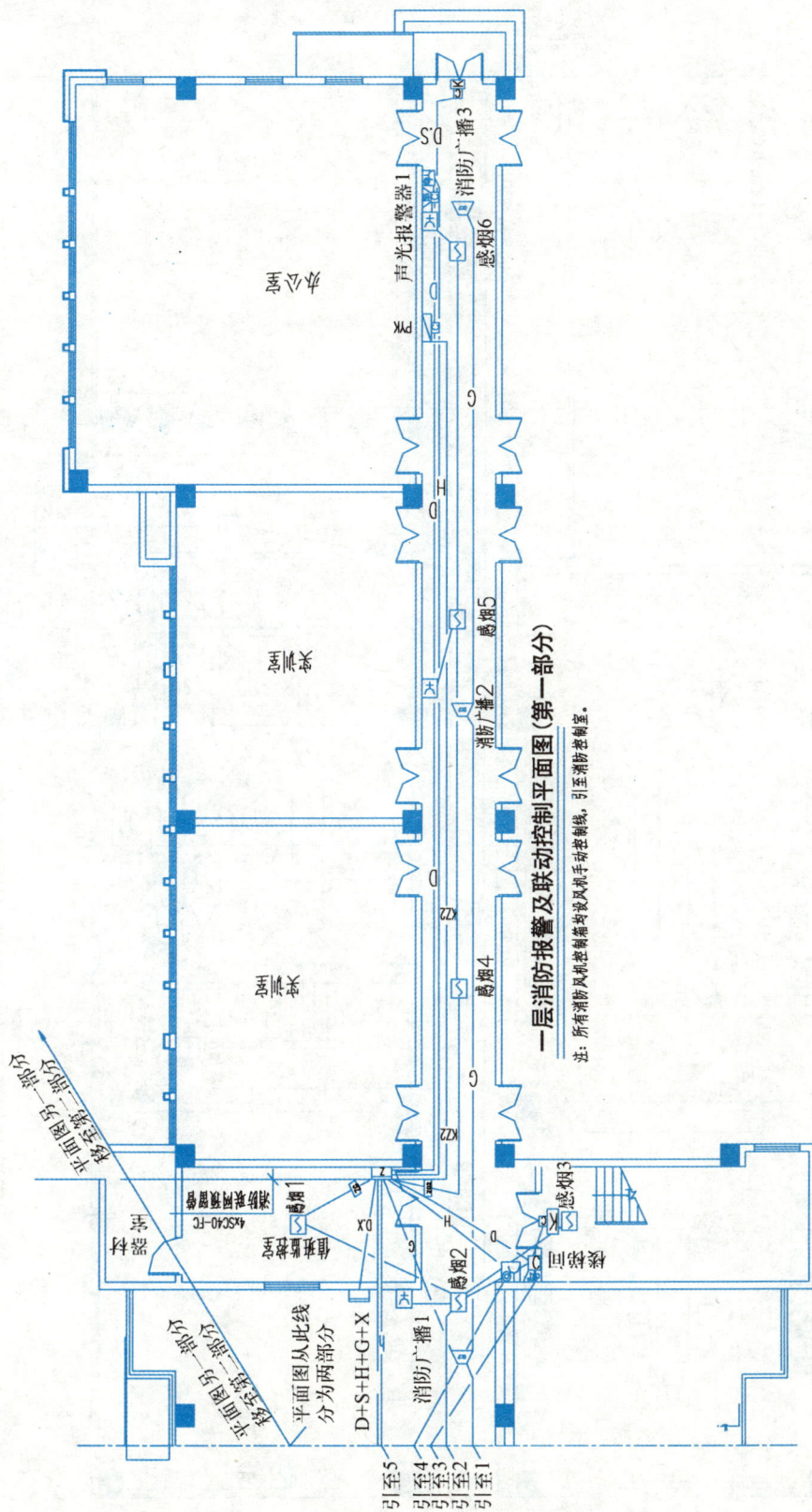

**图7-2-2 一层消防报警及联动控制平面图（第一部分）**

一层消防报警及联动控制平面图（第一部分）

注：所有消防风机控制箱均装设风机双电源手动控制线，引至消防控制室。

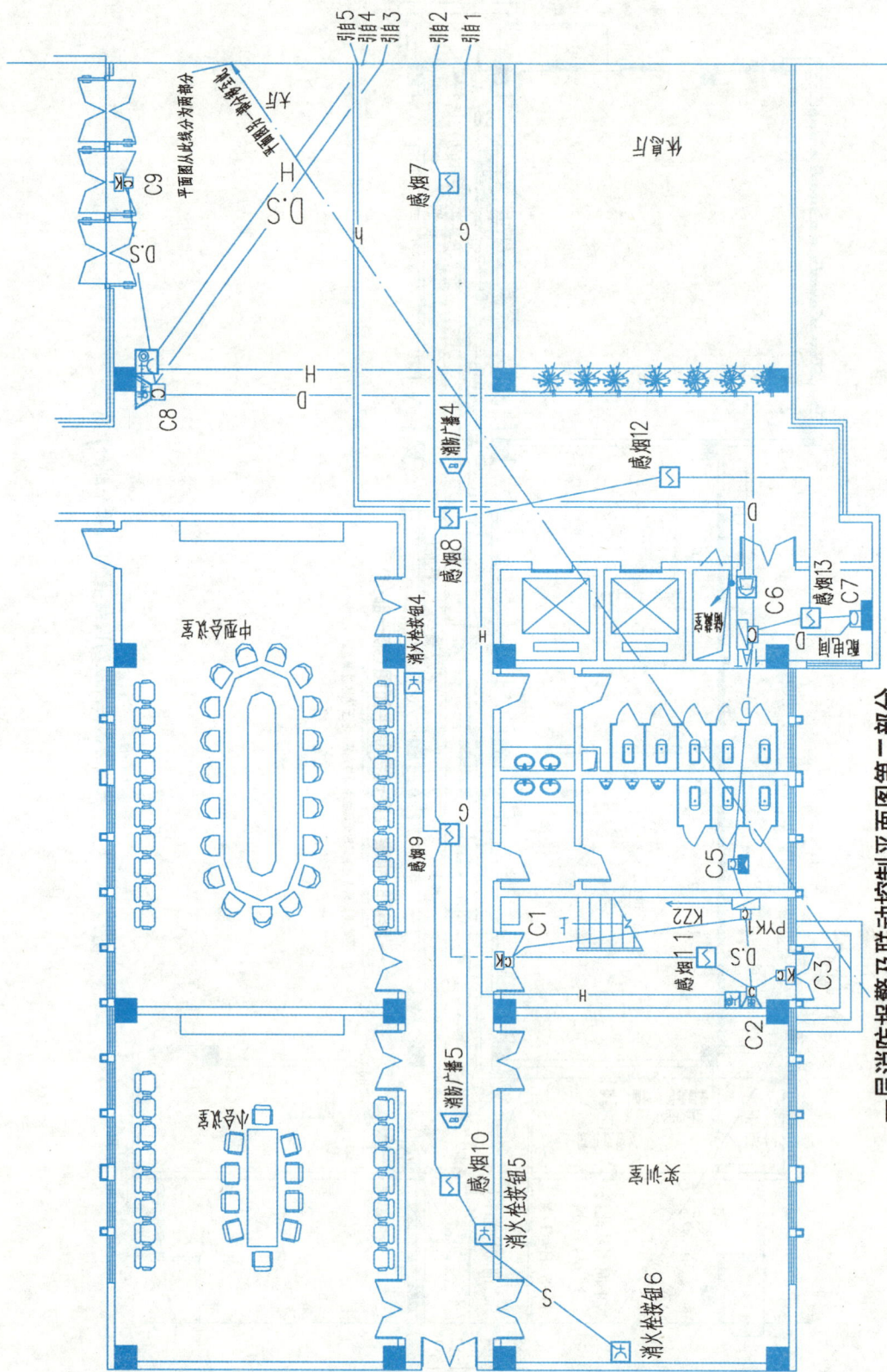

**一层消防报警及联动控制平面图第二部分**

图7-2-3 一层消防报警及联动控制平面图（第二部分）

出模块(C)。

从一层的区域报警器引出一路 H(消防电话二总线)接至带消防电话插孔的手动火灾报警按钮(J-SAP-M-03),引至 4。

从一层的区域报警器引出一路 h(消防电话四总线,NH-RVS 4×1.5 SC15)引至 5。

从一层的区域报警器引出一路 DX(电源线支线和火警显示器通信线)与火灾报警复示盘(JB-YX-252)连接。

从一层的区域报警器引出一路 KZ2(控制线)沿走廊敷设接至办公室处的排烟风机(PYK)。

### 2. 一层消防报警及联动控制平面图(第二部分)识读

图 7-2-3 中的引自 1 来源于图 7-2-2 的引至 1 的 G(消防广播线路),接至消防广播 4,接至消防广播 5。

图 7-2-3 的引自 2 来源于图 7-2-2 的引至 2 的 S(信号总线),接至感烟 8,感烟 8 接出两路:一路接至感烟 12,接至感烟 13,感烟 13 又接出两路[一路与配电箱 1AT 中的模块 C6 连接(启动应急照明),另一路与配电箱中的模块 C7 连接(切断非消防电源)];另一路接至感烟 9,感烟 9 又接出三路,其中一路接至消火栓按钮 4,第二路接至感烟 10,感烟 10 接至消火栓按钮 5 和消火栓按钮 6,第三路接至输入/输出模块 C1(防火门锁闭控制),接至感烟 11、模块 C2(火灾警报器),C2 又接出两路[一路接至输入/输出模块 C3(防火门锁闭控制),另一路通过 DS(电源支线和信号总线)与排烟风机控制箱(PYK1)的输入/输出模块 C 连接,再接至 280 ℃排烟阀的输入/输出模块 C]。

图 7-2-3 的引自 3 来源于图 7-2-2 的引至 3 的 DS(电源线支线和信号总线),接至模块 C8(火灾警报器)和模块 C9(防火门锁闭控制)。

图 7-2-3 的引自 4 来源于图 7-2-2 的引至 4 的 H(消防电话二总线),接至模块 C8 旁的带消防电话插孔的手动火灾报警按钮(J-SAP-M-03),再沿走廊敷设,接至模块 C2 旁的带消防电话插孔的手动火灾报警按钮(J-SAP-M-03)。

图 7-2-3 的引自 5 来源于图 7-2-2 的引至 5 的 h(消防电话四总线),接至配电间内模块 C6 旁的消防专用电话(HY5716B)。

其他层平面消防报警及联动控制平面图与一层类似,读图方法相同,在此不再赘述。

## 7.3　火灾自动报警系统的施工安装调试

### 7.3.1　火灾自动报警系统的施工安装要求

为了提高施工质量,确保火灾自动报警系统的正常运行,提高其可靠性,不仅要合理设计,还需要正确合理地安装、操作使用和经常性维护。

### 1. 施工技术文件及安装队伍的资格要求

安装单位应按设计图纸施工,如需修改应征得原设计单位同意,并有文字批准手续。施工单位在施工前应具有设备布置平面图、系统图、安装尺寸图、接线图、设备技术资料等一些必要的技术文件。火灾自动报警系统的施工安装专业性很强。为了确保施工安装质量,确保安装后能投入正常运行,施工安装必须经有批准权限的公安消防监督机构批准,并由具有许可证的安装单位承担。

### 2. 系统施工安装应遵守的规定

火灾自动报警系统的施工安装应符合国家标准《火灾自动报警系统施工及验收规范》（GB 50166—2007）的规定，并满足设计图纸和设计说明书的要求。火灾自动报警系统的设备应选用经国家消防电子产品质量监督检验测试中心检测合格的产品（检测报告应在有效期内）。火灾自动报警系统的探测器、手动火灾报警按钮、控制器及其他所有设备，安装前均应妥善保管，防止受潮，受腐蚀及其他损坏；安装时应避免机械损伤。

### 3. 系统施工安装后应注意的问题

系统安装完毕后，施工安装单位应提交竣工图、设计变更的证明文件（文字记录）、施工技术记录（包括隐蔽工程验收记录）、检验记录（包括绝缘电阻、接地电阻的测试记录）、变更设计部分的实际施工图和施工安装竣工报告。

### 4. 消防联动控制设备的安装要求

如图 7-3-1 所示，消防控制室内设置的消防设备应包括火灾报警控制器、消防联动控制器、消防控制室图形显示装置、消防专用电话总机、消防应急广播控制装置、消防应急照明和疏散指示系统控制装置、消防电源监控器等设备或具有相应功能的组合设备。消防控制室应设有用于火灾报警的外线电话，消防控制室送、回风管的穿墙处应设防火阀，消防控制室内严禁穿过与消防设施无关的电气线路。及管路。

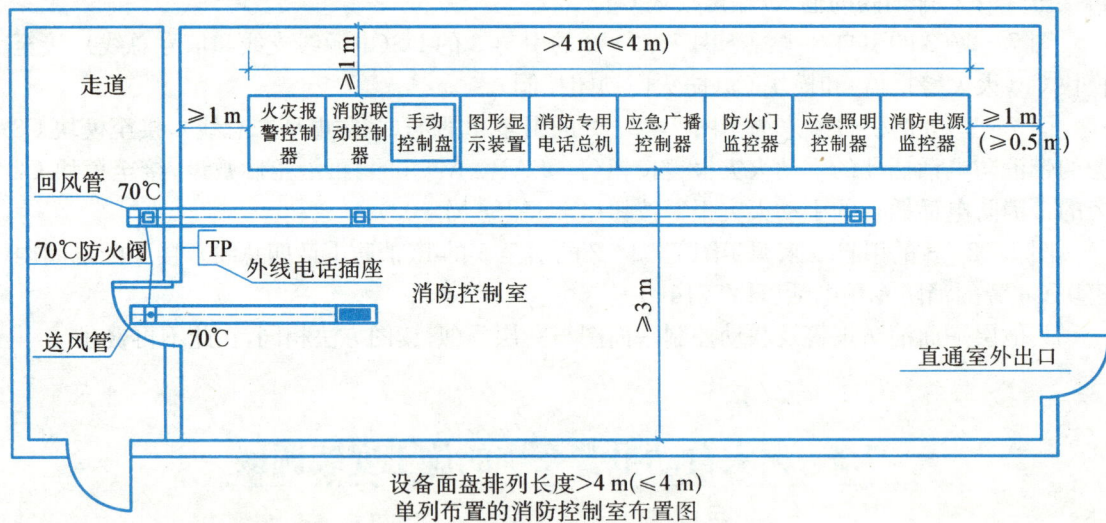

设备面盘排列长度>4 m(≤4 m)
单列布置的消防控制室布置图

图 7-3-1　消防控制室（单列）布置图

消防联动控制设备的布置应符合下列要求。

（1）设备面盘前的操作距离：单列布置时不应小于 1.5 m，双列布置时不应小于 2 m，如图 7-3-2 所示。

（2）在值班人员经常工作的一面，设备面盘与墙的距离不应小于 3 m。设备面盘后的维修距离不应小于 1 m，如图 7-3-1 所示。

（3）当设备面盘的排列长度大于 4 m 时，其两端应设置宽度不小于 1 m 的通道，如图 7-3-1 所示。

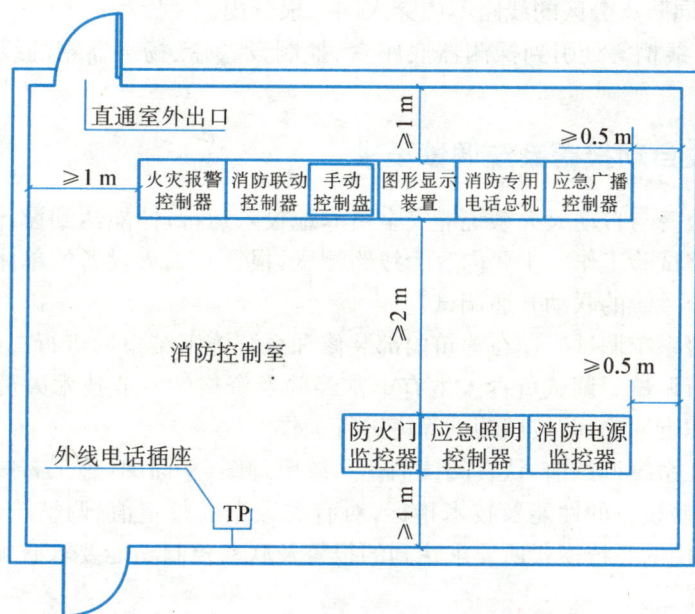

**图7-3-2　消防控制室(双列)布置图**

（4）集中火灾报警控制器（火灾报警控制器）安装在墙上时。其底边距地高度宜为1.3～1.5 m，其靠近门轴的侧面距墙不应小于0.5 m，正面操作距离不应小于1.2 m。

（5）消防联动控制设备的外接导线，当采用金属软管作套管时，其长度不宜大于1.0 m，且应采用管卡固定，其固定点间距不应大于0.5 m。金属软管与消防联动控制设备的接线盒（箱）应采用锁母固定，并应根据配管规定接地。

火灾自动报警系统的布线应符合现行国家标准《建筑电气工程施工质量验收规范》（GB 50303—2015）的规定。

### 5. 布线

火灾自动报警系统用的电缆竖井，宜与电力、照明用的低压配电线路电缆竖井分别设置。受条件限制必须合用时，应将火灾自动报警系统用的电缆和电力、照明用的低压配电线路电缆分别布置在竖井的两侧。火灾自动报警系统的传输线路和50 V以下供电的控制线路，应采用电压等级不低于交流300 V/500 V的铜芯绝缘导线或铜芯电缆。采用交流220 V/380 V的供电和控制线路，应采用电压等级不低于交流450 V/750 V的铜芯绝缘导线或铜芯电缆。火灾自动报警系统的供电线路和传输线路设置在地（水）下隧道或湿度大于90%的场所时，线路及接线处应做防水处理。

火灾自动报警系统在室内布线时应符合下列规定：

① 火灾自动报警系统的供电线路、消防联动控制线路应采用耐火铜芯电线电缆，报警总线、消防应急广播和消防专用电话等传输线路应采用阻燃或阻燃耐火电线电缆。

② 火灾自动报警系统的传输线路应采用金属管、可挠（金属）电气导管、B1级以上的刚性塑料管或封闭式线槽保护，矿物绝缘类不燃性电缆可直接明敷。

③ 线路暗敷设时，应采用金属管、可挠（金属）电气导管或 B1 级以上的刚性塑料管保护，并应敷设在不燃烧体的结构层内，且保护层厚度不宜小于30 mm；采用穿管水平敷设时，

除报警总线外,不同防火分区的线路不应穿入同一根管内。

④ 从接线盒、线槽等处引到探测器底座盒、控制设备盒、扬声器箱的线路,均应加金属保护管保护。

### 7.3.2 火灾自动报警系统调试要求

为保证火灾报警与自动灭火系统能安全可靠地投入运行,性能达到设计的技术要求,要进行一系列的调整试验工作。主要内容为线路测试,报警与灭火设备的单体功能试验,系统的接地测试和整个系统的联动开通调试。

火灾自动报警系统调试工作在建筑内部装修和系统施工结束后进行。严格按照系统设计要求的功能进行调试。调试负责人由有丰富经验及资格的专业技术人员担任,所有参与调试的工作人员职责明确,并按照调试程序进行工作。

调试人员应在系统调试前,认真阅读消化系统原理图、平面图(施工布线图)。透彻理解设计意图,了解火警设备的性能及技术指标,对有关数据的整定值、调整技术标准做到心中有数,对本工程采用的系统模式所要求达到的报警及联动控制功能要求必须完全领会,方可进行调整试验工作。

#### 1. 调试前准备

(1) 按设计要求查验设备的规格、型号、数量、配件等,查验应用的仪表、仪器应经计量部门检验合格,并在有效期内。

(2) 查对各种记录的文件表格是否齐全。

(3) 检查系统线路是否有错线、开路、虚焊、短路等。

#### 2. 调试过程

#### (1) 线路测试及外部检查

按图纸检查各种配线情况,首先是强电、弱电线是否到位,是否存在不同性质线缆共管的现象;其次是各种火警设备接线是否正确,接线排列是否合理,接线端子处标牌编号是否齐全,工作接地和保护接地是否接线正确。

#### (2) 线路校验

先将被校验回路中的各个部件装置与设备接线端子打开进行查对。可采用数字式多路查线仪检查。检查探测回路线、通信线是否短路或开路,采用兆欧表测试回路绝缘电阻,应对导线与导线、导线对地、导线对屏蔽层的电阻进行分别测试并记录。

#### (3) 单体调试

所谓单体调试就是对各种部位装置与设备在安装之前进行一些基本性能试验。

① 探测器的检查

在安装施工现场一般作定性试验。对于开关量探测器可利用专用的火灾探测器检查装置检测。若无这类检查设备,可利用报警控制器代替,让报警控制器接出一个回路开通,接上探测器底座,然后利用报警控制器的自检、报警等功能,对探测器进行单体试验。

② 报警控制器的试验

报警控制器单机开通前,首先不接报警点,使机器空载运行,确定控制器是否在运输和安装过程中损坏。开机后将所带上探测器进行编码,并在平面图上作详细记录。对于与控制器未能建立正常通信状态的探测点要逐个检查,如果是管线问题,则在排除线路故障后再开机测试；如果是探测器问题则更换探测器。

对带不上的报警点，首先到现场测量直流工作电压是否到位，若无电压则是线路问题，再检查回路电流的正确性。正常情况下，平均每个报警点的监视电流大约为 0.2～1 mA，量出电流值，如果与报警点总电流计算值（单个报警点监视电流值"×"报警点总数）相差不大（10 mA 以内），则说明回路各探测点工作状态正常。若相差较大，说明回路中有一个或几个报警点的工作状态不正常，则要检查是线路问题还是探测点已损坏，直至回路电流测量正常为止。如线路无问题，再查看探头与底座接触是否良好。如果这两种可能性均已排除，则必须更换报警点或底座，注意新底座不能与回路中现有的报警点编码重号。

对报警控制器要作如下功能检查：火灾报警自检功能，消音、复位功能，故障报警功能，火灾优先功能，报警记忆功能，电源自动转换及备用电源的自动充电功能，备用电源的欠压、过压报警功能等。

如果通用控制器到楼层显示器联调，所有楼层显示器都带不上或通用控制器报故障，则可能是通讯线极性接反。如果某台楼层显示器挂不上，则可能是楼层显示器程序的芯片未写入层显号或层显通讯口损坏，可将这台楼层显示器的程序芯片换在其他的楼层显示器上试验查出原因。

如果主、从控制器（集控—区控系统）联调，同样如此；所有从控（区控）都带不上或主控（集控）报故障，则可能是通讯线极性接反或通讯线路有问题。后者只能在通讯干线与区控的对接处逐次分段查找，直至确定有问题的区控的位置。如果某台区控挂不上，则可能是区控中未编入区控号或区控通讯口损坏。

③ 火灾探测器的现场检测

火灾报警系统联调结束后，应采用专用检测仪对探测器逐个检测，要求探测器动作准确无误。

对于感烟探测器可采用点型感烟探测器试验器进行测试。对其感烟功能进行测试。一般探测器在加烟后 30 s 以内火灾确认灯亮，表示探测器工作，否则不正常。

对于感温探测器可使用点型感温探测器试验器进行测试。当温源对准待测探测器，打开电源开关，温源升温，10 s 内探测器确认灯亮，表示探测器工作正常，否则不正常。

④ 联动控制系统的调试开通

开通前，首先对线路做仔细检查，查看导线上的标注是否与施工图上的标注吻合，检查接线端子的压线是否与接线端子表的规定一致，排除线路故障。

对所需联动设备要在现场模拟试验均无问题后，再从消防控制中心对各设备进行手动或自动操作系统联调。

调试完毕后，将调试记录、接线端子表整理齐全完善。最后，将消防中心总电源打开进行远地手动或自动联动试验。

④ 整体调试开通

单体调试开通运行正常后，按系统调试程序进行系统功能检查，对各项分系统分别进行调试开通。

# 单元实训

### 1. 实训目的

熟悉火灾自动报警系统施工图的表达方法与表达内容,掌握火灾自动报警系统施工图的识读方法,具备火灾自动报警系统施工图的识读能力。了解建火灾自动报警系统的基本形式及组成。

图纸

火灾自动报警

### 2. 实训内容

识读火灾自动报警系统施工图,了解图中火灾自动报警系统的组成、管线规格、敷设方式、安装标高及施工工艺和技术措施,火灾自动报警系统的编写施工方案。

# 参考文献

[1] 中华人民共和国住房和城乡建设部.建筑给水排水及采暖工程施工质量验收规范：GB 50242—2002[S].北京：中国标准出版社,2004.

[2] 中华人民共和国住房和城乡建设部.消防给水及消火栓系统技术规范：GB 50974—2014[S].北京：中国计划出版社,2015.

[3] 中华人民共和国公安部.自动喷水灭火系统施工及验收规范：GB 50261—2017[S].北京：中国标准出版社,2017.

[4] 中华人民共和国住房和城乡建设部.建筑电气工程施工质量验收规范：GB 50303—2015[S].北京：中国计划出版社,2016.

[5] 南通五建建设工程有限公司.建筑物防雷工程施工与质量验收规范：GB 50601—2010[S].北京：中国计划出版社,2011.

[6] 中华人民共和国住房和城乡建设部.建筑防烟排烟系统技术标准：GB51251—2017[S].北京：中国计划出版社,2018.

[7] 中华人民共和国住房和城乡建设部.通风与空调工程施工质量验收规范：GB 50243—2016[S].北京：中国计划出版社,2016.

[8] 中华人民共和国住房和城乡建设部.火灾自动报警系统设计规范：GB 50116—2019[S].北京：中国计划出版社,2020.

[9] 全国一级建造师执业资格考试用书编写委员会.机电工程管理与实务[M].北京：中国建筑工业出版社,2019.

[10] 涂中强,赵盈盈.建筑设备安装工程[M]北京：北京邮电大学出版社,2018.

[11] 涂中强,高将等.建筑设备安装工程[M].哈尔滨：哈尔滨工业大学出版社,2019.

[12] 中华人民共和国住房和城乡建设部.建筑设计防火规范：GB 50016—2018[S].北京：中国计划出版社,2018.